Elogios para

UMA BREVE HISTÓRIA DA INTELIGÊNCIA

"Este livro revela tudo o que você sempre quis saber sobre o cérebro (mas tinha medo de perguntar). É uma fonte incrível. Ele assimila cada descoberta em neurociência, ao longo do último século, em uma narrativa evolutiva lindamente trabalhada. A história que se segue mostra como uma elaboração incremental do cérebro pode ser rastreada desde os vermes antigos até as criaturas conscientes e curiosas que nos tornamos. A síntese funciona perfeitamente. Sua coerência ofusca o alcance quase enciclopédico deste tratamento."

— Karl Friston, University College London,
o neurocientista mais citado no mundo

"Max Bennett publicou dois artigos científicos sobre a evolução do cérebro que me surpreenderam. Agora ele os transformou em um livro fabuloso, *Uma Breve História da Inteligência*. Seu estilo de escrita amigável, prosa sem jargões e informações fazem deste livro um campeão."

— Joseph LeDoux, New York University, autor best-seller
dos livros *Anxious* e *The Deep History of Ourselves*

"Com uma abrangência realmente surpreendente, *Uma Breve História da Inteligência* integra o conhecimento científico mais relevante e pinta o quadro geral de como a mente humana surgiu... O texto é envolvente, ambicioso e deliciosamente esclarecedor, mas ainda permanece restrito aos fatos e evita especulações infundadas. É uma obra de arte e ciência... estou profundamente impressionado com este projeto corajoso de explicar toda a natureza humana no grande quadro evolutivo. Mas estou ainda mais impressionado com o sucesso de Max Bennett nesta tarefa quase impossível."

— Kurt Kotrschal, Universidade de Viena,
vencedor do Prêmio Cientista Austríaco do Ano em 2010
e autor do livro *Wolf-Dog-Human* aclamado pela crítica

"Escrito com prazer e alma, com coragem intelectual e diversão. É revelador e revigorante intelectualmente... o trabalho de uma mente jovem e renovada, desinteressada, tratando o assunto com uma alegre curiosidade, inteligência e coragem. Todos, desde jovens estudantes até acadêmicos consagrados, acharão gratificante."

— Eva Jablonka, Universidade de Tel Aviv, coautora dos livros *Evolution in Four Dimensions* e *The Evolution of the Sensitive Soul*

"Max Bennett faz um relato vibrante de como o cérebro evoluiu e funciona hoje. *Uma Breve História da Inteligência* é envolvente, abrangente e repleta de ideias novas."

— Kent Berridge, professor de psicologia e neurociência na Universidade de Michigan e ganhador do Prêmio Grawemeyer de Psicologia

"Se você está no mínimo curioso sobre essa bolha cinza de um quilo entre suas orelhas, leia este livro. A divertida e esclarecedora história natural do cérebro de Max Bennett é uma obra-prima, agradável e divertida. Deixou o meu cérebro feliz."

— Jonathan Balcombe, doutor, autor best-seller dos livros *What a Fish Knows* e *Super Fly*

"Este livro faz uma viagem emocionante pelos segredos da inteligência humana e tem coisas importantes a dizer sobre quem somos e o que significa ser humano. Os cinco 'avanços', com a capacidade de interagir com o mundo cada vez mais complexo, fornecem uma nova estrutura evolutiva que transmite a história. Bem escrito, com estilo envolvente e leitura agradável. Recomendo demais."

— A. David Redish, Universidade de Minnesota, autor dos livros *The Mind within the Brain* e *Changing How We Choose: The New Science of Morality*

"Se você está interessado em entender o cérebro ou criar uma IA geral semelhante à inteligência humana, leia este livro. É um livro inovador disfarçado de história. Uma quantidade impressionante de detalhes de anatomia, fisiologia e comportamento de inúmeros sistemas nervosos é reunida em um conto evolutivo coerente e explicada em seus contextos computacionais. É uma alegria ler, não perca!"

— Dileep George, DeepMind, antes cofundador da Vicarious AI

UMA BREVE HISTÓRIA DA INTELIGÊNCIA

UMA BREVE HISTÓRIA DA INTELIGÊNCIA

EVOLUÇÃO, IA E OS CINCO AVANÇOS QUE NOSSO CÉREBRO FEZ

MAX S. BENNETT

ALTA BOOKS
GRUPO EDITORIAL
Rio de Janeiro, 2024

Uma Breve História da Inteligência

ISBN: 978-85-5082-426-0

Alta Cult é uma Editora do Grupo Editorial Alta Books.

Impresso no Brasil — 1ª Edição, 2024 — Edição revisada conforme o Acordo Ortográfico da Língua Portuguesa de 2009.

Bennett, Max

Uma breve história da inteligência : evolução, IA e os cinco avanços que nosso cérebro fez / Max Bennett ; [tradução Eveline Machado]. -- 1. ed. -- Rio de Janeiro : Alta Books, 2024.

Título original: A brief history of intelligence
ISBN 978-85-508-2426-0

1. Cérebro - desenvolvimento 2. Evolução humana 3. Inteligência 4. Inteligência artificial I. Título.

24-195349 CDD-303.483

Grupo Editorial Alta Books

Produção Editorial: Grupo Editorial Alta Books
Diretor Editorial: Anderson Vieira
Editor da Obra: Gorki Starlin
Vendas Governamentais: Cristiane Mutüs
Gerência Comercial: Claudio Lima

Produtor Editorial: Thiê Alves
Tradução: Eveline Machado
Copidesque: Luciere de Souza
Revisão: Hellen Suzuki
Diagramação: Fernanda Buccelli

ALTA BOOKS
GRUPO EDITORIAL

Rua Viúva Cláudio, 291 — Bairro Industrial do Jacaré
CEP: 20.970-031 — Rio de Janeiro (RJ)
Tels.: (21) 3278-8069 / 3278-8419
www.altabooks.com.br — altabooks@altabooks.com.br
Ouvidoria: ouvidoria@altabooks.com.br

Editora **afiliada à:**

ASSOCIADO

À minha esposa, **Sydney**

Em um futuro distante, vejo campos abertos para pesquisas muito mais importantes. A psicologia terá uma nova base, a da aquisição necessária de cada poder mental e da capacidade por gradação. Uma luz será lançada sobre a origem do homem e sua história.

— Charles Darwin em 1859

Sumário

Noções Básicas da Anatomia do Cérebro Humano

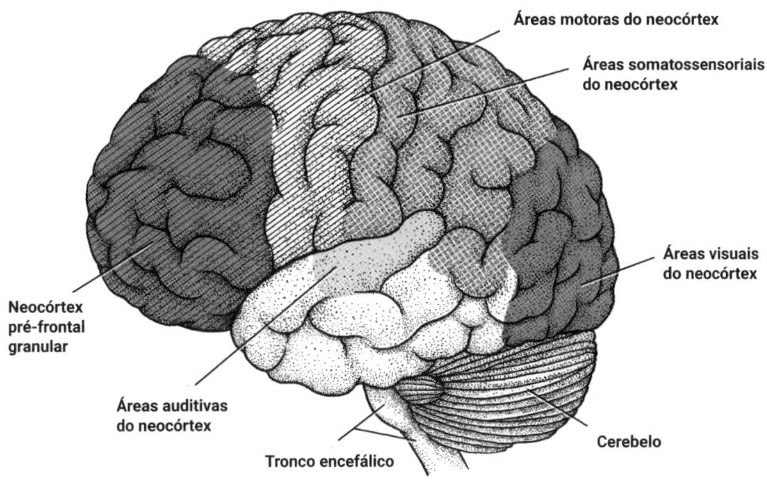

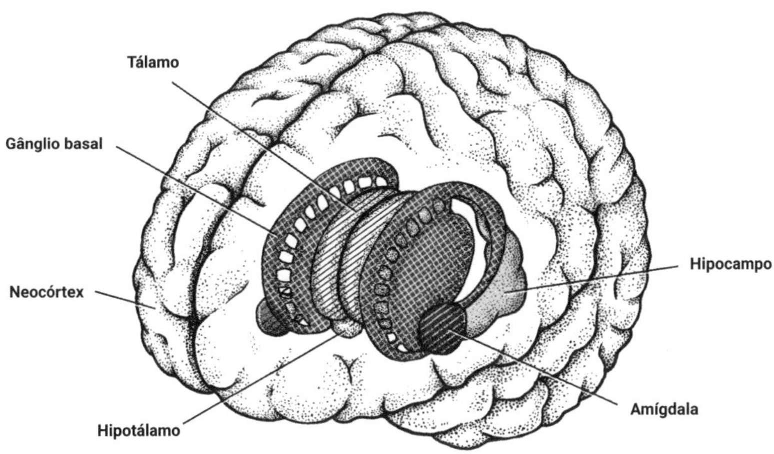

Nossa Linhagem Evolutiva

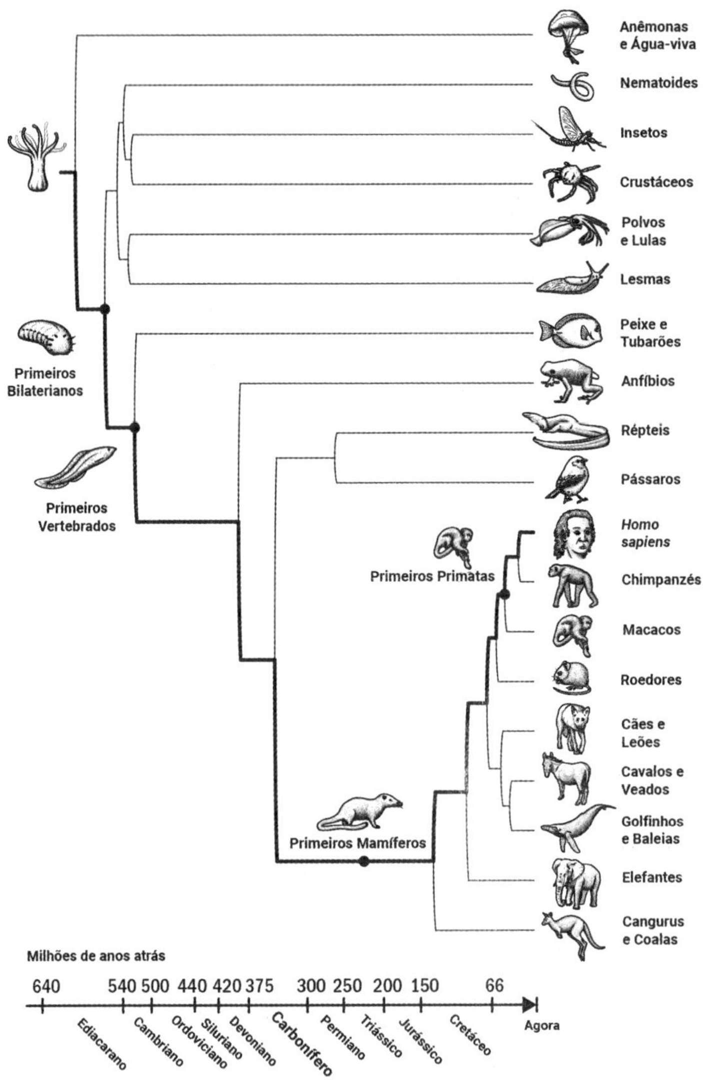

Um agradecimento especial a Rebecca Gelernter por criar a incrível arte original deste livro; Rebecca criou a arte no início de cada seção Avanço e desenhou a maioria das figuras. Além disso, um agradecimento especial a Mesa Schumacher pela maravilhosa arte anatômica original do cérebro humano, da lampreia, do macaco e do rato, feita especificamente para este livro.

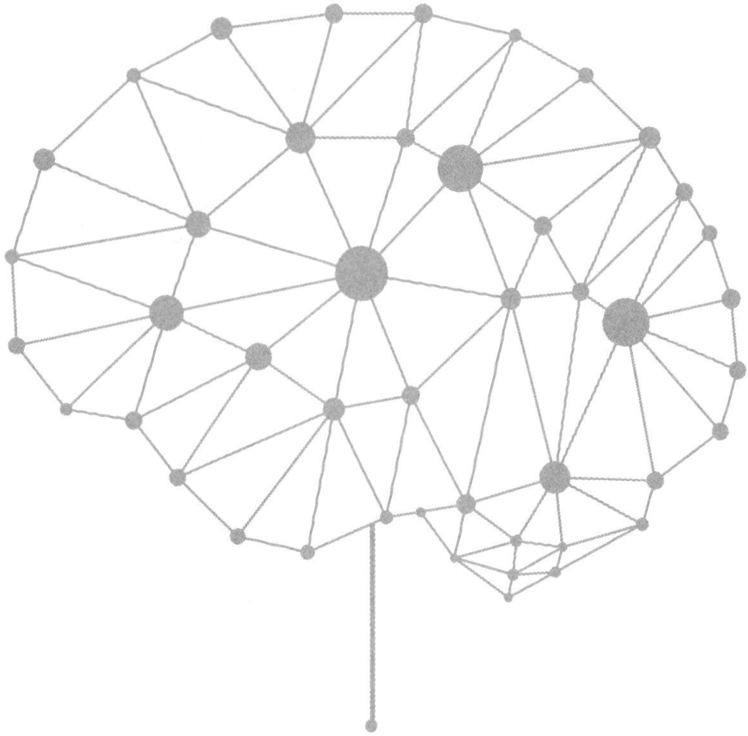

Introdução

Em setembro de 1962, durante a tumultuada corrida espacial global, a crise dos mísseis cubanos e a recém-atualizada vacina contra pólio, houve um marco menos divulgado, mas talvez igualmente crítico, na história da humanidade: foi no outono de 1962 que previmos o futuro.

Nas telas recém-coloridas das televisões norte-americanas estreou a série *Os Jetsons*, um desenho animado sobre uma família vivendo 100 anos no futuro. Com uma pegada cômica, o programa era, na verdade, uma previsão de como os humanos do futuro viveriam, quais tecnologias estariam em seus bolsos e mobiliariam suas casas.

Os Jetsons previram corretamente chamadas de vídeo, TVs de tela plana, celulares, impressão em 3D e smartwatches; todas as tecnologias que eram impensáveis em 1962, mas onipresentes em 2022. No entanto, há uma tecnologia que não conseguimos criar, um feito futurista que ainda não se concretizou: o robô autônomo chamado Rosey.

Rosey era a cuidadora da família Jetson, olhando as crianças e cuidando da casa. Quando Elroy, então com 6 anos de idade, estava na escola, era Rosey que o ajudava com a lição de casa. Quando a filha de 15 anos, Judy, precisou de ajuda para aprender a dirigir, foi Rosey quem deu suas lições. Rosey fazia as refeições, arrumava a mesa e preparava os pratos. Rosey era leal, sensível e rápida nas piadas. Ela identificava os conflitos familiares e os mal-entendidos, intervindo para ajudar as pessoas a ver a perspectiva do outro. Certa vez, ela chegou a chorar com um poema que Elroy escreveu para sua mãe. Em um episódio, a própria Rosey se apaixonou.

Em outras palavras, Rosey tinha a inteligência de um ser humano. Não apenas o raciocínio, a sensatez e as habilidades motoras necessárias para realizar tarefas complexas no mundo físico, mas também a empatia, a perspectiva e a delicadeza social necessárias para circular com sucesso em nosso mundo social. Nas palavras de Jane Jetson, Rosey era "como da família".

Embora *Os Jetsons* tivessem previsto corretamente celulares e smartwatches, ainda não temos nada como Rosey. Até mesmo os comportamentos mais básicos de Rosey ainda estão fora de alcance. Não é segredo que a primeira empresa a criar um robô que pode simplesmente *abastecer uma lava-louças* terá um produto com sucesso imediato. Todas as tentativas de fazer isso falharam. Não é fundamentalmente um problema *mecânico*; é *intelectual* — a capacidade de identificar objetos na pia, pegá-los adequadamente e colocá-los sem quebrar nada provou ser muito mais difícil do que se pensava.

É claro que, embora ainda não tenhamos Rosey, o progresso no campo da inteligência artificial (IA) desde 1962 foi notável. Agora a IA pode vencer os melhores seres humanos do mundo em inúmeros jogos de habilidade, incluindo xadrez e Go. A IA pode reconhecer tumores em imagens de radiologia como os radiologistas humanos. A IA está quase dirigindo carros de forma autônoma. E nos últimos anos, novos avanços em grandes modelos de linguagem estão permitindo que produtos como o ChatGPT[1], lançado no outono de 2022, componham poesia, traduzam idiomas livremente e até mesmo escrevam código. Para o desgosto de todos os professores do ensino médio no planeta Terra, o ChatGPT pode compor instantaneamente um ensaio bastante bem escrito e original sobre quase qualquer assunto que um aluno intrépido possa pedir. O ChatGPT pode até passar no exame da Ordem dos Advogados do Brasil (OAB), com uma pontuação melhor que 90% dos advogados.

Nessa longa sequência de conquistas da IA, sempre foi difícil dizer o quão perto estamos de criar inteligência no nível humano. Após os primeiros sucessos dos algoritmos de resolução de problemas na década de 1960, o pioneiro da IA, Marvin Minsky, declarou que "de três a oito anos teremos uma máquina com a inteligência geral de um ser humano mediano". Isso não aconteceu. Após os sucessos dos sistemas especializados na década de 1980, a *BusinessWeek* anunciou que a "IA: está aqui". O progresso parou pouco tempo depois. E agora com avanços em grandes modelos de linguagem, muitos pesquisadores têm novamente anunciado que o "jogo acabou" porque estamos "quase alcançando a IA no nível humano". Qual? Estamos finalmente a ponto de criar uma inteligência artificial humana como Rosey ou os grandes modelos de linguagem como o ChatGPT são apenas a conquista mais recente em uma longa jornada que se estenderá por décadas?

Ao longo dessa jornada, à medida que a IA fica mais inteligente, está se tornando mais difícil medir nosso progresso em direção a esse objetivo. Se um sistema de IA supera os humanos em uma tarefa, isso

1 Chatbot desenvolvido pela OpenAI lançado em novembro de 2022. O nome combina "Chat", referindo-se à funcionalidade de chatbot, e "GPT", que significa "Generative Pre-trained Transformer", um tipo de modelo de linguagem.

significa que o sistema de IA capturou como os humanos resolvem a tarefa? Será que uma calculadora — capaz de processar números mais rápido do que uma pessoa — realmente entende matemática? O ChatGPT — pontuando melhor no exame da OAB que a maioria dos advogados — realmente entende de lei? Como podemos expressar a diferença e em quais circunstâncias, se houver, a diferença importa?

Em 2021, mais de um ano antes do lançamento do ChatGPT — o chatbot que agora está proliferando rápido em todos os cantos da sociedade — eu usava seu precursor, um grande modelo de linguagem chamado GPT-3, que foi treinado em grandes quantidades de texto (grandes como *em toda a internet*), então usei essa coleção para tentar combinar o padrão com a resposta mais provável a uma solicitação. Quando perguntado "Quais são as duas razões para um cão estar de mau humor?", ele respondeu: "Duas razões pelas quais um cão pode estar de mau humor são se está com fome ou se está quente." Algo na nova arquitetura desses sistemas lhes permitia responder a perguntas com o que parecia ser um grau notável de inteligência. Os modelos eram capazes de generalizar fatos sobre os quais haviam lido (como as páginas da Wikipédia sobre cães e outras páginas sobre causas de mau humor) para novas perguntas que nunca tinham visto. Em 2021, eu explorava as possíveis aplicações desses novos modelos de linguagem — eles poderiam ser usados para fornecer novos sistemas de suporte para a saúde mental, um atendimento ao cliente mais perfeito ou um acesso mais democratizado à informação médica?

Quanto mais eu interagia com o GPT-3, mais hipnotizado ficava por seus acertos e erros. De certa forma, era brilhante, mas de outras era estranhamente estúpido. Peça ao GPT-3 para escrever um ensaio sobre a cultura da batata do século XVIII e sua relação com a globalização, e você obterá um ensaio incrivelmente coerente. Faça uma pergunta sensata sobre o que alguém pode ver no porão, e ele responde com insensatez.* Por que o GPT-3 conseguia responder corretamente algumas perguntas e não outras? Quais aspectos da inteligência humana ele captura e quais estão faltando? E por que, à medida que o desenvolvimento da IA continua a acelerar, algumas perguntas difíceis de responder em um ano ficam fáceis nos anos seguintes? De fato, a partir deste livro, a versão nova e atualizada do GPT-3, chamada GPT-

* Pedi ao GPT-3 para completar a seguinte frase: "Estou no meu porão sem janelas, olho para o céu, e vejo..." O GPT-3 disse "uma luz, eu sei que é uma estrela e estou feliz". Na realidade, se olhasse para cima em um porão, você não veria estrelas, veria o teto. Modelos de linguagem mais recentes como o GPT-4, lançado em 2023, respondem com sucesso a perguntas sensatas com maior precisão. Fique atento ao Capítulo 22.

4, lançada no início de 2023, pode responder corretamente a muitas perguntas que enganavam o GPT-3. E ainda assim, como veremos no livro, o GPT-4 não consegue registrar os aspectos essenciais da inteligência humana — sobre algo que acontece no cérebro humano.

De fato, as discrepâncias entre inteligência artificial e inteligência humana são um tanto desconcertantes. Por que a IA pode esmagar qualquer ser humano no planeta em um jogo de xadrez, mas não consegue abastecer uma lava-louças melhor do que uma criança de 6 anos?

Tentamos responder a essas perguntas porque ainda não entendemos o que tentamos recriar. Todas essas perguntas não são, em essência, perguntas sobre a IA, mas sobre a natureza da própria inteligência humana, como ela funciona, por que funciona de tal maneira e, como veremos em breve, o mais importante, como ela surgiu.

Sugestão da Natureza

Quando a humanidade quis entender o voo, nossa primeira inspiração veio dos pássaros; quando George de Mestral inventou o velcro, ele pegou a ideia com os frutos de bardana; quando Benjamin Franklin buscou explorar a eletricidade, suas primeiras faíscas de compreensão vieram da luz. Ao longo da história da inovação humana, a natureza tem sido um guia maravilhoso.

A natureza também nos dá pistas sobre como a inteligência funciona, com o lugar mais claro, óbvio, sendo o cérebro humano. Mas nesse sentido, a IA é diferente das outras inovações tecnológicas; o cérebro provou ser mais complicado e difícil de decifrar do que asas ou raios. Os cientistas têm investigado como o cérebro funciona há milênios e, embora tenhamos progredido, ainda não temos respostas satisfatórias.

O problema é a complexidade.

O cérebro humano contém 86 bilhões de neurônios e mais de 100 trilhões de conexões. Cada uma dessas conexões é tão minúscula, com menos de 30 nanômetros de largura, que mal pode ser vista nos microscópios mais poderosos. Essas conexões são agrupadas em um emaranhado — em um único milímetro cúbico (a largura de uma única *letra* em um centavo), há mais de *um bilhão* de conexões.

Mas o grande número de conexões é apenas um aspecto do que torna o cérebro complexo; mesmo se mapearmos a conexão de cada neurônio, ainda estaremos longe de entender como o cérebro funciona. Ao contrário das conexões elétricas no computador, onde todos os fios se comunicam usando o mesmo sinal (elétrons) em cada conexão neural, centenas de substâncias químicas diferentes são passadas, cada uma com efeitos completamente diferentes. O simples fato de que dois neurônios se conectam nos diz pouco sobre o que eles estão comunicando. E o pior de tudo é que essas conexões estão em constante mudança, com alguns neurônios se ramificando e formando novas conexões, enquanto outros se retraem e removem as antigas. Ao todo, isso torna a engenharia reversa de como o cérebro funciona uma tarefa ímpia.

Estudar o cérebro é tentador e irritante. Um centímetro atrás dos olhos fica a maravilha mais inspiradora do Universo. Ele abriga os segredos da natureza da inteligência, da construção da inteligência artificial humana, do porquê nós, humanos, pensamos e nos comportamos de tal modo. Está bem ali, reconstruído milhões de vezes por ano em todos os seres humanos recém-nascidos. Podemos tocá-lo, segurá-lo, dissecá-lo, somos *literalmente feitos dele*, e ainda assim seus segredos permanecem fora de alcance, escondidos da vista de todos.

Se quisermos fazer a engenharia reversa de como o cérebro funciona, se quisermos criar Rosey, descobrir a natureza oculta da inteligência humana, talvez o cérebro humano não seja a melhor pista da natureza. Embora o lugar mais intuitivo para entender o cérebro humano seja, naturalmente, dentro do próprio, é contraditório que este pode ser o *último* lugar para procurar. O melhor lugar para começar pode ser em fósseis empoeirados nas profundezas da crosta terrestre, em genes microscópicos escondidos em células por todo o reino animal e no cérebro de muitos *outros* animais que povoam nosso planeta.

Em outras palavras, a resposta pode não estar no presente, mas nos vestígios ocultos há muito tempo.

O Museu Perdido do Cérebro

Sempre estive convencido de que a única maneira de fazer a inteligência artificial funcionar é tornando a computação semelhante ao cérebro humano.

— Geoffrey Hinton (professor na Universidade de Toronto, considerado um dos "padrinhos da IA")

Os seres humanos voam em naves espaciais, dividem átomos e editam genes. Nenhum outro animal sequer inventou a roda.

Por causa do grande currículo de invenções da humanidade, você pode pensar que teríamos pouco a aprender com o cérebro de outros animais. Pode pensar que o cérebro humano seria inteiramente único e nada parecido com o cérebro de outros animais, que uma estrutura cerebral especial seria o segredo da nossa inteligência. Mas não é isso o que vemos.

O mais impressionante quando examinamos o cérebro de outros animais é a notável *semelhança* com o nosso. A diferença entre o nosso cérebro e o cérebro de um chimpanzé, além do tamanho, é ínfima. A diferença entre o nosso cérebro e o de um rato são apenas algumas modificações cerebrais. O cérebro de um peixe tem quase todas as mesmas estruturas do nosso cérebro.

Essas semelhanças no cérebro do reino animal significam algo importante. São pistas. Pistas sobre a natureza da inteligência. Pistas sobre nós mesmos. Pistas sobre o nosso passado.

Embora hoje o cérebro seja complexo, nem sempre foi assim. O cérebro surgiu do processo caótico e impensado da evolução; pequenas variações aleatórias nos traços eram selecionadas ou suprimidas segundo o suporte que davam à reprodução da forma de vida.

Na evolução, os sistemas começam simples e a complexidade surge apenas ao longo do tempo.* O primeiro cérebro, a primeira coleção de neurônios na cabeça de um animal, apareceu 600 milhões de anos atrás em um verme do tamanho de um grão de arroz. Esse verme foi o antepassado de todos os animais modernos dotados de cérebro. Ao longo de centenas de milhões de anos de ajustes evolutivos, através de trilhões de pequenas modificações na conexão, esse cérebro simples foi transformado no portfólio diversificado do cérebro moderno. Uma linhagem dos descendentes desse antigo verme originou o cérebro em nossas cabeças.

Se pudéssemos voltar no tempo e examinar esse primeiro cérebro para entender como ele funcionava e que truques ele era capaz de fazer. Se pudéssemos, então, rastrear a complexificação da linhagem que originou o cérebro humano, observando cada modificação física ocorrida e as habilidades intelectuais permitidas. Se pudéssemos fazer isso, conseguiríamos compreender a complexidade que acabou surgindo. De fato, como o biólogo Theodosius Dobzhansky disse: "Nada na biologia faz sentido, exceto à luz da evolução."

* Embora os sistemas não fiquem *necessariamente* mais complexos, a possibilidade da complexidade aumenta com o tempo.

Até Darwin sonhou reconstruir tal história. Ele termina o livro *A Origem das Espécies* fantasiando sobre um futuro quando "a psicologia terá uma nova base, a da aquisição necessária de cada poder mental e da capacidade por gradação." Cento e cinquenta anos após Darwin, finalmente isso pode ser possível.

Embora não tenhamos máquinas do tempo, podemos, a princípio, fazer viagens no tempo. Na última década, neurocientistas evolucionários fizeram um progresso incrível na reconstrução do cérebro de nossos antepassados. Uma maneira de fazer isso é com o registro fóssil: os cientistas podem usar os crânios fossilizados de criaturas antigas para reverter a engenharia da estrutura de seu cérebro. Outra maneira de reconstruir o cérebro de nossos antepassados é examinando o cérebro de outros animais no reino animal.

A razão para o cérebro em todo o reino animal ser tão parecido é que todos eles têm raízes comuns em antepassados compartilhados. Cada cérebro no reino animal é uma pequena pista sobre como o cérebro de nossos antepassados era; cada cérebro não é apenas uma máquina, mas uma cápsula do tempo cheia de dicas ocultas dos trilhões de mentes que vieram antes. E examinando os feitos intelectuais que esses outros animais compartilham ou não, começamos não apenas a reconstruir o cérebro de nossos antepassados, mas também a determinar quais habilidades intelectuais esse cérebro antigo lhes proporcionou. Juntos, podemos a rastrear a aquisição de cada poder mental por gradação.

Tudo, claro, ainda é um trabalho em andamento, mas a história está ficando tentadoramente clara.

O Mito das Camadas

Dificilmente sou o primeiro a propor uma estrutura evolutiva para entender o cérebro humano. Há uma longa tradição de tais estruturas. A mais famosa foi formulada na década de 1960 pelo neurocientista Paul MacLean. Este levantou a hipótese de que o cérebro humano era feito de três camadas (daí *trino*), uma sobre a outra: o *neocórtex*, que evoluiu mais recentemente, sobre o *sistema límbico*, que evoluiu antes, sobre o *cérebro reptiliano*, que evoluiu primeiro.

O neurocientista argumentava que o cérebro reptiliano era o centro de nossos instintos básicos de sobrevivência, como agressão e territorialidade. O sistema límbico era supostamente o centro das emoções, como medo, apego parental, desejo sexual e fome. E o neocórtex era o centro da cognição, presenteando-nos com linguagem, abstração, planejamento e percepção. A estrutura de MacLean sugeria que os répteis tinham *apenas* um cérebro reptiliano, mamíferos como ratos e coelhos tinham um cérebro reptiliano *e* um sistema límbico, e nós, humanos, tínhamos todos os três sistemas. De fato, para ele, essas "três formações evolutivas podem ser imaginadas como três computadores biológicos interconectados, cada um tendo a própria inteligência especial, a própria subjetividade, o próprio senso de tempo e espaço, e as próprias funções de memória, motoras e outras".

O problema é que a Hipótese do Cérebro Trino de MacLean foi muito desacreditada, não por ser inexata (todas as estruturas são inexatas), mas porque leva a conclusões erradas sobre como o cérebro evoluiu e funciona. A anatomia cerebral implícita está errada; o cérebro dos répteis não é apenas constituído pelas estruturas que MacLean se referiu como "cérebro reptiliano"; os répteis também têm a própria versão de sistema límbico.

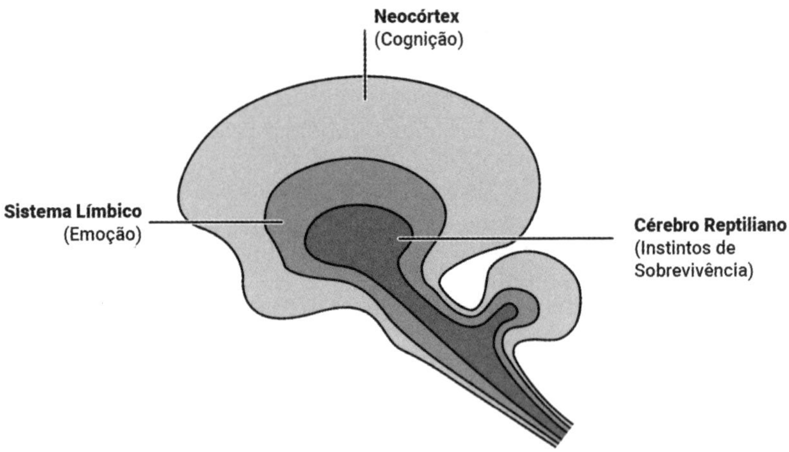

Figura 1: Cérebro trino de MacLean

As divisões funcionais provaram ser erradas; os *instintos de sobrevivência*, as *emoções* e a *cognição* não se delineiam de forma clara — eles surgem de diversas redes de sistemas que abrangem todas as três camadas supostas. E a história evolucionária implícita acabou estando errada. Você não tem um cérebro reptiliano na cabeça; a evolução não funcionou simplesmente colocando um sistema sobre o outro sem modificações nos sistemas existentes.

Mesmo que o cérebro trino de MacLean estivesse mais próximo da verdade, o maior problema é que suas divisões funcionais não são muito úteis para nossos propósitos. Se nosso objetivo é fazer a engenharia reversa do cérebro humano e entender a natureza da inteligência, os três sistemas de MacLean são muito amplos e as funções atribuídas são muito vagas para fornecer até mesmo um ponto de partida.

Precisamos fundamentar nossa compreensão de como o cérebro funciona e evoluiu em nossa compreensão de como a inteligência funciona — para a qual devemos ver o campo da inteligência artificial. A relação entre IA e cérebro segue nos dois sentidos; enquanto o cérebro certamente pode nos ensinar muito sobre como criar uma inteligência artificial humana, a IA também pode nos ensinar sobre o cérebro. Se pensarmos que uma parte do cérebro usa algum algoritmo específico, mas esse algoritmo não funciona quando o implementamos em máquinas, isso nos dará evidências de que o cérebro pode não funcionar dessa maneira. Por outro lado, se encontrarmos um algoritmo que funciona bem nos sistemas de IA e fizermos paralelos entre as propriedades desses algoritmos e as propriedades do cérebro dos animais, isso nos dará evidências de que o cérebro pode realmente funcionar assim.

O físico Richard Feynman deixou o seguinte em um quadro-negro pouco antes de sua morte: "O que eu não posso criar, não entendo." O cérebro é a nossa inspiração orientadora para como construir a IA e a IA é o nosso teste decisivo de quão bem entendemos o cérebro.

Precisamos de uma nova história evolutiva do cérebro, baseada não apenas na compreensão moderna de como a anatomia dele mudou com o tempo, mas uma compreensão moderna da inteligência em si.

Os Cinco Avanços

Começaremos com a inteligência artificial no nível do rato (ARI), depois passaremos para a inteligência artificial no nível do gato (ACI) e assim por diante, até a inteligência artificial no nível humano (AHI).

— Yann LeCun, chefe da IA na Meta

Temos muita história evolutiva para cobrir — 4 bilhões de anos. Em vez de narrar cada ajuste menor, iremos relatar os principais avanços evolutivos. Na verdade, como uma aproximação inicial — um primeiro modelo desta história —, a totalidade da evolução do cérebro humano pode ser resumida como a culminação de apenas *cinco* avanços, começando desde os primeiros cérebros e indo até o cérebro humano.

Esses cinco avanços são o mapa organizador do nosso livro e compõem o itinerário para nossa aventura no tempo. Cada avanço surgiu de novos conjuntos de modificações cerebrais e animais equipados com um novo portfólio de habilidades intelectuais. Este livro é dividido em cinco partes, uma para cada avanço. Em cada seção, descreverei por que essas habilidades evoluíram, como funcionavam e como ainda se manifestam no cérebro humano hoje.

Cada avanço subsequente se baseia naqueles que vieram antes e forneceu a base para aqueles que se seguiriam. As inovações do passado permitiram as inovações do futuro. É com esse conjunto ordenado de modificações que a história evolutiva do cérebro nos ajuda a entender a complexidade que surgiu como consequência.

Mas essa história não pode ser recontada fielmente considerando apenas a biologia do cérebro dos nossos antepassados. Esses avanços sempre surgiram de períodos em que nossos antepassados enfrentaram situações extremas ou ficaram presos em poderosos ciclos de feedback. Foram essas pressões que levaram a reconfigurações rápidas do cérebro. Não podemos entender os avanços na evolução do cérebro sem também entender os problemas e os triunfos de nossos ancestrais: os predadores que eles enganaram, as calamidades ambientais que sofreram e os nichos desesperados que procuraram para sobreviver.

É crucial basear esses avanços no que é conhecido atualmente no campo da IA, pois muitos desses avanços na inteligência biológica têm paralelos com o que aprendemos na inteligência artificial. Alguns desses avanços representam manobras intelectuais que entendemos bem na IA, já outras ainda estão além do nosso entendimento. E assim talvez a história evolutiva do cérebro possa lançar luz sobre os avanços que não vimos no desenvolvimento da inteligência artificial humana. Talvez revele algumas pistas escondidas da natureza.

Eu

Gostaria de dizer que escrevi este livro porque passei toda a minha vida ponderando sobre a evolução do cérebro, tentando criar robôs inteligentes. Mas não sou neurocientista nem roboticista, ou mesmo cientista. Eu escrevi este livro porque queria ler este livro.

Cheguei à discrepância desconcertante entre inteligências humana e artificial tentando aplicar os sistemas de IA em problemas reais. Passei a maior parte da minha carreira em uma empresa que ajudei a fundar, chamada Bluecore; criávamos sistemas de software e IA para ajudar algumas das maiores marcas do mundo a personalizar seu marketing. Nosso software ajudava a prever o que os consumidores comprariam antes que soubessem o que queriam. Éramos apenas uma pequena parte em um mar de inúmeras empresas começando a usar os novos avanços nos sistemas de IA. Mas todos os projetos, grandes e pequenos, eram moldados pelas mesmas perguntas desconcertantes.

Ao comercializar sistemas de IA, há possivelmente uma série de reuniões entre equipes de negócios e equipes de aprendizado de máquina. As equipes de negócios procuram aplicações de novos sistemas de IA que seriam *valiosas*, mas apenas as equipes de aprendizado de máquina entendem quais aplicações seriam *viáveis*. Essas reuniões muitas vezes revelam nossas intuições equivocadas sobre o quanto entendemos sobre inteligência. Os empresários pesquisam aplicações de sistemas de IA que parecem simples para eles. Mas, com frequência, essas tarefas parecem simples apenas porque são fáceis para *nosso cérebro*. As pessoas do aprendizado de máquina explicam pacientemente à equipe de negócios por que a ideia que parece simples é, na verdade, astronomicamente difícil. E esses debates vão e voltam a cada novo projeto. Foi a partir de investigações sobre o quanto poderíamos estender os sistemas modernos de IA e os lugares incríveis onde eles falham que desenvolvi minha curiosidade original sobre o cérebro.

Claro, também sou humano e eu, como você, tenho um cérebro humano. Então foi fácil ficar fascinado pelo órgão que define muito da experiência humana. O cérebro dá respostas não só sobre a natureza da inteligência, mas também por que nos comportamos de tal modo. Por que muitas vezes fazemos escolhas irracionais e autodestrutivas? Por que nossa espécie tem um histórico longo e recorrente de altruísmo inspirador e crueldade incomensurável?

Meu projeto pessoal começou tão somente com a tentativa de ler livros para responder minhas próprias perguntas. Isso acabou se transformando em longas correspondências por e-mails com neurocientistas generosos o suficiente para saciar a curiosidade de um estranho. Essa pesquisa e esses e-mails acabaram me levando a publicar vários trabalhos de pesquisa, culminando na decisão de dar um tempo no trabalho e transformar essas ideias em livro.

Ao longo do processo, quanto mais fundo eu ia, mais me convencia de que havia uma síntese valiosa a contribuir, que poderia fornecer uma introdução acessível a como o cérebro funciona, por que funciona de tal maneira, como ele se sobrepõe e difere dos sistemas modernos de IA; uma que poderia trazer várias ideias através da neurociência e da IA, juntas sob uma única história.

Uma Breve História da Inteligência é uma síntese do trabalho de muitos. No fundo, é apenas uma tentativa de juntar as peças que já existiam. Fiz o meu melhor para dar o devido crédito ao longo do livro, sempre com o objetivo de homenagear os cientistas que fizeram a pesquisa real. Se falhei, não foi intencional. É certo que eu não pude deixar de fazer algumas especulações por conta própria, mas tentarei ser claro quando entrar em tal território.

Talvez seja apropriado que a origem deste livro, como a origem do próprio cérebro, não tenha vindo de um planejamento prévio, mas de um processo caótico de falsos começos e caminhos equivocados, de acaso, repetição e sorte.

Uma Observação Final (Sobre Degraus e Chauvinismo)

Tenho uma última observação a fazer antes de começarmos nossa viagem no tempo. Há um erro de interpretação que aparecerá perigosamente nas linhas desta história inteira.

Este livro fará muitas comparações entre as habilidades dos seres humanos e de outros animais vivos hoje, mas isso é sempre feito escolhendo especificamente os animais que acreditamos ser mais semelhantes aos nossos antepassados. O livro inteiro — a estrutura dos cinco avanços em si — é apenas a história da linhagem *humana*, a história de como é *nosso* cérebro; pode-se facilmente criar uma história de como é o cérebro do polvo ou da abelha, com suas próprias idas e vindas, seus próprios avanços.

Só porque nosso cérebro tem mais habilidades intelectuais do que de nossos antepassados, não significa que o cérebro humano moderno seja, a rigor, intelectualmente superior ao de outros animais modernos.

A evolução converge independentemente em soluções comuns o tempo todo. A inovação das asas evoluiu independentemente dos insetos, dos morcegos e dos pássaros; o antepassado comum dessas criaturas não tinha asas. Acredita-se também que muitas vezes os olhos evoluíram independentemente. Assim, quando afirmo que uma capacidade intelectual, como a memória episódica, evoluiu nos primeiros mamíferos, isso não significa que hoje *apenas* os mamíferos têm memória episódica. Como nas asas e nos olhos, outras linhagens da vida podem ter evoluído independentemente da memória episódica. De fato, muitas faculdades intelectuais que narraremos neste livro não são exclusivas de nossa linhagem, mas surgiram independentemente ao longo de numerosos ramos da árvore evolutiva da Terra.

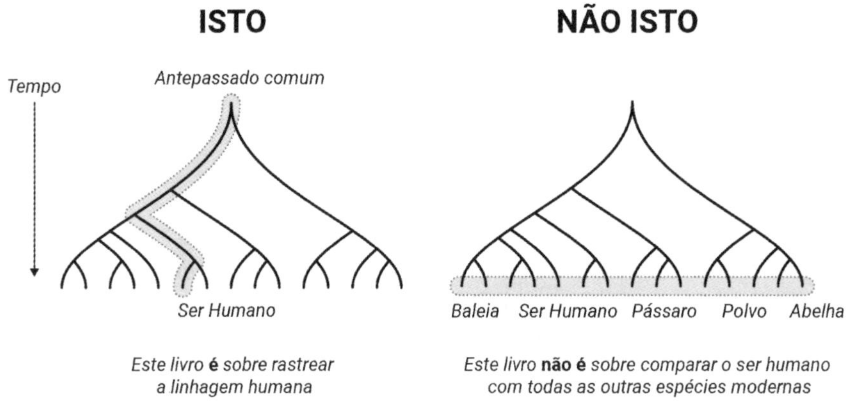

Figura 2

Desde Aristóteles, cientistas e filósofos criaram o que os biólogos modernos chamam de "escala da natureza" (como os cientistas gostam de usar termos em latim, *scala naturae*). Aristóteles criou uma hierarquia de todas as formas de vida com os seres humanos sendo superiores aos outros mamíferos, que por sua vez eram superiores aos répteis e aos peixes, que por sua vez eram superiores aos insetos, que por sua vez eram superiores às plantas.

Mesmo após a descoberta da evolução, a ideia de uma escala da natureza continua. A ideia de que existe uma hierarquia das espécies está muito errada. Todas as espécies vivas hoje estão, bem, *vivas*; seus antepassados sobreviveram aos últimos 3,5 bilhões de anos de evolução. Nesse sentido — o único que importa para a evolução —, todas as formas de vida vivas hoje estão ligadas em primeiro lugar.

As espécies ficam em diferentes nichos de sobrevivência, cada uma otimizada para coisas diferentes. Muitos nichos, na verdade, a *maioria* deles, são mais bem providos de cérebros *menores* e *mais simples* (ou nenhum cérebro). Os macacos com cérebro grande são resultado de uma estratégia de sobrevivência diferente, comparados com vermes, bactérias ou outros insetos. Mas nenhum é "melhor". Aos olhos da evolução, a hierarquia tem apenas dois degraus: em um, há aqueles que sobreviveram, e no outro, aqueles que não.

Talvez seja *melhor* definir isso por algum aspecto específico da inteligência. Mas ainda aqui, o ranking dependerá inteiramente de qual habilidade intelectual específica estamos medindo. Um polvo tem um cérebro independente em cada um de seus tentáculos e pode arrasar um ser humano em várias tarefas. Pombos, esquilos, atum e até *iguanas* podem processar informações visuais mais rápido do que o ser humano. Os peixes têm um processamento em tempo real incrivelmente preciso; já viu a rapidez com a qual um peixe se move em um labirinto de pedras se você tenta agarrá-lo? Um humano certamente bateria se tentasse se mover tão rápido em uma pista de obstáculos.

Meu apelo: Ao rastrear nossa história, não devemos pensar que a complexificação do passado até o futuro sugere que os humanos modernos são estritamente superiores aos animais modernos. Devemos evitar a construção acidental de uma *scala naturae*. Todos os animais vivos hoje passaram por uma evolução no mesmo período de tempo.

No entanto, claro, há coisas que nos tornam únicos como seres humanos e como *somos humanos*, faz sentido que tenhamos um interesse especial em nós mesmos e faz sentido que nos esforcemos para tornar as inteligências artificiais *semelhantes às humanas*. Então, espero que possamos iniciar uma história centrada no ser humano, sem entrar no chauvinismo humano. Há uma história igualmente válida a ser contada para qualquer outro animal, de abelhas a papagaios e polvos, com os quais compartilhamos nosso planeta. Mas não contaremos essas histórias aqui. Este livro conta a história de apenas *uma* dessas inteligências: a nossa história.

1
O Mundo Antes do Cérebro

A vida existe na Terra há tempos, ou seja, há muito tempo, mais de 3 bilhões de anos, antes do primeiro cérebro aparecer. Quando os primeiros cérebros evoluíram, a vida já havia perseverado em incontáveis ciclos evolutivos de desafio e mudança. No grande arco da vida na Terra, a história do cérebro não seria encontrada nos capítulos principais, mas no epílogo — o cérebro apareceu apenas nos últimos 15% da história da vida. A inteligência também existiu por muito tempo antes do cérebro; como veremos, a vida começou a exibir um comportamento inteligente no início de sua história. Não podemos entender por que e como o cérebro evoluiu sem primeiro rever a evolução da inteligência em si.

Há cerca de 4 bilhões de anos, nas profundezas dos oceanos vulcânicos de uma Terra sem vida, um monte de moléculas saltava nos cantos e recantos microscópicos de um respiradouro hidrotermal comum. Conforme a água fervente irrompia do fundo do mar, esmagava os nucleotídeos naturais e os transformava em longas cadeias moleculares semelhantes ao DNA de hoje. Essas primeiras moléculas semelhantes ao DNA tinham curta duração; a mesma energia cinética vulcânica que as criava, também inevitavelmente as separava. É a consequência da segunda lei da termodinâmica. A lei inabalável da física que declara que a entropia — a quantidade de desordem em um sistema — aumenta sempre e inevitavelmente; o Universo não se furta à decadência. Após inúmeras cadeias nucleotídicas aleatórias construídas e destruídas, uma sequência com sorte foi encontrada, uma que marcou, pelo menos na Terra, a primeira e verdadeira rebelião contra o ataque aparentemente inexorável da entropia. Essa nova molécula semelhante ao DNA não estava viva por si só, mas realizou o processo mais fundamental pelo qual a vida mais tarde surgiria: duplicou-se.

Embora essas moléculas autorreplicantes e semelhantes ao DNA também sucumbissem aos efeitos destrutivos da entropia, elas não precisavam sobreviver *individualmente* para sobreviver *coletivamente* — contanto que durassem tempo suficiente para criar suas próprias cópias, elas persistiam em essência. Essa é a genialidade da autorreplicação. Com essas primeiras moléculas autorreplicantes, uma versão primitiva do processo de evolução começou; qualquer nova circunstância com sorte que facilitasse uma duplicação mais bem-sucedida levaria, claro, a mais duplicatas.

Houve duas transformações evolutivas subsequentes que levaram à vida. A primeira foi quando as bolhas lipídicas protetoras aprisionaram essas moléculas de DNA com o mesmo mecanismo pelo qual o sabão, também feito de lipídios, naturalmente borbulha ao lavar as mãos. Essas bolhas lipídicas microscópicas cheias de DNA foram as primeiras versões das células, a unidade fundamental da vida.

A segunda transformação evolutiva ocorreu quando um conjunto de moléculas com nucleotídeos (ribossomas) começou a traduzir as sequências específicas de DNA em sequências específicas de aminoácidos, então dobrados em estruturas tridimensionais específicas que chamamos de *proteínas*. Uma vez produzidas, essas proteínas flutuam dentro de uma célula ou são incorporadas à parede dela cumprindo funções diferentes. Provavelmente, pelo menos de passagem, você ouviu que seu DNA é composto de genes. Bem, um gene é simplesmente a seção do DNA que codifica a construção de uma proteína específica e singular. Essa foi a invenção da síntese proteica, e foi aqui que as primeiras faíscas de inteligência apareceram.

O DNA é relativamente inerte, eficaz para a autoduplicação, mas limitado em sua capacidade de manipular o mundo microscópico em torno dele. No entanto, as proteínas são muito mais flexíveis e poderosas. Em muitos aspectos, elas são mais máquinas do que moléculas. As proteínas podem ser criadas e dobradas de muitas formas — exibindo túneis, travas e outras partes móveis robóticas — e podem, assim, auxiliar em infinitas funções celulares, inclusive na "inteligência".

Mesmo os organismos unicelulares mais simples, como as bactérias, têm proteínas designadas para o movimento, mecanismos motorizados que convertem a energia celular em propulsão, hélices rotativas usando um mecanismo não menos complexo que o motor de um barco moderno. As bactérias também têm proteínas designadas para a *percepção* — receptores que se remodelam quando detectam certos aspectos do ambiente externo, como temperatura, luz ou toque.

Armada com proteínas para o movimento e a percepção, a vida inicial conseguiu monitorar e responder ao mundo exterior. As bactérias podem se afastar de ambientes que diminuem a probabilidade de replicação bem-sucedida, ambientes que têm, por exemplo, temperaturas muito quentes ou frias, ou substâncias químicas destrutivas para o DNA ou as membranas celulares. As bactérias também podem ir para ambientes que favorecem a reprodução.

E, assim, essas células antigas tinham uma versão primitiva de inteligência, implementada não em neurônios, mas em uma rede complexa de cascatas químicas e proteínas.

O desenvolvimento da síntese de proteína não só gerou as sementes da inteligência, mas também transformou o DNA de mera *matéria* em um meio para armazenar *informações*. Em vez de ser o material autorreplicante da própria vida, o DNA se transformou no fundamento informacional a partir do qual o material da vida é construído. O DNA tornou-se oficialmente o modelo da vida, com os ribossomas sendo sua fábrica, e as proteínas, seu produto.

Com esses fundamentos, o processo de evolução foi iniciado com força total: variações no DNA levaram a variações nas proteínas, levando à investigação evolutiva de novos mecanismos celulares, que, com a seleção natural, foram aparados e selecionados, caso favorecessem ainda mais a sobrevivência. Neste ponto da história da vida, concluímos o processo longo, ainda a ser replicado e misterioso que os cientistas chamam de abiogênese: o processo pelo qual a matéria não biológica (*abio*) é convertida em vida (*gênese*).

A Formação da Terra

Pouco tempo depois, essas células evoluíram para o que os cientistas chamam de "último ancestral comum universal" ou LUCA (sigla em inglês). LUCA foi o avô sem gênero de toda a vida; todos os fungos, plantas, bactérias e animais vivos hoje, incluindo nós, descendem de LUCA. Não é nenhuma surpresa que toda vida compartilha as principais características de LUCA: DNA, síntese proteica, lipídios e carboidratos.

LUCA, vivendo há cerca de 3,5 bilhões de anos, provavelmente lembrava a versão mais simples de uma bactéria moderna. E, de fato, muito tempo depois, toda a vida era procariótica. Depois de mais de 1 bilhão de anos, trilhões e trilhões de iterações evolutivas, os oceanos da Terra estavam cheios de muitas espécies diversas desses microrganismos, cada um com o próprio portfólio de DNA e proteínas. A maneira pela qual esses primeiros microrganismos diferiam entre si estava em seus sistemas de produção de energia. A história da vida, em sua essência, é sobre energia e entropia.

Manter uma célula viva é caro. O DNA requer reparo constante; as proteínas precisam de uma restauração perpétua; e a duplicação celular exige a reconstrução de muitas estruturas internas. O hidrogênio, um elemento abundante perto de fontes hidrotermais, provavelmente foi o primeiro combustível usado para financiar esses muitos processos. Mas esse sistema de energia baseado em hidrogênio era ineficiente e fazia a vida buscar desesperadamente por energia suficiente para sobreviver. Após mais de 1 bilhão de anos de vida, essa escassez energética chegou ao fim quando uma única espécie de bactéria, a cianobactéria, também chamada de alga azul-esverdeada, encontrou um mecanismo muito mais lucrativo para extrair e armazenar energia: a fotossíntese.

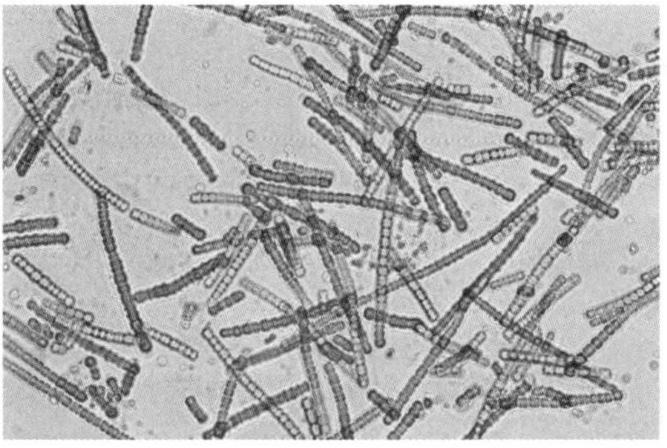

Figura 1.1: Cianobactéria

O sistema biológico mais impressionante nessas cianobactérias primitivas não era suas fábricas de proteínas nem seus produtos, mas suas usinas de energia fotossintética, as estruturas que convertiam a luz solar e o dióxido de carbono em açúcar, que poderia então ser armazenado e convertido em energia celular. A fotossíntese era mais eficiente do que os sistemas celulares anteriores para extrair e armazenar energia. Fornecia às cianobactérias combustível abundante para financiar sua duplicação. Vastas regiões do oceano rapidamente ficaram cobertas por um tapete microbiano esverdeado, colônias de bilhões de cianobactérias tomando sol, sugando dióxido de carbono e se reproduzindo infinitamente.

Como a maioria dos processos de produção de energia, desde a queima de combustíveis fósseis até o aproveitamento de combustíveis nucleares, a fotossíntese produzia poluição. Em vez de dióxido de carbono ou resíduos nucleares, a descarga da fotossíntese era o oxigênio. Antes disso, a Terra não tinha camada de ozônio. Foram as cianobactérias, com sua fotossíntese recém-descoberta, que construíram a atmosfera rica em oxigênio da Terra e começaram a terraformar o planeta de uma rocha vulcânica cinza no oásis que conhecemos hoje. Esse evento aconteceu há cerca de 2,4 bilhões de anos, e ocorreu tão rapidamente, pelo menos em termos geológicos, que foi chamado de "o grande evento da oxigenação". Ao longo de 100 milhões de anos, os níveis de oxigênio dispararam. Infelizmente, esse evento não foi uma bênção para toda forma de vida. Os cientistas têm um nome menos complacente para isso: "o Holocausto do oxigênio".

O oxigênio é um elemento incrivelmente reativo, o que o torna perigoso nas reações químicas cuidadosamente orquestradas de uma célula. A menos que medidas especiais de proteção intracelular sejam tomadas, os compostos de oxigênio interferirão nos processos celulares, incluindo na manutenção do DNA. É por isso que os antioxidantes — compostos que removem as moléculas de oxigênio altamente reativas da corrente sanguínea — são uma proteção contra o câncer. As formas de vida fotossintéticas foram vítimas de seu próprio sucesso, sufocando lentamente na nuvem de seu próprio resíduo. O aumento do oxigênio foi seguido por um dos eventos de extinção mais mortais na história da Terra.

Como acontece com muitas substâncias perigosas (urânio, gasolina, carvão), o oxigênio também pode ser útil. Esse elemento recém-disponível representava uma oportunidade energética, e foi uma questão de tempo até a vida encontrar uma maneira de explorá-lo. Uma nova forma de bactéria surgiu, produzindo energia não a partir da fotossíntese, mas da respiração celular, o processo pelo qual o oxigênio e o açúcar são convertidos em energia, expelindo dióxido de carbono como resultado. Os microrganismos que respiravam começaram a engolir o excesso de oxigênio do oceano e a reabastecer seu suprimento reduzido de dióxido de carbono. O que começou como poluente para uma forma de vida tornou-se combustível para outra.

A vida na Terra entrou talvez na maior simbiose já vista entre dois sistemas concorrentes, mas complementares de vida, durando até hoje. Uma categoria de vida era fotossintética, convertendo água e dióxido de carbono em açúcar e oxigênio. A outra era respiratória, convertendo açúcar e oxigênio de volta em dióxido de carbono. Na época, essas duas formas de vida eram semelhantes, ambas bactérias unicelulares. Hoje, essa simbiose é composta por formas de vida muito diferentes. Árvores, grama e outras plantas são alguns dos nossos fotossintetizadores modernos, já fungos e animais são alguns dos nossos respiradores modernos.

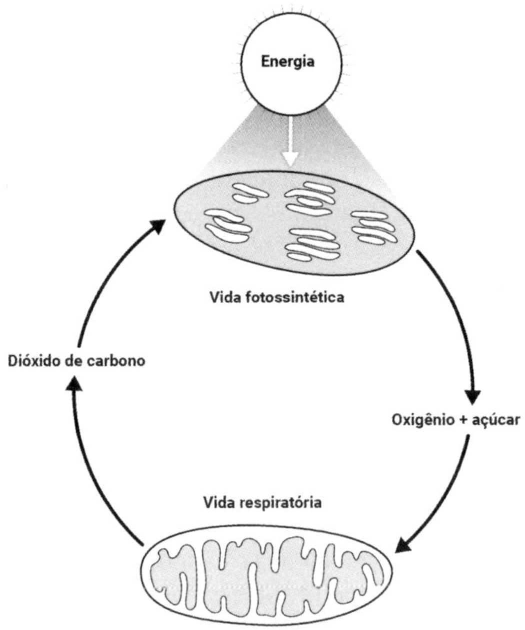

Figura 1.2: Simbiose entre as vidas fotossintética e respiratória

A respiração celular requer açúcar para produzir energia e essa necessidade fundamental forneceu a base energética para a consequente explosão de inteligência que ocorreu exclusivamente nos descendentes da vida respiratória. Embora a maioria, se não todos, dos microrganismos na época mostrasse níveis primitivos de inteligência, foi somente na vida respiratória que a inteligência foi mais tarde elaborada e estendida. Os microrganismos respiratórios diferiam de uma maneira crucial de seus primos fotossintéticos: eles precisavam caçar. E a caça exigia um novo grau de inteligência.

Três Níveis

O ecossistema de 2 bilhões de anos atrás não era um mundo particularmente devastado pela guerra.* Uma paz provisória mediada por uma necessidade energética sustentava as muitas interações da vida.

* Exceto pela batalha entre bactérias e vírus, mas essa é outra história.

Embora algumas bactérias possam ter engolido os restos mortais dos seus próximos, raramente valia a pena o esforço tentar matar ativamente outras vidas. A abordagem não baseada em oxigênio para converter açúcar em energia (respiração *anaeróbica*) é 15 vezes menos eficiente do que a abordagem baseada em oxigênio (respiração *aeróbica*). Assim, antes da introdução do oxigênio, a caça não era uma estratégia de sobrevivência viável. Era melhor encontrar um bom lugar, ficar firme e relaxar sob a luz do sol. A competição mais severa entre os primeiros anos de vida provavelmente era semelhante a pessoas correndo para o Walmart na Black Friday, se acotovelando em busca de prêmios escassos nas proximidades, mas não se atacando diretamente. Até se acotovelar talvez fosse incomum; a luz do sol e o hidrogênio eram abundantes, e havia mais do que o suficiente.

No entanto, ao contrário das células que vieram antes, a vida respiratória só poderia sobreviver roubando o prêmio energético — as entranhas açucaradas — da vida fotossintética. Assim, a paz utópica do mundo terminou abruptamente com a chegada da respiração aeróbica. Foi aqui que os microrganismos começaram a comer ativamente outros microrganismos. Isso alimentava o motor do progresso evolutivo; para cada inovação defensiva que a presa evoluía para não ser morta, os predadores desenvolviam uma inovação ofensiva para superar essa mesma defesa. A vida entrou em uma corrida armamentista, um ciclo de feedback perpétuo: as inovações ofensivas levavam a inovações defensivas que requeriam mais inovações ofensivas.

Fora desse turbilhão, surgiu uma grande diversificação da vida. Algumas espécies permaneceram como pequenos microrganismos unicelulares. Outras evoluíram para os primeiros eucariontes, células que eram cem vezes maiores, produziam mil vezes mais energia e tinham muito mais complexidade interna. Esses eucariontes eram as máquinas de matar microbianas mais avançadas até então. Os eucariontes foram os primeiros a desenvolver a *fagotrofia*, a estratégia de caça de literalmente engolir outras células e quebrá-las dentro de suas paredes celulares. Esses eucariontes, armados com mais energia e complexidade, diversificaram-se ainda mais nas primeiras plantas, nos primeiros fungos e nos precursores dos primeiros animais. Os fungos e os animais descendentes dos eucariontes mantiveram a necessidade de *caçar* (eram respiradores), já a linhagem vegetal retornou a um estilo de vida de fotossíntese.

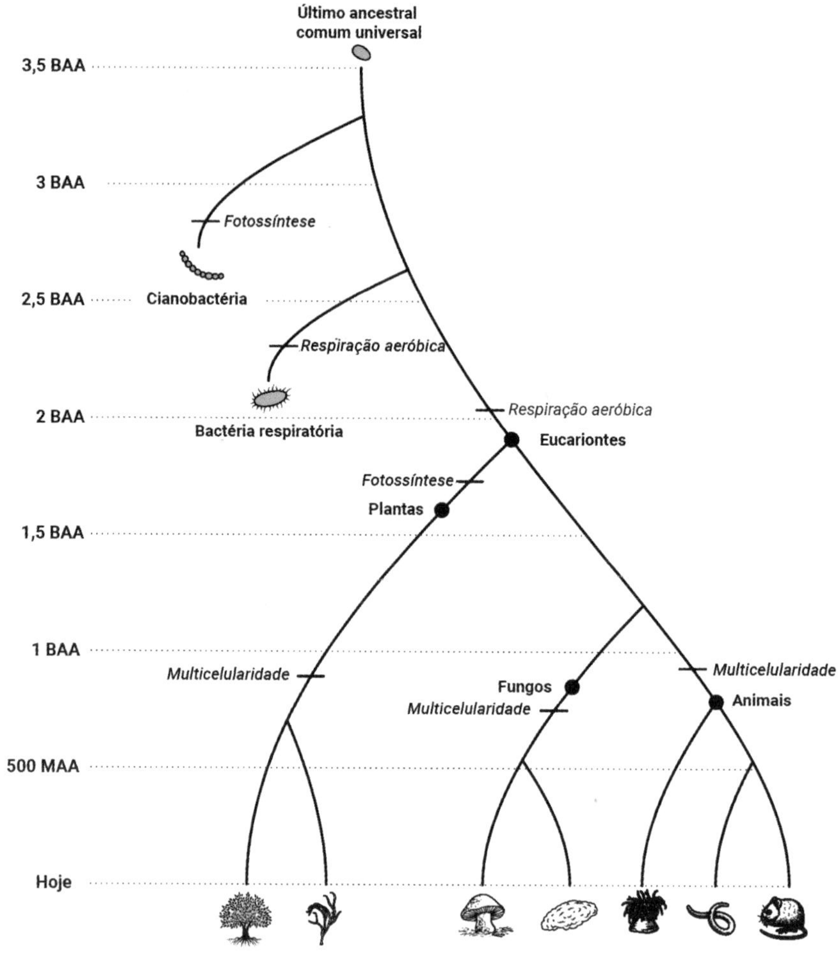

Figura 1.3: A árvore da vida

O traço comum entre essas linhagens eucariontes era que todas as três (plantas, fungos e animais) evoluíram de forma independente a multicelularidade. Grande parte do que você vê e pensa como vida (seres humanos, árvores, cogumelos) é principalmente composta de organismos *multicelulares*, cacofonias de bilhões de células individuais, todas trabalhando juntas para criar um organismo emergente e singular. Um ser humano é composto exatamente de diversos tipos de células especializadas: células epiteliais, musculares, hepáticas, ósseas, imunológicas, sanguíneas. Uma planta tem células especializadas também. Todas essas células têm *funções* diferentes e ainda servem a um *propósito* comum: dar suporte para a sobrevivência do organismo em geral.

E, assim, plantas subaquáticas semelhantes a algas marinhas começaram a brotar, fungos semelhantes a cogumelos começaram a crescer, e animais primitivos começaram a se mover lentamente. Há cerca de 800 milhões de anos, a vida tinha três grandes níveis de complexidade. No nível um, havia vida unicelular, composta de bactérias microscópicas e eucariontes unicelulares. No nível dois, estava a vida multicelular pequena, grande o suficiente para engolir organismos unicelulares, mas pequena o suficiente para se mover usando hélices celulares básicas. No nível três, ficava a *grande* vida multicelular; grande demais para se mover com hélices celulares e, portanto, formar estruturas imóveis.

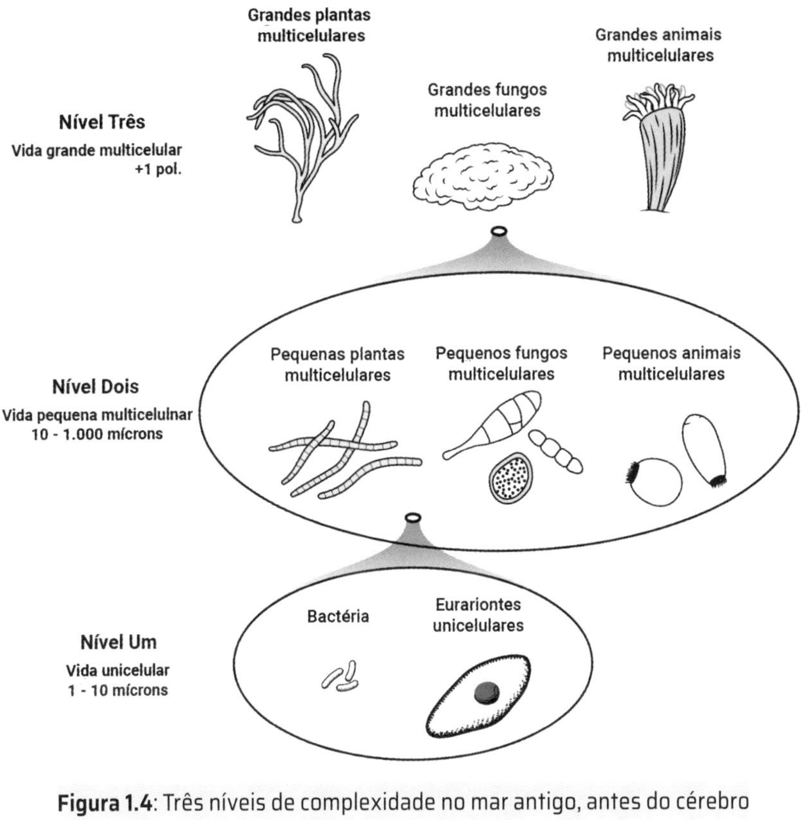

Figura 1.4: Três níveis de complexidade no mar antigo, antes do cérebro

Esses primeiros animais provavelmente não se pareceriam com o que você pensa como animais. Mas tinham algo que os tornava diferentes de todas as outras vidas na época: neurônios.

O Neurônio

O que é neurônio e o que ele faz depende de para quem você pergunta. Se você pergunta a um biólogo, os neurônios são as células primárias que compõem o sistema nervoso. Se pergunta a um pesquisador de aprendizado de máquina, os neurônios são as unidades fundamentais das redes neurais, pequenos acumuladores que realizam a tarefa básica de calcular uma soma ponderada de suas entradas. Se pergunta a um psicofísico, neurônios são os sensores que medem os aspectos do mundo externo. Para um neurocientista especializado em controle motor, os neurônios são efetores, os controladores dos músculos e do movimento. Se pergunta a outras pessoas, pode obter uma ampla variedade de respostas, desde "Neurônios são pequenos fios elétricos em sua cabeça" até "Neurônios são o material da consciência". Todas essas respostas estão certas, na essência da verdade total, mas incompletas se separadas.

O sistema nervoso de todos os animais, de vermes a marsupiais, é constituído por essas células fibrosas de forma estranha chamadas neurônios. Há uma incrível variedade de neurônios, mas, apesar da diversidade de formas e tamanhos, todos eles funcionam da mesma maneira. Esta é a observação mais chocante ao comparar os neurônios entre as espécies — na maior parte, eles são todos fundamentalmente idênticos. Os neurônios no cérebro humano operam da mesma forma como os neurônios em uma água-viva. O que diferencia você de uma minhoca não é a unidade de inteligência em si, mas como essas unidades são ligadas.

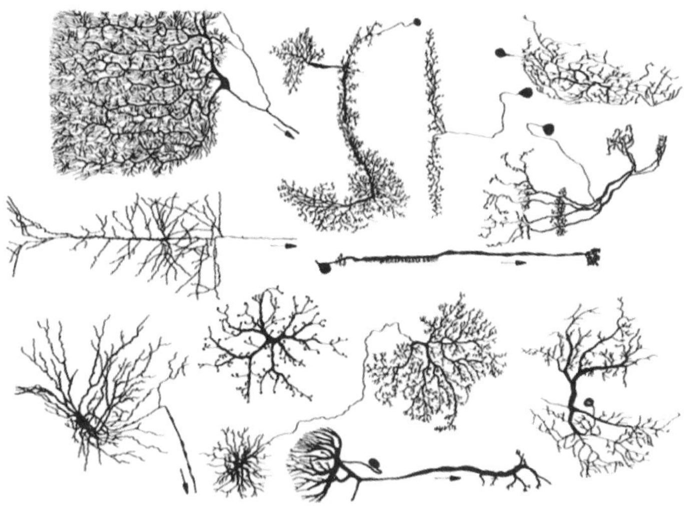

Figura 1.5: Neurônios

Os animais com neurônios têm um antepassado em comum, um organismo do qual os primeiros neurônios evoluíram e do qual todos os neurônios descendem. Parece que, nesse antigo avô dos animais, os neurônios atingiram a forma moderna; a partir deste ponto, a evolução religou os neurônios, mas não fez ajustes significativos na unidade básica em si. É um exemplo flagrante de como as inovações anteriores impõem restrições às inovações futuras, muitas vezes deixando as primeiras estruturas inalteradas — os blocos de construção fundamentais do cérebro têm sido essencialmente os mesmos por mais de 600 milhões de anos.

Por que os Fungos Não Têm Neurônios, Mas os Animais Sim

Você não é tão diferente do mofo. Apesar da aparência, os fungos têm mais em comum com os animais do que com as plantas. Enquanto as plantas sobrevivem por fotossíntese, os animais e os fungos sobrevivem por respiração. Animais e fungos respiram oxigênio e comem açúcar; ambos digerem alimentos, quebrando as células usando enzimas e absorvendo os nutrientes internos; e ambos têm um antepassado em comum muito mais recente do que com as plantas, que divergiram muito mais cedo. No começo da multicelularidade, fungos e vida animal seriam extremamente semelhantes. Mas uma linhagem (animais) passou a desenvolver neurônios e cérebro, e a outra (fungos) não. Por quê?

O açúcar é produzido apenas pela vida, portanto, existem apenas dois modos de grandes organismos respiratórios multicelulares se alimentarem. Um espera a vida morrer e o outro pega e mata o ser vivo. No início da divergência entre fungos e animais, cada um se estabeleceu em estratégias de alimentação opostas. Os fungos escolheram a estratégia da espera e os animais ficaram com a estratégia de matar.* Os fungos comem por meio da digestão *externa* (secretando enzimas para digerir os alimentos fora do corpo), já os animais o fazem por meio da digestão *interna* (prendendo o alimento dentro do corpo e secretando enzimas). A estratégia fúngica foi, de certo modo, mais bem-sucedida do que a dos animais — pela biomassa, há cerca de seis vezes mais

* Como tudo na evolução, há nuances. Existe uma terceira opção intermediária em que algumas espécies de animais e fungos se estabeleceram: a *estratégia parasitária*. Em vez de pegar as presas ativamente para matá-las, os parasitas as infectam e roubam o açúcar ou as matam por dentro.

fungos na Terra do que animais. Mas como veremos continuamente, em geral é da pior e da mais difícil estratégia, que surge a inovação.

Os fungos produzem trilhões de esporos unicelulares que flutuam dormentes. Se por acaso um ficar perto de uma vida morrendo, ele florescerá em uma grande estrutura fúngica, crescendo filamentos pilosos no tecido em decomposição, secretando enzimas e absorvendo os nutrientes liberados. É por isso que o mofo sempre aparece em alimentos velhos. Os esporos fúngicos estão ao nosso redor, esperando com paciência algo morrer. Os fungos são atualmente, e é provável que sempre foram, os lixeiros da Terra.

Mas os primeiros animais se estabeleceram em uma estratégia de captura ativa e ingestão de presas multicelulares no nível dois (veja a Figura 1.4). Naturalmente a matança ativa não era nova; os primeiros eucariontes inventaram há tempos uma estratégia (a fagotrofia) para matar a vida. Mas isso funcionava apenas na vida de nível um (unicelular); as bolhas multicelulares de nível dois eram muito grandes para serem engolidas em uma única célula. E, assim, os primeiros animais desenvolveram a digestão interna como uma estratégia para comer a vida no nível dois. Os animais formam pequenos estômagos nos quais prendem as presas, secretam as enzimas e as digerem.

De fato, a formação de uma cavidade interna para a digestão pode ter sido o aspecto definidor desses primeiros animais. Praticamente todo animal vivo hoje se desenvolve nas mesmas três etapas iniciais. De um óvulo fertilizado unicelular, uma esfera oca (uma blástula) se forma; isso então se dobra formando uma cavidade, um pequeno "estômago" (uma gástrula). Isso acontece nos embriões humanos e nos embriões de águas-vivas. Embora todo animal se desenvolva assim, nenhum outro reino da vida faz isso. É uma evidência flagrante do modelo evolutivo do qual todos os animais derivam: formamos estômagos para ingerir alimentos. Todos os animais que praticam tal gastrulação também têm neurônios e músculos, e parecem derivar de um antepassado animal comum com neurônios. Gastrulação, neurônios e músculos são as três características inseparáveis que unem e diferenciam os animais de todos os outros reinos da vida.

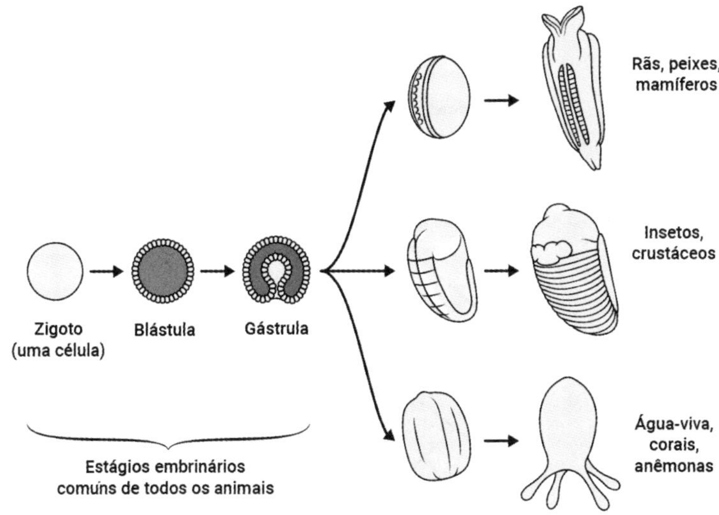

Figura 1.6: Estágios de desenvolvimento compartilhados por todos os animais

Alguns chegaram a ponto de afirmar que o avô dos animais era literalmente uma pequena criatura em forma de gástrula com neurônios. Mas é uma área científica cheia de controvérsias — só porque todos os animais se desenvolvem dessa forma não significa que eles realmente viviam assim.

Outra interpretação, baseada na paleontologia, sugere que os primeiros animais podem ter sido semelhantes aos corais de hoje. A olho nu, um coral é tão simples que não parece muito diferente de um fungo ou de uma planta (Figura 1.8). Somente ao examinar sua biologia de perto, você veria a presença do modelo animal: um estômago, músculos e neurônios. Um coral é, na verdade, uma colônia de organismos independentes chamados pólipos de coral. Em certo sentido, um pólipo de coral é literalmente *apenas* um estômago com neurônios e músculos. Têm pequenos tentáculos que flutuam na água, esperando que pequenos organismos nadem em direção a eles. Quando a comida toca uma das pontas desses tentáculos, eles se contraem rápido, puxando a presa para a cavidade do estômago onde é digerida. Os neurônios nas pontas desses tentáculos detectam alimentos e desencadeiam uma cascata de sinalização através de uma rede de outros neurônios que gera o relaxamento e a contração coordenados de diferentes músculos.

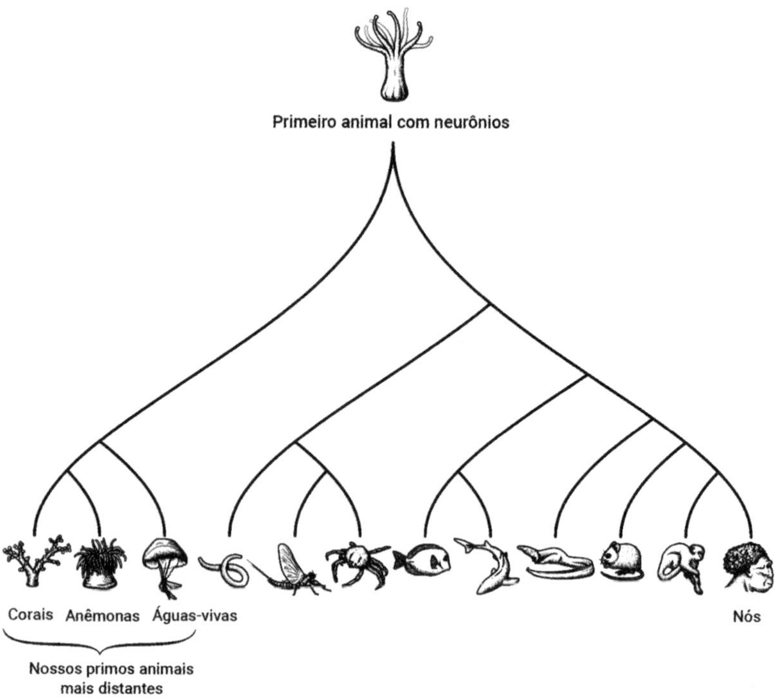

Figura 1.7: Árvore de animais com neurônios

Esse reflexo do coral não foi a primeira ou a única maneira como a vida multicelular sentiu e respondeu ao mundo. Plantas e fungos fazem isso muito bem sem neurônios ou músculos; as plantas podem orientar suas folhas em direção ao sol e os fungos podem orientar seu crescimento na direção dos alimentos. Mas ainda assim, no mar antigo no começo da multicelularidade, esse reflexo fora revolucionário, não porque foi a primeira vez que a vida multicelular foi sentida ou se moveu, mas porque foi a primeira vez que sentiu e se moveu com *velocidade* e *especificidade*. O movimento de plantas e fungos leva de horas a dias; o movimento dos corais leva segundos.* O movimento de plantas e fungos é desajeitado e impreciso; o movimento dos corais é comparativamente muito específico — agarrar a presa, abrir a boca, puxar para o estômago e fechar a boca requer uma orquestração cronometrada e precisa de relaxar alguns músculos e contrair outros. E

* A dioneia é uma fascinante exceção, um exemplo de planta que evoluiu independentemente da capacidade de capturar presas movendo-se com rapidez.

por *isso* os fungos não têm neurônios e os animais sim. Embora ambos sejam grandes organismos multicelulares que se alimentam de outras vidas, apenas a estratégia de sobrevivência animal de matar a vida multicelular no nível dois requer reflexos rápidos e específicos.* O propósito original dos neurônios e dos músculos pode ter sido a tarefa simples e inglória de engolir.

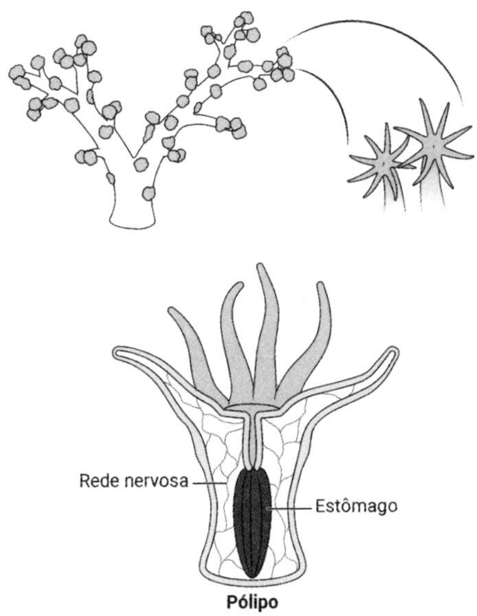

Figura 1.8: Coral mole como modelo da primeira vida animal

Três Descobertas de Edgar Adrian e os Aspectos Universais dos Neurônios

A jornada científica pela qual chegamos a entender como os neurônios funcionam tem sido longa, cheia de falsos começos e caminhos errados. Desde o famoso e antigo médico grego Hipócrates em 400 a.C., sabe-se que os animais têm um sistema de material fibroso mais tarde chamado de *nervos* (da palavra latina *nervus*, que

* Seria possível, claro, afirmar isso ao contrário: os fungos nunca se alimentaram de outras vidas *porque* nunca tiveram neurônios. O importante não é o que veio primeiro, mas que os neurônios e a caça no nível dois da vida multicelular fizeram parte da mesma estratégia, que os fungos nunca usaram.

significa "tendão"), entrando e saindo do cérebro, e que esse sistema é o meio pelo qual os músculos são controlados e as sensações são percebidas. Os cientistas descobriram isso com experimentos horríveis, cortando as medulas espinhais e apertando os nervos em porcos vivos e outros animais. Mas os antigos gregos erroneamente concluíram que eram a "energia vital" que fluía através desses nervos. Passariam muitos séculos até que esse erro fosse corrigido. Mais de 2 mil anos depois, até mesmo o grande Isaac Newton especularia, incorretamente, que os nervos se comunicavam por vibrações que fluem através de um fluido nervoso que ele chamou de *éter*. Foi só no final dos anos 1700 que os cientistas descobriram que o que fluía pelo sistema nervoso não era *éter*, mas *eletricidade*. A corrente elétrica aplicada a um nervo fluirá em direção aos músculos abaixo e fará com que eles se contraiam.

Mas muitos erros permaneceram. Na época, pensava-se que o sistema nervoso era composto de uma única rede de nervos, análoga à rede homogênea de vasos sanguíneos do sistema circulatório. Apenas no final do século XIX, com microscópios mais avançados e técnicas de coloração, que os cientistas descobriram que o sistema nervoso era composto de células independentes (neurônios) que, embora conectadas, são separadas e geram seus próprios sinais. Isso também revelou que os sinais elétricos fluem apenas em uma direção dentro de um neurônio, de uma parte que recebe a entrada, chamadas *dendritos*, para outra que envia a saída elétrica, chamada *axônio*. Essa saída flui para outros neurônios ou outros tipos de células (como células musculares) para ativá-los.

No início da década de 1920, um jovem neurologista inglês chamado Edgar Adrian retornou à Universidade de Cambridge após um longo período de serviço médico durante a Primeira Guerra Mundial. Adrian, como muitos pesquisadores na época, estava interessado em registrar eletricamente os neurônios para decifrar como e o que eles comunicavam. O problema sempre foi que os dispositivos de gravação elétrica eram muito grandes e rudimentares para registrar a atividade de um único neurônio, portanto, sempre produziam sinais confusos e com interferência de vários neurônios. O neurologista e seus colaboradores foram os primeiros a encontrar uma solução técnica para o problema, inventando o campo da eletrofisiologia de neurônio único. Isso deu aos cientistas, pela primeira vez, uma visão da linguagem de neurônios individuais. As três descobertas subsequentes renderam a Adrian o Prêmio Nobel.

A primeira descoberta foi que os neurônios não enviam sinais elétricos em um fluxo contínuo, e sim em respostas do tipo "tudo ou nada", também chamadas de pulsos ou potenciais de ação. Um neurônio está ligado ou desligado; não há um meio-termo. Em outras palavras, os neurônios agem menos como uma linha de energia elétrica com um fluxo constante de eletricidade e mais como um cabo de telégrafo elétrico, com padrões de cliques elétricos e pausas. O próprio Adrian notou a semelhança entre os pulsos neurais e o código Morse.

A descoberta de pulsos foi um quebra-cabeça para Adrian. É possível perceber claramente as *forças de estímulo* nos sentidos — a pessoa consegue discriminar os diferentes volumes de som, o brilho da luz, a intensidade dos odores, a gravidade da dor. Como um sinal binário simples ligado ou desligado poderia comunicar um valor numérico, como forças de estímulo graduais? A percepção de que a linguagem dos neurônios se constituía por meio de pulsos não dizia aos pesquisadores muito sobre o que *significava* uma sequência de pulsos. O código Morse é, bem, um código — é um truque eficiente para armazenar e transmitir informações por um fio elétrico. Adrian foi o primeiro cientista a usar a palavra *informação* para se referir aos sinais dos neurônios, e ele desenvolveu um experimento simples para tentar decodificá-los.

Adrian pegou um músculo do pescoço de uma rã morta e anexou um gravador a um neurônio sensor de estiramento no músculo. Tais neurônios têm receptores que são estimulados quando os músculos são esticados. Então, ele anexou vários pesos ao músculo. A pergunta era: como as respostas desses neurônios sensores de estiramento mudariam com base no peso colocado no músculo?

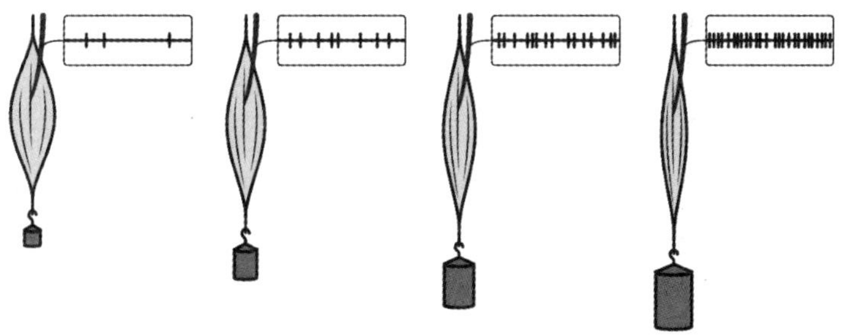

Figura 1.9: Adrian representou a relação entre o peso e o número de pulsos por segundo (taxa de *pulsos* ou taxa de *disparos*) provocados nos neurônios de estiramento

Descobriu-se que os pulsos eram idênticos em todos os casos; a única diferença era *quantos* pulsos eram disparados. Quanto mais peso, maior a frequência dos pulsos (Figura 1.9). Essa foi a segunda descoberta de Adrian, o que agora é conhecido como *codificação da taxa*. A ideia é que os neurônios codificam as informações na taxa em que disparam os pulsos, não na forma ou na magnitude do próprio pulso. Desde o seu trabalho inicial, essa codificação da taxa foi encontrada em neurônios de todo o reino animal, desde águas-vivas até seres humanos. Os neurônios sensíveis ao toque codificam a *pressão* em sua taxa de disparo; os neurônios fotossensíveis codificam o *contraste* em sua taxa de disparo; os neurônios sensíveis ao odor codificam a *concentração* em sua taxa de disparo. O código neural do movimento também é uma taxa de disparo: quanto mais rápido os pulsos dos neurônios que estimulam os músculos, maior a força de contração desses músculos. É assim que você consegue acariciar delicadamente seu cão e também pegar pesos de 20 quilos — se não conseguisse modular a força das contrações musculares, não seria muito agradável ter você por perto.

A terceira descoberta de Adrian foi a mais surpreendente. Há um problema ao tentar traduzir as variáveis naturais, como a pressão do toque ou o brilho da luz, na linguagem dos códigos da taxa: essas variáveis naturais têm um alcance *muitíssimo maior* do que pode ser codificado na taxa de disparo de um neurônio.

Analise o sentido da visão, por exemplo. O que você não percebe (porque seu mecanismo sensorial abstrai) é que a luminância da luz varia astronomicamente ao seu redor. A quantidade de luz que entra em seus olhos quando olha para um pedaço de papel branco é um milhão de vezes maior se você está sob a luz do sol comparando com estar sob o luar.* Na verdade, as letras pretas de uma página sob a luz do sol são trinta vezes mais brilhantes do que o branco de uma página ao luar!

*Mais especificamente, a *luminância* é um milhão de vezes maior. A luminância é medida em candelas por metro quadrado, que é a taxa com a qual os fótons são gerados por unidade de área da superfície ponderada pela sensibilidade humana ao comprimento de onda.

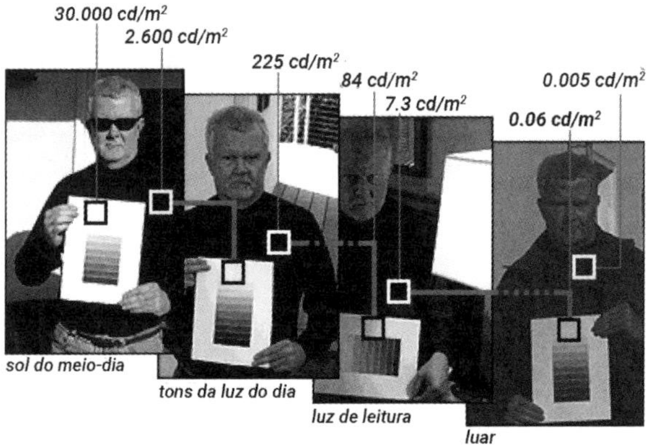

Figura 1.10: O amplo espectro das forças de estímulo

Não é apenas uma característica da luz; todas as modalidades sensoriais, do odor ao toque e ao som, requerem a discriminação de variáveis naturais extremamente diversas. Isso não seria necessariamente um problema, exceto por uma grande limitação dos neurônios — por inúmeros motivos bioquímicos, é simplesmente impossível que um neurônio dispare mais rápido do que cerca de 500 pulsos por segundo. Isso significa que um neurônio precisa codificar uma escala de variáveis naturais que podem mudar por um fator de mais de um milhão dentro de uma taxa de disparo que vai somente de 0 a 500 pulsos por segundo. Isso bem poderia ser chamado de "problema de esmagamento": os neurônios têm que *apertar* essa enorme quantidade de variáveis naturais em uma faixa comparativamente minúscula de taxas de disparo.

Isso por si só torna a codificação da taxa insustentável. Os neurônios não podem codificar direto uma faixa tão ampla de variáveis naturais em uma faixa tão pequena de taxas de disparo sem perder uma enorme precisão. A imprecisão resultante tornaria impossível ler, detectar odores sutis ou notar um toque suave.

Acontece que os neurônios têm uma solução inteligente para esse problema. Eles não têm uma relação fixa entre variáveis naturais e taxas de disparo. Pelo contrário, os neurônios estão sempre adaptando suas taxas de disparo ao ambiente, estão constantemente refazendo a relação entre as variáveis no mundo natural e a linguagem das taxas de disparo. O termo que os neurocientistas usam para descrever essa observação é *adaptação*; essa foi a terceira descoberta de Adrian.

Nas experiências do músculo da rã de Adrian, um neurônio pôde disparar 100 pulsos em resposta a determinado peso. Mas após essa primeira exposição, o neurônio se adapta rápido; se você aplica o mesmo peso logo depois, ele pode disparar apenas 80 pulsos. E conforme continua fazendo isso, o número de pulsos vai diminuindo. Isso se aplica em muitos neurônios no cérebro dos animais — quanto mais fortes os estímulos, maior a mudança no limite neural dos pulsos. Em certo sentido, os neurônios são mais uma medida das mudanças relativas na força do estímulo, sinalizando o quanto a força de um estímulo mudou em relação à sua linha de base, em oposição à sinalização do valor absoluto do estímulo.

Figura 1.11

Veja que beleza: a adaptação resolve o problema do esmagamento. A adaptação permite que os neurônios codifiquem com precisão inúmeras forças de estímulo, apesar de uma faixa limitada de taxas de disparo. Quanto mais forte for um estímulo, mais força será necessária para que o neurônio responda da mesma forma na próxima vez. Quanto mais fraco é um estímulo, mais sensíveis os neurônios se tornam.

O final do século XIX e o início do século XX foram repletos de grandes descobertas sobre o funcionamento interno dos neurônios. Uma longa lista de gigantes em neurociência surgiu nesse período, levando a uma sucessão de Prêmios Nobel, não só para Edgar Adrian, mas também para Santiago Ramón y Cajal, Charles Sherrington, Henry Dale, John Eccles e outros. Uma descoberta importante foi que os impulsos nervosos passam de um neurônio para outro por meio de sinapses, que são lacunas microscópicas entre os neurônios. Os pulsos no neurônio de entrada provocam a liberação de substâncias químicas chamadas neurotransmissores, que viajam pela sinapse em nanossegundos, se ligam a um grupo de proteínas receptoras, disparam íons que vão para o neurônio-alvo, mudando assim sua carga. Enquanto a comunicação neural *dentro* de um neurônio é elétrica, *através* dos neurônios ela é química.*

Na década de 1950, John Eccles descobriu que os neurônios têm duas variedades principais: neurônios excitatórios e neurônios inibitórios. Os excitatórios liberam neurotransmissores que *excitam* os neurônios aos quais eles se conectam, já os inibitórios liberam neurotransmissores que *inibem* os neurônios aos quais eles se conectam. Em outras palavras, os excitatórios *disparam* pulsos em outros neurônios, enquanto os inibitórios *suprimem* os pulsos em outros neurônios.

* Claro, em *grande parte*. Há casos em que os neurônios se tocam e formam junções comunicantes (gap) que permitem a transferência dos sinais elétricos diretamente de um neurônio para outro.

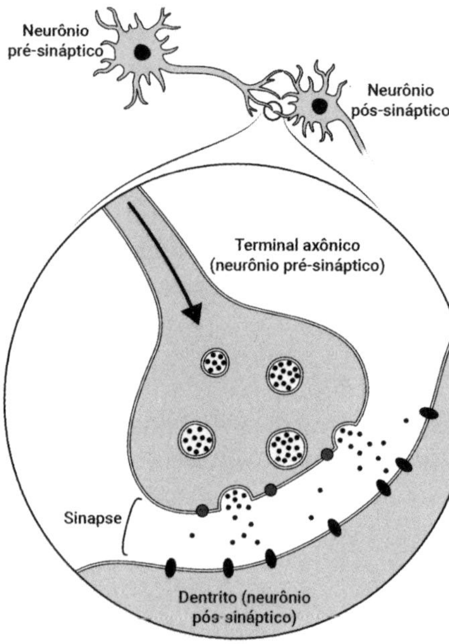

Figura 1.12

Essas características dos neurônios (pulsos do tipo "tudo ou nada", codificação da taxa, adaptação e sinapses químicas com neurotransmissores excitatórios e inibitórios) são universais nos animais, mesmo naqueles sem cérebro, como pólipos de coral e águas-vivas. Por que todos os neurônios compartilham essas características? Se os primeiros animais eram, de fato, como os corais e as anêmonas de hoje, então esses aspectos dos neurônios permitiram que os animais antigos respondessem com sucesso ao ambiente com velocidade e especificidade, algo necessário para capturar e matar ativamente na vida multicelular de nível dois. Os pulsos elétricos do tipo "tudo ou nada" desencadeavam movimentos reflexivos rápidos e orquestrados para que os animais pudessem capturar presas em resposta até mesmo aos mais sutis toques ou odores. A codificação da taxa permitiu que os animais modificassem suas respostas com base na intensidade de um toque ou um odor. A adaptação permitiu que os animais ajustassem o limite sensorial para geração dos pulsos, permitindo que fossem altamente sensíveis até mesmo aos mais sutis toques ou odores, ao mesmo tempo em que impedia a superestimulação com forças de estímulos maiores.

E os neurônios inibitórios? Por que eles evoluíram? Considere a simples tarefa de um pólipo de coral abrir ou fechar a boca. Para que sua boca se abra, um conjunto de músculos deve contrair e outro deve relaxar. E o inverso para fechar a boca. A existência de neurônios excitatórios e inibitórios permitiu que os primeiros circuitos neurais implementassem uma forma de lógica necessária para que os reflexos funcionassem. Eles podem impor a regra de "faça isso, não aquilo", que talvez tenha sido o primeiro vislumbre de intelecto surgindo dos circuitos de neurônios. A lógica "faça isso, não aquilo" não era nova — ela já existia nas cascatas de proteínas das células individuais. Mas essa capacidade foi recapitulada nos neurônios, o que tornou essa lógica possível na escala da vida multicelular de nível três. Os neurônios inibitórios permitiram que a lógica interna necessária para os reflexos de captura e deglutição funcionasse.

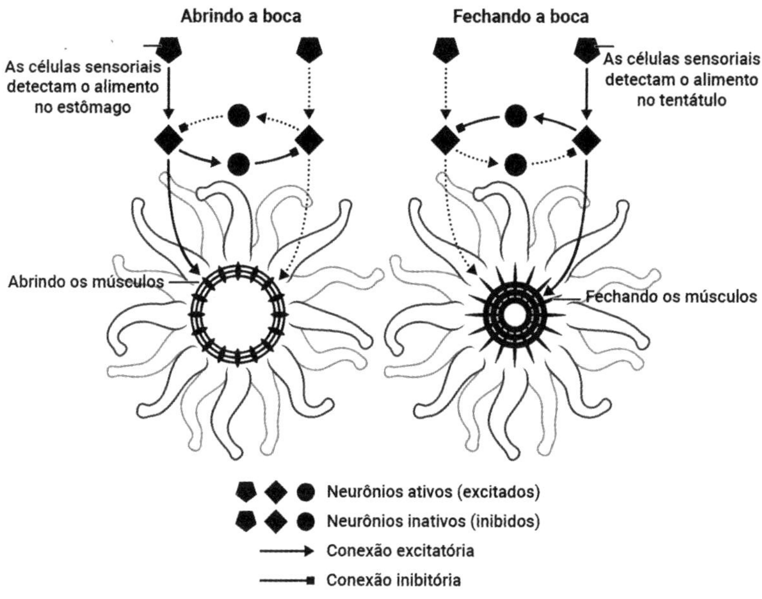

Figura 1.13: Primeiro circuito neural

Embora os primeiros animais, sendo criaturas semelhantes a gárgulas ou a pólipos, claramente tivessem neurônios, eles não tinham cérebro. Como os pólipos de coral e as águas-vivas de hoje, o sistema nervoso deles era o que os cientistas chamam de rede nervosa: uma rede distribuída de circuitos neurais independentes implementando seus próprios reflexos independentes.

Mas com o ciclo de feedback evolutivo do predador/presa em força total, com o nicho animal de caça ativa e os blocos de construção de neurônios, foi apenas uma questão de tempo antes de a evolução fazer o avanço 1, que levou à reconexão das redes nervosas no cérebro. É aqui que nossa história realmente começa, mas não como você poderia esperar.

AVANÇO 1

Direção e os Primeiros Bilaterianos

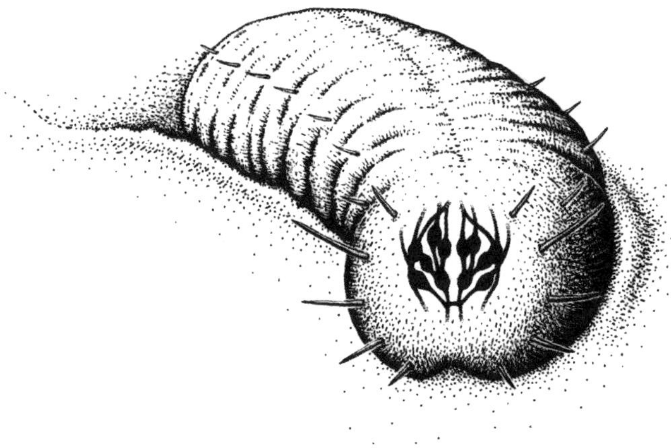

Seu cérebro 600 milhões de anos atrás

2

A Origem do Bem e do Mal

A natureza colocou a humanidade sob o governo de dois senhores soberanos: a dor e o prazer.

— Jeremy Bentham, *Uma Introdução aos Princípios da Moral e da Legislação*

À primeira vista, a diversidade do reino animal parece notável — de formigas a jacarés, de abelhas a babuínos, de crustáceos a gatos, os animais parecem diversificados de inúmeras maneiras. Mas se você parar e pensar, é fácil concluir que o que é notável no reino animal é a *pouca* diversidade que existe. Quase todos os animais na Terra têm o mesmo plano corporal. Todos têm uma parte frontal com boca, cérebro e os principais órgãos sensoriais (como olhos e ouvidos) e uma parte traseira por onde saem os resíduos.

Os biólogos evolucionistas chamam os animais com esse plano corporal de *bilaterianos* por causa de sua simetria bilateral. Isso é o oposto dos nossos primos animais mais distantes (pólipos de coral, anêmonas e águas-vivas), que têm planos corporais com simetria *radial*, ou seja, com partes semelhantes dispostas em torno de um eixo central, sem frente ou costas. A diferença mais óbvia entre essas duas categorias é como os animais comem. Os bilaterianos comem colocando comida na boca, em seguida, expelindo os resíduos pelo traseiro. Os animais radialmente simétricos têm apenas uma abertura única para alimentação e excreção, se você preferir, que coloca comida em seu estômago e a cospe. Os bilaterianos são inegavelmente mais adaptados.

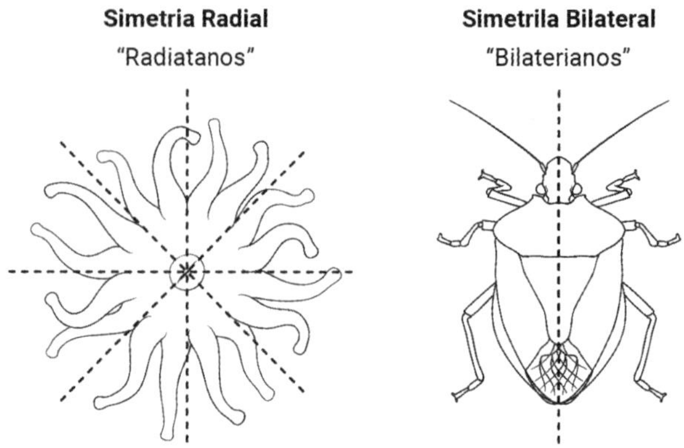

Figura 2.1

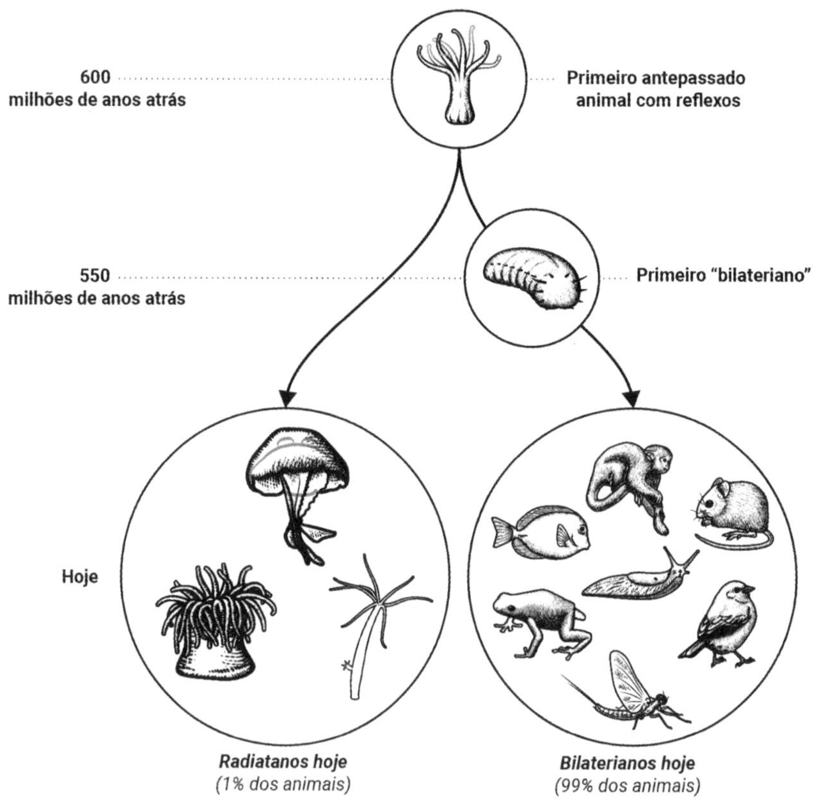

Figura 2.2

Acredita-se que os primeiros animais tenham sido radialmente simétricos, no entanto, hoje, a maioria das espécies animais é bilateralmente simétrica. Apesar da diversidade dos bilaterianos modernos, de vermes a humanos, todos descendem de um único antepassado bilateriano comum que viveu há cerca de 550 milhões de anos. Por que, dentro dessa linhagem única de animais antigos, os planos corporais mudaram de simetria radial para simetria bilateral?

Os planos corporais radialmente simétricos funcionam bem na estratégia do coral de esperar por comida. Mas são terríveis para a estratégia de caça *em direção à comida*. Os planos corporais radialmente simétricos, se eles se movessem, exigiriam que um animal tivesse mecanismos sensoriais para detectar a localização do alimento em qualquer direção, então, ter um mecanismo para se mover em qualquer direção. Em outras palavras, eles precisariam detectar e se mover simultaneamente em *diferentes direções*. Os corpos bilateralmente simétricos tornam o movimento muito mais simples. Em vez de um sistema motor para se mover em *qualquer* direção, eles só precisam de um sistema para avançar e outro para virar. Os corpos bilateralmente simétricos não precisam escolher a direção exata; só precisam escolher se querem se ajustar à direita ou à esquerda.

Até os engenheiros modernos ainda precisam encontrar uma estrutura melhor para a navegação. Carros, aviões, barcos, submarinos e quase todas as máquinas de navegação construídas pelo homem são bilateralmente simétricos. É simplesmente o design mais eficiente para um sistema de movimento. A simetria bilateral permite que um dispositivo de movimento seja otimizado para uma única direção (para frente), resolvendo o problema da navegação adicionando um mecanismo para virar.

Há outra observação sobre os bilaterianos, talvez a mais importante: Eles são os únicos animais com cérebro. Isso não é coincidência. O primeiro cérebro e o corpo bilateriano compartilham o mesmo propósito evolutivo inicial: eles permitem que os animais naveguem direcionando. A direção foi o avanço 1.

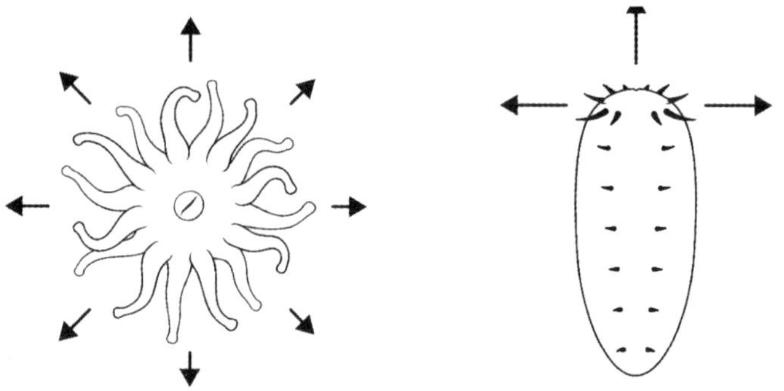

Figura 2.3: Por que a simetria bilateral é melhor para a navegação

Movimento Direcionado

Embora não saibamos exatamente como eram os primeiros bilaterianos, fósseis sugerem que eram criaturas sem pernas do tamanho de um grão de arroz. Evidências sugerem que eles surgiram pela primeira vez em algum momento do período Ediacarano, uma era que se estendeu de 635 a 539 milhões de anos atrás. O fundo do mar do Ediacarano estava cheio de uma espessa camada microbiana verde e viscosa nas áreas rasas — vastas colônias de cianobactérias se aquecendo ao sol. Eram comuns animais multicelulares sensíveis como corais, esponjas marinhas e plantas primitivas.

Acredita-se que os nematoides modernos permaneceram relativamente inalterados desde os primeiros bilaterianos; essas criaturas são uma janela para o funcionamento interno de nossos antepassados semelhantes a vermes. Os nematoides são quase literalmente apenas o modelo básico de um bilateriano: não muito mais do que cabeça, boca, estômago, traseiro, alguns músculos e um cérebro.

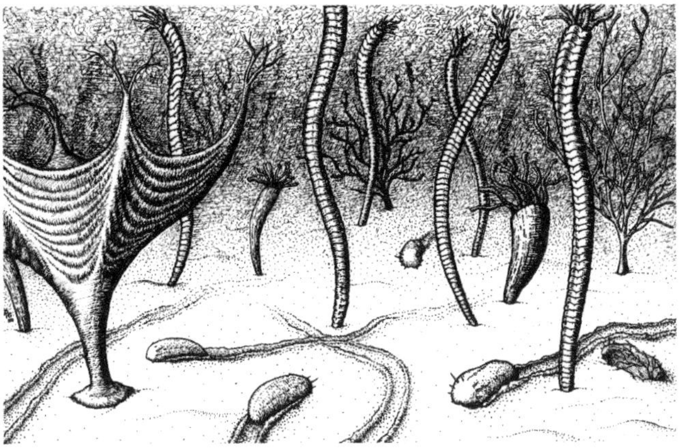

Figura 2.4: Mundo Ediacarano

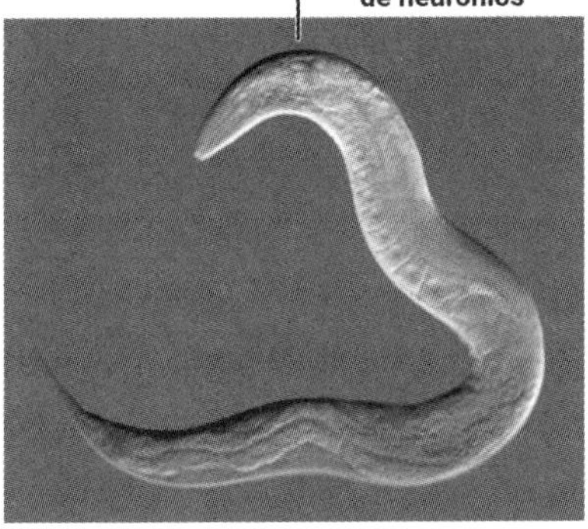

Figura 2.5: Nematoide *C. elegans*

Os primeiros cérebros eram, como dos nematoides, bem simples. O nematoide mais estudado, *Caenorhabditis elegans*, tem apenas 302 neurônios, um número minúsculo comparado aos 85 bilhões dos humanos. No entanto, os nematoides apresentam um comportamento muito sofisticado, apesar de seu cérebro minúsculo. O que um nematoide faz com seu cérebro irremediavelmente simples sugere o que os primeiros bilaterianos faziam com o deles.

A diferença comportamental mais óbvia entre os nematoides e os animais mais antigos, como os corais, é que os nematoides passam muito tempo *se movendo*. Veja um experimento: coloque um nematoide em um lado de uma placa de Petri, coloque um pequeno pedaço de comida do outro lado. Três coisas se revelariam: Primeiro, ele *sempre* encontra a comida. Segundo, ele encontra a comida *muito mais rápido* do que se estivesse simplesmente se movendo de forma aleatória. E terceiro, ele não vai reto em direção à comida, mas circula a comida.

O verme não usa a visão; os nematoides não conseguem ver. Eles não têm olhos para representar qualquer imagem útil para o movimento. Mas ele usa o odor. Quanto mais próximo da fonte de um odor, maior a concentração dele. Os vermes exploram isso para encontrar comida. Tudo o que ele precisa fazer é ir na direção em que a concentração de partículas de alimento está aumentando, se afastando da direção em que ela diminui. Essa estratégia de navegação é elegante, simples e eficaz, podendo ser resumida em duas regras:

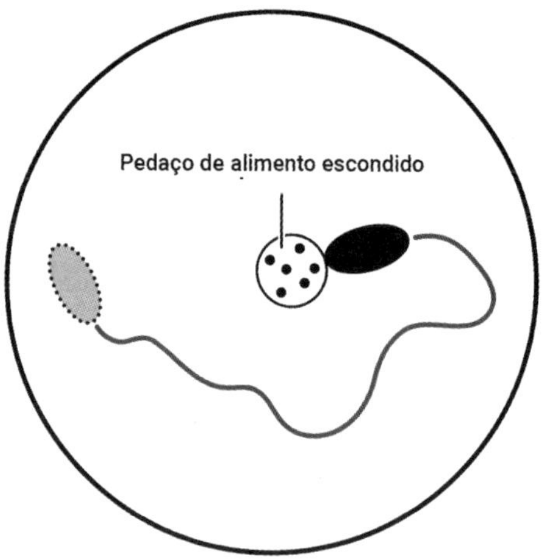

Figura 2.6: Nematoide em direção à comida

1. Se o cheiro do alimento aumenta, continue em frente.
2. Se o cheiro diminui, vire.

Esse foi o avanço da *direção*. Acontece que para se mover com sucesso no mundo complexo do fundo do oceano, não é preciso realmente entender esse mundo bidimensional. Não é preciso entender onde você está, onde a comida está, quais caminhos você pode seguir, quanto tempo pode levar ou realmente qualquer coisa significativa sobre o mundo. Tudo o que você precisa é de um cérebro que direcione um corpo bilateral para o aumento do cheiro de alimento e para longe do cheiro que diminui.

A direção pode ser usada não apenas para ir *até* as coisas, mas *se afastar* delas. Os nematoides têm células sensoriais que detectam luz, temperatura e toque. Eles se afastam da luz, onde os predadores podem vê-los mais facilmente; se afastam do calor e do frio nocivos, onde suas funções corporais ficam mais difíceis; e se afastam de superfícies afiadas, onde seus corpos frágeis podem se ferir.

A manobra de direcionar não era nova. Os organismos unicelulares, como as bactérias, se movem em seus ambientes de modo semelhante. Quando uma proteína receptora na superfície de uma bactéria detecta um estímulo como a luz, pode disparar um processo químico na célula que muda o movimento das hélices proteicas da célula, mudando seu sentido. É assim que organismos unicelulares, como bactérias, seguem em direção a fontes de alimento ou se afastam de substâncias químicas perigosas. Mas esse mecanismo funciona apenas na escala de células individuais, onde as hélices proteicas simples podem reorientar com sucesso toda a forma de vida. A direção em um organismo que contém *milhões* de células exigiu uma configuração totalmente nova, na qual um estímulo ativa os circuitos de neurônios e os neurônios ativam as células musculares, provocando movimentos específicos de giro. Assim, o avanço que veio com o primeiro cérebro não foi a direção em si, mas a direção na escala dos organismos multicelulares.

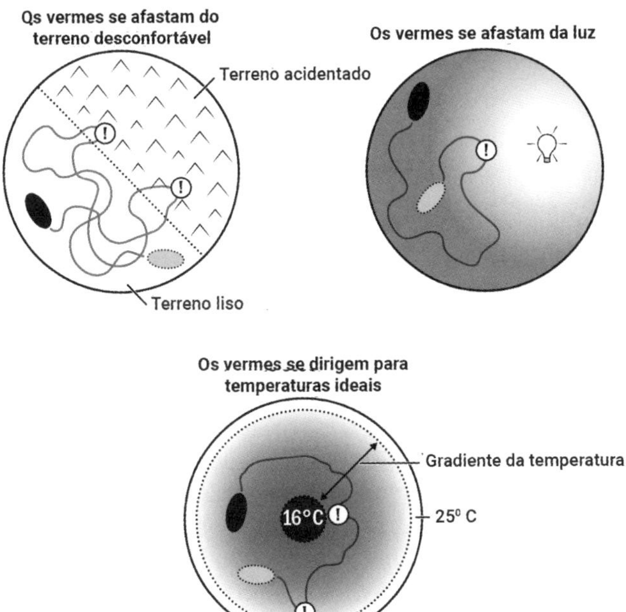

Figura 2.7: Exemplos de decisões de direção tomadas por bilaterianos simples como nematoides e platelmintos

O Primeiro Robô

Nos anos 1980 e 1990, surgiu uma divisão na comunidade de inteligência artificial. De um lado estavam aqueles no campo simbólico da IA, focados em decompor a inteligência humana em suas partes constituintes, em uma tentativa de imbuir os sistemas de IA com nossas maiores habilidades: raciocínio, linguagem, solução de problemas e lógica. Em oposição estavam aqueles no campo da IA comportamental, liderados pelo roboticista Rodney Brooks no Massachusetts Institute of Technology (MIT), que acreditava que a abordagem simbólica estava condenada ao fracasso porque "nunca entenderemos como decompor a inteligência no nível humano até que tenhamos muita prática com as inteligências mais simples".

O argumento de Brooks baseava-se, em parte, na evolução: foram necessários bilhões de anos para que a vida pudesse simplesmente sentir e responder ao seu ambiente; foram necessários mais 500 milhões de anos para que o cérebro se tornasse bom nas capacidades motoras e na navegação; e só depois de todo esse trabalho árduo é que a linguagem e a lógica apareceram. Para Brooks, comparando com quanto tempo levou para a sensação e o movimento evoluírem, a lógica e a linguagem apareceram em um piscar de olhos. Assim, ele concluiu que "a linguagem... e a razão são muito simples, uma vez que a essência de ser e reagir está disponível. Essa essência é a capacidade de se mover em um ambiente dinâmico, sentindo-o em um grau suficiente para alcançar a manutenção necessária da vida e da reprodução. Essa parte da inteligência é onde a evolução concentrou seu tempo — é muito mais difícil".

Para Brooks, embora os humanos "nos tenham fornecido uma prova da existência da [inteligência no nível humano], devemos ter cuidado com as lições dadas". Para ilustrar isso, ele fez uma metáfora:

> Suponha que seja a década de 1890. O voo artificial é o assunto fascinante nos círculos de ciência, engenharia e capital de risco. Um grupo de pesquisadores [de voo artificial] é milagrosamente transportado por uma máquina do tempo para a década de 1990 por algumas horas. Eles passam o tempo todo na cabine de passageiros de um Boeing 747 comercial em um voo de duração média. Voltando para 1890, eles se sentem revigorados, sabendo que [o voo artificial] é possível em grande escala. Eles imediatamente começam a trabalhar replicando o que viram. Eles fazem um grande progresso na concepção de assentos inclinados, janelas de vidro duplo e sabem que se conseguirem entender os "plásticos" estranhos, terão o Graal ao seu alcance.

Ao tentar *ignorar* os aviões simples e construir diretamente um 747, eles correm o risco de entender mal os princípios de como os aviões funcionam (assentos inclinados, janelas de vidro e plásticos são as coisas erradas para focar). Brooks acreditava que o exercício de fazer a engenharia reversa no cérebro humano tinha o mesmo problema. Uma abordagem melhor era "incrementar as capacidades dos sistemas de inteligência, tendo sistemas completos em cada etapa". Em outras palavras, começar como a evolução, com cérebro simples, e adicionar complexidade a partir daí.

Muitos não concordam com a abordagem de Brooks, mas, concordando ou não, Rodney Brooks foi, no fim das contas, o primeiro a construir um robô doméstico de sucesso comercial; foi ele quem deu o primeiro pequeno passo em direção a Rosey. E o primeiro passo na evolução dos robôs comerciais tem paralelos com o primeiro passo na evolução do cérebro. Brooks também começou nessa direção.

Em 1990, Brooks ajudou a fundar uma empresa de robótica chamada iRobot e, em 2002, apresentou o Roomba, um robô aspirador de pó. O Roomba era um robô que se movia autonomamente pela casa aspirando o chão. Foi um sucesso imediato; novos modelos ainda são produzidos hoje, e a iRobot vendeu mais de 40 milhões de unidades.

O primeiro Roomba e os primeiros bilaterianos compartilham um número surpreendente de propriedades. Ambos tinham sensores extremamente simples — o primeiro Roomba podia detectar apenas algumas coisas, como quando batia em uma parede e estava perto de sua base de carregamento. Ambos tinham cérebro simples — nenhum usava a entrada sensorial insignificante que receberam para fazer um mapa de seu ambiente ou reconhecer objetos. Ambos eram bilateralmente simétricos: as rodas do Roomba permitiam que ele fosse para frente e para trás apenas. Para mudar de direção, ele tinha que virar, em seguida, retomar o movimento para a frente.

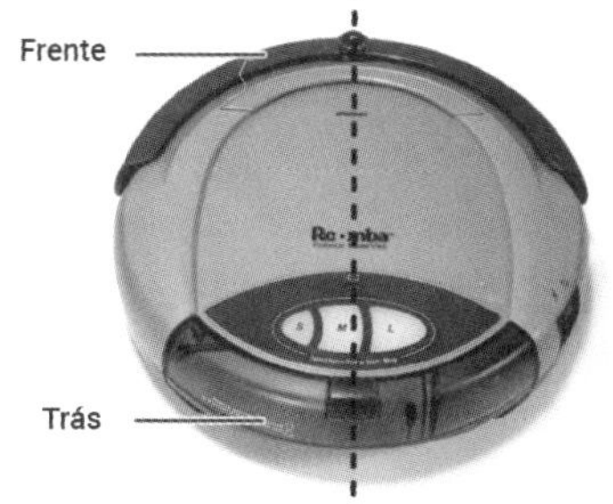

Figura 2.8: Roomba. Um robô aspirador de pó que se movimenta de forma semelhante aos primeiros bilaterianos

O Roomba conseguia limpar todos os cantinhos do piso, simplesmente movendo-se de forma aleatória, afastando-se dos obstáculos quando colidia com eles e se dirigindo para a estação de carregamento quando estava com pouca bateria. Sempre que o Roomba batia na parede, ele dava uma volta e tentava avançar novamente. Quando estava com pouca bateria, procurava um sinal de sua estação de carregamento e quando o detectava, simplesmente seguia na direção em que o sinal era mais forte, voltando para sua estação de carregamento.

As estratégias de navegação do Roomba e dos primeiros bilaterianos não eram idênticas. Mas pode não ser uma coincidência que o primeiro robô doméstico bem-sucedido tivesse uma inteligência não muito diferente da inteligência dos primeiros cérebros. Ambos usaram truques que lhes permitiram se mover em um mundo complexo sem realmente entender ou modelar esse mundo.

Enquanto alguns ficavam no laboratório trabalhando em robôs de milhões de dólares com olhos, toque e cérebros que tentavam computar coisas complicadas como mapas e movimentos, Brooks construiu o robô mais simples possível, um quase sem nenhum sensor e que computava quase nada. Mas o mercado, como a evolução, recompensa três coisas acima de tudo: coisas que são *baratas*, coisas que *funcionam* e coisas que são simples o bastante para serem descobertas em primeiro lugar.

Embora a direção não inspirasse a mesma admiração que os outros feitos intelectuais, certamente era econômica, funcionava e era simples o suficiente para que ajustes evolutivos fossem feitos. E foi aqui onde o cérebro começou.

Valência e o Interior do Cérebro de um Nematoide

Em torno da cabeça de um nematoide há neurônios sensoriais, alguns respondendo à luz, outros ao toque e ainda a substâncias químicas específicas. Para direcionar o trabalho, os primeiros bilaterianos precisavam pegar cada odor, toque ou outro estímulo detectado, e fazer uma escolha: eu me aproximo, evito ou ignoro essa coisa?

O avanço da direção exigiu que os bilaterianos categorizassem o mundo em coisas para se aproximar ("boas") e para evitar ("ruins"). Até um Roomba faz isso — os obstáculos são ruins; a estação de carregamento quando estou com pouca bateria é boa. Os primeiros animais radialmente simétricos não se movem, então nunca tiveram que categorizar coisas assim.

Quando os animais categorizam os estímulos em bons e ruins, psicólogos e neurocientistas dizem que estão capacitando os estímulos com *valência*. Valência é se um estímulo é bom ou ruim. Valência não é sobre um julgamento moral; é algo muito mais primitivo: se um animal responderá a um estímulo aproximando-se dele ou evitando-o. A valência de um estímulo não é objetiva; uma substância química, uma imagem ou uma temperatura, por si só, não é boa ou ruim. Pelo contrário, a valência de um estímulo é *subjetiva*, definida apenas pela avaliação do cérebro quanto a ser boa ou ruim.

Como um nematoide decide sobre a valência de algo que percebe? Ele não observa algo primeiro, pondera e decide sua valência. Em vez disso, os neurônios sensoriais ao redor de sua cabeça sinalizam *diretamente* a valência do estímulo. Um grupo de neurônios sensoriais são, efetivamente, neurônios de valência positiva; eles são diretamente ativados por coisas que os nematoides consideram boas (como cheiros de alimento). Outro grupo de neurônios sensoriais são, efetivamente, de valência negativa; eles são diretamente ativados por coisas que os nematoides consideram ruins (como altas temperaturas, cheiros de predadores, luz brilhante).

Nos nematoides, os neurônios sensoriais não sinalizam aspectos objetivos do mundo circundante, eles codificam *votos de direção* para o quanto um nematoide quer ir em direção ou se afastar de algo. Nos bilaterianos mais complexos, como os humanos, nem todo mecanismo sensorial é assim: os neurônios em seus olhos detectam as características das imagens; a valência da imagem é computada em outro lugar. Mas parece que os primeiros cérebros começaram com neurônios sensoriais que não se importavam em medir os aspectos objetivos do mundo e traçavam a totalidade da percepção pela simples lente binária da valência.

A Figura 2.9 mostra um diagrama simplificado de como a direção funciona nos nematoides. Os neurônios de valência disparam diferentes decisões de giro conectando-se a diferentes neurônios abaixo.

Considere como um nematoide usa esse circuito para encontrar comida. Eles têm neurônios de valência positiva que disparam o movimento para frente quando a concentração de um cheiro de alimento *aumenta*. Como vimos nos neurônios sensoriais na rede nervosa dos primeiros animais, esses neurônios se adaptam rapidamente aos níveis basais dos odores. Isso permite que os neurônios de valência sinalizem *mudanças* em uma ampla variedade de concentrações de odores. Esses neurônios gerarão um número similar de pulsos se uma concentração de odor é de duas a quatro partes ou de cem a duzentas. Isso permite que os neurônios de valência continuem levando o nematoide na direção certa. É o sinal para *Sim, continue!* do primeiro aroma de comida distante até a fonte de alimento.

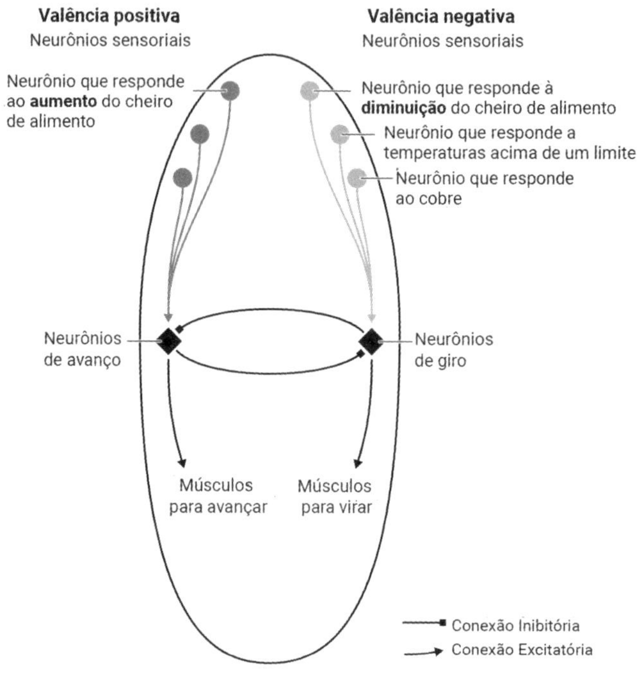

Figura 2.9: Esquema simplificado da ligação do primeiro cérebro

Esse uso da adaptação é um exemplo de inovações evolutivas que permitem inovações futuras. O movimento em direção ao alimento nos primeiros bilaterianos só foi possível porque a adaptação já havia evoluído nos animais radialmente simétricos anteriores. Sem adaptação, os neurônios de valência seriam muito sensíveis (e falham continuamente quando os odores estão muito próximos) ou não sensíveis o suficiente (incapazes de detectar odores distantes).

Neste ponto, novos comportamentos de navegação poderiam surgir simplesmente modificando as condições sob as quais diferentes neurônios de valência são disparados. Por exemplo, considere como os nematoides seguem em direção a temperaturas ideais. A navegação por temperatura requer alguma inteligência adicional em relação ao simples movimento em direção aos odores: a menor concentração de um cheiro de comida *sempre* é ruim, mas a diminuição da temperatura de um ambiente é ruim *apenas* se um nematoide já está muito frio. Se um nematoide está quente, então diminuir a temperatura é bom. Um banho quente é terrível em um verão escaldante, mas uma bênção no inverno. Como os primeiros cérebros conseguiam lidar com as flutuações de temperatura de forma diferente dependendo do contexto?

Os nematoides têm um neurônio de valência negativa que dispara o giro quando as temperaturas aumentam, mas somente se a temperatura já está acima de certo limite; é o neurônio *Muito quente!*. Os nematoides também têm um neurônio *Muito frio!*; ele dispara o giro quando as temperaturas diminuem, mas apenas quando as temperaturas já estão abaixo de determinado limite. Juntos, esses dois neurônios de valência negativa permitem que eles se afastem rapidamente do calor quando estão muito quentes e do frio quando estão muito frios. Nas profundezas do cérebro humano há uma estrutura antiga chamada hipotálamo com neurônios sensíveis à temperatura que funcionam da mesma maneira.

O Problema da Compensação

A direção na presença de múltiplos estímulos trouxe um problema: o que acontece se diferentes células sensoriais votarem pelo movimento em direções *opostas*? E se um nematoide sentir o cheiro de algo gostoso e perigoso ao mesmo tempo?

Os cientistas testaram os nematoides exatamente em tais situações. Coloque alguns nematoides em um lado da placa de Petri e um alimento gostoso no lado oposto da placa, então coloque uma barreira de cobre perigosa (os nematoides odeiam cobre) no meio. Os nematoides têm um problema: estão dispostos a atravessar a barreira para chegar ao alimento? Por incrível que pareça, a resposta é — como você esperaria de um animal até mesmo com um pouco de inteligência — que isso depende da concentração relativa do cheiro do alimento versus o cheiro de cobre.

Em baixos níveis de cobre, a maioria dos nematoides atravessa a barreira; em níveis intermediários, apenas alguns o fazem; em altos níveis de cobre, nenhum nematoide está disposto a atravessar.

A capacidade de ponderar no processo de tomada de decisão foi testada em diferentes espécies de bilaterianos simples e em diferentes modalidades sensoriais. Os resultados mostram consistentemente que até o cérebro mais simples, com menos de mil neurônios, pode fazer essas ponderações.

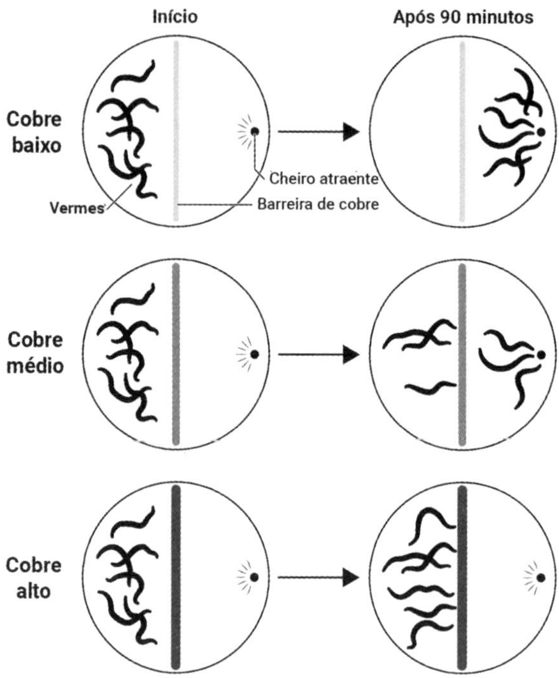

Figura 2.10

O requisito de integrar informação nas modalidades sensoriais foi provavelmente uma das razões pelas quais a direção exigia um cérebro e não pôde ser implementada em uma rede distribuída de reflexos como os de um pólipo de coral. Todas essas entradas sensoriais votando para o movimento em diferentes direções *tiveram que ser integradas* em um lugar para tomar uma única decisão; você pode seguir apenas em uma direção por vez. O primeiro cérebro era esse megacentro de integração — um grande circuito neural no qual as direções eram selecionadas.

Você pode ter uma ideia de como isso funciona na Figura 2.9, que mostra uma versão simplificada do circuito de direção do nematoide. Os neurônios de valência positiva se conectam a um neurônio que dispara o movimento para frente (o que pode ser chamado de "neurônio de avanço"), os neurônios de valência negativa se conectam a um neurônio que dispara o giro (o que pode ser chamado de "neurônio de giro"). O neurônio de avanço acumula votos para *Continue em frente!* e o neurônio de giro acumula votos para *Afaste-se!* Os neurônios de avanço e giro se inibem mutuamente, permitindo que essa rede integre compensações e faça uma única escolha — qualquer neurônio que acumular mais votos ganha e determina se o animal cruzará a barreira de cobre.

Este é outro exemplo de como as inovações do passado permitiram inovações no futuro. Assim como um bilateriano não pode avançar e girar ao mesmo tempo, um pólipo de coral não pode abrir e fechar a boca ao mesmo tempo. Os neurônios inibitórios evoluíram nos primeiros animais parecidos com corais permitindo que esses reflexos mutuamente exclusivos competissem entre si, de modo que apenas um reflexo pudesse ser selecionado por vez; esse mesmo mecanismo foi reaproveitado nos primeiros bilaterianos para permitir que eles fizessem compensações nas decisões de direção. Em vez de decidir se devem abrir ou fechar a boca, os bilaterianos usavam os neurônios inibitórios para decidir se deviam avançar ou virar.

Está com Fome?

A valência de algo depende do estado interno do animal. A escolha de um nematoide de atravessar uma barreira de cobre para chegar ao alimento depende não apenas do nível relativo do cheiro de comida e cobre, mas também da fome dele. Ele não atravessará a barreira para chegar ao alimento se estiver cheio, mas se estiver com fome sim. Além disso, os nematoides podem mudar completamente suas preferências, dependendo de estarem famintos ou não. Se um nematoide estiver bem alimentado, ele se *afastará* do dióxido de carbono; se estiver com fome, *irá* até ele. Por quê? O dióxido de carbono é uma substância química liberada por alimentos e predadores, portanto, quando um nematoide está cheio, buscar dióxido de carbono para se alimentar não vale o risco de predadores; mas quando está com fome, a chance de o dióxido de carbono sinalizar alimentos, não predadores, vale a pena.

A capacidade do cérebro de inverter rapidamente a valência de um estímulo, dependendo dos estados internos, é universal. Compare o êxtase salivar da primeira garfada do prato favorito em um dia de poucas refeições à náusea exagerada da última garfada depois de meter o pé na jaca. Em poucos minutos, sua refeição favorita pode se transformar da bênção de Deus para a humanidade em algo que você não quer por perto.

Os mecanismos pelos quais isso ocorre são relativamente simples e compartilhados pelos bilaterianos. As células animais liberam substâncias químicas específicas ("sinais de satisfeito", como insulina) em resposta a uma quantidade saudável de energia. E as células animais liberam um conjunto diferente de substâncias químicas (sinais de fome) em resposta a quantidades *insuficientes* de energia. Os dois sinais se espalham por todo o corpo de um animal e fornecem um sinal global persistente para o nível de fome dele. Os neurônios sensoriais dos nematoides possuem receptores que detectam a presença desses sinais e alteram suas respostas de acordo. Os neurônios do cheiro de alimento da valência positiva nos *C. elegans* ficaram mais responsivos aos cheiros do alimento na presença dos sinais de fome e menos responsivos na presença dos sinais de satisfeito.

Os estados internos também estão presentes em um Roomba. Um Roomba irá ignorar o sinal de sua base quando estiver totalmente carregado. Nesse caso, o sinal da base pode ser dito como tendo valência neutra. Quando o estado interno do Roomba muda para um com pouca bateria, o sinal da base muda para ter valência positiva: o Roomba não irá ignorar mais o sinal de sua estação de carregamento e irá até ela para recarregar sua bateria.

A direção requer pelo menos quatro coisas: um plano corporal bilateral para virar, neurônios de valência para detectar e categorizar os estímulos em bons e ruins, um cérebro para integrar a entrada em uma única decisão de direção e a capacidade de modular a valência segundo os estados internos. Mas ainda assim, a evolução continuou se ajustando. Surgiu outra manobra no primeiro cérebro bilateriano, uma que reforçou ainda mais a eficácia da direção. Era o início do que agora chamamos de emoção.

3

A Origem da Emoção

A fúria do sangue fervendo que você sente quando ouve um amigo defender a gafe mais recente do partido político da oposição, embora difícil de definir emocionalmente — talvez alguma combinação complexa de raiva, decepção, traição e choque — é claramente um mau humor. A tranquilidade vívida ao se deitar em uma praia quente e ensolarada, também difícil de definir com exatidão, é claramente um bom humor. A valência existe não apenas em nossa avaliação dos estímulos externos, mas também em nossos estados internos.

Nossos estados internos não estão apenas imbuídos de um nível de valência, mas também de um grau de alerta. O sangue fervendo não é apenas mau humor, mas um mau humor *provocado*. Diferente de um mau humor *não provocado*, como depressão ou tédio. Da mesma forma, a serenidade de estar deitado em uma praia quente não é só bom humor, mas um bom humor com *pouco alerta*. Diferente do bom humor altamente estimulado produzido por ser aceito na faculdade ou andar na montanha-russa (se você gosta desse tipo de coisa).

As emoções são complexas. Definir e categorizar emoções específicas é um negócio perigoso, cheio de viés cultural. Em alemão, há uma palavra, *sehnsucht*, que se traduz mais ou menos na emoção de querer uma vida diferente; não há uma tradução direta em português. Em persa, a palavra *ænduh* expressa os conceitos de arrependimento e tristeza simultaneamente; em dargínico, a palavra *dard* expressa os conceitos de ansiedade e tristeza simultaneamente. Em português, temos palavras separadas para cada um. Qual idioma diferencia melhor as categorias objetivas de estados emocionais produzidos pelo cérebro? Muitas carreiras foram dedicadas à busca dessas categorias objetivas no cérebro humano; hoje, a maioria dos neurocientistas acredita que tais categorizações objetivas não existem, pelo menos não no nível de palavras como *sehnsucht* ou *tristeza*. Pelo contrário, parece que essas categorias de emoção são amplamente aprendidas de modo cultural. Descobriremos mais sobre como isso funciona nos avanços posteriores. Por enquanto, começamos perguntando sobre as origens mais simples das emoções. O modelo básico de emoções evoluiu como uma manobra intelectual para resolver um conjunto específico de problemas enfrentados pelos primeiros cérebros. E assim começamos com os dois aspectos mais simples das emoções, aqueles que são universais não só pelas culturas do homem, mas também pelo reino animal, os aspectos das emoções que herdamos dos primeiros cérebros: valência e alerta.

Neurocientistas e psicólogos usam a palavra *afeto* para se referir a esses dois atributos das emoções; em um determinado ponto, os seres humanos estão em um estado afetivo representado por um local nessas duas dimensões de valência e alerta. Enquanto as definições rigorosas das categorias das emoções humanas iludem filósofos, psicólogos e neurocientistas, o *afeto* é a base unificadora relativamente bem aceita da emoção.

A universalidade do afeto pode ser vista em nossas intuições; é fácil adotar conjuntos de palavras emotivas sutis (*calmo*, *exaltado*, *tenso*, *chateado*, *deprimido*, *entediado*) e atribuí-las aos estados afetivos dos quais derivam (veja a Figura 3.1). A universalidade do afeto também pode ser vista em nossa biologia. Existem marcas neurofisiológicas claras que diferenciam os níveis de alerta, como frequência cardíaca, transpiração, tamanho da pupila, adrenalina e pressão arterial.

Figura 3.1: Estados afetivos dos seres humanos

E há características neurofisiológicas claras que diferenciam os níveis de valência, como níveis de hormônio do estresse, níveis de dopamina e ativação de regiões específicas do cérebro. Se as culturas ao redor do mundo diferem em suas classificações de categorias emocionais específicas, como raiva e medo, as classificações dos estados afetivos são bem universais. Todas as culturas têm palavras para comunicar os conceitos de valência e alerta, e as crianças recém-nascidas em todas as culturas têm características faciais e corporais universais para alerta e valência (por exemplo, chorar e sorrir).

A universalidade do afeto vai além dos limites da humanidade; é encontrada em todo o reino animal. Afeto é a antiga semente da qual as emoções modernas brotaram. Mas por que o afeto evoluiu?

Orientando-se no Escuro

Até os nematoides com seus minúsculos sistemas nervosos têm estados afetivos, embora incrivelmente simples. Eles expressam diferentes níveis de alerta: quando bem alimentados, estressados ou doentes, dificilmente se movem e não respondem a estímulos externos (pouco alerta); mas com fome, detectando comida ou farejando predadores, eles circularão continuamente (muito alerta). Os estados afetivos dos nematoides também expressam diferentes níveis de valência. Estímulos de valência positiva facilitam a alimentação, a digestão e as atividades reprodutivas (um bom humor primitivo), já os estímulos de valência negativa inibem todos eles (um mau humor primitivo).

Reúna esses diferentes níveis de alerta e valência, e você terá um modelo primitivo de afeto. Os estímulos de valência negativa disparam um repertório comportamental de movimento rápido e giros ocasionais, que pode ser considerada a versão mais primitiva de um mau humor provocado (que muitas vezes é chamado de estado de *fuga*), enquanto a detecção de alimentos dispara um repertório de movimento lento e giros frequentes, sendo considerado como a versão mais primitiva de um bom humor provocado (muitas vezes chamado de estado de *exploração*). A fuga leva os vermes a mudarem rapidamente de local; a exploração os faz pesquisar o ambiente local (explorando os arredores em busca de alimento). Embora os nematoides não compartilhem a mesma complexidade de emoções dos humanos — eles não conhecem a pressa do amor jovem nem as lágrimas amargas de enviar o filho para a faculdade —, eles mostram claramente o modelo básico de afeto. Esses estados afetivos incrivelmente simples dos nematoides dão uma pista sobre *por que* o afeto evoluiu em primeiro lugar.

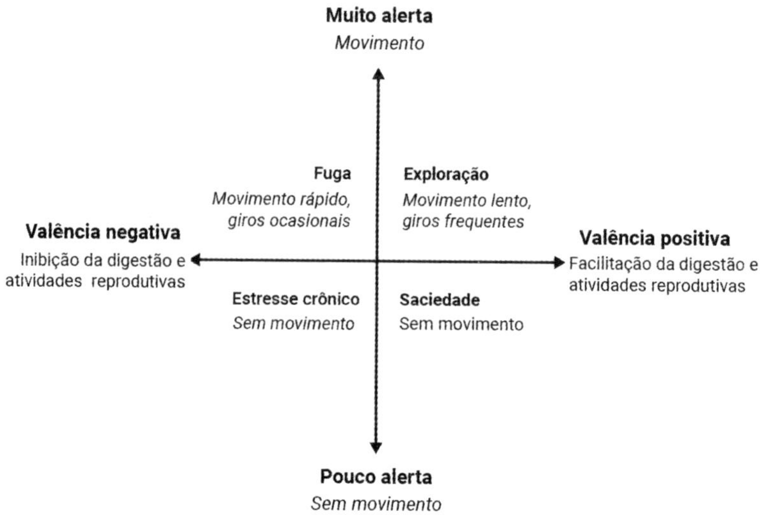

Figura 3.2: Estados afetivos dos nematoides

Suponha que você coloque um nematoide não alimentado em uma grande placa de Petri com um pedaço de comida escondido. Mesmo se você encobrir qualquer cheiro de comida para o nematoide se direcionar, ele simplesmente não ficará esperando pelo cheiro de comida. Ele se movimentará rapidamente para se reposicionar; em outras palavras, ele sairá. Ele faz isso porque uma coisa que desencadeia a fuga é a *fome*. Quando o nematoide encontra a comida escondida, imediatamente diminui a velocidade e começa a girar rápido, permanecendo no mesmo local geral onde encontrou a comida — ele passará da fuga para a exploração. Por fim, depois de comer o suficiente, o verme para de se mover e fica imóvel, sem resposta. Ele mudará para a *saciedade*.

Os cientistas tendem a evitar o termo *estados afetivos* nos bilaterianos simples, como os nematoides, e usam o termo mais seguro *estados comportamentais*; isso evita a sugestão de que os nematoides estão, de fato, sentindo alguma coisa. A experiência consciente é uma situação filosófica difícil que só abordaremos sucintamente mais tarde. Aqui, pelo menos, essa questão pode ser totalmente evitada; a experiência consciente do afeto — o que quer que seja e como funciona — provavelmente evoluiu após mecanismos de afeto subjacentes. Isso pode ser visto até mesmo nos seres humanos: as partes do cérebro humano que geram a experiência de estados afetivos negativos ou positivos são evolutivamente mais novas e distintas das partes do cérebro que geram respostas reflexivas de fuga e aproximação.

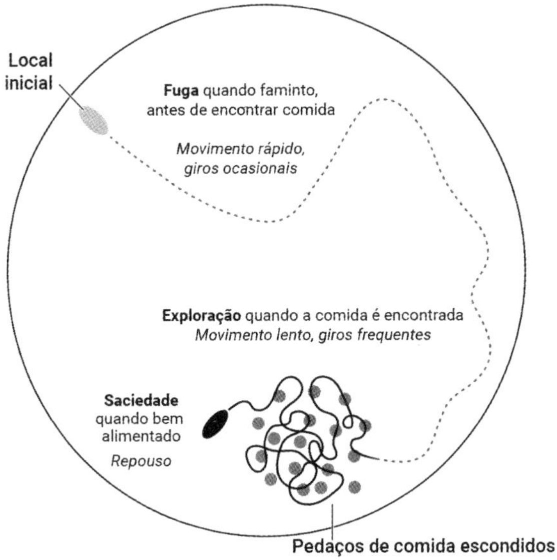

Figura 3.3

O aspecto definidor desses estados afetivos é que, embora muitas vezes disparados por estímulos externos, eles persistem por muito tempo depois que os estímulos desaparecem. Esse aspecto dos estados afetivos incluem desde os nematoides até os seres humanos — assim como um nematoide permanece apreensivo por minutos após sentir o cheiro de um predador, o humor do ser humano pode azedar por horas após uma única interação social hostil. O benefício dessa persistência, pelo menos no início, não se sabe. Quando muito, parece um pouco sem sentido — os nematoides continuam tentando escapar, mesmo depois que os predadores estão longe e eles continuam tentando explorar um local em busca de comida, inclusive após toda esta ter acabado. A ideia de que a função do primeiro cérebro era para direcionamento fornece uma pista de por que os nematoides têm — e por que primeiros bilaterianos provavelmente também tinham — esses estados: tal persistência é necessária para o direcionamento funcionar.

Os estímulos sensoriais, sobretudo os simples detectados pelos nematoides, fornecem pistas temporárias, não certezas consistentes, do que existe no mundo real. Na natureza, fora da placa de Petri de um cientista, a comida não tem gradientes de odor perfeitamente distribuídos: as correntes de água podem distorcer ou até mesmo ocultar por completo os odores, interrompendo a capacidade de um verme de se direcionar para a comida ou se afastar de predadores. Esses estados afetivos persistentes são uma manobra para superar esse desafio: se eu detectar um cheiro passageiro de comida que desaparece rápido, é provável que haja comida por perto, mesmo que eu não sinta mais o cheiro. Portanto, é mais eficiente pesquisar com persistência meu ambiente depois de encontrar comida, em vez de apenas responder aos cheiros dela no momento em que são detectados. Da mesma forma, um verme passando por uma área cheia de predadores não sentirá um cheiro constante deles, mas sim a sugestão temporária da proximidade de um; se um verme quiser escapar, será uma boa ideia se mover com persistência mesmo depois de o cheiro desaparecer.

Como um piloto tentando pilotar um avião olhando por uma janela opaca ou encoberta, ele não teria escolha a não ser aprender a voar na escuridão, usando apenas as pistas oferecidas pelos lampejos do mundo exterior. Da mesma forma, os vermes tiveram que desenvolver uma maneira de "se orientar no escuro" para tomarem decisões de direcionamento na ausência de estímulos sensoriais. A primeira solução evolutiva foi o afeto, repertórios comportamentais que podem ser desencadeados pelos estímulos externos, mas persistem muito depois de terem desaparecido.

Esse recurso de direcionamento aparece até em um Roomba. Na verdade, os Roombas foram projetados para ter diferentes estados comportamentais pelo mesmo motivo. Normalmente, eles exploram os cômodos se movendo aleatoriamente. No entanto, se um Roomba encontra um pouco de poeira, ele ativa o Dirt Detect, que muda seu repertório; ele começa a girar em círculos em uma área local. O novo repertório é acionado pela detecção de sujeira, mas persiste por um tempo, mesmo depois que a sujeira não é mais detectada. Por que ele foi projetado para fazer isso? Porque funciona — detectar um pouco de poeira em um local é indicativo de mais poeira por perto. Assim, uma regra simples para melhorar a velocidade de coleta de toda a sujeira é mudar para a busca local por um tempo após detectar a sujeira. É exatamente a mesma razão pela qual os nematoides evoluíram para mudar seu estado comportamental de investigação para exploração depois de encontrar alimentos e examinar localmente seu ambiente.

Dopamina e Serotonina

O cérebro de um nematoide gera esses estados afetivos usando substâncias químicas chamadas neuromoduladores, com os dois mais famosos sendo a dopamina e a serotonina. Antidepressivos, antipsicóticos, estimulantes e psicodélicos exercem seus efeitos manipulando esses neuromoduladores. Acredita-se que muitas condições psiquiátricas, incluindo depressão, transtorno obsessivo-compulsivo, ansiedade, transtorno de estresse pós-traumático e esquizofrenia, sejam causadas, pelo menos em parte, por desequilíbrio nos neuromoduladores. Os neuromoduladores evoluíram muito antes do aparecimento dos seres humanos; eles começaram sua conexão com o afeto desde os primeiros bilaterianos.

Ao contrário dos neurônios excitatórios e inibitórios, que têm efeitos precisos de curta duração apenas nos neurônios específicos aos quais se conectam, os neurônios neuromoduladores têm efeitos sutis, duradouros e abrangentes em muitos neurônios. Diferentes neurônios neuromoduladores liberam variados neuromoduladores: os neurônios da dopamina liberam dopamina, os neurônios da serotonina liberam serotonina. E os neurônios em todo o cérebro de um animal têm diferentes tipos de receptores para diferentes tipos de neuromoduladores — os neuromoduladores podem inibir gradativamente alguns neurônios, ativando simultaneamente outros; eles podem tornar alguns neurônios mais propensos a pulsos e outros menos; podem tornar alguns neurônios mais sensíveis à ativação enquanto entorpecem as respostas de outros. Eles podem até acelerar ou retardar o processo de adaptação. Junte todos esses efeitos e os neuromoduladores podem ajustar a atividade neural em todo o cérebro. É o equilíbrio dos diferentes neuromoduladores que determina o estado afetivo de um nematoide.

Os neurônios da dopamina dos nematoides estendem pequenos apêndices para fora de sua cabeça e contêm receptores designados especificamente para detectar alimentos. Quando esses neurônios detectam a presença de alimento, eles inundam o cérebro com dopamina. Isso sintoniza os circuitos para gerar o estado de exploração. Esse efeito pode durar minutos antes que os níveis de dopamina caiam novamente e o nematoide volte ao estado de fuga. Os neurônios da serotonina nos nematoides têm receptores que detectam a presença de alimentos em sua garganta e, se houver liberação suficiente de serotonina, disparam saciedade.

O cérebro simples do nematoide abre uma janela, ou pelo menos muito inicialmente, para as primeiras funções da dopamina e da serotonina. No nematoide, a dopamina é liberada quando o alimento é detectado *perto* do verme, já a serotonina é liberada quando o alimento é detectado *dentro* dele. Se a dopamina é a substância química de que "algo bom está perto", então a serotonina é a substância de que "algo realmente bom está acontecendo". A dopamina orienta a caça por alimento; a serotonina orienta a satisfação assim que ele é comido.

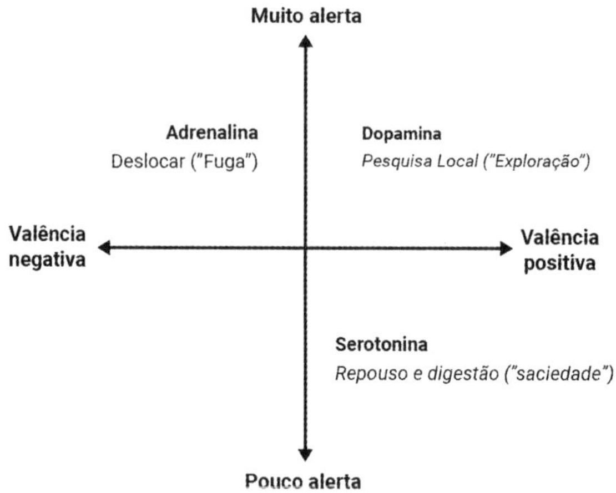

Figura 3.4: Papel dos neuromoduladores nos estados afetivos dos primeiros bilaterianos

Embora as funções exatas da dopamina e da serotonina tenham sido elaboradas em diferentes linhagens evolutivas, essa dicotomia básica entre dopamina e serotonina tem sido notavelmente conservada desde os primeiros bilaterianos. Em espécies tão divergentes quanto nematoides, lesmas, peixes, ratos e humanos, a dopamina é liberada por recompensas próximas e desencadeia o estado afetivo de alerta e busca (exploração); e a serotonina é liberada pelo consumo de recompensas e provoca um estado de pouco alerta, inibindo a busca de recompensas (saciedade). O que acontece ao ver algo que você quer, tipo comida quando está com fome, uma pessoa sexy, a linha de chegada no final de uma corrida? Em todos os casos, seu cérebro libera uma explosão de dopamina. O que acontece ao conseguir o que você quer, como quando está gozando, comendo algo delicioso ou apenas terminando uma tarefa em sua lista? Seu cérebro libera serotonina.

Se você aumenta os níveis de dopamina no cérebro de um rato, ele começa a explorar impulsivamente qualquer recompensa próxima que possa encontrar: empanturrando-se de comida e tentando acasalar com o que ele vê. Mas se você aumenta seus níveis de serotonina, ele para de comer e fica menos impulsivo e mais disposto a adiar a gratificação. A serotonina muda o comportamento de uma busca focada de objetivos para uma saciedade feliz, desligando as respostas da dopamina e entorpecendo as respostas dos neurônios da valência.

Fundamentalmente, todos esses neurônios neuromoduladores, como os neurônios da valência, também são sensíveis aos estados internos. Os neurônios da dopamina são mais propensos a responder aos sinais de comida quando um animal está com fome.

Essa conexão entre dopamina e recompensa fez com que a dopamina fosse rotulada incorretamente como a "substância química do prazer". Kent Berridge, um neurocientista da Universidade de Michigan, propôs um paradigma experimental para explorar a relação entre dopamina e prazer. Os ratos, como os humanos, apresentam expressões faciais distintas ao provar coisas de que gostam, como bolinhas de açúcar saborosas, e coisas de que não gostam, como um líquido amargo. Um bebê sorrirá ao provar leite morno e cuspirá quando provar uma água amarga; os ratos lamberão os lábios ao provarem uma comida gostosa, abrirão a boca e balançarão a cabeça ao provarem uma comida nojenta. Berridge percebeu que poderia usar a frequência dessas diferentes reações faciais como uma representação para identificar o prazer nos ratos.

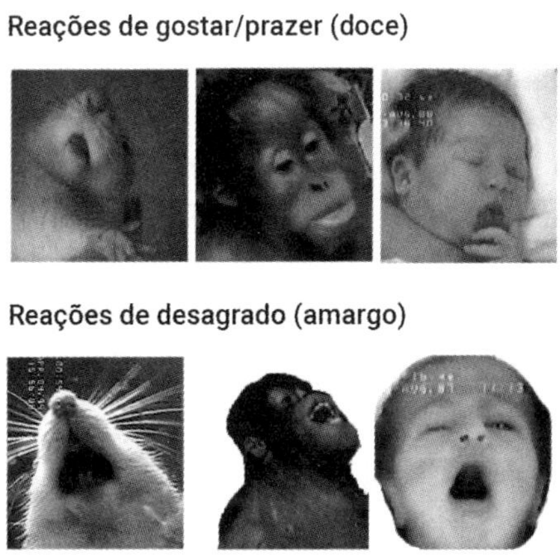

Figura 3.5: Usando expressões faciais para demonstrar prazer (gostar) e desagrado (não gostar)

Para a surpresa de muitos, Berridge descobriu que o aumento dos níveis de dopamina no cérebro dos ratos não tinha impacto no grau e na frequência de suas expressões faciais de prazer para os alimentos. Embora a dopamina faça com que os ratos consumam quantidades absurdas de comida, eles não indicam que estão fazendo isso porque *gostam* mais da comida. Os ratos não estalam mais os lábios de prazer. Quando muito, expressam mais repulsa pela comida, apesar de comerem mais dela. É como se não pudessem parar de comer, mesmo não gostando mais.

Em outro experimento, Berridge destruiu os neurônios da dopamina de vários ratos, esgotando com quase toda a dopamina em seu cérebro. Esses ratos ficavam perto de muita comida e morriam de fome. Mas essa diminuição de dopamina não tinha impacto sobre o prazer; se Berridge colocasse comida na boca desses ratos famintos, eles mostravam todas as expressões faciais sugerindo o tipo de euforia que se sentiria ao comer com fome; eles estalavam os lábios mais do que nunca. Os ratos sentiam prazer muito bem sem dopamina, eles simplesmente não pareciam motivados a buscá-lo.

Essa descoberta também foi confirmada nos seres humanos. Em experimentos controversos na década de 1960, o psiquiatra Robert Heath implantou eletrodos no cérebro de humanos para que os pacientes pressionassem um botão para estimular seus próprios neurônios de dopamina. Os pacientes rapidamente começaram a pressionar repetidamente o botão, centenas de vezes por hora. Pode-se supor que foi porque eles "gostavam", mas nas palavras de Heath:

> O paciente, ao explicar por que pressionou o botão septal com tal frequência, afirmou que o sentimento era... como se estivesse tendo um orgasmo. Mas relatou que não conseguia chegar ao orgasmo, explicando que o pressionar frequente, às vezes frenético, do botão era uma tentativa de chegar ao orgasmo.

A dopamina não é um sinal do prazer em si, mas de antecipação do prazer futuro. Os pacientes de Heath não estavam sentindo prazer; ao contrário, muitas vezes ficavam extremamente frustrados com sua incapacidade de satisfazer os desejos incríveis que o botão produzia.

Berridge provou que a dopamina é menos sobre *gostar* das coisas e mais sobre *querer* coisas. Essa descoberta faz sentido dada a origem evolutiva dela. Nos nematoides, a dopamina é liberada quando eles estão perto de alimentos, não quando os consomem. O estado comportamental de exploração nos nematoides, desencadeado pela dopamina, no qual eles diminuem a velocidade e procuram alimentos no ambiente, é, em muitos aspectos, a versão mais primitiva do querer. Nos primeiros bilaterianos, a dopamina era um sinal de *antecipação* de uma coisa boa no futuro, não o sinal da coisa boa em si.

Enquanto a *dopamina* não tem impacto nas reações do gostar, a *serotonina* diminui as reações do gostar e não gostar. Quando administrados medicamentos que aumentam os níveis de serotonina, os ratos estalam menos os lábios com os alimentos bons e balançam a cabeça menos com os alimentos amargos. Isso também é o esperado, dada a origem evolutiva da serotonina: ela significa saciedade, "as coisas estão bem agora", a química da satisfação, designada a desligar as respostas de valência.

A dopamina e a serotonina estão principalmente envolvidas no lado feliz dos estados afetivos, os diferentes tipos de afeto positivo. Há outros neuromoduladores, igualmente antigos, que sustentam os mecanismos de afeto *negativo* — estresse, ansiedade e depressão.

Quando os Vermes Se Estressam

A humanidade sofre de doenças relacionadas ao estresse mais do que nunca. Mais pessoas morrem de suicídio todo ano do que de todos os crimes violentos e guerras juntos. Cerca de 800 mil pessoas tiram suas vidas todo ano e há mais de 15 milhões de tentativas anuais de suicídio. Mais de 300 milhões de pessoas no mundo sofrem de depressão, sem a capacidade de sentir prazer e viver a vida. Mais de 250 milhões de pessoas no mundo sofrem de transtornos de ansiedade, irracionalmente aterrorizadas com o mundo ao redor. O Centers for Disease Control (CDC) até criou um termo para isso: *mortes por desespero*. A taxa de mortes por desespero mais do que dobrou nos últimos 20 anos.

Essas pessoas não estão sendo comidas por leões, morrendo de fome nem congelando até a morte. Elas estão morrendo porque seu *cérebro está matando-as*. Escolher cometer suicídio, consumir conscientemente drogas mortais ou comer compulsivamente até ficar obeso são, naturalmente, comportamentos gerados por nosso cérebro. Qualquer tentativa de entender o comportamento animal, o cérebro e a própria inteligência é incompleta sem entender este enigma: Por que a evolução criaria cérebros com uma falha tão catastrófica e aparentemente ridícula? A intenção do cérebro, como em todas as adaptações evolutivas, é *melhorar a sobrevivência*. Então por que o cérebro gera comportamentos obviamente autodestrutivos?

O estado afetivo de *fuga*, com o qual os nematoides rapidamente tentam ir para um novo local, é em parte provocado por uma classe diferente de neuromoduladores: norepinefrina, octopamina e epinefrina (também chamada adrenalina). Nos bilaterianos, incluindo espécies tão divergentes quanto nematoides, minhocas, lesmas, peixes e camundongos, essas substâncias químicas são liberadas por estímulos de valência negativa e desencadeiam a conhecida resposta de lutar ou fugir: aumento da frequência cardíaca, contração dos vasos sanguíneos, dilatação das pupilas e supressão de várias atividades supérfluas, como sono, reprodução e digestão. Esses neuromoduladores funcionam em parte neutralizando diretamente a eficiência da serotonina, reduzindo a capacidade de um animal de repousar e ficar feliz.

Circular no mundo, mesmo para os nematoides, consome uma grande quantidade de energia. A resposta de fuga induzida pela adrenalina é uma das escolhas comportamentais mais custosas que um animal pode fazer: a resposta de fuga requer um grande gasto de energia nos músculos para se mover com rapidez. Assim, a evolução propôs uma manobra para economizar energia e, assim, permitir que a resposta de fuga dure mais tempo. A adrenalina não só provoca o repertório comportamental de fuga; ela também desliga uma faixa de atividades que consomem energia para desviar recursos energéticos para os músculos. Açúcar é expelido das células em todo o corpo, os processos de crescimento celular são interrompidos, a digestão é pausada, os processos reprodutivos são desligados e o sistema imunológico é controlado. Isso se chama resposta aguda ao estresse — o que os corpos fazem imediatamente em resposta aos estímulos de valência negativa.

Mas, como um governo com um déficit orçamentário para financiar uma guerra, o adiamento da resposta aguda ao estresse das funções corporais essenciais não pode continuar indefinidamente. Portanto, nosso antepassado bilateriano desenvolveu uma resposta contrarreguladora ao estresse, um conjunto de substâncias químicas antiestresse que prepara o corpo para o fim da guerra. Uma delas eram os opioides.

As papoulas não são a única fonte de opioides; o cérebro fabrica seus próprios opiáceos e os libera em resposta aos fatores de estresse. Quando o estressor acaba e os níveis de adrenalina caem, os nematoides não voltam ao estado inicial. As substâncias químicas antiestresse restantes iniciam processos relacionados à recuperação: respostas imunológicas, apetite e digestão são ativados novamente. Essas substâncias químicas de alívio e recuperação, como os opioides, fazem isso, em parte, aumentando os sinais de serotonina e dopamina (ambos inibidos por estressores agudos). Os opioides também inibem os neurônios de valência negativa, o que ajuda um animal a se recuperar e repousar apesar de qualquer lesão. Claro, por isso os opioides são analgésicos tão potentes em todos os bilaterianos. Os opioides também mantêm certas funções supérfluas, como as atividades reprodutivas, desligadas até que o processo de alívio e recuperação seja concluído; daí a diminuição do desejo sexual. Não é surpresa que os nematoides, outros invertebrados e seres humanos tenham respostas semelhantes aos opioides — crises prolongadas de alimentação, inibição das respostas à dor e do comportamento reprodutivo.

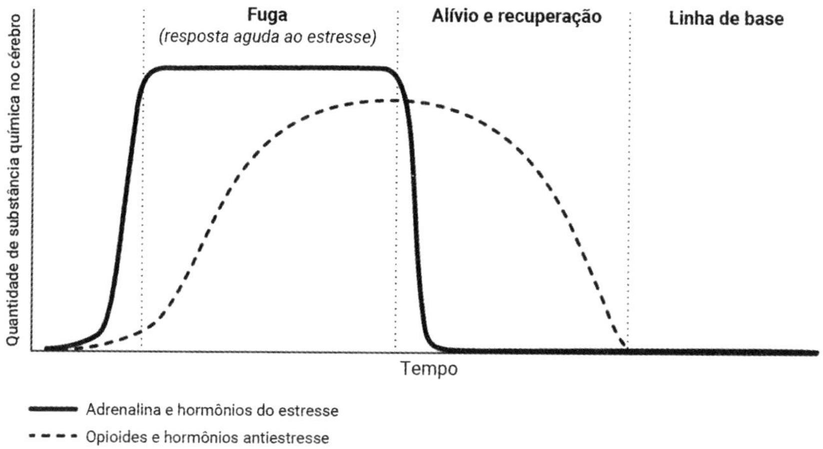

Figura 3.6: Evolução temporal do estresse e dos hormônios antiestresse

O estado de alívio e recuperação não se limita a restituir o apetite; um nematoide faminto por 12 horas apenas comerá 30 vezes mais do que seus pares normalmente famintos, ou seja, o estresse faz com que os nematoides comam demais. Após a compulsão, os nematoides antes famintos "desmaiam", passando 10 vezes mais tempo em um estado imóvel do que os vermes não famintos. Os nematoides fazem isso porque o estresse é um sinal de que as circunstâncias são terríveis e a comida pode ser escassa ou em breve ficará. Assim, eles estocam o máximo possível de comida se preparando para a próxima experiência de fome. Desde os primeiros cérebros de 600 milhões de anos atrás, o sistema de compulsão alimentar depois de uma experiência estressante já estava implementado.

Os hormônios antiestresse, como os opioides, diferiam da dopamina e da serotonina nos experimentos de expressão facial de ratos de Kent Berridge. Embora a dopamina não tenha tido impacto nas reações de gostar, dar opioides a um rato, de fato, aumentou muitíssimo suas reações de gostar em relação aos alimentos. Isso faz sentido pelo que sabemos agora sobre a origem evolutiva dos opioides. Eles são a substância química de alívio e recuperação após o estresse: os hormônios do estresse desativam as respostas de valência positiva (diminuição do gostar), mas quando um estressor desaparece, os opioides restantes reativam as respostas de valência (aumento do gostar), tornando tudo melhor; eles aumentam as reações de gostar e diminuem as reações de não gostar; aumentando o prazer e inibindo a dor.

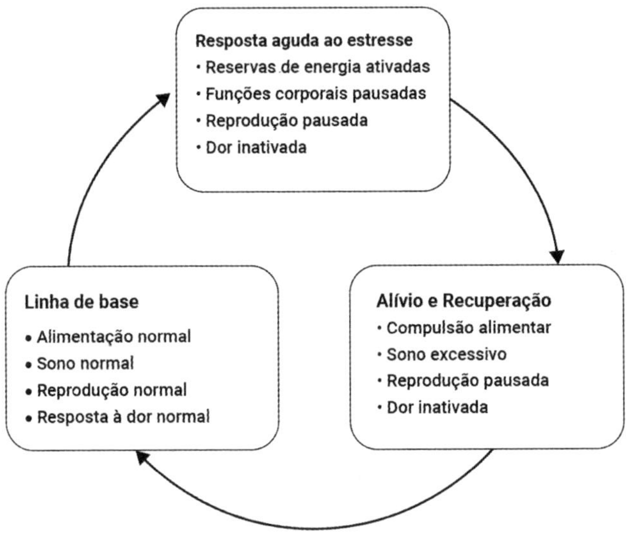

Figura 3.7: O antigo ciclo do estresse, com origem nos primeiros bilaterianos

Apatia e Tristeza

Tudo isso descreve o que os organismos fazem em resposta aos estressores de curto prazo, a resposta aguda ao estresse. Mas como o estresse assola, em grande parte, a humanidade moderna vem do que acontece com os corpos em resposta aos estressores prolongados, a resposta ao estresse *crônico*. Isso também tem origem nos primeiros bilaterianos. Se um nematoide é exposto por 30 minutos a um estímulo negativo (como calor intenso, frio congelante ou produtos químicos tóxicos), no início ele exibirá as características da resposta aguda ao estresse — tentará fugir e os hormônios do estresse pausarão as funções corporais. Mas depois de apenas 2 minutos sem alívio desse estressor inevitável, os nematoides fazem algo surpreendente: eles desistem. O verme para de se mover; para de tentar escapar e fica ali. Esse comportamento surpreendente é, de fato, muito inteligente: gastar energia fugindo vale a pena somente se o estímulo for, de fato, *evitável*. Caso contrário, é mais provável que o verme sobreviva se conserva energia esperando. A evolução incorporou uma antiga prova de falha bioquímica para garantir que um organismo não desperdiçasse energia tentando fugir de algo que era inevitável; essa prova foi a semente inicial do estresse crônico e da depressão.

Qualquer estímulo negativo consistente, inevitável ou repetitivo, como dor constante ou fome prolongada, mudará o cérebro de um nematoide para um estado de estresse crônico. O estresse crônico não é tão diferente do estresse agudo; os hormônios do estresse e os opioides permanecem elevados, inibindo cronicamente a digestão, a resposta imune, o apetite e a reprodução. Mas o estresse crônico difere do estresse agudo pelo menos de uma maneira importante: desliga o alerta e a motivação.

Os mecanismos bioquímicos exatos do estresse crônico, mesmo nos nematoides, são complexos e não totalmente compreendidos. Mas algo que parece ser diferente entre os estados de estresse agudo e crônico é que o estresse crônico começa a ativar a serotonina. À primeira vista, isso não faz sentido: a serotonina deveria ser a saciedade e a substância química da boa sensação. Mas considere o principal efeito da serotonina: ela desliga as respostas dos neurônios de valência e diminui o estado de alerta. Se você acrescentar isso ao monte de hormônios do estresse, terá um estado de torpor bizarro, mas infelizmente familiar. Talvez seja a forma mais primitiva de depressão. É claro que os nematoides não passam por períodos artísticos depressivos como Picasso, nem "experimentam" nada de forma consciente, mas ainda compartilham o aspecto fundamental encontrado nos episódios depressivos em todos os bilaterianos, de insetos a peixes, ratos, seres humanos: o entorpecimento das respostas de valência. Isso entorpece a dor e deixa até os estímulos mais emocionantes totalmente desmotivados. Os psicólogos chamam esse conhecido sintoma de depressão de *anedonia* — a falta (*an*) de prazer (*hedonia*).

A anedonia em animais como nematoides parece ser uma manobra para preservar energia na presença de estressores inevitáveis. Os animais não respondem mais a estressores, cheiro bom de comida ou parceiros próximos. Nos seres humanos, esse sistema antigo rouba da pessoa a capacidade de sentir prazer e motivação. É a *apatia* ou a *tristeza* da depressão. E como todos os estados afetivos, o estresse crônico persiste depois que os estímulos negativos desaparecem. Tal impotência descoberta, em que os animais param de tentar escapar dos estímulos de valência negativa, é vista até em muitos bilaterianos, incluindo baratas, lesmas e moscas-da-fruta.

Inventamos drogas que invadem esses sistemas antigos. A euforia proporcionada pelos opioides naturais deve ser reservada para esse breve período após uma experiência de quase morte. Mas os seres humanos agora podem desencadear indiscriminadamente esse estado só com uma pílula. Isso é um problema. Inundar repetidamente o cérebro com opioides *cria* um estado de estresse crônico quando o efeito da droga passa — a adaptação é inevitável. Então isso prende os usuários de opioides em um ciclo vicioso de alívio, adaptação, estresse crônico que requer mais drogas para voltar à linha de base, o que causa mais adaptação e, assim, mais estresse crônico. As restrições evolutivas lançam uma longa sombra sobre a humanidade moderna.

Esses estados afetivos primitivos foram transmitidos e elaborados ao longo da evolução e os resquícios ainda são, gostando ou não, os pilares essenciais do comportamento humano. Com o tempo, os neuromoduladores foram reaproveitados em diferentes funções e surgiram novas variantes de cada um desses estados afetivos. E assim, embora os estados emocionais modernos dos seres humanos sejam inegavelmente mais complexos e diferenciados do que um simples gráfico de valência e alerta, eles mantêm a estrutura do modelo básico a partir do qual evoluíram.

Apesar desses estados afetivos serem compartilhados entre os bilaterianos, nossos primos animais mais distantes (anêmonas, corais e águas-vivas) não mostram tais estados. Muitos nem sequer têm os neurônios da serotonina.

Isso nos leva a uma hipótese surpreendente: o afeto, apesar de toda a sua modernidade, evoluiu 550 milhões de anos atrás nos primeiros bilaterianos só com o propósito banal de direção. O modelo básico de afeto parece ter surgido de duas questões fundamentais na direção. A primeira foi o alerta: quero gastar energia me movendo ou não? A segunda foi a valência: quero ficar neste local ou sair? A liberação de neuromoduladores específicos impôs respostas específicas para cada uma dessas perguntas. E os sinais globais para ficar e sair puderam então ser usados para modular conjuntos de reflexos, por exemplo, se era seguro colocar ovos, acasalar e gastar energia digerindo alimentos.

No entanto, esses estados afetivos e seus neuromoduladores teriam um papel ainda mais fundamental na evolução dos primeiros cérebros.

4

Associação, Predição e o Nascer do Aprendizado

Memória é tudo. Sem ela não somos nada.
— Eric Kandel

Em 12 de dezembro de 1904, um cientista russo chamado Ivan Pavlov estava diante de uma assembleia de pesquisadores no Instituto Karolinska, na Suécia. Pavlov havia se tornado, dois dias antes, o primeiro russo a ganhar o Prêmio Nobel. Oito anos antes, Alfred Nobel, o engenheiro e empresário sueco que ficou rico com a invenção da dinamite, faleceu e deixou sua fortuna para a criação da Fundação Nobel. Nobel estipulara que os vencedores deveriam fazer uma palestra sobre o assunto para o qual o prêmio foi concedido, e assim, naquele dia em Estocolmo, Pavlov fez a tal palestra.

Embora atualmente ele seja conhecido por suas contribuições para a psicologia, não foi o trabalho que lhe rendeu o Nobel. Pavlov não era psicólogo, mas *fisiologista* — passara toda a sua carreira de pesquisa até então estudando os mecanismos biológicos inerentes (a "fisiologia") do sistema digestório.

Antes de Pavlov, a única maneira de estudar o sistema digestório era removendo cirurgicamente os órgãos dos animais (esôfago, estômago ou pâncreas) e fazendo experimentos rapidamente antes que esses órgãos morressem. Pavlov foi pioneiro em inúmeras técnicas relativamente não invasivas que lhe permitiram medir os aspectos do sistema digestório em cães intactos e saudáveis. A mais famosa foi a inserção de uma pequena fístula salivar que desviava a saliva de uma glândula salivar para um pequeno tubo pendurado na boca do cão; isso permitiu a Pavlov determinar a quantidade e o conteúdo de saliva produzida por vários estímulos. Ele fez manobras semelhantes com o esôfago, o estômago e o pâncreas.

Com essas novas técnicas, Pavlov e seus colegas fizeram várias descobertas. Eles aprenderam que substâncias químicas digestivas eram liberadas em resposta a vários alimentos e ele descobriu que os órgãos digestórios estavam sob controle do sistema nervoso. Essas contribuições lhe renderam o prêmio.

No entanto, após dois terços de seu discurso, Pavlov mudou o foco de seu trabalho premiado. Cientista empolgado, ele não conseguiu resistir a pesquisas que eram, na época, especulativas, mas que acreditava que acabariam se tornando seu trabalho mais importante: a investigação do que ele chamou de *reflexos condicionais*.

Sempre havia uma confusão desconcertante que atrapalhava suas medições meticulosas das respostas digestivas: os órgãos digestivos muitas vezes eram estimulados *antes que os animais provassem os alimentos*. Seus cães salivavam e seus estômagos roncavam no momento em que percebiam que um experimento com comida estava para começar. Isso era um problema. Se você quiser medir como as glândulas salivares respondem quando as papilas gustativas detectam carne gordurosa ou frutas açucaradas, não quer prejudicar a medição do que foi liberado pelas cobaias apenas *olhando* essas substâncias.

Essa estimulação psíquica, como era chamada, foi uma dificuldade na pesquisa de Pavlov, o que ele considerou ser uma “fonte de erro”. Pavlov desenvolveu várias técnicas para eliminar essa confusão; por exemplo, os experimentadores trabalhavam em salas isoladas separadas para “evitar cuidadosamente tudo o que poderia provocar os pensamentos dos cães sobre comida”.

Só muito mais tarde, depois de trazer psicólogos para seu laboratório, Pavlov começou a ver a estimulação psíquica não como uma confusão a ser eliminada, mas uma variável digna de análise. Por ironia, foi um fisiologista digestório com o objetivo de *eliminar* a estimulação psíquica que se tornou o primeiro a entendê-la.

O laboratório de Pavlov descobriu que a estimulação psíquica não era tão aleatória quanto parecia. Os cães salivavam em resposta a *qualquer* estímulo (metrônomos, luzes, campainhas) previamente associado aos alimentos. Se um experimentador ativasse uma campainha e depois desse comida, o cão começava a salivar em resposta à campainha apenas. O cão tinha desenvolvido um reflexo *condicional* — o reflexo salivar em resposta à campainha estava *condicionado* à associação prévia entre campainha e comida. Pavlov comparou esses reflexos condicionais com o que ele chamava de reflexos *incondicionais*, aqueles que eram inatos e não exigiam associação. O reflexo de um cão faminto ao salivar em resposta ao açúcar colocado em sua boca ocorria independentemente de quaisquer associações anteriores.

Pouco depois dos experimentos de Pavlov, outros cientistas começaram a testar essas técnicas em outros reflexos. Descobriu-se que a maioria, se não todos, dos reflexos faz tais associações. Associe um som arbitrário a um choque elétrico em sua mão e logo sua mão se retrairá apenas com o som. Associe um som arbitrário a um leve sopro de ar nos olhos de alguém e a pessoa acabará piscando involuntariamente em resposta apenas ao som. Associe um som arbitrário a um martelo de reflexo no joelho de uma pessoa e a perna dela chutará em resposta apenas ao som.

O aspecto definidor dos reflexos condicionais de Pavlov é que eles são associações *involuntárias*; as pessoas não deixam de piscar, chutar ou retrair as mãos. Assim como um soldado que volta da guerra não deixa de pular quando ouve um barulho alto ou uma pessoa com fobia de falar em público fica tensa antes de subir no palco, os cães de Pavlov não deixavam de salivar em resposta à campainha. A natureza involuntária dos reflexos condicionais de Pavlov, o fato de que o aprendizado associativo ocorre automaticamente sem um envolvimento consciente, foi a primeira pista de que o aprendizado e a memória podem ser mais antigos do que se pensava. O aprendizado pode não exigir todas as estruturas cerebrais que surgiram mais tarde na evolução. De fato, até um rato com todo o cérebro removido exibe reflexos condicionais. Se você associar bater na perna (que causa a retração da perna) com bater na cauda (que causa a retração da cauda), ele aprenderá a retrair a cauda em resposta a bater na perna, apesar de não ter cérebro. Os ratos podem aprender essa associação só com os circuitos simples em suas medulas espinhais.

Se o aprendizado associativo é uma propriedade dos circuitos simples de neurônios, mesmo aqueles presentes fora do cérebro, então pode ser uma manobra evolutiva muito antiga. De fato, Pavlov encontrara por acaso a origem evolutiva do próprio aprendizado.

Ajustando o Lado Bom e o Ruim das Coisas

Suponha que você pegou cem nematoides, colocou metade deles em um prato com *água doce* e a outra metade em um prato com água *salgada*. Depois de várias horas, esses nematoides ficarão desconfortáveis com fome, pois nenhum prato tem alimento. Nesse ponto, coloque os dois grupos em outro prato com um pouco de sal de um lado. O que acontece?

Os nematoides que tiveram fome com água doce se comportarão normalmente: eles irão para o sal (os nematoides geralmente consideram o sal como tendo valência positiva). No entanto, os nematoides que com fome na água salgada farão exatamente o oposto: eles se afastarão do sal.

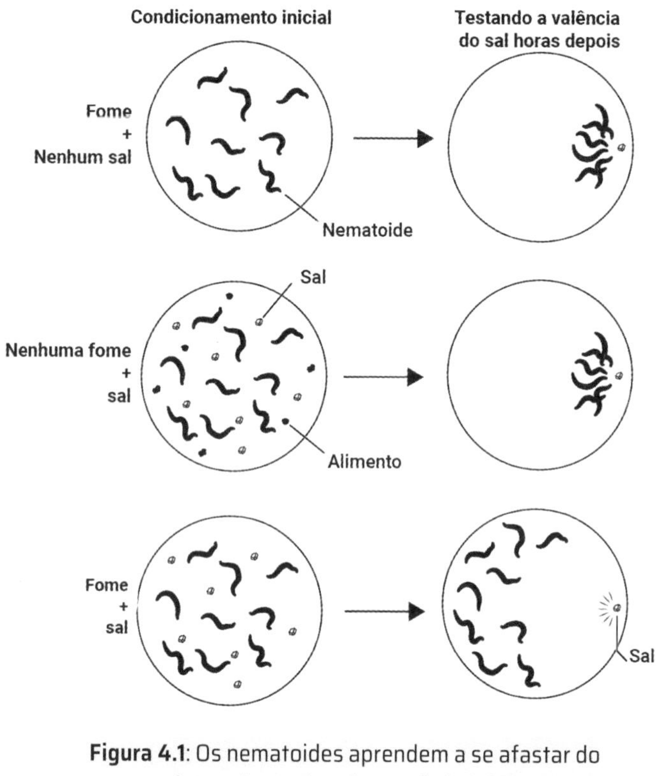

Figura 4.1: Os nematoides aprendem a se afastar do sal quando o sal está associado à fome

O sal foi transformado de um estímulo de valência positiva para um estímulo de valência negativa pela sua associação ao estado de valência negativa da fome.*

Acontece que o aprendizado associativo de Pavlov é uma habilidade intelectual de todos os bilaterianos, até os simples. Se você expuser os nematoides simultaneamente a um cheiro bom de comida e uma substância química nociva que os deixa doentes, os nematoides *se afastarão* do cheiro de comida. Se você alimentar os nematoides a uma temperatura específica, eles mudarão suas preferências para essa temperatura. Associe um toque suave à lateral de uma lesma e um pequeno choque elétrico, que dispara um reflexo de afastamento, e a lesma aprenderá a se afastar *só com o toque*, uma associação que durará dias.

No entanto, embora o aprendizado associativo seja encontrado nos bilaterianos, nossos primos animais mais distantes — as águas-vivas radialmente simétricas, anêmonas e corais — não são capazes de fazer associações.† Apesar de muitas associações de luz e choque elétrico, uma anêmona nunca aprenderá a se afastar em resposta apenas à luz. Elas se afastam apenas com o próprio choque. A presença onipresente do aprendizado associativo *na* bilateria e a notável ausência *fora* da bilateria sugere que esse aprendizado surgiu pela primeira vez no cérebro dos primeiros bilaterianos. Parece que, ao mesmo tempo, a valência (a categorização das coisas no mundo em boas e ruins) surgiu, assim como a capacidade de usar a experiência para mudar o que é considerado bom e ruim em primeiro lugar.

Por que animais não bilaterianos, como corais e anêmonas, apesar de mais 600 milhões de anos de evolução, não adquiriram a capacidade de fazer associações? Sua estratégia de sobrevivência simplesmente não requer isso.

---

* No experimento, os pesquisadores confirmaram que esse efeito não foi causado apenas pela superexposição ao sal, mas pela associação entre um estímulo (sal) e o estado afetivo negativo da fome. Os pesquisadores pegaram um terceiro grupo e os deixou as mesmas horas em água salgada, mas também adicionaram alimentos ao prato para que os nematoides não sentissem fome. Esse terceiro grupo, que teve a mesma quantidade de exposição ao sal, ainda se dirigiu alegremente até o sal depois. Isso sugere que o comportamento de evitar o sal não foi causado pela superexposição ao sal, mas pela associação entre sal e fome (veja o exemplo do meio na Figura 4.1).

† Esses animais mais distantes praticam o que é chamado de *aprendizado não associativo*, por exemplo, uma adaptação (como Edgar Adrian descobriu), e outro tipo semelhante de aprendizado chamado *sensibilização*, que é quando os reflexos se fortalecem em resposta a um estímulo de incitação prévio.

Um pólipo de coral com a capacidade de aprendizado associativo não sobreviveria muito melhor do que um sem esse aprendizado. Um pólipo de coral fica lá, imobilizado, à espera de comida passando por seus tentáculos. A estratégia codificada de engolir qualquer coisa que toca seus tentáculos e se afastar de qualquer coisa dolorosa funciona muito bem, sem qualquer aprendizado associativo. Por oposição, um cérebro designado para se orientar teria passado por uma pressão evolutiva única para ajustar suas decisões de direção com base na experiência. Um bilateriano primitivo que pudesse se lembrar de evitar uma substância química antes encontrada perto de predadores sobreviveria muito melhor do que um bilateriano que não pudesse.

Assim que os animais começaram a se aproximar de coisas específicas e evitar outras, a capacidade de se ajustar ao que era considerado bom e ruim tornou-se uma questão de vida ou morte.

O Problema do Aprendizado Contínuo

Seu carro autônomo não melhora automaticamente à medida que você dirige; a tecnologia de reconhecimento facial em seu telefone não melhora automaticamente cada vez que você abre o celular. Desde 2023, a maioria dos sistemas modernos de IA passa por um processo de treinamento e uma vez treinados, são lançados no mercado para serem usados, mas *não aprendem mais*. Isso sempre foi um problema para os sistemas de IA: se as contingências no mundo mudarem de uma maneira não registrada nos dados de treinamento, esses sistemas de IA precisarão ser treinados novamente, caso contrário, cometerão erros catastróficos. Se a nova legislação exigisse que as pessoas dirigissem no lado esquerdo da estrada e os sistemas de IA fossem treinados para dirigir apenas no lado direito, eles não seriam capazes de se ajustar com flexibilidade ao novo ambiente sem serem treinados explicitamente de novo.

Embora o aprendizado em sistemas modernos de IA não seja contínuo, o aprendizado no cérebro biológico *sempre* foi. Até mesmo nosso antepassado nematoide não tinha escolha, a não ser aprender continuamente. As associações entre as coisas estavam *sempre* mudando. Em alguns ambientes, o sal era encontrado em alimentos; em outros, era encontrado em rochas estéreis sem comida. Em alguns ambientes, os alimentos cresciam em temperaturas frias; em outros, cresciam em temperaturas quentes. Em alguns ambientes, a comida era encontrada em áreas claras; em outros, os predadores se encontravam em áreas claras. O primeiro cérebro precisava de um mecanismo que não só fizesse associações, mas também mudasse rapidamente essas associações para corresponder às novas regras do mundo. Foi Pavlov quem primeiro encontrou pistas desses mecanismos antigos.

Ao medir a quantidade de saliva produzida em resposta a sugestões ligadas a alimentos, Pavlov conseguiu não apenas observar a *presença* de associações, mas também medir quantitativamente a *intensidade* dessas associações — quanto mais saliva liberada em resposta a uma sugestão, mais forte a associação. Pavlov encontrara uma maneira de medir a memória. E ao registrar como a memória mudava ao longo do tempo, ele pôde observar o processo do aprendizado contínuo.

Na verdade, as associações nos reflexos condicionais de Pavlov sempre se fortalecem ou enfraquecem a cada nova experiência. Nos experimentos de Pavlov, as associações se fortaleceram com cada associação subsequente, ou seja, cada vez que a campainha soava antes da alimentação, mais o cão salivava na próxima vez que ela soava. Esse processo é chamado de *aquisição* (a associação estava sendo *adquirida*).

Se depois de aprender essa associação a campainha é apresentada na *ausência* de comida, então a intensidade da associação desaparece a cada tentativa, um processo chamado de *extinção*.

Há dois aspectos interessantes na extinção. Suponha que você interrompa uma associação previamente aprendida: soe a campainha várias vezes seguidas, mas *não* dê comida. Como o esperado, os cães acabarão parando de salivar com a campainha. No entanto, se você espera alguns dias e toca a campainha novamente, algo estranho acontece: os cães começam a salivar em resposta à campainha de novo. Isso é chamado de *recuperação espontânea*: as associações interrompidas são rapidamente suprimidas, mas não desaprendidas; com tempo suficiente, elas ressurgem. Além disso, se após um longo período de testes com uma associação interrompida (campainha, mas sem comida), você restabelecer a associação (soar uma campainha e dar comida novamente), a antiga associação será reaprendida muito mais rápido do que na primeira vez em que o cão experimentou a associação entre campainha e comida. Isso é chamado de *reaquisição*: antigas associações extintas são readquiridas mais rápido do que associações totalmente novas.

Por que as associações apresentam recuperação e reaquisição espontâneas? Considere o antigo ambiente no qual o aprendizado associativo evoluiu. Suponha que um verme tenha muitas experiências de encontrar comida ao lado do sal. Então um dia, ele detecta sal, vai em direção a ele e não encontra comida. Depois que o verme passa uma hora farejando sem encontrar comida, a associação se extingue e ele começa a se dirigir para outras pistas, não mais atraído pelo sal. Se dois dias depois ele detecta sal novamente, seria mais inteligente ir para ele ou se afastar dele? Em todas as experiências passadas do verme, exceto a mais recente, quando ele cheirava sal, também encontrava comida. E assim, a escolha mais inteligente seria se dirigir até o sal novamente, pois a experiência mais recente pode ter sido um acaso. Este é o benefício da recuperação espontânea, que permite a uma forma primitiva de memória de longo prazo persistir no tumulto de mudanças de curto prazo nas contingências do mundo. É claro que, se nas próximas *vinte* vezes que o verme detectar sal, ele não conseguir nenhuma comida, a associação pode por fim ser extinta permanentemente.

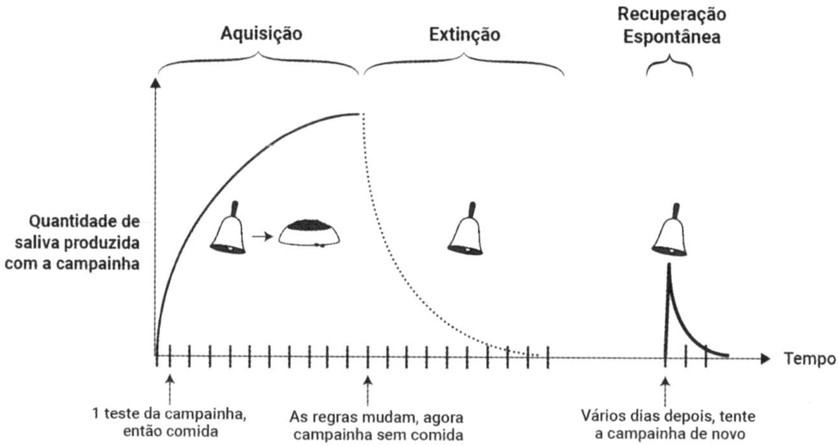

Figura 4.2: Evolução temporal do aprendizado associativo

O efeito da reaquisição — o reaprendizado acelerado de antigas associações previamente interrompidas — se desenvolveu nos vermes antigos por razões semelhantes. Suponha que esse mesmo verme encontre sal ao lado da comida depois que a associação foi extinta há tempos. Com que rapidez ele deve restaurar a associação entre sal e comida? Faria sentido reaprender essa associação rapidamente, dada a memória de longo prazo que o verme tem: *em alguns casos, o sal leva à comida e parece que agora é uma dessas situações!* Assim, antigas associações são preparadas para ressurgir sempre que o mundo fornece dicas de que antigas contingências são restabelecidas novamente.

A recuperação espontânea e a reaquisição permitiram que o cérebro de orientação simples navegasse em associações inconstantes, suprimindo temporariamente as antigas associações que atualmente eram imprecisas, lembrando e reaprendendo associações interrompidas que se tornaram efetivas de novo.

Os primeiros bilaterianos usaram os artifícios de aquisição, extinção, recuperação espontânea e reaquisição para se mover nas contingências inconstantes em seu mundo. Essas soluções para o aprendizado contínuo são encontradas em muitos reflexos de vários animais, até mesmo os animais mais antigos, como o nematoide, incorporados nos circuitos neurais mais simples, herdados do primeiro cérebro, originalmente criados para fazer o trabalho de direcionamento no mundo em constante mudança do antigo Mar Ediacarano.

O Problema da Atribuição de Crédito

O aprendizado associativo tem outro problema: quando um animal recebe comida, nunca há uma pista preditiva de antemão, mas sim um rastro inteiro de pistas. Se você associa um toque na lateral de uma lesma com um choque, como o cérebro de uma lesma sabe associar apenas o toque e o choque, e não os muitos outros estímulos sensoriais presentes, como a temperatura ambiente, a textura do solo ou as diversas substâncias químicas flutuando na água do mar? No aprendizado de máquina, isso é chamado de *problema da atribuição de crédito*: quando algo acontece, a qual dica anterior você dá crédito para prever? O cérebro bilateriano antigo, que era capaz apenas das formas mais simples de aprendizado, utilizava quatro truques para resolver o problema da atribuição de crédito. Esses truques eram rudimentares e inteligentes, tornando-se mecanismos fundamentais para saber como os neurônios fazem associações em todos os seus descendentes bilaterianos.

O primeiro truque usava os chamados *traços de elegibilidade*. Uma lesma associará um toque e um choque subsequente somente se o toque ocorrer um segundo antes do choque. Se ocorrer dois segundos ou mais antes do choque, nenhuma associação será feita. Um estímulo como um toque cria um pequeno traço de elegibilidade que dura cerca de um segundo. Só dentro dessa pequena janela de tempo as associações poderão ser feitas. Isso é inteligente, pois cria uma regra razoável: os estímulos que são úteis para prever coisas devem ocorrer *um pouco antes* da coisa que você está tentando prever.

O segundo truque era a *ofuscação*. Quando os animais têm várias dicas preditivas para usar, seu cérebro tende a escolher as pistas que são as mais fortes, *ofuscando* as fracas. Se uma luz forte e um odor fraco estiverem presentes antes de um evento, a luz forte, não o odor fraco, será usada como sugestão preditiva.

O terceiro truque era a *inibição latente* — estímulos que os animais experimentavam regularmente no passado são inibidos nas associações futuras. Em outras palavras, os estímulos frequentes são sinalizados como ruído de fundo irrelevante. A inibição latente é uma maneira inteligente de perguntar: "O que foi diferente desta vez?" Se uma lesma sentiu a textura do solo e a temperatura atual mil vezes, mas nunca experimentou um toque antes, então é muito mais provável que o toque seja usado como uma sugestão preditiva.

O quarto e último truque para o problema da atribuição de crédito era o *bloqueio*. Uma vez que um animal fez uma associação entre uma sugestão preditiva e uma resposta, todas as outras sugestões que se sobrepõem à sugestão preditiva são bloqueadas na associação com essa resposta. Se uma lesma aprendeu que um toque leva ao choque, então uma nova textura, uma temperatura ou uma substância química será impedida de ser associada ao choque. O bloqueio é uma maneira de manter uma sugestão preditiva e evitar associações redundantes.

Os Quatro Truques Originais para Enfrentar o Problema da Atribuição de Crédito

TRAÇOS DE ELEGIBILIDADE	OFUSCAÇÃO	INIBIÇÃO LATENTE	BLOQUEIO
Escolhe a sugestão preditiva que ocorreu entre 0 a 1 segundo *antes* do evento.	Escolhe a dica preditiva mais forte.	Escolhe a dica preditiva que você nunca viu antes.	Fica com as dicas preditivas depois de adquiridas e ignora as outras.

Traços de elegibilidade, ofuscação, inibição latente e bloqueio são onipresentes nos bilaterianos. Pavlov os identificou nos reflexos condicionais de seus cães salivando; eles são encontrados nos reflexos involuntários dos seres humanos e são vistos no aprendizado associativo de platelmintos, nematoides, lesmas, peixes, lagartos, pássaros, ratos e na maioria dos bilaterianos no reino animal. Esses truques para navegar no problema da atribuição de crédito evoluíram desde o primeiro cérebro, fazendo o aprendizado associativo funcionar.

Essas manobras não são perfeitas. Em algumas circunstâncias, a melhor dica preditiva pode ocorrer um minuto antes do evento, não um segundo. Em outras, a melhor dica preditiva pode ser a dica fraca, não a forte. Com o tempo, o cérebro desenvolveu estratégias mais sofisticadas para resolver o problema da atribuição de crédito (fique atento aos avanços 2 e 3). Mas os vestígios das primeiras soluções — traços de elegibilidade, ofuscação, inibição latente e bloqueio — ainda existem no cérebro moderno. Eles são vistos em nossos reflexos involuntários e circuitos cerebrais mais antigos. De fato, ratos com o cérebro inteiro removido, sem nada além de circuitos neurais na medula espinhal, ainda mostram inibição latente, bloqueio e ofuscação. Além da aquisição, extinção, recuperação espontânea e reaquisição, esse portfólio de manobras constitui a base dos mecanismos neurais do aprendizado associativo, mecanismos profundamente incorporados no funcionamento interno dos neurônios, dos circuitos neurais e do cérebro.

Antigos Mecanismos do Aprendizado

Por milhares de anos, dois grupos de filósofos têm debatido a relação entre cérebro e mente. Um grupo, os dualistas, como Platão, Aquino e Descartes, argumenta que a mente existe separadamente do cérebro. As entidades podem interagir entre si, mas são distintas; a mente é algo além do físico. Materialistas, como Kanada, Demócrito, Epicuro e Hobbes, argumentavam que seja o que for a mente, ela está localizada inteiramente na estrutura física do cérebro. Não há nada além do físico. Esse debate ainda acontece nos departamentos de filosofia em todo o mundo. Se você chegou até aqui no livro, irei presumir que se apoia no materialismo, que você, como eu, tende a rejeitar as explicações não físicas para as coisas, até mesmo para a mente. Mas ao nos aliarmos aos materialistas, introduzimos várias questões que, a princípio, são difíceis de explicar fisicamente, sendo a mais óbvia o aprendizado.

Você pode ler uma frase uma vez e depois repeti-la imediatamente em voz alta. Se mantivermos uma visão materialista, isso significa que ler essa frase instantaneamente *mudou algo físico em seu cérebro*. Qualquer coisa que leve ao aprendizado causa uma reorganização física de *algo* nos 86 bilhões de neurônios em nossa cabeça. Acompanhar uma conversa, assistir a um filme e aprender a amarrar os sapatos, tudo deve mudar o aspecto físico de nosso cérebro.

As pessoas especulam sobre os mecanismos físicos do aprendizado há milhares de anos, e até mesmo os dualistas pontificaram sobre explicações materialistas para o aprendizado. Platão acreditava que o cérebro era como um comprimido de cera no qual as percepções deixavam impressões duradouras; ele acreditava que as memórias eram essas impressões. Descartes argumentava que as memórias eram formadas pela criação de novas "dobras" no cérebro, "não diferentes das dobras que ficam no papel depois de ter sido dobrado". Outros especularam que as memórias eram "vibrações" persistentes. Essas ideias estavam todas erradas, mas não por culpa de seus criadores; na época, ninguém entendia nem mesmo os blocos de construção básicos do sistema nervoso, então eles não podiam sequer começar a conceber como o aprendizado poderia funcionar.

A enxurrada de descobertas sobre neurônios no início do século XX forneceu uma série de novos componentes básicos. A descoberta das conexões entre os neurônios (sinapses) era a novidade mais óbvia que poderia presumivelmente mudar no cérebro durante o aprendizado. De fato, acontece que o aprendizado não surge de impressões, dobras ou vibrações, mas de mudanças nessas conexões sinápticas.

O aprendizado ocorre quando as sinapses mudam sua intensidade ou quando novas sinapses são formadas ou as antigas são removidas. Se a conexão entre dois neurônios for fraca, o neurônio de entrada terá que disparar muitos pulsos para fazer o neurônio de saída pulsar. Se a conexão é forte, o neurônio da entrada terá que disparar somente alguns pulsos para fazer o neurônio da saída pulsar. As sinapses podem aumentar sua intensidade com o neurônio de entrada liberando mais neurotransmissor em resposta a um pulso ou com o neurônio pós-sináptico aumentando o número de receptores de proteína (mais responsivo à mesma quantidade de neurotransmissor).

As sinapses têm muitos mecanismos para escolher quando fortalecer ou enfraquecer. Esses mecanismos são inovações evolutivas extremamente antigas, oriundas do aprendizado associativo dos primeiros bilaterianos. Por exemplo, há um mecanismo inteligente da proteína nas sinapses dos neurônios bilaterianos que detectam se o neurônio de entrada disparou *em uma janela de tempo similar* ao do neurônio de saída, ou seja, as conexões individuais podem detectar se uma entrada (como o neurônio sensorial ativado por um toque) é ativada ao mesmo tempo que uma saída (como o neurônio motor ativado por um choque). E se esses neurônios são ativados ao mesmo tempo, o mecanismo de proteína dispara um processo que fortalece a sinapse.† Assim, da próxima vez que o neurônio do toque ativa, ele dispara o neurônio motor por conta própria (porque a conexão entre os neurônios foi fortalecida) e agora você tem um reflexo condicional. Esse mecanismo de aprendizado é chamado de *aprendizado hebbiano* em homenagem ao psicólogo Donald Hebb, que hipotetizou com eloquência a existência de tal mecanismo na década de 1940, várias décadas antes de o mecanismo ser descoberto. O aprendizado hebbiano é muitas vezes referido como a regra de que "os neurônios que disparam juntos ficam juntos".

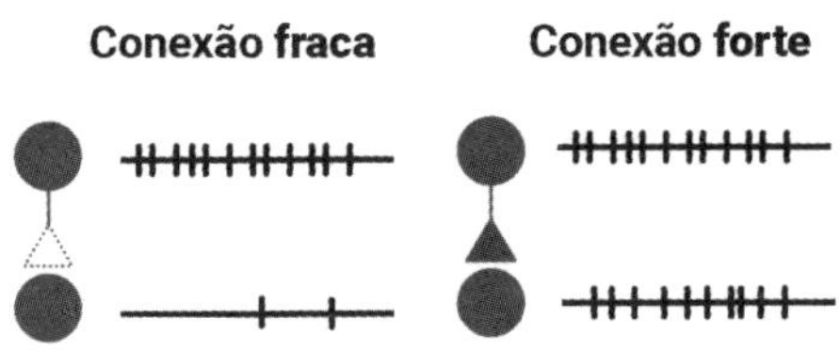

Figura 4.3

Mas a lógica das forças sinápticas que mudam fica mais complexa do que isso. Existem mecanismos moleculares nas sinapses para medir o *tempo*, em que as associações são construídas somente se o neurônio de entrada dispara *um pouco antes* do neurônio de saída, permitindo assim o truque dos traços de elegibilidade. Neuromoduladores, como a serotonina e a dopamina, podem modificar as regras do aprendizado das sinapses; algumas sinapses passam pelo aprendizado hebbiano somente quando os receptores de dopamina ou serotonina *também* são ativados, permitindo assim que os neuromoduladores bloqueiem a capacidade das sinapses de fazer novas associações. Um verme que fareja uma substância química e depois encontra comida tem seu cérebro inundado com dopamina, que então pode disparar o fortalecimento de sinapses específicas.

Embora ainda não entendamos bem todos os mecanismos pelos quais os neurônios se religam, esses mecanismos são notavelmente semelhantes nos bilaterianos; os neurônios no cérebro de um

† O mecanismo de proteína para isto é bonito, mas está além do escopo deste livro. Se você estiver interessado, pesquise a detecção da coincidência usando receptores de NMDA.

nematoide mudam suas sinapses em grande parte da mesma maneira como os neurônios em seu cérebro. Em contraste, quando examinamos os neurônios e as sinapses de não bilaterianos, como pólipos de coral, não encontramos o mesmo mecanismo; por exemplo, eles não possuem certas proteínas envolvidas no aprendizado hebbiano. Mas, segundo nosso passado evolutivo, isso é de se esperar: se o nosso antepassado comum com os pólipos de coral não tinha nenhum aprendizado associativo, então devemos esperar que eles não tenham os mecanismos fundamentais a esse aprendizado.

O aprendizado teve origens humildes. Embora os primeiros bilaterianos fossem os primeiros a aprender as associações, eles ainda eram incapazes de aprender a maioria das coisas. Eles não podiam aprender a associar eventos separados por mais de alguns segundos, a prever o tempo exato das coisas, a reconhecer objetos, padrões no mundo, e eles não podiam aprender a reconhecer locais nem direções.

Mas ainda assim, a capacidade do cérebro humano de se religar, fazer associações entre as coisas, não é um superpoder exclusivamente humano, mas uma herança desse antepassado bilateriano antigo que viveu há mais de 550 milhões de anos. Todos os feitos do aprendizado que se seguiram (capacidade de aprender mapas espaciais, linguagem, reconhecimento de objetos, música e tudo mais) se basearam nesses mesmos mecanismos de aprendizado. A partir do cérebro bilateriano, a evolução do aprendizado foi principalmente um processo de encontrar novas aplicações de mecanismos de aprendizado sináptico preexistentes, sem alterar os mecanismos de aprendizado em si.

O aprendizado não era a função central do primeiro cérebro; era apenas um aspecto, uma manobra para otimizar as decisões de direção. Associação, previsão e aprendizado surgiram para ajustar o lado bom e mau das coisas. Em certo sentido, a história evolutiva que se seguirá é a do aprendizado sendo transformado de uma característica bonita do cérebro em sua função essencial. De fato, o próximo avanço na evolução do cérebro foi uma nova forma brilhante de aprendizado, só possível porque se baseia na valência, no afeto e no aprendizado associativo.

Resumo do Avanço 1: Direção

Os nossos antepassados, há cerca de 550 milhões de anos, passaram de um animal sem cérebro radialmente simétrico, como um pólipo de coral, a um animal bilateralmente simétrico com cérebro, como um nematoide. Embora muitas mudanças neurológicas tenham ocorrido ao longo dessa transição, um conjunto surpreendentemente amplo delas pode ser entendido pela lente de permitir um avanço singular: o do *movimento direcionado*. Elas incluem:

- Um plano de corpo bilateral que reduz as escolhas de navegação a duas opções simples: avançar ou virar.
- Uma arquitetura neural de valência em que os estímulos são evolutivamente codificados em bons e maus.
- Mecanismos para modular respostas de valência com base nos estados internos.
- Circuitos pelos quais diferentes neurônios de valência podem ser integrados em uma decisão de direção singular (daí um grande grupo de neurônios que identificamos como um cérebro).
- Estados afetivos de tomada de decisões persistentes sobre se afastar ou ficar.
- A resposta ao estresse para a gestão da energia dos movimentos na presença de dificuldades.
- Aprendizado associativo para mudar as decisões de direção com base na experiência anterior.
- Recuperação espontânea e reaquisição para lidar com as contingências inconstantes no mundo (fazendo o aprendizado contínuo funcionar, mesmo que imperfeitamente).
- Traços de elegibilidade, ofuscação, inibição latente e bloqueio para (imperfeitamente) lidar com o problema da atribuição de crédito.

Todas essas mudanças possibilitam a direção e consolidam o lugar de nossos antepassados como os primeiros grandes animais multicelulares que sobreviveram pelo *direcionamento*, movendo-se não com hélices celulares microscópicas, mas com músculos e neurônios. E todas essas mudanças, junto com o ecossistema predatório gerado, lançaram as bases para o avanço 2, que foi quando o aprendizado finalmente assumiu papel central na função de nosso cérebro.

AVANÇO 2

Reforço e os Primeiros Vertebrados

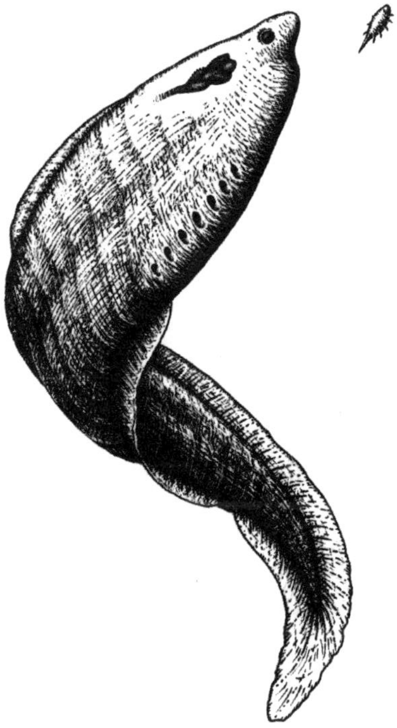

Seu cérebro 500 milhões de anos atrás

5

A Explosão Cambriana

Para chegar ao próximo marco na evolução do cérebro, devemos deixar a era em que os primeiros bilaterianos se agitavam e avançar 50 milhões de anos. Chegamos ao antigo mundo do Período Cambriano, uma era que se estendeu de 540 a 485 milhões de anos atrás.

Se você olhasse ao redor do Cambriano, veria um mundo muito diferente do Ediacarano mais antigo. A cobertura microbiana pegajosa do Ediacarano, que tornou o fundo do oceano verde, teria desaparecido há tempos e dado lugar a um fundo arenoso mais familiar. As criaturas sensíveis, lentas e pequenas do Ediacarano teriam sido substituídas por um movimentado zoológico de grandes animais móveis, com forma e tamanho variados. Não lembraria um zoológico que você gostaria de ver — era um mundo governado por *artrópodes*, os antepassados de insetos, aranhas e crustáceos. Esses artrópodes eram muito mais aterrorizantes do que seus descendentes modernos; eram enormes e armados com garras assustadoramente grandes e conchas blindadas. Alguns tinham mais de 1,5m de comprimento.

A descoberta da direção em nosso antepassado nematoide acelerou a corrida armamentista evolutiva da predação. Isso desencadeou o que agora é conhecido como explosão cambriana, a expansão mais radical na diversidade da vida animal que a Terra já viu. Os fósseis ediacaranos são raros e procurados, mas os fósseis cambrianos, se você cavar fundo o suficiente, estão por toda parte e englobam uma diversidade incrível de criaturas. Durante o Período Ediacarano, os animais com cérebro eram humildes habitantes do fundo do mar, menores e menos numerosos do que seus primos sem cérebro, como os corais e as anêmonas. Mas no Período Cambriano, animais com cérebro começaram seu reinado no mundo animal.

Figura 5.1: Mundo cambriano

Uma linhagem do Verme Avô permaneceu relativamente inalterada e encolheu de tamanho, tornando-se os nematoides de hoje. Outra linhagem se tornou os mestres da época, os artrópodes. Linhagens desses artrópodes desenvolveriam de forma independente suas próprias estruturas cerebrais com suas próprias habilidades intelectuais. Alguns, como formigas e abelhas, desenvolveriam uma inteligência impressionante. Mas a linhagem do artrópode e dos nematoides não é a nossa. Nossos antepassados provavelmente não eram muito notáveis na cacofonia cambriana de criaturas aterrorizantes; eles eram pouco maiores do que os primeiros bilaterianos, com alguns centímetros de comprimento, e não particularmente numerosos. Mas se você os visse, teriam uma aparência agradável e familiar — lembrariam um peixe moderno.

Registros fósseis desses peixes antigos mostram vários aspectos familiares. Eles tinham barbatanas, guelras, medula espinhal, dois olhos, narinas e coração. A característica mais fácil de identificar nos fósseis dessas criaturas é a *coluna vertebral*, ossos interligados e grossos que revestiam e protegiam sua medula espinhal. De fato, os taxonomistas se referem aos descendentes desse antigo antepassado como *vertebrados*. Mas de todas as mudanças familiares que surgiram nos primeiros vertebrados, a mais notável foi certamente o cérebro.

Modelo de Cérebro dos Vertebrados

O cérebro dos invertebrados (nematoides, formigas, abelhas, minhocas) não tem estruturas reconhecidamente semelhantes ao cérebro dos seres humanos. A distância evolutiva entre humanos e invertebrados é grande; nosso cérebro vem de um modelo muito básico em nosso antepassado bilateriano para revelar quaisquer estruturas comuns. Mas quando observamos o cérebro até dos vertebrados mais distantes, como o peixe lampreia sem mandíbula — sendo nosso antepassado mais recente comum o primeiro vertebrado há mais de 500 milhões de anos —, vemos um cérebro que compartilha não apenas algumas estruturas iguais, mas a *maioria* delas.

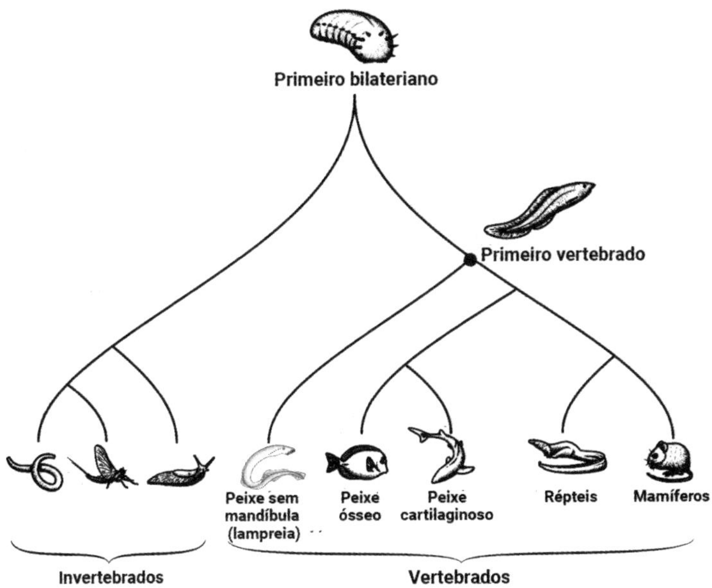

Figura 5.2: Nossos antepassados cambrianos

O calor da explosão cambriana forjou o modelo de cérebro vertebrado que, ainda hoje, é compartilhado por todos os descendentes dessas primeiras criaturas parecidas com peixes. Se você quer um curso intensivo sobre como o cérebro *humano* funciona, saber como o cérebro do *peixe* funciona já será metade do caminho.

O cérebro de todos os embriões vertebrados, de peixes a humanos, desenvolveu-se com as mesmas etapas iniciais. Primeiro, o cérebro se diferencia em três bulbos, formando as três estruturas primárias que sustentam todos os cérebros dos vertebrados: prosencéfalo, mesencéfalo e rombencéfalo. Segundo, o prosencéfalo se desdobra em dois subsistemas. Um deles se torna o córtex e o gânglio basal, e o outro é o tálamo e o hipotálamo.

Isso resulta nas seis principais estruturas encontradas em todo o cérebro dos vertebrados: córtex, gânglio basal, tálamo, hipotálamo, mesencéfalo e rombencéfalo. Revelando sua ancestralidade comum, essas estruturas são notavelmente semelhantes nos vertebrados modernos (exceto o córtex, que tem modificações únicas em alguns vertebrados, como os mamíferos; fique atento ao avanço 3). Os circuitos do gânglio basal humano, tálamo, hipotálamo, mesencéfalo e rombencéfalo, e os de um peixe são incrivelmente parecidos.

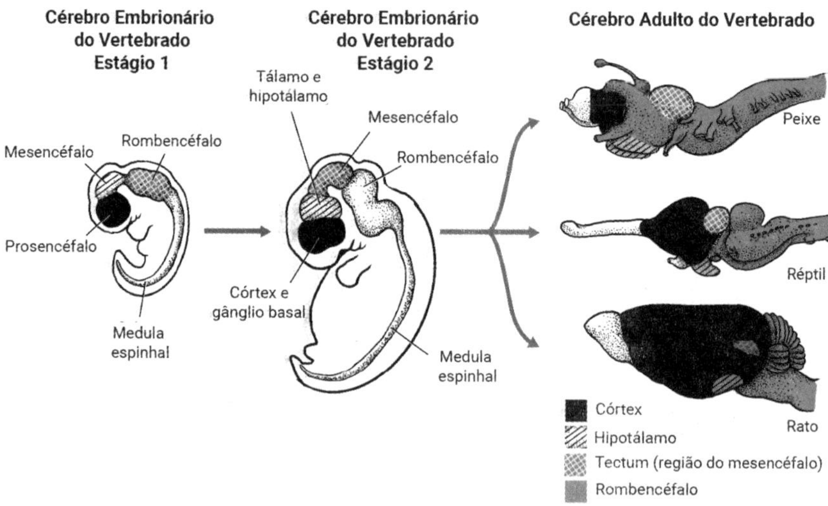

Figura 5.3: Desenvolvimento embrionário compartilhado dos vertebrados

Os primeiros animais nos presentearam com neurônios. Então os primeiros bilaterianos nos presentearam com cérebro, agrupando esses neurônios em circuitos centralizados, conectando o primeiro sistema para valência, afeto e associação. Mas foram os primeiros vertebrados que transformaram o cérebro simples e primitivo dos primeiros bilaterianos em uma verdadeira máquina, com subunidades, camadas e sistemas de processamento.

Claro, a questão é: o que esse primeiro cérebro do vertebrado *fazia*?

As Galinhas de Thorndike

Na mesma época em que Ivan Pavlov desvendava o funcionamento dos reflexos condicionais na Rússia, um psicólogo norte-americano chamado Edward Thorndike investigava o aprendizado animal de uma perspectiva diferente.

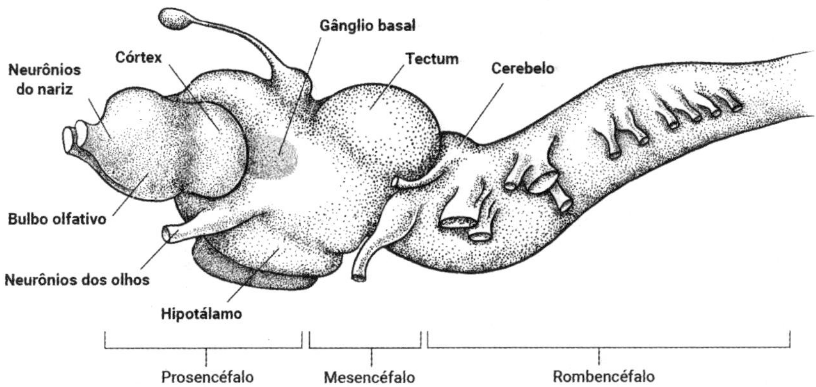

Figura 5.4: O cérebro dos primeiros vertebrados

Em 1896, Edward Thorndike estava em uma sala cheia de galinhas. Ele havia se matriculado recentemente no programa de mestrado de Harvard em psicologia. Seu principal interesse era estudar como as crianças aprendem: Como podemos ensinar às crianças coisas novas? Ele tinha inúmeras ideias para experimentos, mas para seu desgosto, Harvard não permitiria que ele fizesse experimentos em crianças. Então Thorndike não teve escolha a não ser focar cobaias que eram mais fáceis de obter: galinhas, gatos e cães.

Para Thorndike, nem tudo estava perdido. Darwinista convicto, ele era inabalável em sua visão de que deveria haver princípios comuns no aprendizado de galinhas, gatos, cães e seres humanos. Se esses animais compartilhavam um antepassado comum, então todos deveriam ter herdado mecanismos de aprendizado semelhantes. Ao investigar como os outros animais aprendiam, ele acreditava que conseguiria também esclarecer os princípios de como os seres humanos aprendiam.

Thorndike era extremamente tímido e incrivelmente inteligente, então talvez fosse a pessoa perfeita para iniciar os estudos com animais solitários, meticulosamente repetitivos e inegavelmente inteligentes em que ele foi pioneiro. Pavlov fez seu trabalho de psicologia inovador já na meia-idade, depois de uma carreira conhecida como fisiologista, mas o trabalho mais famoso de Thorndike foi seu primeiro. Foi sua tese de doutorado, publicada em 1898, quando tinha 23 anos, pela qual é mais conhecido, sua dissertação: "Inteligência Animal: Um Estudo Experimental dos Processos Associativos em Animais" [em tradução livre].

A genialidade de Thorndike, como a de Pavlov, estava em como ele reduzia problemas teóricos irremediavelmente complexos a simples experimentos mensuráveis. Pavlov explorou o aprendizado ao medir a quantidade de saliva liberada em resposta a uma campainha. Thorndike explorou o aprendizado ao medir a velocidade com que os animais aprendiam a escapar do que ele chamava de *caixas problema*.

Thorndike construiu uma infinidade de gaiolas, cada uma com um enigma (problema) diferente que, se resolvido corretamente, abriria uma porta de fuga. Esses enigmas não eram particularmente complexos — alguns tinham travas que, quando pressionadas, abriam a porta; outros tinham botões escondidos ou argolas para puxar. Às vezes, o enigma não exigia uma engenhoca física, e Thorndike apenas abria manualmente a porta sempre que o animal fazia algo específico, como se lamber. Ele colocou vários animais nessas gaiolas, colocou comida do lado de fora para motivá-los a sair das caixas e mediu exatamente quanto tempo levava para eles solucionarem o problema.

Assim que escapava, ele registrava o tempo, então fazia o animal repetir inúmeras vezes. Ele calculava o tempo médio que os animais levavam para resolver determinado problema em sua primeira tentativa, comparava com o tempo na segunda, até o quão rápido eles resolviam depois de centenas de tentativas.

Originalmente Thorndike queria investigar a dinâmica da *imitação*, um aspecto do aprendizado que ele acreditava existir em muitas espécies animais. Ele deixou que gatos destreinados assistissem gatos treinados a escaparem de várias caixas problema para ver se isso tinha algum efeito em seu próprio aprendizado. Em outras palavras, os gatos poderiam aprender com a imitação? Na época, parecia que a resposta era não; eles não melhoravam assistindo (note que alguns animais *podem* fazer isso; fique atento ao avanço 4). Mas nesse fracasso, ele descobriu algo surpreendente. Descobriu que esses animais compartilhavam um mecanismo de aprendizado — mas não era o que ele esperava originalmente.

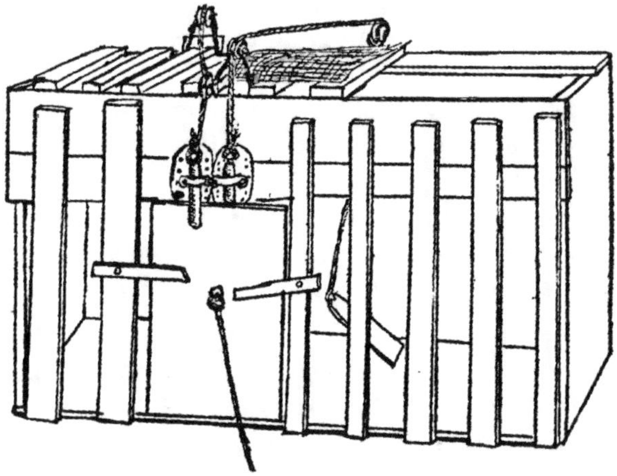

Figura 5.5: Uma das caixas problema de Thorndike

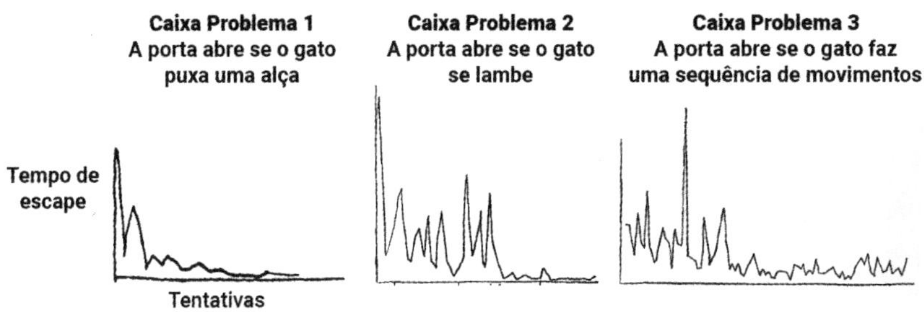

Figura 5.6: Animais aprendendo com tentativa e erro

Quando colocado pela primeira vez em uma gaiola, o gato tentava uma série de comportamentos: arranhar as grades, empurrar o teto, cavar a porta, miar, tentar passar pelas grades, andar ao redor da gaiola. Por fim, o gato apertava sem querer o botão ou puxava a argola, e a porta se abria; o gato saía e comia alegremente seu prêmio. Os animais ficavam progressivamente mais rápidos ao repetir os comportamentos que os tiravam da caixa. Após muitas tentativas, os gatos paravam de fazer qualquer um dos comportamentos originais e imediatamente realizavam as ações necessárias para escapar. Esses gatos estavam aprendendo por *tentativa e erro*. Ele conseguiu quantificar esse aprendizado de tentativa e erro com a diminuição gradual no tempo que os animais levavam para escapar (Figura 5.6).

O mais surpreendente foi o quanto o comportamento inteligente surgia de algo tão simples quanto o aprendizado por tentativa e erro. Depois de testes suficientes, esses animais podiam executar com facilidade sequências incrivelmente complexas de ações. Acreditava-se originalmente que a única maneira de explicar tal comportamento inteligente em animais era com alguma noção de percepção, imitação ou planejamento, mas Thorndike mostrou como uma tentativa e erro simples era tudo o que um animal realmente precisava. Thorndike resumiu seu resultado em sua agora famosa *lei de efeito*:

> As respostas que produzem um efeito satisfatório em determinada situação ficam mais propensas a ocorrer novamente nessa situação e as respostas que produzem um efeito desconfortável ficam menos propensas a ocorrer novamente nessa situação.

Os animais aprendem primeiro realizando ações exploratórias aleatórias e depois ajustando as ações futuras com base nos resultados da valência — a valência positiva reforça as ações realizadas recentemente e a valência negativa não reforça as ações realizadas antes. Os termos *satisfatório* e *desconfortável* saíram de moda nas décadas após a pesquisa original de Thorndike; eles faziam uma alusão desconcertante a uma sensação ou um sentimento interno real. Psicólogos, incluindo Thorndike, acabaram substituindo esses termos por *reforço* e *punição*.

Um dos sucessores intelectuais de Thorndike, B. F. Skinner, chegou a sugerir que *todo* comportamento animal, mesmo em humanos, era consequência de nada mais do que tentativa e erro. Como veremos com os avanços 3, 4 e 5 neste livro, B. F. Skinner acabou por estar errado. Mas, embora a tentativa e o erro não expliquem todo o aprendizado dos animais, ela sustenta uma boa parte.

A pesquisa original de Thorndike foi sobre gatos, cães e aves — animais que compartilham um antepassado comum há cerca de 350 milhões de anos. Mas e os primos vertebrados mais distantes, aqueles com os quais partilhamos um antepassado há 500 milhões de anos? Eles também aprendem por tentativa e erro?

Um ano após sua dissertação de 1898, Thorndike publicou uma nota adicional mostrando os resultados desses mesmos estudos realizados em um animal diferente: o peixe.

A Incrível Inteligência dos Peixes

Se há um membro do grupo de vertebrados que os seres humanos têm mais preconceito é o peixe. A ideia de que os peixes são, bem, *burros* está inserida em muitas culturas. Todos nós ouvimos a crença de que os peixes não podem reter memórias por mais de três segundos. Talvez todo esse preconceito seja de se esperar; os peixes são os vertebrados que menos se parecem conosco. Mas isso é infundado; os peixes são muito mais espertos do que acreditamos.

No experimento original de Thorndike, ele colocou um peixe em um tanque com várias paredes transparentes e aberturas escondidas. Ele colocou o peixe de um lado do tanque (com uma iluminação forte, que os peixes não gostam) e do outro lado ficava um local desejável (o escuro, que os peixes preferem). No início, o peixe tentou muitas coisas aleatórias para atravessar o tanque, muitas vezes batendo nas paredes transparentes. Por fim, ele encontrou uma das aberturas e chegou à próxima parede. Em seguida, repetiu o processo até encontrar a próxima abertura. Assim que o peixe passou por todas as paredes até o outro lado, Thorndike o pegou, o trouxe de volta ao início para começar de novo, cada vez cronometrando quanto tempo ele levava para chegar ao outro lado. Assim como os gatos de Thorndike aprenderam a escapar das caixas problema por tentativa e erro, os peixes aprenderam a passar rapidamente por cada uma das aberturas escondidas para escapar do lado do tanque com iluminação forte.

Essa capacidade dos peixes de aprender sequências arbitrárias de ações por tentativa e erro foi replicada muitas vezes. Os peixes podem aprender a encontrar e pressionar um botão específico para obter comida; podem aprender a nadar por uma pequena escotilha de fuga para não serem pegos em uma rede; e podem até aprender a saltar por aros para obter comida. Os peixes conseguem se lembrar de como fazer essas tarefas por meses ou mesmo *anos* após serem treinados. O processo de aprendizado é o mesmo em todos esses testes: os peixes tentam algumas ações relativamente aleatórias, em seguida, refinam progressivamente seu comportamento, dependendo do que é reforçado. Na verdade, o aprendizado por tentativa e erro de Thorndike geralmente usa outro nome: aprendizado por reforço.

Se você tentasse ensinar um bilateriano simples como um nematoide, um platelminto ou uma lesma a executar qualquer uma dessas tarefas, falharia. Um nematoide não pode ser treinado a executar sequências arbitrárias de ações; ele nunca aprenderá a passar por argolas para obter comida.

Nos próximos quatro capítulos, veremos os desafios do aprendizado por reforço e descobriremos por que os antepassados bilaterianos, como os nematoides modernos, não conseguiam aprender dessa maneira. Aprenderemos como o cérebro dos primeiros vertebrados funcionava, como superou os desafios anteriores e como floresceu em máquinas gerais de aprendizado por reforço.

O segundo avanço foi o aprendizado por reforço: a capacidade de aprender sequências arbitrárias de ações por tentativa e erro. A ideia de Thorndike de aprendizado por tentativa e erro parece bem simples: reforçar comportamentos que levam a coisas boas e punir os que levam a coisas ruins. Mas este é um exemplo em que nossas ideias sobre o que é intelectualmente fácil e difícil estão erradas. Foi somente quando os cientistas tentaram fazer com que os sistemas de IA aprendessem por reforço que perceberam que não era tão fácil quanto Thorndike pensava.

6

A Evolução do Aprendizado por Diferença Temporal

O primeiro algoritmo computacional de aprendizado por reforço foi construído em 1951 por um estudante de doutorado em Princeton chamado Marvin Minsky. Foi o início da primeira onda de entusiasmo em torno da inteligência artificial. Na verdade, foi Minsky quem originalmente inventou o termo *inteligência artificial*. A década anterior tinha visto o desenvolvimento dos principais blocos de construção para IA: Alan Turing tinha publicado sua formulação matemática de máquinas de solução de problemas gerais; o esforço de guerra global na década de 1940 levou ao desenvolvimento dos computadores modernos; uma compreensão de como os neurônios funcionavam estava começando a dar pistas de como o cérebro biológico funcionava no nível *micro*; e o estudo da psicologia animal nas linhas da lei de efeito de Thorndike forneceu os princípios gerais de como a inteligência animal funcionava no nível *macro*.

E assim Marvin Minsky começou a criar um algoritmo que aprenderia como um animal thorndikiano. Ele nomeou seu algoritmo como SNARC (Calculadora de Reforço Analógico Neural Estocástico, em tradução livre). Ele criou uma rede neural artificial com quarenta conexões e a treinou para se mover por vários labirintos. O processo de treinamento era simples: sempre que seu sistema saía com sucesso do labirinto, ele fortalecia as sinapses recém-ativadas. Como Thorndike treinando um gato para escapar de uma caixa problema com reforços de comida, Minsky treinava uma IA para escapar de labirintos com reforços *numéricos*.

O SNARC de Minsky não funcionou bem. O algoritmo ficou melhor em sair de labirintos simples ao longo do tempo, mas sempre que enfrentava situações um pouco mais complexas, falhava. Minsky foi um dos primeiros a perceber que treinar algoritmos como Thorndike acreditava que os animais aprendiam, reforçando diretamente resultados positivos e punindo os negativos, não funcionaria.

Veja o motivo. Suponha que ensinemos uma IA a jogar damas usando a versão de Thorndike do aprendizado por tentativa e erro. Essa IA começaria fazendo movimentos aleatórios, e nós daríamos uma recompensa sempre que ganhasse e uma punição sempre que perdesse. Presumivelmente, se ela jogasse bastante damas, deveria ficar melhor. Mas aqui está o problema: os reforços e as punições em um jogo de damas (o resultado de ganhar ou perder) ocorrem apenas no final. Um jogo pode consistir em centenas de jogadas. Se você ganha, quais movimentos devem receber crédito por serem bons? Se perde, quais devem receber crédito por serem ruins?

Naturalmente, é apenas outra versão do problema da atribuição de crédito que vimos no Capítulo 4. Quando uma luz e um som ocorrem junto com alimento, qual estímulo deve ser associado ao alimento? Já vimos as manobras que os bilaterianos simples usam para decidir: ofuscação (escolher o estímulo mais forte), inibição latente (escolher o novo estímulo) e bloqueio (escolher o que foi associado antes). Embora essas soluções sejam úteis ao atribuir crédito entre os estímulos que se *sobrepõem* no tempo, elas são inúteis ao atribuir crédito entre os estímulos *separados* no tempo. Minsky percebeu que o aprendizado por reforço não funcionaria sem uma boa estratégia para atribuir crédito ao longo do tempo; isso é chamado de problema *temporal* da atribuição de crédito.

Uma solução é reforçar ou punir as ações que ocorreram *recentemente* antes de ganhar ou perder. Quanto maior a janela de tempo entre uma ação e uma recompensa, menos ela é reforçada. Era assim que o SNARC de Minsky funcionava. Mas só funciona em situações com janelas de pouco tempo. Mesmo no jogo de damas, é uma solução insustentável. Se uma IA que jogasse damas atribuísse crédito assim, os movimentos no final do jogo sempre receberiam a maior parte do crédito e aqueles no começo, muito pouco. Isso seria ridículo: o jogo inteiro poderia ser ganho em um único movimento inteligente no início, muito antes de o jogo ser realmente ganho ou perdido.

Uma solução alternativa é reforçar todos os movimentos anteriores no final de um jogo vencedor (ou, inversamente, *punir* todos os movimentos anteriores no final de um jogo *perdedor*). Seu erro de abertura, o movimento inovador no meio e o fechamento inevitável serão reforçados ou punidos igualmente, dependendo de você ganhar ou perder. O argumento é o seguinte: se a IA tiver jogos suficientes, dirá a diferença entre os movimentos bons e ruins específicos.

Mas essa solução também não funciona. Existem configurações de jogos demais para saber quais movimentos são bons em uma quantidade de tempo razoável. Há mais de 500 quintilhões de jogos possíveis de damas. Há mais de 10^{120} jogos possíveis de xadrez (mais do que o número de átomos no Universo). Tal método exigiria que uma IA jogasse tanto que todos nós estaríamos mortos há tempos antes de ela se tornar um jogador razoavelmente bom.

Isso nos deixa sem saída. Ao treinar uma IA para jogar damas, se mover em um labirinto ou fazer qualquer outra tarefa usando o aprendizado por reforço, não podemos só reforçar os movimentos *recentes* e não podemos só reforçar *todos* os movimentos. Como a IA pode aprender por reforço?

Minsky identificou o problema temporal da atribuição de crédito já em 1961, mas ele ficou sem solução por décadas. O problema era tão grave que tornava os algoritmos de aprendizagem por reforço impotentes para resolver problemas reais, o que dirá jogar um simples jogo de damas.

E ainda hoje, os algoritmos de aprendizado por reforço artificial funcionam muito melhor. Os modelos de aprendizado por reforço estão ficando cada vez mais comuns nas tecnologias ao nosso redor; carros autônomos, anúncios personalizados e robôs de fábrica são frequentemente alimentados por eles.

Como passamos da completa desesperança do aprendizado por reforço na década de 1960 ao boom de hoje?

Uma Iniciativa Própria Mágica

Em 1984, décadas depois de Minsky, um homem chamado Richard Sutton fez sua tese de doutorado final. Sutton propôs uma nova estratégia para resolver o problema temporal da atribuição de crédito. Ele passou os seis anos anteriores como estudante de pós-graduação na UMass Amherst sob a supervisão do pós-doutor Andrew Barto. Sutton e Barto desenterraram antigas ideias sobre aprendizado por reforço e fizeram outra tentativa. Os seis anos de trabalho culminaram com a dissertação de Sutton, na qual ele estabeleceu um dos pilares intelectuais para a revolução do aprendizado por reforço. Seu título: "Atribuição de Crédito Temporal no Aprendizado por Reforço" [em tradução livre].

Sutton, que tinha estudado psicologia na graduação, não ciência da computação, abordou o problema de uma perspectiva exclusivamente biológica. Ele não queria entender a *melhor* maneira de lidar com o problema da atribuição de crédito temporal; queria entender a maneira *real* como os animais o resolviam. O trabalho de Sutton foi intitulado "Uma Teoria Unificada da Expectativa" [também em tradução livre]. Sutton tinha um palpite de que a expectativa era o que faltava nas tentativas anteriores de fazer o trabalho do aprendizado por reforço.

Sutton propôs uma ideia simples, mas radical. Em vez de reforçar comportamentos usando recompensas *reais*, e se você reforçasse comportamentos usando recompensas *previstas*? Dito de outra forma: em vez de recompensar um sistema de IA quando ele ganha, e se você recompensá-lo quando o sistema *acha* que está ganhando?

Sutton separou o aprendizado por reforço em dois componentes: um ator e um crítico. O crítico prevê a probabilidade de ganhar a cada momento durante o jogo; ele prevê quais configurações do tabuleiro são ótimas e quais são ruins. Já o ator escolhe qual ação tomar e é recompensado *não* no final do jogo, mas sempre que o crítico pensa que o movimento do ator *aumentou a probabilidade de vencer.* O sinal com o qual o ator *aprende* não são as recompensas, por si só, mas a diferença temporal na recompensa prevista de um momento para o outro. Daí o nome de Sutton para o seu método: *aprendizado por DT (diferença temporal).*

Imagine que você esteja jogando damas. Nos nove movimentos, iniciais em grande parte é ombro a ombro entre você e seu oponente. Então, no décimo movimento, você faz uma manobra inteligente que muda o rumo do jogo; de repente, percebe que está em uma posição muito melhor do que seu oponente. É *nesse* momento que um sinal do aprendizado por diferença temporal reforça sua ação.

Isto, Sutton propôs, poderia resolver o problema temporal da atribuição de crédito, permitindo que um sistema de IA aprendesse como funciona, em vez de ter que esperar até o final de cada jogo. Um sistema de IA pode reforçar alguns movimentos e punir outros durante um longo jogo de damas, ganhando ou não o jogo inteiro. Na verdade, às vezes um jogador faz muitos movimentos bons em um jogo que ele acaba perdendo e outras vezes ele faz muitos movimentos ruins que finalmente ganha.

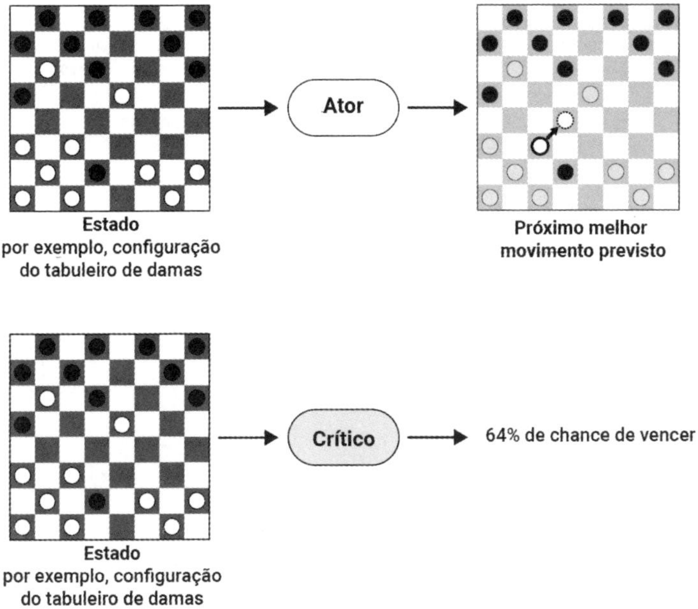

Figura 6.1

Apesar do apelo intuitivo da abordagem de Sutton, não devemos esperar que funcione. A lógica de Sutton é circular. A previsão do crítico sobre a probabilidade de você ganhar em certa posição no tabuleiro depende de quais ações futuras o ator tomará (uma boa posição no tabuleiro não é boa se o ator não sabe como tirar proveito dela). Da mesma forma, a decisão do ator sobre qual ação tomar depende da precisão dos sinais de reforço por diferença temporal do crítico em reforçar e punir ações passadas, ou seja, o crítico depende do ator e o ator depende do crítico. A estratégia parece condenada desde o início.

Mas em suas simulações, Sutton descobriu que ao treinar um ator e um crítico simultaneamente, ocorre uma iniciativa própria mágica entre eles. Claro, no início o crítico muitas vezes recompensa as ações erradas e o ator muitas vezes não age para atender as previsões do crítico. Mas com o tempo, com jogos suficientes, eles se aprimoram até se encontrarem, produzindo um sistema de IA capaz de tomar decisões incrivelmente inteligentes. Pelo menos, foi o que aconteceu nas simulações de Sutton. Não estava claro se isso funcionaria na prática.

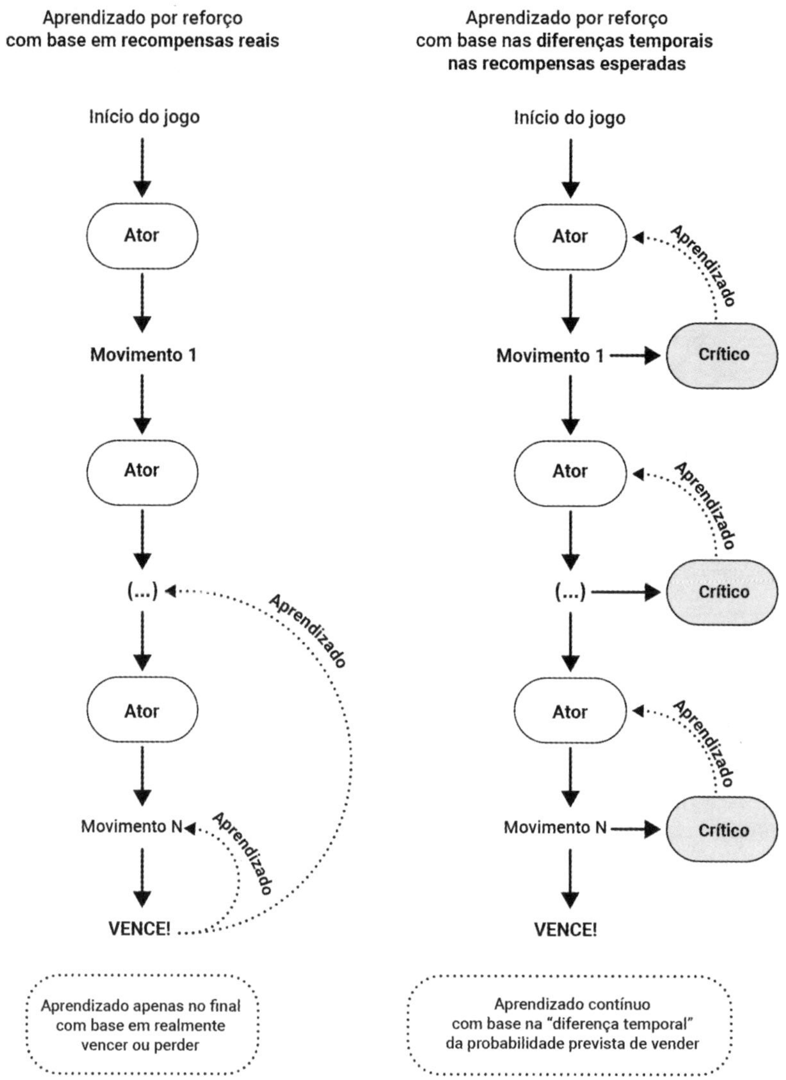

Figura 6.2

Ao mesmo tempo em que Sutton trabalhava no aprendizado por DT, um jovem físico chamado Gerald Tesauro trabalhava em sistemas de IA para jogar gamão. Tesauro estava na IBM Research, o mesmo grupo que mais tarde construiria o Deep Blue (programa famoso por vencer Garry Kasparov no xadrez) e o Watson (programa famoso por vencer Ken Jennings no *Jeopardy!*). Mas antes do Deep Blue ou do

Watson, havia o Neurogammon, que era um sistema de IA que jogava gamão e foi treinado nas transcrições de centenas de jogos de gamão habilmente jogados. Ele aprendeu não por tentativa e erro, mas tentando replicar o que acreditava que um especialista humano faria. Em 1989, o Neurogammon vencia todos os programas de computador que jogavam gamão, mas era sem graça se comparado com um ser humano, incapaz de vencer até mesmo um jogador de nível intermediário.

No momento em que Tesauro se deparou com o trabalho de Sutton no aprendizado por DT, ele passou anos tentando todas as técnicas possíveis para fazer com que seu computador jogasse gamão tão bem quanto uma pessoa. Sua maior conquista foi o Neurogammon, que era inteligente, mas preso a um nível intermediário. E Tesauro estava aberto a novas ideias, mesmo a ideia radical de Sutton de permitir que um sistema ensinasse a si mesmo a partir de suas próprias previsões.

Foi Tesauro quem primeiro colocou a ideia de Sutton em um teste prático. No início dos anos 1990, ele começou a trabalhar no TD-Gammon, um sistema que aprendeu a jogar gamão usando o aprendizado por diferença temporal.

Tesauro estava cético. O Neurogammon tinha sido ensinado com exemplos de jogadores humanos experientes, foi mostrado aos melhores movimentos, já o TD-Gammon aprendeu apenas a partir de tentativa e erro, exigindo que descobrisse os melhores movimentos sozinho. E ainda, em 1994, TD-Gammon alcançou, nas próprias palavras de Tesauro, um "nível realmente impressionante de desempenho". Não só arrasava com o Neurogammon, mas era tão bom quanto alguns dos melhores jogadores de gamão do mundo. Embora tenha sido Sutton quem provou que o aprendizado por diferença temporal funcionava na teoria, foi Tesauro quem provou que funcionava na prática. Nas décadas seguintes, o aprendizado por DT seria usado para treinar sistemas de IA para fazer muitas tarefas com habilidades humanas, desde jogar Atari até mudar de faixa nos carros autônomos.

Porém, a verdadeira questão era se o aprendizado por DT era apenas uma técnica inteligente que funcionou ou uma técnica que capturou algo fundamental sobre a natureza da inteligência. A DT aprendera uma invenção tecnológica ou era, como Sutton esperava, uma técnica antiga que a evolução encontrou e há tempos tecia o cérebro de animais ao fazer o aprendizado por reforço?

O Grande Reaproveitamento da Dopamina

Enquanto Sutton esperava uma conexão entre sua ideia e o cérebro, foi um de seus alunos, Peter Dayan, que a encontrou. No Instituto Salk em San Diego, Dayan e seu colega de pós-doutorado, Read Montague, estavam convencidos de que o cérebro implementava alguma forma de aprendizado por DT. Na década de 1990, encorajados pelo sucesso do TD-Gammon de Tesauro, eles foram em busca de evidências no crescente acúmulo de dados da neurociência.

Eles sabiam por onde começar. Qualquer tentativa de entender como o aprendizado por reforço funciona no cérebro dos vertebrados certamente tinha que começar com um pequeno neuromodulador que já vimos: a dopamina.

Nas profundezas do mesencéfalo de todos os vertebrados há um pequeno grupo de neurônios de dopamina. Esses neurônios, poucos em número, enviam sua resposta para muitas regiões do cérebro. Na década de 1950, pesquisadores descobriram que se você colocar um eletrodo no cérebro de um rato e estimular esses neurônios de dopamina, poderá fazer com que o rato realize praticamente qualquer coisa. Se você estimular esses neurônios sempre que um rato empurrar uma alavanca, o rato empurrará essa alavanca mais de 5 mil vezes por hora, 24 horas seguidas. Na verdade, se for dada a escolha entre uma alavanca de liberação de dopamina e comer alimentos, os ratos *escolherão a alavanca*. Os ratos ignorarão a comida e passarão fome, preferindo a estimulação da dopamina.

Esse efeito também é encontrado em peixes. Um peixe retornará a lugares onde recebe dopamina e continuará voltando mesmo que essas áreas estejam associadas a coisas desagradáveis que ele costuma evitar (como ser repetidamente retirado da água).

Na verdade, a maioria das drogas viciantes (álcool, cocaína, nicotina) funciona disparando liberação de dopamina. Todos os vertebrados, de peixes a ratos, macacos a seres humanos, são suscetíveis ao vício de substâncias químicas que aumentam a dopamina.

A dopamina estava inegavelmente relacionada ao reforço, mas não estava muito claro de que forma. A interpretação original era que a dopamina era o sinal de prazer do cérebro; os animais repetiam comportamentos que ativavam os neurônios da dopamina porque se *sentiam bem*. Isso fazia sentido no conceito original de Thorndike do aprendizado por tentativa e erro como um processo de repetir comportamentos que levavam a resultados satisfatórios. Mas já vimos no Capítulo 3 que a dopamina *não produz prazer*. Trata-se menos de gostar e mais de querer. Então, por que a dopamina reforçava tanto?

A única maneira de saber o que a dopamina está sinalizando é, bem, medindo o sinal. Só na década de 1980 que a tecnologia avançou o suficiente para os cientistas fazerem isso. Um neurocientista alemão chamado Wolfram Schultz foi o primeiro a medir a atividade dos neurônios de dopamina individuais.

Schultz desenvolveu um experimento simples para investigar a relação entre dopamina e reforço. Ele mostrou aos macacos sugestões diferentes (como imagens com forma geométrica) e alguns segundos depois, colocou um pouco de água com açúcar na boca deles.

Com certeza, mesmo na simples tarefa de previsão da recompensa, ficou claro de imediato que a dopamina *não* era um sinal para os resultados satisfatórios de Thorndike — não era um sinal de prazer nem de valência. No início, os neurônios da dopamina respondiam como um sinal de valência, ficando exclusivamente excitados sempre que um macaco faminto recebia água com açúcar. Mas depois de alguns testes, os neurônios da dopamina *paravam de responder à recompensa em si*, passando a responder *apenas à sugestão preditiva*.

Quando surgia uma imagem que os macacos sabiam que levaria ao açúcar, seus neurônios de dopamina ficavam excitados, mas quando esses macacos recebiam água com açúcar alguns momentos depois, os neurônios não se desviavam de seu nível básico de atividade. Será que a dopamina era realmente um sinal de *surpresa*? Talvez a dopamina ficasse excitada apenas quando os eventos se desviavam das expectativas, como uma imagem surpreendente aparecendo ou uma entrega surpresa de água com açúcar?

Quando Schultz fez experimentos adicionais, ficou claro que a ideia de "dopamina como surpresa" estava errada. Assim que um dos macacos aprendia a esperar por água com açúcar depois que uma imagem específica era apresentada, Schultz novamente apresentava essa imagem de previsão de recompensa, mas não dava o açúcar. Nesse caso, apesar de uma quantidade igual de surpresa, a atividade da dopamina *diminuía drasticamente*. Enquanto a apresentação de uma recompensa inesperada *aumenta* a atividade da dopamina, a omissão de uma recompensa esperada *diminui* a atividade dela.*

* Os neurônios da dopamina sempre têm um fundo estático, disparando cerca de um a dois pulsos por segundo. Durante as omissões, esses neurônios ficam em silêncio (veja a Figura 6.3).

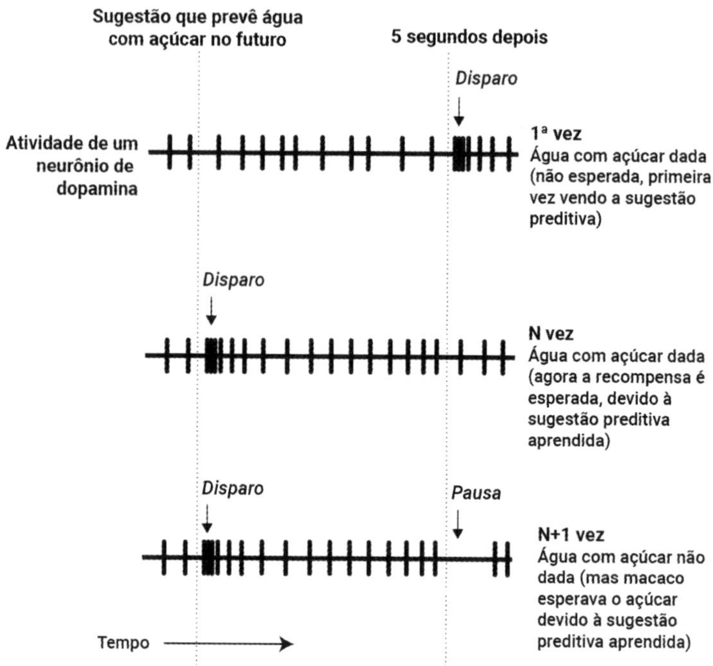

Figura 6.3: Respostas dos neurônios de dopamina a sugestões preditivas, recompensas e omissões

Schultz ficou confuso com estes resultados. O que a dopamina sinalizava? Se não era valência, prazer ou surpresa, então o que era? Por que a atividade da dopamina mudava de recompensas para sugestões preditivas de recompensas? Por que a atividade da dopamina diminuía quando as recompensas esperadas eram omitidas?

Por muitos anos, a comunidade de neurociência não sabia como interpretar os dados de Schultz, uma singularidade revelada nos cliques e nas pausas de um tipo antigo de neurônio.

Só uma década depois isso foi resolvido. Na verdade, foi uma década mais tarde, quando Dayan e Montague começaram a vasculhar a literatura em busca de pistas de que o cérebro implementa alguma forma de aprendizado por DT. Quando finalmente conheceram os dados de Schultz, logo souberam o que estavam vendo. As respostas da dopamina que Schultz encontrou em macacos se alinhavam *exatamente* com o sinal do aprendizado por diferença temporal de Sutton. Os neurônios da dopamina nos macacos de Schultz ficavam excitados por sugestões preditivas porque essas sugestões levavam a um aumento nas recompensas futuras previstas (uma diferença temporal *positiva*); os neurônios da dopamina não eram afetados pela entrega de uma recompensa esperada porque não havia nenhuma mudança na recompensa futura prevista (nenhuma diferença temporal); e a atividade do neurônio da dopamina diminuía quando as recompensas esperadas eram omitidas porque havia uma diminuição nas recompensas futuras previstas (uma diferença temporal *negativa*).

Até as respostas sutis à dopamina se alinhavam exatamente com um sinal da diferença temporal. Por exemplo, Schultz descobriu que uma sugestão que prevê comida em 4 segundos dispara mais dopamina do que uma que prevê comida em 16 segundos. Isso é chamado de *desconto*, algo que Sutton também incorporou em seu sinal do aprendizado por DT; o desconto faz os sistemas de IA (ou animais) escolherem ações que levam a recompensas o mais cedo possível.

Até mesmo a forma como a dopamina responde às probabilidades se alinhava com um sinal de aprendizado por DT — uma sugestão que prevê comida com 75% de probabilidade dispara mais dopamina do que uma sugestão que prevê comida com 25%.

A dopamina não é um sinal de recompensa, mas de reforço. Como Sutton descobriu, reforço e recompensa devem estar dissociados para que o aprendizado por reforço funcione. Para resolver o problema temporal da atribuição de crédito, o cérebro deve reforçar os comportamentos baseados em mudanças nas recompensas futuras *previstas*, não nas recompensas *reais*. É por isso que os animais se viciam em comportamentos de liberação de dopamina, apesar de não serem prazerosos, e é por isso que as respostas à dopamina mudam rapidamente suas ativações para os momentos em que os animais *preveem* a próxima recompensa e se afastam das recompensas.

Em 1997, Dayan e Montague publicaram um artigo histórico, em coautoria com Schultz, intitulado "Um Substrato Neural de Previsão e Recompensa" [em tradução livre]. Até hoje, essa descoberta representa uma das mais famosas e belas parcerias entre IA e neurociência. Uma estratégia inspirada em como Sutton pensava que o cérebro poderia funcionar acabou superando com sucesso os desafios práticos em IA, e isso por sua vez nos ajudou a interpretar dados misteriosos sobre o cérebro. Neurociência informando a IA e IA informando a neurociência.

A maioria dos estudos que registram a atividade dos neurônios da dopamina foi feita em mamíferos, mas há muitos motivos para acreditar que essas propriedades da dopamina se estendem aos peixes também. O circuito do sistema de dopamina é em grande parte o mesmo no cérebro de peixes e de mamíferos, e os mesmos sinais de aprendizado por DT foram encontrados nas estruturas cerebrais de peixes, ratos, macacos e humanos. Mas nenhum sinal de aprendizado por DT foi encontrado nos neurônios de dopamina de nematoides ou outros bilaterianos simples.*

Nos primeiros bilaterianos, a dopamina era um sinal para coisas boas próximas, uma versão primitiva do querer.† Mas na transição para os vertebrados, o sinal de "coisas boas próximas" foi elaborado para não apenas disparar um estado de querer, mas também comunicar um sinal de aprendizado por diferença temporal precisamente computado. De fato, faz sentido que a dopamina tenha sido o neuromodulador que a evolução transformou em um sinal de aprendizado por diferença temporal, pois o sinal para recompensas próximas era a coisa mais perto de uma medida da recompensa futura prevista. Assim, a dopamina foi transformada de um sinal de "coisas boas próximas" para um sinal de "há 35% de algo incrível acontecendo em exatos 10 segundos". Reaproveitado de uma média vaga de alimentos recentemente detectados para um sinal de recompensa prevista futura sempre flutuante, medido com precisão e meticulosamente calculado.

---

* É importante notar que *alguns* invertebrados, sobretudo os artrópodes, mostram tais erros de previsão e recompensa, mas acredita-se que isso tenha evoluído independentemente, dado o fato de que esses erros não são encontrados em outros bilaterianos simples e que, nos artrópodes, as estruturas cerebrais onde essas respostas são encontradas são estruturas cerebrais exclusivamente deles.

† Na verdade, estudos recentes mostram como a evolução modificou com elegância a função da dopamina, mantendo seu papel inicial de gerar um estado de querer. A *quantidade* de dopamina nos núcleos de entrada do gânglio basal (chamado de "estriado") parece medir a recompensa futura prevista com desconto, disparando o estado de querer com base em quão boas as coisas provavelmente serão e levando os animais a focar e buscar recompensas próximas. Conforme um animal se aproxima de uma recompensa, a dopamina aumenta, atingindo o pico no momento em que o animal espera que a recompensa seja entregue. Durante o processo de aumento, se as recompensas previstas *mudam* (alguma omissão ou uma nova sugestão muda a probabilidade de obter uma recompensa), os níveis de dopamina aumentam ou diminuem rapidamente para considerar o novo nível da recompensa futura prevista. Essas flutuações rápidas nos níveis de dopamina são produzidas com o disparo e a pausa dos neurônios de dopamina que Schultz descobriu; essas flutuações rápidas nos níveis de dopamina são o sinal do aprendizado por diferença temporal. A *quantidade* de dopamina flutuando no estriado modifica a excitabilidade dos neurônios, o que muda o comportamento para explorar e querer. Em oposição, as *rápidas mudanças* nos níveis de dopamina disparam modificações na intensidade de várias conexões, reforçando e punindo comportamentos, ou seja, a dopamina nos vertebrados é um sinal para querer e reforçar.

O Surgimento do Alívio, da Decepção e do Sincronismo

Da antiga semente do aprendizado por DT brotaram vários aspectos da inteligência. Dois deles (decepção e alívio) são tão familiares que quase não percebemos, tão onipresentes que é fácil ignorar o fato inevitável de que nem sempre existiram. A decepção e o alívio são propriedades emergentes de um cérebro projetado para aprender prevendo recompensas futuras. De fato, sem uma previsão precisa de uma recompensa futura, não pode haver decepção quando ela não ocorre. E sem uma previsão precisa da dor futura, não pode haver alívio quando ela não ocorre.

Considere a seguinte tarefa de um peixe aprendendo por tentativa e erro. Se você acender uma luz e depois de 5 segundos gentilmente der um choque no peixe se ele não nadar para o lado oposto de um tanque, ele aprenderá a nadar automaticamente para o lado oposto do tanque sempre que você acender a luz. Parece um aprendizado simples por tentativa e erro, certo? Infelizmente não. A capacidade dos vertebrados de realizar esse tipo de tarefa, chamada de tarefa de esquiva, tem sido fonte de debate entre os psicólogos de animais.

Como Thorndike teria explicado a capacidade de um peixe fazer isso? Quando um dos gatos de Thorndike finalmente saiu de uma caixa problema, foi a *presença* de recompensas de comida que reforçou as ações dele. Mas quando nosso peixe nadou para o local seguro, foi a *omissão* de um choque previsto que reforçou as ações dele. Como a ausência de algo pode ser um reforço?

A resposta é que a omissão de uma punição esperada é um reforço em si, que *alivia*. E a omissão de uma recompensa esperada é, em si, uma punição, que *decepciona*. Por isso a atividade dos neurônios de dopamina de Schultz diminuía quando o alimento era omitido. Ele estava observando a manifestação biológica da decepção, o sinal de punição do cérebro para a previsão fracassada da recompensa futura.

De fato, você pode treinar vertebrados, até mesmo peixes, para realizar ações arbitrárias não apenas com recompensas e punições, mas também com a *omissão* de recompensas ou punições esperadas. Para alguns, uma sobremesa surpresa (uma recompensa) reforça tanto como um dia de folga na escola (a omissão de algo esperado, mas que desagrada).

Já um nematoide não aprende a realizar comportamentos arbitrários com a omissão de recompensas. Mesmo os caranguejos e as abelhas, que evoluíram de forma independente muitas faculdades intelectuais, não são capazes de aprender com a omissão de coisas.*

Nesta divisão intelectual entre vertebrados e invertebrados, encontramos outro aspecto familiar da inteligência, que também surge do aprendizado por DT e seus equivalentes de decepção e alívio. Se examinarmos atentamente os nossos peixes aprendendo a nadar para locais específicos para evitar um choque, veremos algo notável. Quando a luz acende, o peixe não vai imediatamente para a segurança. Ele ignora a luz até um *pouco antes* do final do intervalo de cinco segundos, em seguida, rapidamente vai para a segurança. Nessa tarefa simples, os peixes aprendem não só *o que* fazer, mas *quando* fazer; os peixes sabem que o choque ocorre precisamente cinco segundos após a luz.

Muitas formas de vida têm mecanismos para acompanhar a passagem do tempo. Bactérias, animais e plantas têm relógios circadianos para acompanhar o ciclo do dia. Mas os vertebrados são únicos na precisão com que podem medir o tempo. Um vertebrado consegue lembrar que um evento ocorre precisamente cinco segundos após outro evento. Por outro lado, bilaterianos simples, como lesmas e platelmintos, são totalmente incapazes de aprender os intervalos de tempo precisos entre os eventos. De fato, bilaterianos simples, como lesmas, não conseguem sequer aprender a *associar* eventos separados por mais de dois segundos, muito menos aprender que uma coisa acontece exatamente cinco segundos após a outra. Até os invertebrados evoluídos, como caranguejos e abelhas, não conseguem aprender intervalos de tempo precisos entre os eventos.

Aprendizado por DT, decepção, alívio e percepção do tempo estão todos relacionados. A percepção exata do tempo é um ingrediente necessário para aprender com a omissão, para saber quando provocar decepção ou alívio e, assim, fazer o aprendizado por DT funcionar. Sem

* Requer certa inteligência experimental distinguir entre uma associação que apenas desaparece porque uma contingência não se aplica mais (por exemplo, uma luz não leva mais a um choque) e aprender com a omissão de algo. Em um estudo com peixes, a distinção foi mostrada pela adição de uma nova sugestão especificamente nos testes em que as recompensas eram omitidas. Se uma associação estivesse apenas desaparecendo, então essa nova sugestão não se tornaria gratificante (nada era reforçado na tentativa de omissão), mas se o cérebro de um animal trata um choque omitido como gratificante em si, então essa nova sugestão (que aparecia exclusivamente quando os choques eram omitidos) deve ser aprendida como recompensadora. Pesquisadores mostraram que em tais experimentos, os peixes, de fato, tratam essa nova sugestão como gratificante e a abordarão no futuro. Por outro lado, sabemos que um nematoide não pode fazer isso porque eles não conseguem nem associar eventos separados no tempo, e há evidências (embora ainda duvidosas) de que até os invertebrados inteligentes, como abelhas e caranguejos, não aprendem com a omissão dessa maneira.

a percepção do tempo, um cérebro não consegue saber se algo foi omitido ou simplesmente não aconteceu ainda; nosso peixe saberia que a luz estava *associada* a um choque, mas não *quando* deveria ocorrer. Nosso peixe se encolhia de medo na presença de luz muito depois do risco de choque ter passado, cego à sua própria segurança. É somente com um relógio interno que o peixe pode prever o momento exato em que o choque *ocorreria*, portanto, se omitido, o momento exato em que ele merece um disparo de dopamina de alívio.

Gânglio Basal

Minha parte favorita do cérebro é a estrutura chamada gânglio basal.

Para a maioria das estruturas cerebrais, quanto mais se aprende sobre elas, menos se entende: estruturas simplificadas desmoronam sob o peso da complexidade confusa, a marca dos sistemas biológicos. Mas o gânglio basal é diferente. Sua conexão interna revela um design fascinante e bonito, com computação e função ordenadas. É admirável que a evolução possa criar um olho com tal simetria e elegância, e é igualmente admirável que a evolução possa criar um gânglio basal, também com sua própria simetria e elegância.

O gânglio basal fica entre o córtex e o tálamo (veja a figura nas primeiras páginas deste livro). A entrada para o gânglio basal vem do córtex, do tálamo e do mesencéfalo, permitindo que ele monitore as ações de um animal e o ambiente externo. A informação então flui por um labirinto de estruturas secundárias dentro dele, ramificando e fundindo, transformando e permutando até chegar no núcleo de saída, contendo milhares a milhões de neurônios inibitórios que enviam conexões massivas e poderosas para os centros motores no tronco cerebral. Por padrão, esse núcleo de saída do gânglio basal é ativado. Os circuitos motores do tronco cerebral são constantemente suprimidos e bloqueados pelo gânglio basal. Só quando neurônios específicos no gânglio basal se desligam que os circuitos motores específicos no tronco cerebral são *desbloqueados* da ativação. O gânglio basal está, portanto, em um estado perpétuo de ações específicas de bloqueio e desbloqueio, operando como um manipulador global do comportamento de um animal.

O funcionamento do gânglio basal é essencial para nossas vidas. O sintoma básico da doença de Parkinson é a incapacidade de iniciar o movimento. Os pacientes ficarão em uma cadeira por muitos minutos antes que possam ter vontade de até mesmo de se levantar. Esse sintoma da doença surge principalmente devido à ruptura do gânglio basal, deixando-o em um estado perpétuo de bloqueio de todas as ações, privando os pacientes da capacidade de iniciar até os movimentos mais simples.

Qual é o cálculo feito pelo gânglio basal? Como ele utiliza a informação recebida sobre as ações de um animal e o ambiente externo para decidir quais ações devem ser bloqueadas (evitar que ocorram) e quais devem ser desbloqueadas (permitir que ocorram)?

Além de receber informações sobre as ações de um animal e o ambiente externo, o gânglio basal também recebe informações de um conjunto de neurônios de dopamina. Sempre que esses neurônios ficam excitados, o gânglio basal é rapidamente inundado com dopamina; sempre que esses neurônios são inibidos, é rapidamente privado de dopamina. As sinapses no gânglio basal têm diferentes receptores de dopamina, cada um respondendo de formas únicas; esses níveis flutuantes de dopamina fortalecem e enfraquecem sinapses específicas, modificando como o gânglio basal processa a entrada.

Quando os neurocientistas rastrearam o circuito do gânglio basal, sua função ficou bem clara. O gânglio basal aprende a repetir ações que maximizam a liberação de dopamina. Através do gânglio basal, as ações que conduzem à liberação de dopamina ficam mais propensas de ocorrer (o gânglio basal *desbloqueia* essas ações) e as ações que conduzem à inibição de dopamina ficam menos propensas (ele *bloqueia* essas ações). Parece familiar? O gânglio basal é, em parte, o "ator" de Sutton — um sistema designado a repetir comportamentos que levam ao reforço e inibe os que levam à punição.

O curioso é que o circuito do gânglio basal é praticamente idêntico em um cérebro humano e um cérebro de lampreia, duas espécies cujos antepassados compartilhados foram os primeiros vertebrados há mais de 500 milhões de anos. Os vários subgrupos, tipos de neurônios e função geral parecem ser iguais. No cérebro dos primeiros vertebrados surgiu o gânglio basal, o *locus* biológico do aprendizado por reforço.

O aprendizado por reforço surgiu não do gânglio basal agindo sozinho, mas de uma interação antiga entre o gânglio basal e outra estrutura exclusivamente vertebrada chamada hipotálamo, que é uma pequena estrutura na base do prosencéfalo.

No cérebro dos vertebrados, a liberação de dopamina é inicialmente controlada pelo hipotálamo. É este que abriga os neurônios de valência herdados do aparelho sensorial de valência dos bilaterianos ancestrais. Quando você sente frio, é o hipotálamo que provoca tremores e faz você gostar do calor; e quando está quente, é o hipotálamo que dispara a transpiração e faz você gostar do frio. Quando seu corpo precisa de calorias, é o hipotálamo que detecta sinais de fome na corrente sanguínea e faz você sentir fome. Os neurônios de valência positiva sensíveis ao alimento nos primeiros bilaterianos funcionavam exatamente como os neurônios de valência positiva sensíveis ao alimento em seu hipotálamo, tornando-se altamente responsivos à comida quando você está com fome e menos responsivos a quando está satisfeito. É por isso que você saliva com uma pizza um momento, mas depois de se empanturrar, não quer *absolutamente nada* com ela apenas dez minutos depois.

Em outras palavras, o hipotálamo é, a princípio, apenas uma versão mais sofisticada do cérebro direcionador dos primeiros bilaterianos; ele reduz os estímulos externos para o bem e o mal, e provoca respostas reflexivas. Os neurônios de valência do hipotálamo se conectam ao mesmo grupo de neurônios de dopamina que propagam a dopamina em todo o gânglio basal. Quando o hipotálamo está feliz, inunda o gânglio basal com dopamina e quando está chateado, priva o gânglio basal de dopamina. E assim, de certa forma, o gânglio basal é um aprendiz, sempre tentando satisfazer seu juiz hipotalâmico oscilante, mas severo.

O hipotálamo não fica excitado com sugestões *preditivas*; fica excitado apenas quando realmente recebe o que deseja: comida quando tem fome, calor quando está frio. O hipotálamo decide as recompensas *reais*; em nossa metáfora de gamão da IA, o hipotálamo diz ao cérebro se ganhou ou perdeu, mas não se está se saindo bem no desenrolar do jogo.

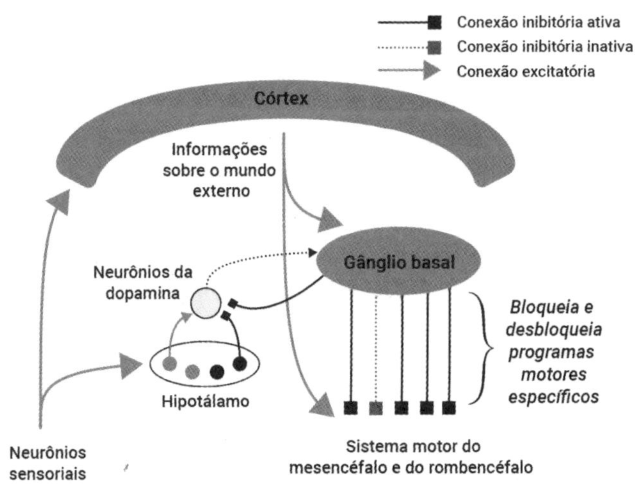

Figura 6.4: Uma estrutura simplificada para o design do primeiro cérebro vertebrado

Mas, como Minsky descobriu com suas tentativas de fazer algoritmos de aprendizado por reforço na década de 1950, se o cérebro aprendesse apenas com recompensas *reais*, ele nunca conseguiria fazer algo tão inteligente. Eles teriam problemas de atribuição de crédito temporal. Então, como a dopamina é transformada de um sinal de valência para *recompensas reais* em um sinal de diferença temporal para *mudanças na recompensa futura prevista*?

Em todos os vertebrados, há um misterioso mosaico de circuitos paralelos no gânglio basal, um que desce até os circuitos motores e bloqueia o movimento, e outro que volta para os neurônios de dopamina diretamente. Uma teoria principal da função do gânglio basal é que esses circuitos paralelos são literalmente o sistema do ator/crítico de Sutton para implementar o aprendizado por diferença temporal. Um circuito é o "ator", aprendendo a repetir os comportamentos que acionam a liberação de dopamina; o outro circuito é o "crítico", aprendendo a prever recompensas futuras e acionar sua própria ativação de dopamina.

Em nossa metáfora, o aprendiz gangliano basal aprende inicialmente apenas com o juiz hipotalâmico, mas com o tempo aprende a julgar a si mesmo, sabendo quando comete um erro *antes* que o hipotálamo dê um feedback. É por isso que os neurônios da dopamina inicialmente respondem quando as recompensas são entregues, mas com o tempo mudam sua ativação para sugestões preditivas. É também por isso que receber uma recompensa que sabia que receberia não aciona a libertação de dopamina; as previsões do gânglio basal anulam a excitação do hipotálamo.

O circuito maravilhosamente conservado do gânglio basal, surgindo pela primeira vez no minúsculo cérebro dos primeiros vertebrados e mantido por 500 milhões de anos, parece ser a manifestação biológica do sistema de ator/crítico de Sutton. Este descobriu uma manobra que a evolução já tinha encontrado mais de 500 milhões de anos atrás.

O aprendizado por DT, a conexão do gânglio basal dos vertebrados, as propriedades das respostas de dopamina, a capacidade de aprender intervalos de tempo precisos e a de aprender com omissões estão entrelaçadas nos mesmos mecanismos para fazer o aprendizado por tentativa e erro.

7

Os Problemas do Reconhecimento de Padrões

Há 500 milhões de anos, o antepassado peixe de todos os vertebrados vivos hoje — o avô com centímetros de comprimento de cada pombo, tubarão, rato, cão e, sim, ser humano — nadava inconscientemente em direção ao perigo. Nadava pelas plantas subaquáticas translúcidas do Período Cambriano, se movendo suavemente entre suas grossas hastes marinhas. Ele caçava larvas de coral, a prole rica em proteínas dos animais sem cérebro que povoavam o mar. Sem saber, também estava sendo caçado.

Um *Anomalocaris*, um artrópode de 30 cm de comprimento com duas garras espinhosas brotando de sua cabeça, se escondia na areia. O *Anomalocaris* era o maior predador do Período Cambriano e ficava esperando pacientemente por uma criatura azarada que ficasse ao seu alcance.

Nosso antepassado vertebrado teria notado o odor pouco familiar e o monte irregular de areia à distância. Mas sempre havia odores desconhecidos no oceano cambriano; era um zoológico de microrganismos, plantas, fungos e animais, cada um com seu portfólio único de odores. E havia sempre um pano de fundo de formas desconhecidas, um quadro sempre em movimento de inúmeros objetos, vivos e inanimados. Então ele não dava muita importância.

Quando ele surgia da segurança das plantas cambrianas, o artrópode o avistava e avançava abruptamente. Em milissegundos, a resposta de fuga reflexiva entrava em ação. Os olhos do vovô peixe detectavam um objeto em movimento rápido em sua periferia, provocando um giro reflexivo e uma arremetida na direção oposta. A ativação dessa resposta de fuga inundava seu cérebro com norepinefrina, desencadeando um estado de grande alerta, tornando as respostas sensoriais mais sensíveis, pausando todas as funções restauradoras e realocando energia para seus músculos. No último instante, ele escapava das garras e nadava para longe.

Isso acontecia bilhões de vezes, um ciclo interminável de caça e fuga, de antecipação e medo. Mas desta vez era diferente: o nosso antepassado vertebrado se *lembraria do odor* daquele perigoso artrópode; se *lembraria da imagem* dos seus olhos espreitando na areia. Ele não cometeria o mesmo erro novamente. Por volta de 500 milhões de anos atrás, nosso antepassado desenvolveu o reconhecimento de padrões.

O Problema de Reconhecer um Odor É Mais Difícil do que Você Pensa

Os primeiros bilaterianos não percebiam o que os seres humanos experimentam como odor. Apesar do pouco esforço necessário para você distinguir o cheiro de um girassol do de um salmão, é um feito intelectual notavelmente complexo, herdado dos primeiros vertebrados.

Assim como você tem em seu nariz hoje, dentro das narinas dos primeiros vertebrados havia milhares de neurônios olfativos. No peixe lampreia, existem cerca de cinquenta tipos diferentes de neurônios olfativos, cada tipo com um receptor olfativo único que responde a tipos específicos de moléculas. A maioria dos odores é feita não de uma única molécula, mas de múltiplas. Quando você chega em casa e reconhece o cheiro da melhor carne de porco da família, seu cérebro não está reconhecendo a molécula de porco desfiado (não existe tal coisa). Pelo contrário, está reconhecendo uma quantidade em particular de muitas moléculas que ativa uma sinfonia de neurônios olfativos. Qualquer odor é representado por um padrão de neurônios olfativos ativados. Resumindo, o reconhecimento do odor nada mais é do que o reconhecimento de padrões.

A capacidade do nosso antepassado nematoide de reconhecer o mundo era limitada apenas ao mecanismo sensorial de neurônios individuais. Ele podia reconhecer a presença de luz pela ativação de um único neurônio fotossensível ou a presença do toque com a ativação de um único neurônio mecanossensorial. Embora útil para a direção, isso apresentava uma imagem bem imprecisa do mundo exterior. Na verdade, o brilho da direção foi o que permitiu que os primeiros bilaterianos encontrassem comida e evitassem predadores sem perceber quase nada no mundo.

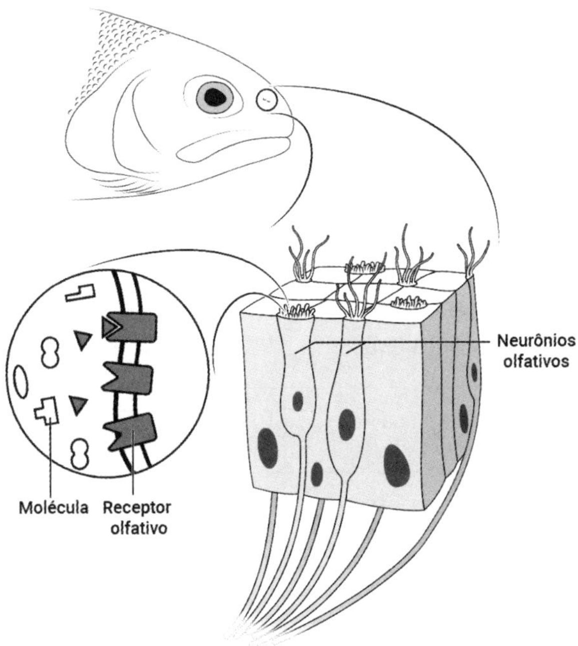

Figura 7.1: Interior do nariz de um vertebrado

No entanto, a maioria das informações sobre o mundo ao seu redor não pode ser encontrada em um único neurônio ativado, mas apenas no padrão de neurônios ativados. Você pode distinguir um carro de uma casa com base no padrão de fótons que atingem sua retina. Pode distinguir as divagações de uma pessoa do rugido de uma pantera com base no padrão de ondas sonoras que chegam ao seu ouvido interno. E, sim, pode distinguir o cheiro de uma rosa do cheiro de frango com base no padrão de neurônios olfativos ativados em seu nariz. Por centenas de milhões de anos, os animais foram privados dessa habilidade, limitados em uma prisão perceptiva.

Quando você reconhece que um prato está muito quente ou uma agulha muito pontiaguda, está reconhecendo atributos do mundo da mesma forma como os primeiros bilaterianos, com as ativações de neurônios individuais. No entanto, quando reconhece um odor, um rosto ou um som, está reconhecendo as coisas no mundo de uma forma que estava além dos primeiros bilaterianos; está usando uma habilidade que surgiu mais tarde nos primeiros vertebrados.

Os primeiros vertebrados podiam reconhecer coisas usando estruturas cerebrais que decodificavam *padrões* de neurônios. Isso ampliou drasticamente o escopo do que os animais podiam perceber. Dentro do pequeno mosaico de apenas cinquenta tipos de neurônios olfativos estava um universo de diferentes padrões que podiam ser reconhecidos. Cinquenta células podem representar mais de *100 trilhões de padrões.**

COMO OS PRIMEIROS BILATERIANOS RECONHECIAM AS COISAS NO MUNDO	COMO OS PRIMEIROS VERTEBRADOS RECONHECIAM AS COISAS NO MUNDO
Um único neurônio detecta uma coisa específica	O cérebro decodifica o padrão de neurônios ativados para reconhecer uma coisa específica
Um pequeno número de coisas pode ser reconhecido	Um grande número de coisas pode ser reconhecido
Coisas novas só podem ser reconhecidas com ajustes evolutivos (novo mecanismo sensorial necessário)	Coisas novas podem ser reconhecidas sem ajustes evolutivos, mas com aprendizado para reconhecer um novo padrão (nenhum mecanismo sensorial novo necessário)

O reconhecimento de padrões é difícil. Muitos animais vivos hoje, mesmo depois de mais meio bilhão de anos de evolução, nunca adquiriram essa capacidade — os nematoides e os platelmintos atuais não mostram evidências do reconhecimento de padrões.

Havia dois desafios computacionais que o cérebro vertebrado precisava resolver para reconhecer padrões. Na Figura 7.2, você pode ver um exemplo de três padrões de odor fictícios: um para um predador perigoso, outro para comida gostosa e um terceiro para um parceiro atraente. Talvez você possa ver nessa figura por que o reconhecimento de padrões não será fácil — esses padrões se sobrepõem apesar de terem significados diferentes. Um deve desencadear a fuga e os outros a aproximação. Este foi o primeiro problema de reconhecimento de padrões, o da *discriminação*: como reconhecer padrões sobrepostos como distintos.

---

* Existem 2^{50} combinações possíveis de 50 elementos que podem ser ligados ou desligados: $2^{50} = \sim 1{,}1 \times 10^{15}$.

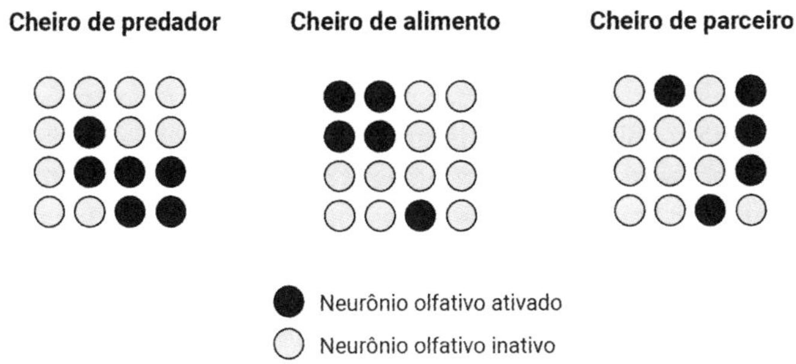

Figura 7.2: Problema da discriminação

A primeira vez que um peixe sentir medo na presença de um novo cheiro de predador, ele se lembrará desse padrão de odor específico. Mas da próxima vez que o peixe encontrar o mesmo cheiro de predador, não ativará o mesmo padrão de neurônios olfativos. O equilíbrio das moléculas nunca será idêntico — a idade do novo artrópode, o sexo, sua dieta ou muitas outras coisas podem ser diferentes, podendo alterar levemente seu odor. Até os odores de fundo do ambiente podem ser diferentes, interferindo de maneiras um pouco diferentes. O resultado de todas essas perturbações menores é que o próximo encontro será *semelhante*, mas não *igual*. Na Figura 7.3 você pode ver três exemplos dos padrões olfativos que o próximo encontro com o cheiro do predador pode ativar. Este é o segundo desafio do reconhecimento de padrões: como *generalizar* um padrão anterior para reconhecer novos padrões que são semelhantes, mas não iguais.

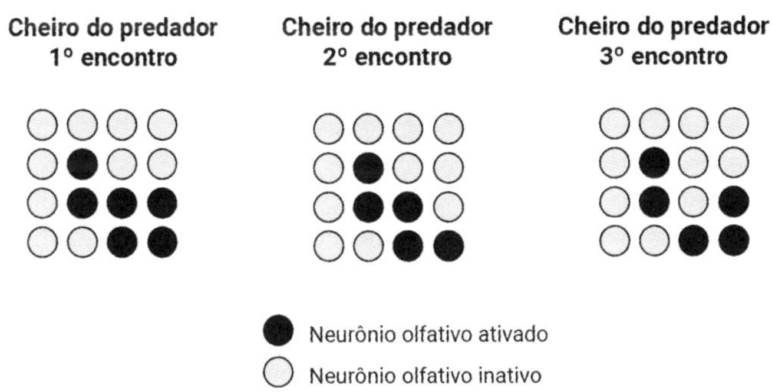

Figura 7.3: O Problema da generalização

Como os Computadores Reconhecem Padrões

Você pode desbloquear o iPhone com seu rosto. Para tanto, é necessário que o telefone resolva os problemas de generalização e discriminação. O iPhone precisa saber a diferença entre seu rosto e o rosto de outras pessoas, apesar do fato de que os rostos têm características sobrepostas (discriminação). E o iPhone precisa identificar seu rosto apesar das mudanças de sombra, ângulo, pelos faciais e muito mais (generalização). Claramente, os sistemas modernos de IA enfrentam com sucesso esses dois desafios de reconhecimento de padrões. Como?

A abordagem padrão é a seguinte: crie uma rede de neurônios como na Figura 7.4, na qual você fornece um padrão de entrada de um lado que passa pelas camadas de neurônios até que seja transformado em uma saída na outra extremidade da rede. Ajustando o peso das conexões entre os neurônios, você pode fazer a rede executar inúmeras operações em sua entrada. Se consegue editar o peso *certo*, pode ter um algoritmo pegando um padrão de entrada e reconhecendo-o corretamente no final da rede. Se edita o peso de uma forma, consegue reconhecer os rostos. Se o edita de uma forma diferente, consegue reconhecer os odores.

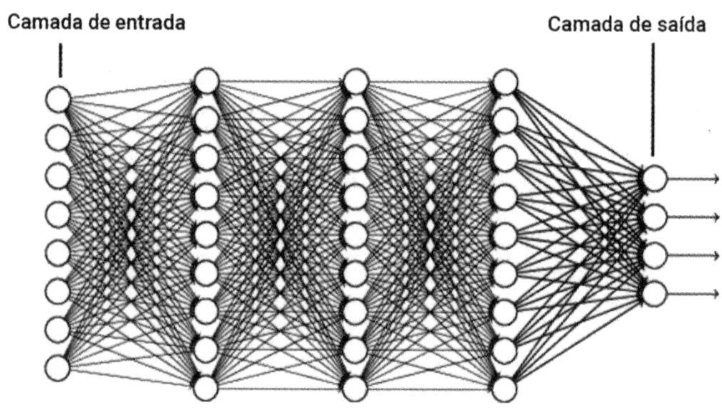

Figura 7.4: Uma rede neural artificial

O difícil é ensinar a rede a aprender o peso certo. Outro mecanismo de ponta para fazer isso foi popularizado por Geoffrey Hinton, David Rumelhart e Ronald Williams na década de 1980. O método deles é o seguinte: Se você treinasse uma rede neural para categorizar os padrões de olfato em odores de ovos ou flores, mostraria um monte de padrões de odor e simultaneamente informaria à rede se cada padrão é de ovo ou flor (medido pela ativação de um neurônio específico no final da rede). Em outras palavras, você *informa* à rede a resposta correta. Em seguida, você compara a saída real com a saída desejada e ajusta o peso em toda a rede na direção que aproxima a saída real mais da saída desejada. Se fizer isso muitas vezes (como, *milhões* de vezes), a rede acabará aprendendo a reconhecer com precisão os padrões — consegue identificar odores de ovos e flores. Eles chamaram esse mecanismo de aprendizado de *retropropagação*: eles propagam o erro no final de volta por toda a rede, calculam a contribuição exata do erro de cada sinapse e ajustam a sinapse de acordo.

O tipo de aprendizado acima, no qual uma rede é treinada fornecendo exemplos junto com a resposta correta, é chamado de aprendizado supervisionado (um ser humano *supervisionou* o processo de aprendizado fornecendo à rede as respostas corretas). Muitos métodos de aprendizado supervisionado são mais complexos do que isso, mas o princípio é o mesmo: as respostas corretas são fornecidas e as redes são ajustadas usando a retropropagação para atualizar o peso até que a categorização dos padrões de entrada seja suficientemente precisa. Esse design funciona de forma tão geral que agora é aplicado no reconhecimento de imagem, no processamento de linguagem natural, no reconhecimento de fala e nos carros autônomos.

Mas mesmo um dos inventores da retropropagação, Geoffrey Hinton, percebeu que sua criação, embora eficiente, era um modelo ruim de como o cérebro realmente funciona. Primeiro, o cérebro não faz o aprendizado supervisionado, ou seja, você não recebe dados rotulados quando aprende que um cheiro é de ovo e o outro é de morango. Mesmo antes de as crianças aprenderem as palavras *ovo* e *morango*, elas conseguem reconhecer claramente que eles são diferentes. Segundo, a retropropagação é biologicamente improvável. A retropropagação funciona como mágica, ajustando milhões de sinapses simultaneamente e na quantidade exata para mover a saída da rede na direção certa. Não há nenhuma maneira concebível de o cérebro fazer isso. Então, como ele reconhece padrões?

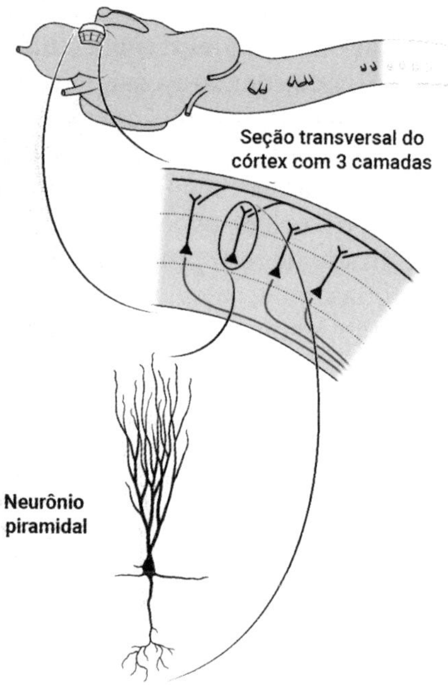

Figura 7.5: Córtex dos primeiros vertebrados

Córtex

Os neurônios olfativos dos peixes enviam sua saída para uma estrutura no topo do cérebro chamada córtex. O córtex dos vertebrados mais simples, como do peixe lampreia e dos répteis, é composto por uma fina folha de três camadas de neurônios.

No primeiro córtex evoluiu uma nova morfologia do neurônio, o neurônio *piramidal*, nomeado por sua forma de pirâmide. Esses neurônios piramidais têm centenas de dendritos e recebem entradas através de *milhares* de sinapses. Foram os primeiros neurônios com o propósito de reconhecer padrões.

Os neurônios olfativos enviam seus sinais aos neurônios piramidais do córtex. Essa rede de entrada olfativa no córtex tem duas propriedades interessantes. Primeiro, há uma grande expansão de dimensionalidade: um pequeno número de neurônios olfativos se conecta a um número muito maior de neurônios corticais. Em segundo lugar, eles se conectaram *esparsamente*; determinada célula olfativa se conectará a apenas um subconjunto dessas células corticais. Essas duas características aparentemente inofensivas da conexão podem resolver o problema da discriminação.

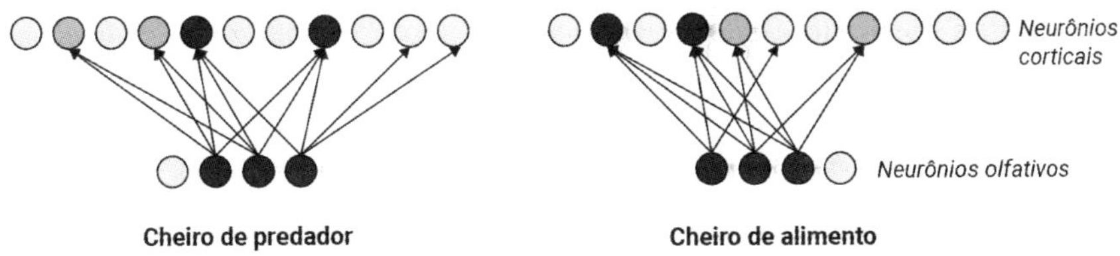

Figura 7.6: A expansão e a dispersão (também chamado de recodificação da expansão) podem resolver o problema da discriminação

Usando a Figura 7.6, você pode imaginar por que a expansão e a dispersão conseguem isso. Mesmo que os padrões dos cheiros de predador e comida estejam sobrepostos, os neurônios corticais que recebem entrada de *todos* os neurônios ativados serão diferentes. Como tal, o padrão que é ativado no córtex será diferente, apesar do fato de que a entrada está sobreposta. Essa operação às vezes é chamada de *separação de padrões, decorrelação* ou *ortogonalização.*

Os neurocientistas também encontraram sugestões de como o córtex pode resolver o problema da generalização. As células piramidais do córtex enviam os axônios de volta *para si mesmas*, fazendo a sinapse em centenas a milhares de outras células piramidais próximas. Isso significa que quando um padrão de odor ativa um padrão de neurônios piramidais, esse conjunto de células é conectado automaticamente pela plasticidade hebbiana.* Na próxima vez em que um padrão aparecer, mesmo que incompleto, o padrão completo poderá ser reativado no córtex. Esse truque é chamado de *autoassociação*; os neurônios no córtex aprendem automaticamente as associações consigo mesmos. Isso é uma solução para o problema da generalização: o córtex pode reconhecer um padrão semelhante, mas não igual.

A autoassociação revela uma maneira importante em que a memória dos vertebrados difere da memória do computador. A autoassociação sugere que o cérebro dos vertebrados usa uma *memória*

* O truque que vimos no Capítulo 4, resumido como "neurônios que disparam juntos ficam juntos".

endereçável por conteúdo ou memórias que são recuperadas fornecendo subconjuntos da experiência original, que reativam o padrão original. Se eu contar o início de uma história que você já ouviu antes, poderá se lembrar do resto; se eu mostrar metade de uma foto do seu carro, você poderá desenhar o resto. No entanto, os computadores usam uma *memória endereçável por registro* ou memórias que podem ser recuperadas somente se você tem o *endereço de memória* exclusivo para elas. Se perder o endereço, perderá a memória.

A memória autoassociativa não tem o desafio de perder os endereços de memória, mas luta com uma forma diferente de esquecimento. A memória endereçável por registro permite que os computadores separem onde as informações são armazenadas, garantindo que as novas informações não substituam as antigas. Já a informação autoassociativa é armazenada em uma população compartilhada de neurônios, com o risco de sobrescrever acidentalmente as memórias antigas. Na verdade, como veremos, este é um desafio essencial no reconhecimento de padrões usando redes de neurônios.

Esquecimento Catastrófico (ou Problema do Aprendizado Contínuo, Parte 2)

Em 1989, Neal Cohen e Michael McCloskey tentaram ensinar redes neurais artificiais a fazer cálculos. Não um cálculo complicado, apenas adição. Eram neurocientistas da Johns Hopkins e ambos estavam interessados em como as redes neurais armazenavam e mantinham as memórias. Isso foi antes de as redes neurais artificiais terem entrado na moda, antes de terem provado seus muitos usos práticos: as redes neurais ainda eram algo a ser investigado por falta de capacidades e limitações desconhecidas.

Cohen e McCloskey converteram números em padrões de neurônios, então treinaram uma rede neural para fazer a adição, transformando dois números de entrada (por exemplo, 1 e 3) no número de saída correto (no caso, 4). Eles primeiro ensinaram a rede a somar os números 1 (1+2, 1+3, 1+4 etc.) até ela ficar boa nisso. Então ensinaram a mesma rede a adicionar os números 2 (2+1, 2+2, 2+3 etc.), até ela ficar boa nisso também.

Mas eles notaram um problema. Depois que ensinaram a rede a somar os números 2, ela *esqueceu como somar os números 1*. Quando eles propagaram os erros de volta pela rede e atualizaram o peso para ensiná-la a somar os números 2, a rede simplesmente substituiu as memórias de como somar os números 1. Ela aprendeu com sucesso a nova tarefa às custas da tarefa anterior.

Cohen e McCloskey se referiram a essa propriedade das redes neurais artificiais como o *problema do esquecimento catastrófico*. Não era uma descoberta complexa, mas uma limitação onipresente e devastadora das redes neurais: quando você treina uma rede neural para reconhecer um novo padrão ou executar uma nova tarefa, corre o risco de interferir nos padrões previamente aprendidos por ela.

Como os sistemas modernos de IA superam o problema? Bem, ainda não superaram. Os programadores simplesmente evitam o problema congelando seus sistemas de IA depois que são treinados. Não deixamos que os sistemas de IA aprendam coisas em sequência; eles aprendem tudo de uma vez e depois param de aprender.

As redes neurais artificiais que reconhecem rostos, conduzem carros ou detectam câncer em imagens de radiologia não aprendem continuamente com novas experiências. Até mesmo o ChatGPT, o famoso chatbot lançado pela OpenAI, não aprende continuamente com os milhões de pessoas que falam com ele. Ele também parou de aprender no momento em que foi lançado. Esses sistemas não podem aprender coisas novas devido ao risco de esquecer as coisas antigas (ou aprender as coisas erradas). Assim, os sistemas modernos de IA são congelados no tempo, seus parâmetros são bloqueados; eles podem ser atualizados somente quando treinados do zero com seres humanos monitorando meticulosamente seu desempenho em todas as tarefas relevantes.

As inteligências artificiais humanas que nos esforçamos para criar não são assim, claro. Rosey dos *Jetsons* aprendia enquanto as pessoas falavam com ela — a pessoa poderia lhe mostrar como jogar e ela jogava sem esquecer como jogar outros jogos.

Embora estejamos apenas começando a explorar como fazer o aprendizado contínuo, o cérebro dos animais tem feito isso há tempos.

Vimos no Capítulo 4 que até os primeiros bilaterianos aprendiam continuamente; as conexões entre os neurônios eram fortalecidas e enfraquecidas a cada nova experiência. Mas esses primeiros bilaterianos nunca passaram pelo problema do esquecimento catastrófico porque nunca aprenderam padrões em primeiro lugar. Se as coisas são reconhecidas no mundo usando apenas neurônios sensoriais individuais, então a conexão entre esses neurônios sensoriais e motores pode ser fortalecida e enfraquecida sem interferir uns nos outros. É somente quando o conhecimento é representado em um *padrão de neurônios*, como em redes neurais artificiais ou no córtex dos vertebrados, que aprender coisas novas pode interferir na memória de coisas antigas.

Assim que o reconhecimento de padrões evoluiu, também evoluiu uma solução para o problema do esquecimento catastrófico. De fato, até os peixes evitam o esquecimento catastrófico muitíssimo bem. Treine um peixe para escapar de uma rede por uma pequena escotilha de fuga, deixe o peixe sozinho um ano inteiro e depois teste-o novamente. Durante esse longo período de tempo, o cérebro dele terá recebido um fluxo constante de padrões, aprendendo continuamente a reconhecer novos odores, visões e sons. No entanto, quando você colocar o peixe de volta na mesma rede um *ano inteiro* depois, ele se lembrará de como sair com quase a mesma velocidade e precisão do ano anterior.

Existem várias teorias sobre como o cérebro dos vertebrados faz isso. Uma delas é que a capacidade do córtex de realizar a separação de padrões o protege do problema do esquecimento catastrófico; separando os padrões recebidos no córtex, é naturalmente improvável que os padrões interfiram uns nos outros.

Outra teoria é que o aprendizado no córtex ocorre seletivamente apenas nos momentos de surpresa; somente quando o córtex vê um padrão que passa algum limite de novidade é que o peso das sinapses pode mudar. Isso permite que os padrões aprendidos permaneçam estáveis por longos períodos de tempo, pois o aprendizado ocorre apenas seletivamente. Há evidências de que a conexão entre o córtex e o tálamo — ambas as estruturas que surgiram lado a lado nos primeiros vertebrados — estão sempre medindo o nível de novidade entre os dados sensoriais recebidos através do tálamo e os padrões representados no córtex. Se há uma correspondência, então nenhum aprendizado é permitido, portanto, os ruídos de entrada não interferem nos padrões aprendidos existentes. No entanto, se há incompatibilidade, se um padrão de entrada é suficientemente novo, isso dispara um processo de liberação do neuromodulador, que acionará mudanças nas conexões sinápticas no córtex, permitindo que ele agora aprenda o novo padrão.

Ainda não entendemos exatamente como o cérebro simples dos vertebrados, por exemplo, de peixes, répteis e anfíbios, é capaz de superar os desafios do esquecimento catastrófico. Mas da próxima vez que você encontrar um peixe, estará diante da resposta, escondida em sua pequena cabeça cartilaginosa.

Problema da Invariância

Vejamos os dois objetos a seguir.

Conforme você vê cada objeto, um padrão específico de neurônios na parte de trás de seus olhos se ilumina. A minúscula membrana de meio milímetro de espessura na parte de trás do olho, a retina, contém mais de 100 milhões de neurônios de 5 tipos diferentes. Cada região da retina recebe entrada de um local diferente do campo visual e cada tipo de neurônio é sensível a diferentes cores e contrastes. Ao ver cada objeto, um padrão único de neurônios ativa uma sinfonia de pulsos. Como os neurônios olfativos que compõem um padrão de odor, os neurônios na retina compõem um padrão visual; sua capacidade de ver existe apenas em sua capacidade de reconhecer esses padrões visuais.

Figura 7.7

Os neurônios ativados na retina enviam sinais ao tálamo, que então envia esses sinais para a parte do córtex que processa a entrada visual (o córtex visual). O córtex visual decodifica e memoriza o padrão visual da mesma forma como o córtex olfativo decodifica e memoriza os padrões de odor. Mas a semelhança entre visão e olfato para aí.

Veja os objetos a seguir. Consegue identificar quais formas são iguais na primeira imagem?

Figura 7.8

O fato de que é tão óbvio para você que os objetos na Figura 7.8 são os mesmos na Figura 7.7 é impressionante. Dependendo de onde você foca, os neurônios ativados em sua retina podem não se sobrepor por completo, sem um único neurônio compartilhado, e ainda assim você consegue identificá-los como o mesmo objeto.

O padrão de neurônios olfativos ativados pelo cheiro de um ovo é o mesmo, não importando a rotação, a distância ou a localização do ovo. As mesmas moléculas se difundem pelo ar e ativam os mesmos neurônios olfativos. Mas não é assim com os outros sentidos, como a visão por exemplo.

O mesmo objeto visual pode ativar diferentes padrões dependendo da sua rotação, distância ou localização em seu campo visual. Isso cria o que é chamado de problema da invariância: como reconhecer um padrão como igual, apesar das grandes variações em suas entradas.

Nada que examinamos sobre a autoassociação no córtex dá uma explicação satisfatória de como o cérebro fez isso com tanta facilidade. As redes autoassociativas que descrevemos não conseguem identificar um objeto que você nunca viu antes de ângulos completamente diferentes. Uma rede autoassociativa os trataria como objetos diferentes porque os neurônios de entrada são completamente diferentes.

Não é apenas um problema com a visão. Quando você reconhece o mesmo monte de palavras faladas pela voz aguda de uma criança e a voz grave de um adulto, está resolvendo o problema da invariância. Os neurônios ativados em seu ouvido interno são diferentes porque o tom é completamente diferente, e ainda assim você consegue dizer que são as mesmas palavras. Seu cérebro está de alguma forma reconhecendo um padrão comum, apesar das grandes variações na entrada sensorial.

Em 1958, décadas antes de Cohen e McCloskey descobrirem o problema do esquecimento catastrófico, outra equipe de neurocientistas, também na Johns Hopkins, explorava um aspecto diferente do reconhecimento de padrões.

David Hubel e Torsten Wiesel anestesiaram gatos, colocaram eletrodos em seus córtices e registraram a atividade dos neurônios enquanto apresentavam aos animais diferentes estímulos visuais. Eles mostraram pontos, linhas e várias formas em diferentes locais no campo visual dos gatos. Eles queriam saber como o córtex codificava a entrada visual.

No cérebro dos mamíferos (gatos, ratos, macacos, humanos etc.), a parte do córtex que recebe primeiro a entrada do olho é chamada *V1* (a primeira área visual). Hubel e Wiesel descobriram que neurônios individuais em *V1* eram surpreendentemente seletivos ao que respondiam. Alguns neurônios eram ativados apenas por linhas verticais em um local específico no campo visual de um gato. Outros neurônios eram ativados apenas por linhas horizontais em algum outro local e ainda outros por linhas de 45° em um local diferente. Toda a área de superfície de V1 compõe um mapa do campo de visão completo do gato, com neurônios individuais seletivos para linhas de orientações específicas em cada local.

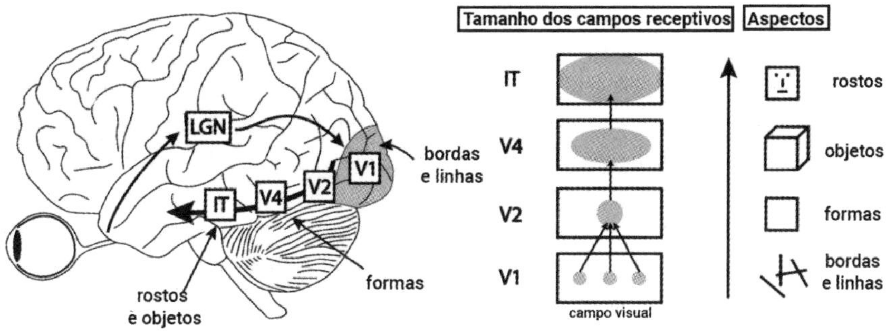

Figura 7.9

V1 decompõe os padrões complexos da entrada visual em aspectos mais simples, como linhas e bordas. A partir daqui, o sistema visual cria uma hierarquia: V1 envia sua saída para uma região próxima do córtex chamada V2, que envia informações para uma área chamada V4, que envia informações para uma área chamada IT.

Os neurônios nos níveis progressivamente mais altos dessa hierarquia cortical ficam sensíveis aos aspectos progressivamente mais sofisticados dos estímulos visuais — os neurônios em V1 são ativados principalmente por bordas e linhas básicas, os neurônios em V2 e V4 são sensíveis a formas e objetos mais complexos, e os neurônios em IT são sensíveis a objetos inteiros complexos, como rostos específicos. Um neurônio em V1 responde apenas à entrada em uma região específica do campo visual; já um neurônio em IT pode detectar objetos em qualquer região do olho. Embora V1 decomponha as imagens em aspectos simples, à medida que a informação visual sobe na hierarquia, ela é reunida em objetos inteiros.

No final da década de 1970, mais de 20 anos após o trabalho inicial de Hubel e Wiesel, um cientista da computação chamado Kunihiko Fukushima tentou fazer com que os computadores reconhecessem objetos em imagens. Apesar de suas melhores tentativas, ele não conseguiu que as redes neurais padrão, como as descritas anteriormente no capítulo, tivessem sucesso; mesmo pequenas mudanças na localização, na rotação ou no tamanho de um objeto ativavam conjuntos inteiramente diferentes de neurônios, cegando as redes ao generalizar padrões diferentes para o mesmo objeto — um quadrado aqui seria incorretamente percebido como diferente do mesmo quadrado ali. Ele tinha encontrado o problema da invariância. E sabia que, de alguma forma, o cérebro o resolvia.

Fukushima passara os últimos 4 anos trabalhando em um grupo de pesquisa que incluía vários neurofisiologistas, assim, estava familiarizado com o trabalho de Hubel e Wiesel, que descobriram duas coisas. Primeiro, o processamento visual nos mamíferos era *hierárquico*, com níveis mais baixos tendo campos receptivos menores e reconhecendo aspectos mais simples, e níveis mais altos tendo campos receptivos maiores e reconhecendo objetos mais complexos. Segundo, em determinado nível da hierarquia, os neurônios eram todos sensíveis a aspectos semelhantes, apenas em lugares diferentes. Por exemplo, uma área de V1 procuraria linhas em um local e outra área procuraria linhas em outro local, mas *todas procuravam linhas*.

Fukushima tinha um palpite de que as duas descobertas eram pistas sobre como o cérebro resolvia o problema da invariância, e assim ele inventou uma nova arquitetura de redes neurais artificiais, projetada para capturar as duas ideias descobertas por Hubel e Wiesel. Sua arquitetura partia da abordagem padrão de tirar uma foto e colocá-la em uma rede neural totalmente conectada. A arquitetura primeiro decompunha as imagens de entrada em vários mapas de aspectos, como V1 parecia fazer. Cada mapa era uma grade que sinalizava a localização do aspecto, como linhas verticais ou horizontais, dentro da imagem de entrada. Esse processo é chamado de *convolução*, daí o nome aplicado à rede que Fukushima inventou: *redes neurais convolucionais*.*

* Note que ele não usou a palavra *convolução*, mas é creditado com a criação da abordagem e da arquitetura. Observe também que foi Yann LeCun quem atualizou essa arquitetura para usar a retropropagação, o que catalisou a adoção generalizada das redes neurais convolucionais em aplicações práticas.

Depois que esses mapas identificavam certos aspectos, sua saída era compactada e passada para outro conjunto de mapas de aspectos que poderiam combiná-los em aspectos de nível superior em uma área mais ampla da imagem, mesclando linhas e bordas em objetos mais complexos. Tudo isso foi projetado para ser análogo ao processamento visual do córtex dos mamíferos. E, por incrível que pareça, *funcionou.*

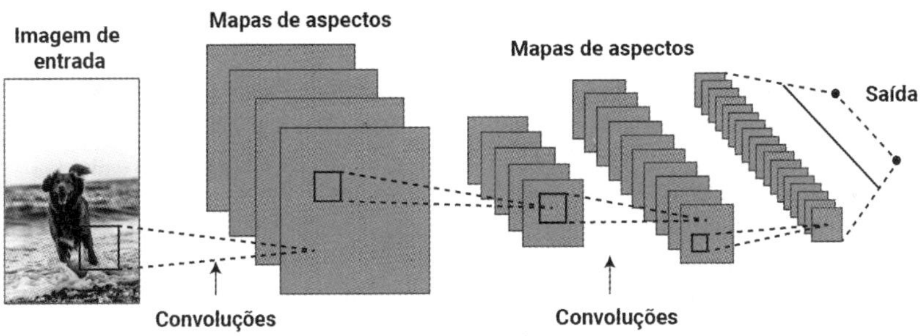

Figura 7.10: Uma rede neural convolucional

A maioria dos sistemas modernos de IA que usam visão computacional, desde o carro autônomo até os algoritmos que detectam tumores em imagens de radiologia, usa as redes neurais convolucionais de Fukushima. A IA era cega, mas agora pode ver, um dom que remonta a investigação dos neurônios dos gatos há mais de 50 anos.

O brilhantismo da rede neural convolucional de Fukushima é que ela impõe um "viés indutivo" inteligente. Viés indutivo é uma suposição feita por um sistema de IA em razão de como ele é projetado. Redes neurais convolucionais são projetadas com a *suposição* de invariância translacional, que certo aspecto em um local deve ser tratado igual ao mesmo aspecto, mas em um local diferente. É um fato inviolável do nosso mundo visual: a mesma coisa pode existir em lugares diferentes sem que a coisa seja diferente. E assim, em vez de tentar fazer uma rede arbitrária de neurônios aprender esse fato sobre o mundo visual, o que exigiria muito tempo e dados, Fukushima simplesmente codificou essa regra diretamente na arquitetura da rede.

Apesar de serem inspiradas no cérebro, as redes neurais convolucionais (CNNs) são, de fato, uma aproximação precária de como o cérebro reconhece os padrões visuais. Primeiro, o processamento visual não é tão hierárquico quanto se pensava originalmente; muitas vezes a entrada pula níveis e se ramifica em vários níveis simultaneamente.

Em segundo lugar, as CNNs impõem a restrição da *translação*, mas elas não compreendem inerentemente as rotações de objetos em 3D, portanto, não fazem um ótimo trabalho ao reconhecer objetos quando girados.* Em terceiro lugar, as CNNs modernas ainda são fundamentadas na supervisão e na retropropagação, com sua atualização simultânea e mágica de muitas conexões, enquanto o córtex parece reconhecer os objetos sem supervisão e retropropagação.

Em quarto lugar, e talvez o mais importante, as CNNs foram inspiradas no córtex visual dos *mamíferos*, que é muito mais complexo do que o córtex visual mais simples dos peixes; no entanto, o cérebro dos peixes, sem qualquer hierarquia óbvia ou os outros acessórios do córtex dos mamíferos, ainda é eminentemente capaz de resolver o problema da invariância.

Em 2022, a psicóloga comparativa Caroline DeLong, do Instituto de Tecnologia de Rochester, treinou peixes dourados para tocar em fotos para conseguir comida. Ela apresentou ao peixinho duas fotos. Sempre que o peixe tocava especificamente na foto de um sapo, ela lhe dava comida. Os peixes aprenderam rapidamente a nadar até a imagem do sapo sempre que ela era apresentada. DeLong mudou a experiência. Ela mostrou a imagem do mesmo sapo, mas de novos ângulos que o peixe nunca tinha visto antes. Se os peixes não conseguissem reconhecer o mesmo objeto de diferentes ângulos, teriam tratado isso como qualquer outra foto. Mas para surpresa, o peixe nadou até a nova imagem do sapo, claramente o reconhecendo de imediato, apesar do novo ângulo, assim como você reconheceu os objetos em 3D algumas páginas atrás.

Como o cérebro do peixe faz isso não é entendido. Embora a autoassociação capture alguns princípios de como o reconhecimento de padrões funciona no córtex, está claro que o córtex dos peixes está fazendo algo muito mais sofisticado. Alguns teorizam que a capacidade do cérebro dos vertebrados para resolver o problema da invariância deriva não das estruturas corticais únicas nos mamíferos, mas das interações complexas entre o córtex e o tálamo, interações presentes desde os primeiros vertebrados. Talvez o tálamo, uma estrutura esférica no centro do cérebro, funcione como um quadro tridimensional, com o córtex fornecendo a entrada sensorial inicial e o tálamo roteando com inteligência essa informação sensorial em outras áreas do córtex,

* A maneira moderna como as CNNs resolvem esse problema de rotação é aumentando os dados de treinamento para incluir um grande número de exemplos do mesmo objeto girado.

juntos renderizando objetos em 3D completos a partir de entrada em 2D, reconhecendo com flexibilidade objetos com giros e translações.

Talvez a maior lição das CNNs não seja o sucesso das suposições específicas que elas tentam emular, como a invariância translacional, mas o sucesso das próprias suposições. De fato, embora as CNNs possam não registrar exatamente como o cérebro funciona, elas revelam o poder de um bom viés indutivo. No reconhecimento de padrões, são as boas suposições que tornam o aprendizado rápido e eficiente. O córtex dos vertebrados certamente tem um viés indutivo, só não sabemos qual.

De certa forma, o pequeno cérebro do peixe supera alguns dos nossos melhores sistemas de informatização. As CNNs exigem quantidades incríveis de dados para entender as mudanças nas rotações e nos objetos em 3D, mas um peixe parece reconhecer novos ângulos de um objeto em 3D de uma só vez.

Na corrida armamentista predatória do Período Cambriano, a evolução mudou de armar animais com novos neurônios sensoriais para detectar coisas específicas para armar animais com mecanismos gerais para reconhecer qualquer coisa.

Com essa nova capacidade de reconhecimento de padrões, os órgãos sensoriais dos vertebrados explodiram com complexidade, florescendo rapidamente em sua forma moderna. Os narizes evoluíram para detectar substâncias químicas; os ouvidos internos evoluíram para detectar frequências de som; os olhos evoluíram para detectar imagens. A coevolução dos órgãos sensoriais familiares e do cérebro familiar dos vertebrados não é uma coincidência — um facilitou o crescimento e a complexidade do outro. Cada melhoria incremental no reconhecimento de padrões do cérebro expandiu os benefícios obtidos por ter órgãos sensoriais mais detalhados; e cada melhoria incremental no detalhe dos órgãos sensoriais expandiu os benefícios obtidos pelo reconhecimento de padrões mais sofisticados.

No cérebro, o resultado foi o córtex dos vertebrados, que de alguma forma reconhece padrões sem supervisão, de alguma forma discrimina com precisão padrões sobrepostos e generaliza padrões para novas experiências, de alguma forma aprende continuamente padrões sem sofrer de um esquecimento catastrófico e de alguma forma reconhece padrões apesar das grandes variações em sua entrada.

A elaboração do reconhecimento de padrões e os órgãos sensoriais, por sua vez, também se encontraram em um ciclo de feedback com o próprio aprendizado por reforço. Também não é coincidência que o reconhecimento de padrões e o aprendizado por reforço se desenvolveram simultaneamente na evolução. Quanto maior a capacidade do cérebro de aprender ações arbitrárias em resposta às coisas no mundo, maior o benefício a ser obtido ao *reconhecer mais coisas no mundo.* Quanto mais objetos e lugares únicos um cérebro pode reconhecer, mais ações únicas ele pode aprender a tomar. E assim o córtex, o gânglio basal e os órgãos sensoriais evoluíram juntos, todos das mesmas manobras do aprendizado por reforço.

8

Por que a Vida Ficou Curiosa

Com o resultado do sucesso do TD-Gammon, os pesquisadores começaram a aplicar o aprendizado por diferença temporal de Sutton em diferentes jogos. Um por um, os jogos que antes eram "insolúveis" foram derrotados com sucesso por esses algoritmos; os algoritmos de aprendizado por DT acabaram superando o desempenho no nível humano em videogames como Pinball, Star Gunner, Robotank, Road Runner, Pong e Space Invaders. Mas havia um jogo da Atari que estava fora de alcance: o Montezuma's Revenge.

No Montezuma's Revenge, você começa em uma sala cheia de obstáculos. Em cada direção há outra sala, cada uma com obstáculos próprios. Não há sinal nem pista de qual direção é o caminho certo a seguir. A primeira recompensa é obtida quando você encontra o caminho para uma porta oculta em uma sala escondida e distante. Isso torna o jogo bem difícil para os sistemas de aprendizado por reforço: a primeira recompensa ocorre com o jogo tão avançado que não há nenhum ajuste inicial do comportamento que deve ser reforçado ou punido. No entanto, de alguma forma, é claro que os humanos vencem este jogo.

Só em 2018 um algoritmo foi desenvolvido para finalmente completar o nível um do Montezuma's Revenge. O novo algoritmo, desenvolvido pelo Google DeepMind, conseguiu esse feito adicionando algo familiar que faltava no algoritmo de aprendizado por DT original de Sutton: a curiosidade.

Sutton sempre soube que um problema em qualquer sistema de aprendizado por reforço é algo chamado *dilema da exploração-investigação*. Para o aprendizado por tentativa e erro funcionar, os agentes precisam, bem, fazer muitas tentativas para aprender. Isso significa que o aprendizado por reforço não funciona apenas *explorando* comportamentos previstos como levando a recompensas; ele também deve *investigar* novos comportamentos.

Em outras palavras, o aprendizado por reforço requer dois processos opostos: um para comportamentos que foram previamente reforçados (exploração) e outro para comportamentos que são novos (investigação). Essas escolhas são, por definição, opostas. A exploração sempre direcionará o comportamento para recompensas conhecidas, a investigação sempre direcionará para o que é desconhecido.

Nos primeiros algoritmos de aprendizado por DT, esse equilíbrio foi implementado de modo grosseiro: os sistemas de IA, digamos, 5% das vezes, faziam algo espontâneo e totalmente aleatório. Isso funcionava bem se você estivesse jogando um jogo limitado com apenas alguns movimentos à frente, mas era terrível em um jogo como o Montezuma's Revenge, com um número quase infinito de direções e lugares aonde ir.

Há uma abordagem alternativa para lidar com o dilema da exploração-investigação, que é ao mesmo tempo maravilhosamente simples e agradavelmente familiar. A abordagem é tornar os sistemas de IA explicitamente *curiosos*, recompensá-los por investigar novos lugares e fazer coisas novas, tornando a *surpresa em si um reforço*. Quanto maior a novidade, maior a obrigação de investigá-la. Quando os sistemas de IA que jogavam Montezuma's Revenge recebiam essa motivação intrínseca para investigar coisas novas, eles se comportaram de maneira muito diferente, na verdade, mais como um jogador humano. Eles ficavam motivados a investigar as áreas, ir para novas salas e expandir no mapa. Mas em vez de investigar com ações aleatórias, a exploração era deliberada; eles queriam especificamente ir a novos lugares e fazer coisas novas.

Mesmo que não haja recompensas explícitas até passar por todas as salas no nível um, esses sistemas de IA não precisavam de recompensas externas para investigar. Eles estavam motivados por conta própria. Simplesmente encontrar o caminho até uma nova sala tinha valor por si só. Movidos pela curiosidade, de repente esses modelos começaram a progredir, e acabaram vencendo o nível um.

A importância da curiosidade nos algoritmos de aprendizado por reforço sugere que um cérebro designado a aprender por reforço, como o cérebro dos primeiros vertebrados, também deve mostrar curiosidade. E, de fato, evidências sugerem que foram os primeiros vertebrados que ficaram curiosos. A curiosidade é vista em todos eles, de peixes a ratos, de macacos a bebês humanos. Nos vertebrados, a própria surpresa provoca a liberação de dopamina, mesmo que não haja recompensa "real". No entanto, a maioria dos invertebrados não mostra curiosidade; apenas os invertebrados mais evoluídos, como insetos e cefalópodes, têm curiosidade, uma manobra que evoluiu de forma independente e não estava presente nos primeiros bilaterianos.

O surgimento e os mecanismos da curiosidade ajudam a explicar o jogo, que é uma estranheza irracional do comportamento dos vertebrados. Os jogadores violam a lei de efeito de Thorndike — eles continuam a jogar seu dinheiro, apesar do fato de que a recompensa esperada é negativa.

B. F. Skinner foi o primeiro a perceber que os ratos jogavam. A melhor maneira de fazer um rato empurrar obsessivamente uma alavanca para obter comida é *não* fazer com que a alavanca libere ração sempre que pressionada; pelo contrário, é fazer com que ela libere a ração *aleatoriamente*. Esse reforço de proporção variável faz os ratos enlouquecerem; eles empurram a alavanca sem parar, aparentemente obcecados para ver se *só mais um empurrão* pode ser o que resulta em ração. Mesmo quando o número total de ração liberada é idêntico no geral, esse reforço de proporção variável leva a muito mais alavancas empurradas do que o reforço de proporção fixa. Os peixes também exibem esse efeito.

Uma explicação é que os vertebrados recebem um reforço extra quando algo é *surpreendente*. Para deixar os animais curiosos, evoluímos para encontrar coisas surpreendentes e novas com o reforço, o que nos leva a buscá-los e investigá-los. Isso significa que, mesmo que a recompensa de uma atividade seja negativa, se for nova, podemos buscá-la de qualquer maneira.

Os jogos de azar são cuidadosamente projetados para explorar isso. Neles, você não tem 0% de chance de vencer (o que o levaria a não jogar); tem 48% de chance, alta o suficiente para torná-la possível, incerta o suficiente para torná-la surpreendente quando você vence (aumentando sua dopamina) e baixa o suficiente para que, em longo prazo, o cassino depene você.

Os feeds do Facebook e do Instagram também exploram isso. Com cada rolagem, há um novo post e aleatoriamente, depois de algumas rolagens, algo interessante aparece. Mesmo que você não queira usar o Instagram, da mesma forma como os jogadores não querem jogar ou os viciados em drogas não querem mais usar, o comportamento é reforçado no subconsciente, ficando cada vez mais difícil parar.

Os jogos de azar e os feeds das redes sociais funcionam explorando nossa preferência de 500 milhões de anos por surpresa, produzindo uma situação limite mal adaptada que a evolução não teve tempo de explicar.

A curiosidade e o aprendizado por reforço evoluíram porque a curiosidade é um requisito para que o aprendizado por reforço funcione. Com a nova capacidade de reconhecer padrões, lembrar lugares e mudar de forma flexível o comportamento com base em recompensas e punições anteriores, os primeiros vertebrados tiveram uma nova oportunidade: pela primeira vez, o *aprendizado* se tornou, por si só, uma atividade extremamente valiosa. Quanto mais padrões um vertebrado reconhecesse e mais lugares lembrasse, melhor sobreviveria. E quanto mais coisas novas experimentasse, mais provavelmente aprenderia as contingências corretas entre suas ações e os resultados correspondentes. E assim aconteceu há 500 milhões de anos no minúsculo cérebro de nossos antepassados peixes, quando a curiosidade surgiu pela primeira vez.

9

O Primeiro Modelo do Mundo

Você já tentou andar por sua casa no escuro? Não de propósito, mas talvez durante uma queda de energia ou uma ida ao banheiro à meia-noite. Se já tentou, provavelmente teve a percepção (não muito surpreendente) de que é difícil. Ao sair do quarto e caminhar em direção ao final do corredor, você está propenso a prever mal o comprimento do corredor ou a localização exata da porta do banheiro. Você pode dar uma topada.

Mas também notaria que, apesar da cegueira, você tem um bom palpite sobre onde fica o fim do corredor, alguma *ideia* de onde está no labirinto de sua casa. Você pode errar por um passo ou dois, mas sua intuição se mostra um guia eficaz. O notável sobre isso não é que seja difícil, mas que seja *possível*.

A razão pela qual você pode fazer isso é que seu cérebro construiu um mapa espacial da sua casa. Este tem um *modelo* interno de sua casa e, assim, à medida que você se move, ele consegue atualizar sua posição no mapa por conta própria. Este artifício, a capacidade de construir um modelo interno do mundo externo, foi herdado do cérebro dos primeiros vertebrados.

Os Mapas dos Peixes

Esse mesmo teste pode ser feito com peixes. Bem, não a parte do banheiro, mas o teste geral de lembrar um local sem um guia visual. Coloque um peixe em um tanque vazio com uma grade de 25 recipientes idênticos em todo o tanque. Esconda comida em um dos recipientes. O peixe investigará o tanque, inspecionando aleatoriamente cada recipiente até encontrar comida. Agora tire o peixe do tanque, coloque a comida de volta no mesmo recipiente e retorne o peixe. Faça isso algumas vezes e o peixe aprenderá a ir rapidamente direto para aquele com comida.

Os peixes não estão aprendendo uma regra fixa de *Sempre virar à esquerda quando vejo este objeto* — eles vão para o local correto, não importando onde no tanque são colocados inicialmente. E eles não estão aprendendo uma regra fixa de *Nadar em direção a esta imagem ou cheiro de comida*; o peixe voltará ao recipiente correto, mesmo se você não colocar *nenhum* alimento de volta nele. Em outras palavras, mesmo que cada recipiente seja exatamente idêntico porque nenhum deles tem alimento, os peixes ainda identificam de forma correta qual o que está atualmente no local exato que continha alimento antes.

A única pista sobre qual recipiente antes tinha comida era as paredes do próprio tanque, que tinha marcações para designar lados específicos. Assim, os peixes de alguma forma identificavam o recipiente correto com base apenas na localização do recipiente em relação aos pontos de referência na lateral do tanque. A única maneira de os peixes conseguirem isso é construindo um mapa espacial, um modelo interno do mundo, em sua mente.

A capacidade de aprender um mapa espacial é vista nos vertebrados. Peixes, répteis, ratos, macacos e seres humanos fazem isso. No entanto, bilaterianos simples, como os nematoides, são incapazes de aprender tal mapa, eles não conseguem lembrar a localização de uma coisa em relação a outra.

Mesmo muitos invertebrados evoluídos, como abelhas e formigas, são incapazes de resolver tarefas espaciais. Considere o seguinte estudo com formigas. As formigas formam um caminho do ninho até o alimento e outro caminho da fonte de alimento até o ninho. Elas retornam ao ninho com a comida coletada, depois saem novamente de mãos vazias para conseguir mais comida. Suponha que você pegasse uma das formigas no caminho *de volta* para o ninho e a colocasse no caminho que *sai* do ninho. Essa formiga claramente quer voltar para o ninho, mas agora foi colocada em um local a partir do qual ela só se movia *para longe* do ninho. Se a formiga tivesse um modelo interno de espaço, perceberia que o caminho mais rápido para casa é só virar e ir na direção oposta. Isso é o que um peixe faria. Mas se a formiga aprendeu apenas uma série de movimentos (vire à direita na pista X, vire à esquerda na pista Y), então ela simplesmente começaria o ciclo novamente. Na verdade, as formigas passam por todo o ciclo de novo. Elas se movem seguindo um conjunto de regras de quando virar para onde, sem construir um mapa do espaço.

Sua Bússola Interna

Veja outro teste que você pode fazer sozinho: Sente-se em uma dessas cadeiras giratórias, feche os olhos, peça a alguém para girar a cadeira, em seguida, adivinhe a direção da sala na qual você está antes de abrir os olhos. Você terá uma precisão incrível. Como seu cérebro fez isso?

Lá no fundo de seu ouvido interno estão canais semicirculares, pequenos tubos cheios de fluido. Esses canais estão alinhados com neurônios sensoriais que flutuam nesse fluido e são ativados sempre que detectam movimento. Os canais semicirculares são organizados em três circuitos: para frente, para os lados e para cima. O fluido em cada um desses canais se move somente quando você se move nessa dimensão específica. Assim, o conjunto de células sensoriais ativadas sinaliza a direção do movimento da cabeça. Isso cria um sentido único: o sentido *vestibular*. Por isso você fica tonto se é girado em uma cadeira continuamente — isso hiperativa essas células sensoriais e quando você para de girar, elas ainda estão ativas, sinalizando incorretamente a rotação, mesmo quando você não está girando.

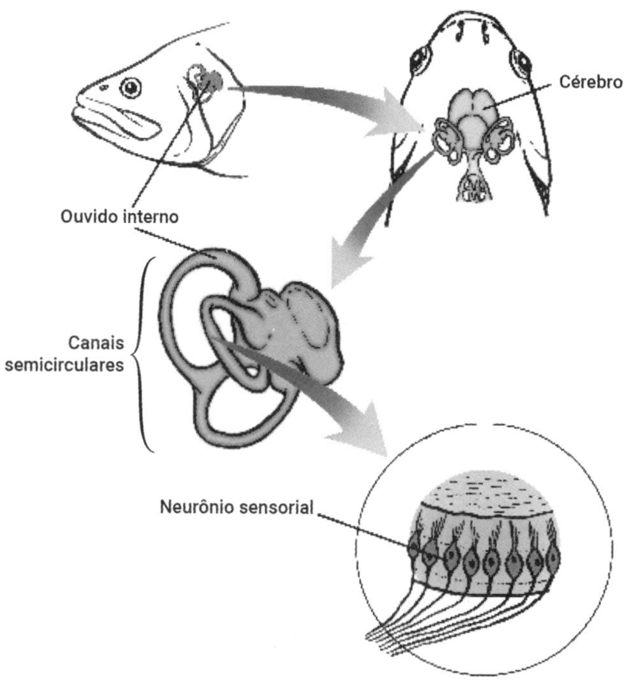

Figura 9.1: O sentido vestibular do peixe sai dos canais semicirculares exclusivamente dos vertebrados

A origem evolutiva dos canais semicirculares foi nos primeiros vertebrados, surgindo ao mesmo tempo que o aprendizado por reforço e a capacidade de construir mapas espaciais. Os peixes modernos têm a mesma estrutura em seu ouvido interno e isso lhes permite identificar quando e o quanto estão se movendo.

O sentido vestibular é uma característica necessária da construção de um mapa espacial. Um animal precisa saber a diferença entre algo nadando em direção a ele e ele nadar em direção a algo. Em cada caso, as pistas visuais são as mesmas (ambas mostram um objeto se aproximando), mas cada uma significa coisas *muito* diferentes em termos de movimento no espaço. O sistema vestibular ajuda o peixe a saber a diferença: se ele começar a nadar em direção a um objeto, o sistema vestibular detectará essa aceleração. Mas se um objeto começar a se mover em direção a *ele*, tal ativação não ocorrerá.

No rombencéfalo dos vertebrados, em espécies tão diversas como peixes e ratos, são os chamados "neurônios de direção da cabeça" que só disparam quando um animal está voltado para uma certa direção. Essas células integram as entradas visual e vestibular para criar uma bússola neural. O cérebro vertebrado evoluiu, desde o início, para modelar e se mover no espaço tridimensional.

Mas se o rombencéfalo do peixe constrói uma bússola da própria direção de um animal, onde o modelo do espaço externo é construído? Onde o cérebro dos vertebrados armazena informações sobre a localização das coisas em relação a outras coisas?

O Córtex Medial (Também Conhecido como Hipocampo)

O córtex dos primeiros vertebrados tinha três subáreas: córtex lateral, córtex ventral e córtex medial. O córtex lateral é a área onde os primeiros vertebrados reconheciam os odores e que mais tarde evoluiria para o córtex olfativo nos primeiros mamíferos. O córtex ventral é a área onde os primeiros vertebrados aprenderam padrões visuais e sonoros, e que mais tarde evoluiu para a amígdala nos primeiros mamíferos. Mas dobrado no meio do cérebro estava a terceira área, o córtex medial.

Córtex dos primeiros vertebrados

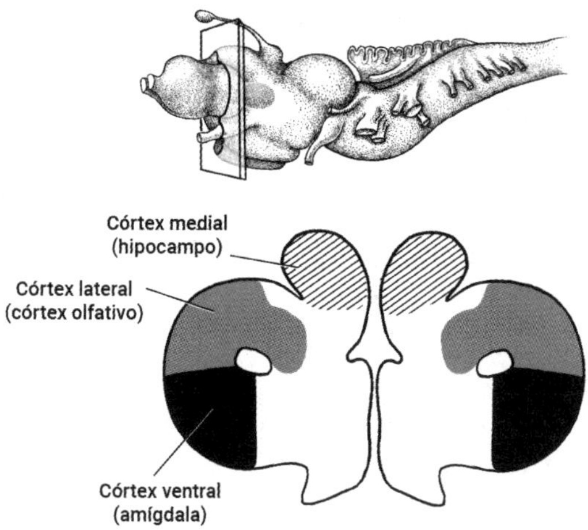

Figura 9.2: O córtex dos primeiros vertebrados

O córtex medial é a parte que mais tarde se tornou o hipocampo nos mamíferos. Se você registrar os neurônios no hipocampo dos peixes enquanto eles circulam, descobrirá neurônios que ativam apenas quando eles estão em um local específico no espaço, outros somente quando estão na borda de um tanque e outros somente quando estão voltados para direções específicas. Sinais visuais, vestibulares e de direção da cabeça se propagam até o córtex medial, no qual são combinados e convertidos em um mapa espacial.

Na verdade, se você danificar o hipocampo de um peixe, ele poderá aprender a nadar em direção ou para longe das pistas, mas perderá a capacidade de se lembrar dos locais. Esses peixes não conseguem usar marcos distantes para descobrir a direção certa para virar em um labirinto; não conseguem navegar para locais específicos em um espaço aberto para obter comida; e não conseguem descobrir como escapar de um ambiente simples quando recebem locais de partida diferentes.

A função e a estrutura do hipocampo foram conservadas em muitas linhagens de vertebrados. Em humanos e ratos, o hipocampo contém células de lugar, que são neurônios que se ativam somente quando um animal está em um local específico em um labirinto aberto. Danos no hipocampo de lagartos, ratos e seres humanos também prejudicam a navegação espacial.

Está claro que o córtex de três camadas dos primeiros vertebrados fazia cálculos muito além da simples autoassociação. Não só é aparentemente capaz de reconhecer objetos, apesar das grandes mudanças de rotação e escala (resolvendo o problema da invariância), mas também é aparentemente capaz de construir um modelo interno de espaço. Especulação: Talvez a capacidade do córtex de reconhecer objetos, apesar das mudanças na rotação, e sua capacidade de modelar o espaço estejam relacionadas. Talvez o córtex esteja ajustado para modelar *coisas* em 3D, sendo objetos ou mapas espaciais.

A evolução dos mapas espaciais na mente dos vertebrados primitivos teve inúmeros primeiros marcos. Foi a primeira vez na história de bilhões de anos da vida que um organismo conseguiu reconhecer *onde* estava. Não é difícil imaginar a vantagem que isso teria. Enquanto a maioria dos invertebrados se direcionava e executava respostas motoras reflexivas, os primeiros vertebrados podiam se lembrar dos lugares onde os artrópodes costumavam se esconder, como voltar à segurança e aos esconderijos cheios de comida.

Foi também a primeira vez que um cérebro diferenciou o eu e o mundo. Para rastrear a localização em um mapa do espaço, um animal precisa saber a diferença entre "algo nadando em minha direção" e "eu nadando em direção a algo".

E o mais importante, foi a primeira vez que um cérebro construiu um *modelo interno*, uma representação do mundo externo. O uso inicial desse modelo foi, com toda certeza, trivial: permitiu que o cérebro reconhecesse locais arbitrários no espaço e calculasse a direção correta até determinado local de destino a partir de qualquer local de partida. Mas a construção desse modelo interno lançou as bases para o próximo avanço na evolução do cérebro. O que começou como uma manobra para lembrar locais se tornaria muito mais.

Resumo do Avanço 2: Reforço

Nossos antepassados, cerca de 500 milhões de anos atrás, fizeram a transição de simples bilaterianos semelhantes a vermes para vertebrados semelhantes a peixes. Muitas novas estruturas e habilidades cerebrais surgiram no primeiro cérebro dos vertebrados, a maioria podendo ser entendida como permitindo e surgindo do avanço 2: aprendizado por reforço. Estas incluem:

- A dopamina se tornou um sinal de aprendizado por diferença temporal, que ajudou a resolver o problema da atribuição de crédito temporal e permitiu que os animais aprendessem por tentativa e erro.
- O gânglio basal surgiu como um sistema de ator/crítico, permitindo que os animais gerassem esse sinal de dopamina, prevendo recompensas futuras e usando o sinal para reforçar e punir comportamentos.
- A curiosidade surgiu como uma parte necessária do trabalho de aprendizado por reforço (resolvendo o dilema da investigação-exploração).
- O córtex surgiu como uma rede autoassociativa, possibilitando o reconhecimento de padrões.
- A percepção do tempo preciso surgiu, permitindo que os animais aprendessem, por tentativa e erro, não apenas *o que* fazer, mas *quando* fazer.
- A percepção do espaço tridimensional surgiu (no hipocampo e em outras estruturas), permitindo que os animais reconhecessem onde estavam e lembrassem a localização das coisas em relação a outras coisas.

O aprendizado por reforço nos primeiros vertebrados só foi possível porque os mecanismos de valência e aprendizado associativo já haviam evoluído nos primeiros bilaterianos. O aprendizado por reforço é iniciado com sinais de valência mais simples para algo bom e ruim. Conceitualmente, o cérebro do vertebrado é construído em cima do sistema de direção mais antigo dos bilaterianos. Sem direção, não há ponto de partida para tentativa e erro, nenhuma base sobre a qual medir o que reforçar ou não.

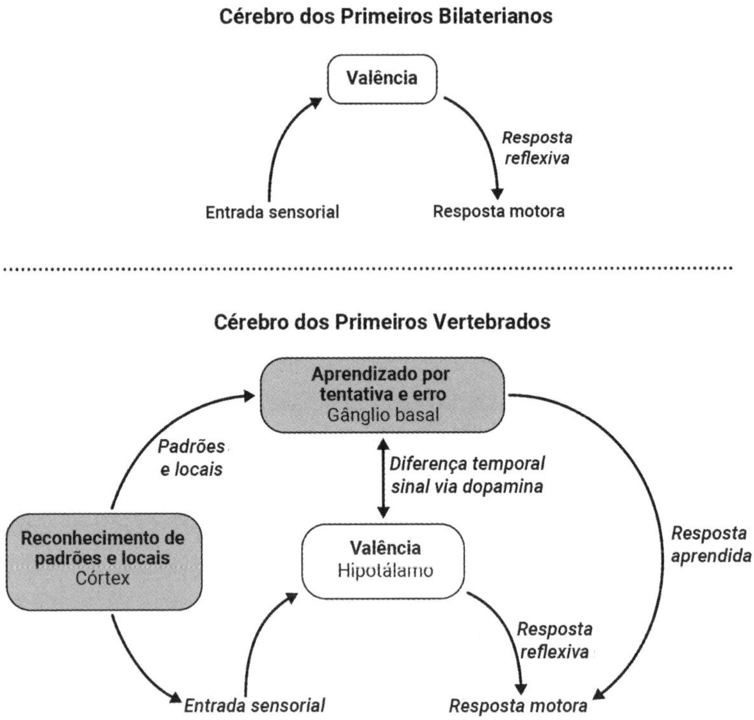

Figura 9.3

A direção dos bilaterianos possibilitou que os vertebrados posteriores aprendessem por tentativa e erro. E a tentativa e o erro nos vertebrados, por sua vez, possibilitaram o avanço ainda mais desconcertante e monumental que se seguiria. Foram os primeiros mamíferos que descobriram como realizar um tipo diferente de tentativa e erro: aprender não *fazendo*, mas *imaginando*.

AVANÇO 3

Simulação e os Primeiros Mamíferos

Seu cérebro 200 milhões de anos atrás

10

A Idade das Trevas Neural

De 420 a 375 milhões de anos atrás, os oceanos se encheram de peixes predadores de muitas formas e tamanhos cada vez mais diversos. O que pareceria com os tubarões e arraias hoje eram visões comuns. Placodermes com 6m de comprimento, peixes com placas na cabeça e dentes grossos que esmagavam ossos estavam no topo dessa cadeia alimentar.

Artrópodes e outros invertebrados foram relegados a vários nichos. Alguns ficaram menores. Outros desenvolveram conchas grossas. Alguns até se inspiraram nos primeiros vertebrados e sobreviveram ficando mais inteligentes — foi durante esse período que os cefalópodes surgiram, os antepassados das lulas e dos polvos de hoje. Sob forte pressão para sobreviver à sua caça em massa por peixes, os cefalópodes tornaram-se incrivelmente inteligentes em uma linhagem independente, com o cérebro operando de forma muito diferente do nosso.

A estratégia mais radical de sobrevivência dos invertebrados era escapar no mar todos juntos. Os artrópodes, expulsos de sua casa pela predação implacável, foram os primeiros animais a sair dos oceanos e povoar a terra firme. Eles encontraram descanso entre as pequenas plantas sem folhas que brotavam escassamente ao longo da costa.

O período entre 420 e 375 milhões de anos atrás é chamado de Devoniano, e foi nele que as plantas terrestres desenvolveram pela primeira vez *folhas* para melhor absorção da luz solar e *sementes* para se espalhar, o que permitiu que se propagassem para áreas antes inóspitas. As plantas que se assemelhavam às árvores de hoje se desenvolveram pela primeira vez, crescendo raízes grossas e formando solos estáveis para os artrópodes próximos viverem. No início do Período Devoniano, as plantas no solo não tinham mais de 30cm de altura, mas no final dele, elas tinham *30m*. Foi apenas nesse ponto que nosso planeta começou a parecer verde de cima, conforme as plantas terrestres se espalhavam pela superfície da Terra.

Enquanto a vida dos artrópodes era terrível no mar, era celestial em terra. Os artrópodes desenvolveram novos truques para atender às necessidades da vida em terra, diversificando-se no que se assemelhava a aranhas e insetos de hoje. Infelizmente, como vimos com o problema atual da mudança climática, a biosfera da Terra é implacável com aqueles que se proliferam de forma rápida e insustentável. O que começou como um pequeno oásis para os artrópodes refugiados, acabou se tornando uma orgia exagerada de vida vegetal, desencadeando um evento de extinção global que erradicaria quase metade de toda a vida.

História das Duas Grandes Mortes

A história se repete.

Há 1,5 bilhão de anos, a explosão de cianobactérias sufocou a Terra com dióxido de carbono e a poluiu com oxigênio. Mais de 1 bilhão de anos depois, a explosão de plantas no solo parece ter cometido um crime semelhante.

A marcha terrestre das plantas foi muito rápida para a evolução acomodar e reequilibrar os níveis de dióxido de carbono por meio da expansão de mais animais produzindo CO_2. Os níveis de dióxido de carbono despencaram, fazendo com que o clima esfriasse. Os oceanos congelaram e gradualmente se tornaram inóspitos para a vida. Foi a Extinção Devoniana Tardia, a primeira grande morte dessa era. Existem teorias conflitantes sobre o que a causou; alguns argumentam que não foi a superproliferação de plantas, mas outro desastre natural. Em qualquer caso, foi das sepulturas geladas dessa tragédia que nossos antepassados surgiram do mar.

Eventos de extinção criam oportunidades para pequenos nichos se transformarem em estratégias dominantes. Antes da Extinção Devoniana Tardia, nossos ancestrais tinham encontrado tal nicho. A maioria dos peixes ficava longe da costa para evitar o encalhe mortal, uma situação em que um peixe fica preso na terra quando as marés recuam. Embora o risco de encalhar tornasse a busca perigosa, havia um grande prêmio nutricional perto da costa: as poças quentes estavam cheias de pequenos insetos e vegetação.

Nossos antepassados foram os primeiros peixes a desenvolver a capacidade de sobreviver fora da água. Eles desenvolveram pulmões que aumentaram suas guelras, permitindo-lhes extrair oxigênio da água e do ar. E assim nossos antepassados usariam suas barbatanas para nadar na água e percorrer curtas distâncias em terra, indo de poça em poça em busca de insetos.

Quando o Evento da Extinção Devoniana Tardia começou a congelar os oceanos, nossos antepassados terrestres foram um dos poucos peixes de água quente a sobreviver. Quando o suprimento de alimentos em águas quentes começou a acabar, eles passaram mais tempo vivendo nas poças terrestres. Eles perderam suas guelras (portanto, sua capacidade de respirar debaixo d'água) e suas nadadeiras deram lugar a mãos e pés com dedos. Eles se tornaram os primeiros *tetrápodes* (*tetra* para "quatro" e *pods* para "pés"), mais parecidos com um anfíbio moderno, como a salamandra.

Uma linhagem evolutiva de tetrápodes, com a sorte de viver nas partes do planeta que ainda suportavam poças mais quentes, manteria esse estilo de vida por centenas de milhões de anos — eles se tornariam os anfíbios de hoje. Outra linhagem abandonou as costas em vias de extinção e foi mais para o interior em busca de alimento. Era a linhagem dos amniotas, criaturas que desenvolveram a capacidade de colocar ovos com couraça que poderiam sobreviver fora da água.

Os primeiros amniotas provavelmente lembravam mais um lagarto atual. Os amniotas encontraram um ecossistema terrestre abundante com alimentos — um banquete de insetos e plantas por toda parte. Por fim, a era do gelo devoniano desapareceu e os amniotas se espalharam e se diversificaram em todos os cantos da Terra. As eras Carbonífera e Permiana, que coletivamente duraram de 350 a 250 milhões de anos atrás, viram uma explosão de amniotas em terra.

Viver em terra tinha desafios únicos para os amniotas que seus primos peixes nunca enfrentaram. Um deles eram as flutuações de temperatura. Os ciclos do dia e da estação criam apenas mudanças suaves de temperatura nas profundezas dos oceanos. Por outro lado, as temperaturas podem flutuar radicalmente na superfície. Os amniotas, como os peixes, eram de sangue frio — sua única estratégia para regular a temperatura do corpo era ir fisicamente para lugares mais quentes.

Uma linhagem amniota eram os répteis, que acabaram se diversificando em dinossauros, lagartos, cobras e tartarugas. A maioria desses répteis lidava com as flutuações diárias de temperatura ficando imóveis à noite. As temperaturas eram muito baixas para que seus músculos e seu metabolismo funcionassem corretamente, então eles simplesmente desligavam. O fato de que os répteis ficavam desligados um terço de suas vidas abriu uma oportunidade: as criaturas que podiam caçar à noite teriam um incrível banquete de lagartos imóveis.

A outra linhagem de amniotas eram nossos antepassados: os terapsídeos. Eles diferiam dos répteis na época de uma maneira importante: desenvolveram *sangue quente*. Os terapsídeos foram os primeiros vertebrados a desenvolver a capacidade de usar energia para gerar seu próprio calor interno.* Foi um risco. Eles precisariam de muito mais comida para sobreviver, mas em troca tinham a capacidade de caçar a qualquer momento, inclusive nas noites frias quando seus primos répteis estavam imóveis, um banquete fácil oferecido em uma bandeja permiana.

Na Era Permiana, quando o solo estava cheia de répteis comestíveis e artrópodes, o risco compensava. Durante o período de 300 a 250 milhões de anos atrás, os terapsídeos se tornaram os animais terrestres de maior sucesso. Eles cresceram até o tamanho de um tigre moderno e começaram a ter pelos para manter o calor. Esses terapsídeos pareciam grandes lagartos peludos.

Talvez você já consiga ver uma tendência surgindo da história evolutiva da vida na Terra: todos os reinados chegam ao fim. O reinado terapsídeo na Terra não foi diferente: o evento da extinção em massa do Período Permiano-Triássico, que ocorreu há cerca de 250 milhões de anos, foi o mais mortal de todos na história do planeta. Foi a segunda grande morte nessa era. Esse evento de extinção foi o mais severo e talvez o mais enigmático. Em 5 a 10 milhões de anos, 96% de toda a vida marinha morreu, assim como 70% de toda a vida terrestre. Ainda há controvérsia sobre o que causou isso — as teorias incluem asteroides, explosões vulcânicas e microrganismos produtores de metano. Alguns sugerem que não foi uma única razão, mas sim uma completa tempestade de múltiplas ocorrências infelizes. Independentemente da causa, sabemos os efeitos.

Os grandes terapsídeos foram quase totalmente extintos. A aposta do sangue quente que originalmente facilitou sua ascensão também foi a causa de sua queda. Durante um período de acesso reduzido a alimentos, os terapsídeos, com sua necessidade de grandes quantidades de calorias, morreram primeiro. Os répteis e suas dietas comparativamente limitadas eram muito mais adaptados para enfrentar essa tempestade.

---

* Acredita-se que alguns dinossauros, mais tarde em sua história evolutiva, desenvolveram sangue quente, como evidenciado por análises químicas de seus fósseis e o fato de que as aves são de sangue quente.

Figura 10.1: O primeiro terapsídeo

Por cerca de 5 milhões de anos, a vida sobreviveu apenas em pequenos bolsões do mundo. Os únicos terapsídeos que sobreviveram foram os pequenos comedores de plantas, como os cinodontes escavadores. Os cinodontes originalmente evoluíram no nicho de escavação subterrânea para se esconder dos terapsídeos maiores e mais predatórios que dominavam o mundo. À medida que o suprimento de alimentos desaparecia e todos os animais maiores morriam, esses pequenos cinodontes estavam entre os poucos terapsídeos sobreviventes a surgir do outro lado da extinção do Período Permiano-Triássico.

Embora a linhagem dos terapsídeos fosse apenas preservada pelo pequeno cinodonte, o mundo em que se encontravam era diferente. Do outro lado desse evento de extinção, com 70% da vida terrestre extinta, os répteis surgiram numerosos, diversos e grandes. A erradicação dos grandes terapsídeos passou o reino animal aos seus escamosos primos reptilianos. A partir do final desse evento de extinção e nos próximos 150 milhões de anos, os répteis governariam.

Pequenos lagartos do Período Permiano evoluíram para arcossauros predadores de 6m de comprimento com dentes e garras enormes, lembrando um tiranossauro menor. Foi também durante esse período que os vertebrados conquistaram os céus — o pterossauro, um arcossauro voador, foi o primeiro a ter asas e caçar de cima.

Para sobreviver a essa era voraz de dinossauros predadores, pterossauros e outros animais reptilianos em massa, os cinodontes ficaram cada vez menores, até ficarem com não mais que 10cm de comprimento. Providos de sangue quente e miniaturização, eles sobreviveram se escondendo em tocas durante o dia e saindo durante a noite fria, quando os arcossauros eram relativamente cegos e imóveis. Eles faziam suas casas em labirintos escavados ou na casca grossa das árvores. Eles caçavam tranquilamente pelo chão da floresta crepuscular e pelos galhos de árvores em busca de insetos, e se tornaram os primeiros mamíferos.

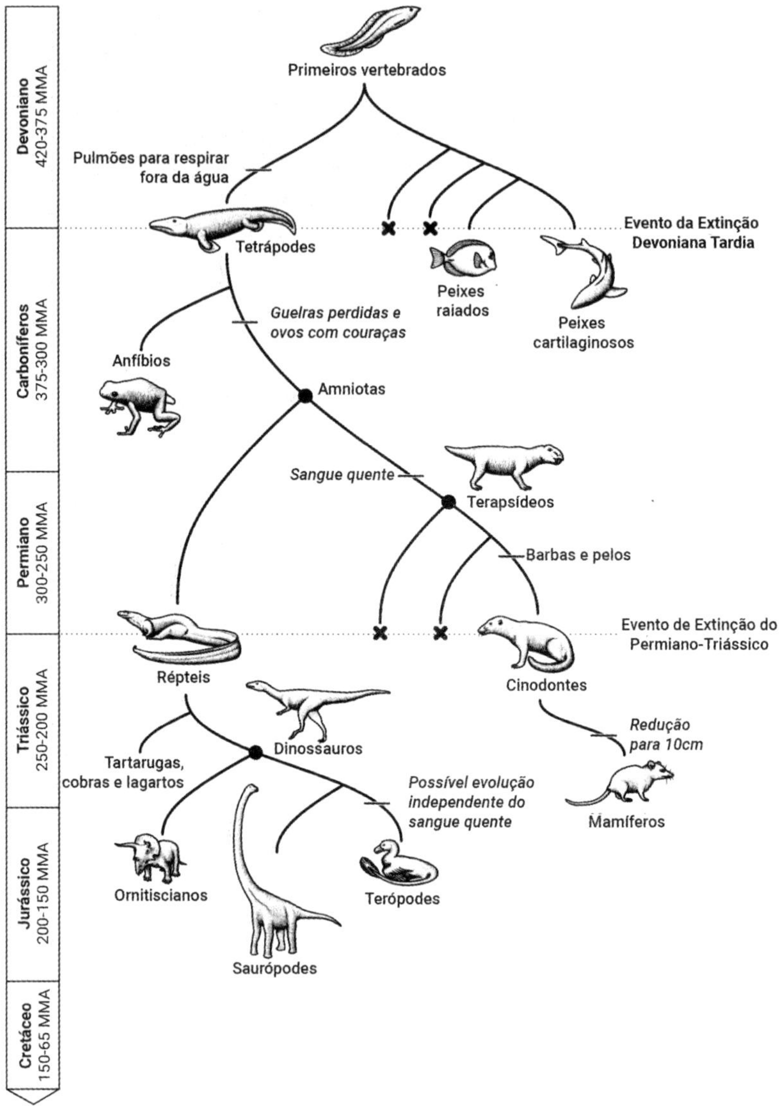

Figura 10.2: A árvore evolutiva dos primeiros vertebrados aos primeiros mamíferos. **MAA = milhões de anos atrás.**

Em algum momento nesse reinado de 100 milhões de anos dos dinossauros, como esses pequenos mamíferos sobreviveram escondidos nos recantos do mundo, eles adicionaram mais um truque de sobrevivência ao seu repertório. Desenvolveram uma nova capacidade cognitiva, a maior inovação neural desde os peixes cambrianos.

Sobrevivendo por Simulação

Esse primeiro mamífero de 10cm de comprimento, provavelmente semelhante a um rato ou esquilo hoje, não era mais forte que os dinossauros ou as aves, e com certeza era incapaz de lutar para sair de um ataque predatório. É possível que também fosse mais lento, pelo menos não mais rápido, do que um arcossauro ou um pterossauro vindo pelo céu. Mas o estilo de vida arbóreo e de escavação realmente deu aos primeiros mamíferos uma vantagem singular: eles conseguiram fazer seu *primeiro movimento*. De uma toca subterrânea ou atrás de um galho de árvore, eles olhavam ao redor, viam um pássaro distante e um inseto saboroso, e decidiam correr até ele. O dom do primeiro movimento ficou inexplorado por centenas de milhões de anos. Mas, por fim, uma inovação neural surgiu para explorá-lo: uma região do córtex se transformou, com uma série de eventos atualmente desconhecida, em uma nova região chamada *neocórtex* (*neo* para "novo").

O neocórtex dava a esse pequeno rato um superpoder, a capacidade de simular ações antes que elas ocorressem. Ele conseguia olhar por um emaranhado de galhos que ia da sua toca até um inseto saboroso. Podia ver os olhos distantes de um pássaro predador próximo. O rato simulava percorrer diferentes caminhos, simulava o pássaro perseguindo-o e os insetos pulando para longe, então escolhia o melhor caminho — o que, em sua simulação, ele ficava vivo e bem alimentado. Se os primeiros vertebrados a aprender por reforço obtiveram o poder de aprender *fazendo*, os primeiros mamíferos obtiveram o poder ainda mais impressionante de aprender *antes de fazer* — aprender imaginando.

Muitas criaturas já se encontravam em posições de fazer os primeiros movimentos — caranguejos se escondendo sob a areia e pequenos peixes circulando entre as folhas das plantas de coral. Então, por que foi apenas com os mamíferos que a simulação surgiu?

Especula-se que havia dois requisitos para a simulação se desenvolver. Primeiro, você precisa de uma visão abrangente, precisa ver muito do seu ambiente para simular caminhos proveitosos. Em terra, mesmo à noite, você pode ver até cem vezes mais longe do que pode debaixo d'água. Assim, os peixes optaram por não simular e planejar seus movimentos, mas responder rapidamente sempre que algo viesse até eles (daí o seu grande mesencéfalo e rombencéfalo, e córtex comparativamente menor).

A segunda exigência especulada é o sangue quente. Por razões que veremos nos próximos capítulos, simular ações é astronomicamente mais custoso e demorado do que os mecanismos de aprendizado por reforço no sistema de gânglios basal do córtex. A sinalização elétrica dos neurônios é altamente sensível à temperatura — em temperaturas mais baixas, os neurônios disparam muito mais lentamente do que nas mais quentes. Isso significava que um efeito colateral do sangue quente era que o cérebro dos mamíferos podia operar muito mais rápido do que o cérebro de peixes ou répteis. Isso possibilitou fazer cálculos bem mais complexos. É por isso que os répteis, apesar de sua visão de longo alcance em terra, nunca foram dotados com o dom de simular. Os únicos não mamíferos que mostraram evidências da capacidade de simular ações e planejar são as aves. E as aves são, visivelmente, a única espécie de não mamífero viva hoje que evoluiu independentemente do sangue quente.

Interior do Cérebro dos Primeiros Mamíferos

Ao longo dessa história de centenas de milhões de anos, desde o surgimento dos peixes em terra até os dinossauros, houve uma diversificação expansiva de formas, tamanhos e órgãos dos animais. Porém, havia algo surpreendentemente inalterado: o cérebro.

Dos primeiros vertebrados aos primeiros tetrápodes, aos répteis e aos terapsídeos, em grande parte o cérebro ficou preso em uma idade das trevas neural. A evolução aceitou, ou pelo menos se resignou, ao cérebro do aprendizado por reforço dos primeiros vertebrados e mudou seu foco para ajustar outras estruturas biológicas, criando mandíbulas, armaduras, pulmões, corpos mais ergonômicos, sangue quente, escamas, pele e outras modificações morfológicas. Por isso o cérebro de um peixe e de um réptil moderno, apesar de centenas de milhões de anos de separação evolutiva, é muitíssimo semelhante.*

Foi somente nos primeiros mamíferos que um indício de inovação surgiu da eternidade de estagnação neural. O córtex do peixe se dividiu em quatro estruturas separadas nos mamíferos primitivos, três sendo efetivamente as mesmas sub-regiões de antes, apenas uma, o neocórtex, poderia realmente ser considerada *nova*. O córtex ventral

*Para ser justo, existem diferenças entre o cérebro de peixes e répteis. Alguns argumentam que os amniotas evoluíram um córtex dorsal, um possível precursor do neocórtex (embora novas evidências sugiram que o córtex dorsal não existia nos amniotas iniciais).

dos primeiros vertebrados tornou-se a amígdala associativa nos mamíferos, contendo circuitos semelhantes e em grande parte com o mesmo propósito: aprender a reconhecer padrões em várias modalidades, especialmente os preditivos dos resultados de valência (por exemplo, prever que o som A conduz a coisas boas e o som B as coisas ruins). Os detectores do padrão de odor no córtex lateral dos primeiros vertebrados se tornaram o córtex olfativo nos mamíferos, funcionando da mesma maneira — detectando padrões de odor através de redes autoassociativas. O córtex medial dos primeiros vertebrados, onde os mapas espaciais foram aprendidos, tornou-se o hipocampo dos mamíferos, realizando uma função semelhante com circuitos semelhantes. Mas uma quarta região do córtex passou por uma mudança mais significativa: transformou-se no *neo*córtex, que continha circuitos completamente diferentes.

Além do surgimento do neocórtex, o cérebro dos primeiros mamíferos era basicamente o mesmo dos primeiros vertebrados. O gânglio basal integrava a informação sobre o mundo a partir do córtex olfativo, do hipocampo, da amígdala e agora também do neocórtex para aprender a agir que maximizavam a liberação de dopamina. O hipotálamo ainda disparava respostas diretas de valência e modulava outras estruturas através de neuromoduladores como a dopamina. As estruturas do mesencéfalo e do rombencéfalo também implementavam padrões de movimento reflexivo, embora agora sejam especializadas em caminhar, não em nadar.

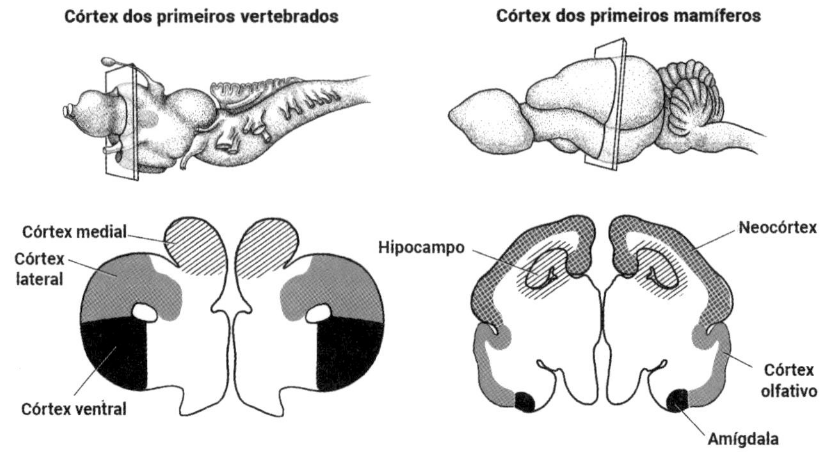

Figura 10.3: Como o córtex mudou na transição dos primeiros vertebrados para os primeiros mamíferos

O neocórtex desse mamífero primitivo era pequeno e ocupava apenas uma pequena fração do cérebro. O maior volume foi dado ao córtex olfativo (os primeiros mamíferos, como os muitos mamíferos modernos, tinham um olfato incrível). Mas apesar do pequeno tamanho do neocórtex nos primeiros mamíferos, ainda era o núcleo do qual a inteligência humana surgiria. No cérebro humano, o neocórtex ocupa 70% do volume cerebral. Nos avanços que se seguiram, essa estrutura originalmente pequena expandiria progressivamente de uma manobra inteligente para o epicentro da inteligência.

11

Modelos Generativos e o Mistério Neocortical

Ao observar o cérebro humano, quase tudo que você vê é neocórtex. O neocórtex é uma folha que tem de 2 a 4mm de espessura. Como o neocórtex ficou maior, a área de superfície dessa folha expandiu. Para caber no crânio, ela foi dobrada, do jeito como você empilharia uma toalha para caber na mala. Se desdobrasse uma folha neocortical humana, ela teria quase um $1m^2$ de área de superfície, do tamanho de uma pequena mesa.

Uma experimentação inicial chegou à conclusão de que o neocórtex não servia a uma única função, mas atendia de forma secundária uma infinidade de funções diferentes. Por exemplo, a parte de trás do neocórtex processa a entrada visual, portanto, é chamada de córtex visual.* Se você removesse o córtex visual, ficaria cego. Se você registra a atividade dos neurônios no córtex visual, eles respondem aos aspectos visuais específicos em locais específicos, como certas cores ou orientações de linha. Se estimular os neurônios dentro do córtex visual, as pessoas relatarão ver flashes de luzes.

Em uma região próxima chamada córtex auditivo, a mesma coisa ocorre com a percepção auditiva. Danos no córtex auditivo prejudicam a capacidade de perceber e compreender os sons. Se você registrar a atividade dos neurônios no córtex auditivo, verá que eles são responsivos às frequências específicas do som. Se estimular certos neurônios dentro do córtex auditivo, as pessoas relatarão ouvir ruídos.

* Note que ao se referir às regiões do neocórtex no cérebro de mamíferos, é comum retirar o prefixo *neo* — por exemplo, *córtex visual* em vez de neocórtex visual.

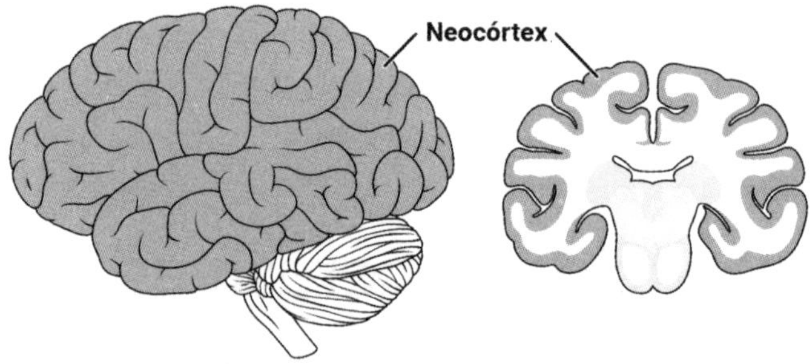

Figura 11.1: O Neocórtex humano

Existem outras regiões neocorticais para o toque, a dor e o sabor. E há outras áreas do neocórtex que parecem servir a funções ainda mais díspares, como áreas para o movimento, a linguagem e a música.

À primeira vista, isso não faz sentido. Como uma estrutura pode fazer tantas coisas diferentes?

A Ideia Maluca de Mountcastle

Em meados do século XX, o neurocientista Vernon Mountcastle foi pioneiro no que era, na época, um novo paradigma de pesquisa: registrar a atividade de neurônios individuais no neocórtex de animais acordados. Essa nova abordagem oferecia uma nova visão do funcionamento interno do cérebro conforme os animais seguiam suas vidas. Ele usou eletrodos para registrar os neurônios nos córtices somatossensoriais (a área neocortical que processa a entrada do toque) de macacos para ver quais estímulos do toque provocavam quais respostas.

Uma das primeiras observações que Mountcastle fez foi que os neurônios dentro de uma coluna vertical (cerca de 500 mícrons de diâmetro) da folha neocortical pareciam todos responder de forma semelhante aos estímulos sensoriais, já os neurônios horizontais mais distantes não. Por exemplo, uma coluna individual no córtex visual poderia conter neurônios que respondiam de forma semelhante a barras de luz em orientações específicas, em um local específico no campo visual. No entanto, os neurônios nas colunas próximas respondiam apenas a barras de luz em diferentes orientações ou locais. Essa mesma descoberta foi confirmada em múltiplas modalidades. Em ratos, há colunas de neocórtex que respondem apenas ao toque de um fio específico, com cada coluna próxima respondendo a um fio completamente diferente. No neocórtex auditivo, existem colunas individuais que são seletivas para frequências específicas de som.

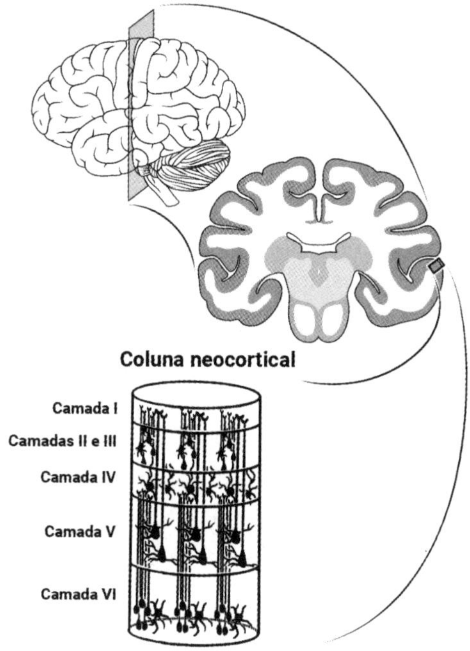

Figura 11.2: A Coluna neocortical

A segunda observação que Mountcastle fez foi que havia muitas conexões verticais em uma coluna e comparativamente menos conexões entre as colunas.

A terceira e última observação feita foi que, no microscópio, o neocórtex parecia bem idêntico em todos os lugares. Os neocórtex auditivo, somatossensorial e visual têm os mesmos tipos de neurônios organizados de forma igual. E isso acontece nas espécies de mamíferos — o neocórtex do rato, do macaco e do ser humano, todos parecem relativamente iguais em um microscópio.

Esses três fatos — atividade alinhada verticalmente, conectividade alinhada verticalmente e semelhança observada em todas as áreas do neocórtex — levaram Mountcastle a uma conclusão notável: o neocórtex era composto de um microcircuito repetido e duplicado, o que ele chamou de *coluna neocortical*. A folha cortical era apenas um monte de colunas neocorticais densamente reunidas.

Isso dava uma resposta surpreendente para a pergunta sobre como uma estrutura pode fazer tantas coisas diferentes. De acordo com Mountcastle, o neocórtex *não* faz coisas diferentes; cada coluna neocortical faz *exatamente a mesma* coisa. A única diferença entre as regiões do neocórtex é a entrada recebida e para onde elas enviam a saída; os cálculos reais do neocórtex em si são idênticos. Por exemplo, a única diferença entre o córtex visual e o córtex auditivo é que o córtex visual recebe entrada da retina e o córtex auditivo recebe do ouvido.

No ano 2000, décadas depois de Mountcastle publicar sua teoria, três neurocientistas do MIT realizaram um teste brilhante da hipótese dele. Se o neocórtex é o mesmo em todo lugar, se não há nada exclusivamente visual no córtex visual ou auditivo no córtex auditivo, então poderia se esperar que essas áreas fossem intercambiáveis. Testando em furões jovens, os cientistas cortaram a entrada dos ouvidos e religaram a entrada da retina no córtex auditivo, em vez do córtex visual. Se Mountcastle estivesse errado, os furões acabariam cegos ou com deficiência visual — a entrada pelo olho no córtex auditivo não seria processada corretamente. Se o neocórtex era realmente o mesmo em todo lugar, então o córtex auditivo recebendo a entrada visual deveria funcionar como o córtex visual.

Por incrível que pareça, os furões conseguiram ver muito bem. E quando os pesquisadores registraram a área do neocórtex que normalmente era auditiva, mas agora recebia a entrada dos olhos, descobriram que a área respondia aos estímulos visuais, assim como o córtex visual faria. Os córtices auditivos e visuais são intercambiáveis.

Isso foi reforçado por estudos com pacientes cegos congênitos cujas retinas nunca enviaram sinais ao cérebro. Nesses pacientes, o córtex visual nunca recebeu entrada dos olhos. No entanto, se você registrar a atividade dos neurônios no córtex visual de humanos cegos congênitos, descobrirá que o córtex visual não apresenta uma região funcionalmente inútil. Ao contrário, responde a uma infinidade de *outras* entradas sensoriais, como sons e toque. Isso acrescenta à ideia de que as pessoas cegas, de fato, têm uma audição superior — o córtex visual é reaproveitado para ajudar na audição. Novamente, as áreas de neocórtex parecem intercambiáveis.

Considere os pacientes de AVC. Quando esses pacientes têm danos em uma área específica do neocórtex, eles perdem imediatamente a função nessa área. Se o córtex motor é danificado, os pacientes podem ficar paralisados. Se o córtex visual é danificado, os pacientes ficam parcialmente cegos. Mas com o tempo, a função pode retornar. Em geral não é a consequência da área danificada do neocórtex se recuperando; normalmente, essa área fica morta para sempre. Ao contrário, as áreas próximas do neocórtex são reaproveitadas para cumprir as funções da área agora danificada. Isso também sugere que as áreas de neocórtex são intercambiáveis.

Para a comunidade de IA, a hipótese de Mountcastle é um presente científico como nenhum outro. O neocórtex humano é composto por mais de 10 bilhões de neurônios e trilhões de conexões; é inútil tentar decodificar os algoritmos e os cálculos realizados por um emaranhado astronomicamente maciço de neurônios. Tão inútil que muitos neurocientistas acreditam que tentar decodificar como o neocórtex funciona é em vão, algo condenado ao fracasso. Mas a teoria de Mountcastle oferece uma agenda de pesquisa mais promissora — em vez de tentar entender todo o neocórtex humano, talvez só tenhamos que entender a função do microcircuito que é repetido um milhão de vezes. Em vez de entender os trilhões de conexões em todo o neocórtex, talvez só tenhamos que entender o milhão de conexões dentro da coluna neocortical. Além disso, se a teoria de Mountcastle estiver correta, ela sugere que a coluna neocortical implementa um algoritmo que é tão geral e universal que pode ser aplicado a funções extremamente diversas, como movimento, linguagem e percepção, em toda modalidade sensorial.

Os princípios básicos desse microcircuito podem ser vistos em um microscópio. O neocórtex contém seis camadas de neurônios (diferente do córtex de três camadas visto nos primeiros vertebrados). Essas seis camadas estão conectadas de uma maneira complicada, mas muito consistente. Há um tipo específico de neurônio na camada cinco que sempre se projeta no gânglio basal, no tálamo e nas áreas motoras. Na camada quatro, há neurônios que sempre recebem entrada diretamente do tálamo. Na camada seis, há neurônios que sempre se projetam no tálamo. Não é apenas um monte de neurônios conectados aleatoriamente; o microcircuito é ligado previamente de uma maneira específica para realizar algum cálculo específico.

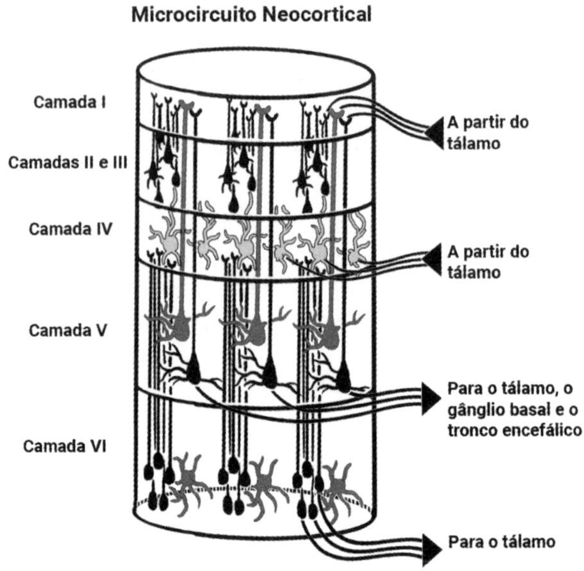

Figura 11.3: Microcircuito da coluna neocortical

Claro, a questão é: Qual cálculo?

Propriedades Peculiares da Percepção

No século XIX, o estudo científico da percepção humana começou com força total. Cientistas do mundo inteiro começaram a sondar a mente. Como funciona a visão? E a audição?

A investigação sobre a percepção começou com o uso de ilusões; manipulando as percepções visuais das pessoas, os cientistas descobriram três propriedades peculiares. E como grande parte da percepção, pelo menos nos humanos, ocorre no neocórtex, essas propriedades nos ensinam sobre como o neocórtex funciona.

Propriedade 1: Preenchimento

A primeira coisa que ficou clara para os cientistas do século XIX foi que a mente humana preenche de forma automática e inconsciente as coisas que faltam. Considere as imagens na Figura 11.4. Você percebe imediatamente a palavra *editor*. Mas não é isso que seu olho está realmente vendo — a maioria das linhas das letras está faltando. Nas outras imagens também, sua mente percebe algo que não está lá: um triângulo, uma esfera e uma barra com algo enrolado nela.

Esse preenchimento não é uma propriedade exclusiva da visão; é visto na maioria das nossas modalidades sensoriais. É assim que você consegue entender o que alguém diz em uma conexão telefônica distorcida e consegue identificar um objeto pelo toque, mesmo com os olhos fechados.

Figura 11.4: Propriedade da percepção — preenchimento

Propriedade 2: Um por Vez

Se a sua mente preenche o que pensa que existe com base em evidências sensoriais, o que acontece se há várias maneiras de preencher o que você vê? Todas as três imagens na Figura 11.5 são exemplos de ilusões visuais concebidas em 1800 para investigar essa questão. Cada uma pode ser interpretada de duas maneiras diferentes. No lado esquerdo da Figura 11.5, você pode vê-la como uma escada, mas também como uma saliência vista *debaixo* de uma escada.* No meio da Figura 11.5, o cubo pode ser aquele em que o quadrado inferior direito é a frente ou o quadrado superior esquerdo é a frente. À direita da Figura 11.5, a imagem pode ser um coelho ou um pato.

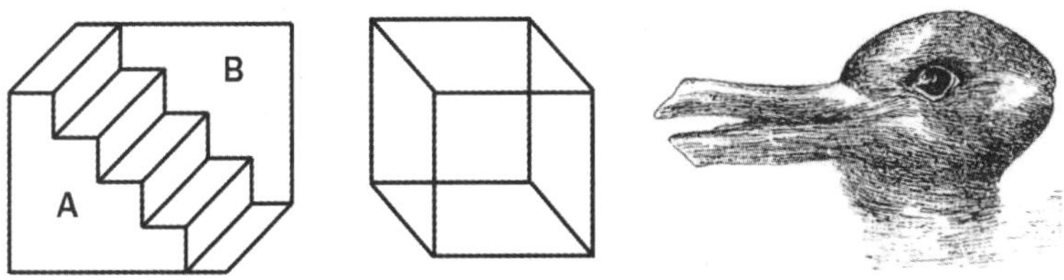

Figura 11.5: Propriedade da percepção — um por vez

* Se você não vê isso, olhe para a escada e, mantendo o olhar, gire a página 180º.

O interessante em todas essas imagens ambíguas é que seu cérebro pode ver apenas uma interpretação por vez. Você não pode ver um pato e um coelho simultaneamente, mesmo que a evidência sensorial seja igualmente sugestiva de ambos. Os mecanismos da percepção no cérebro, por algum motivo, exigem que ele escolha apenas uma.

Isso também se aplica à audição. Considere o "efeito coquetel". Se você estiver em um coquetel barulhento, poderá sintonizar a conversa da pessoa com quem está falando ou a conversa de um grupo próximo. Mas não pode ouvir as duas conversas ao mesmo tempo. Não importa com qual conversa você sintonize, a entrada auditiva em seu ouvido é idêntica; a única diferença é o que seu cérebro infere dessa entrada. Você pode perceber apenas uma única conversa por vez.

Propriedade 3: Não Deixo de Ver

O que acontece quando a evidência sensorial é *vaga*, quando não está claro que pode ser interpretada como algo significativo? Considere a imagem na Figura 11.6. Se você não a viu antes, não parecerá com nada, apenas manchas. Se eu lhe der uma interpretação razoável dessas manchas, de repente, sua percepção mudará.

A Figura 11.6 pode ser interpretada como um sapo (veja a próxima página se não vir isso). Assim que sua mente perceber essa interpretação, você nunca deixará de ver. Isso é o que pode ser chamado de propriedade da percepção para "não deixo de ver". Sua mente gosta de ter uma interpretação que explica a entrada sensorial. Uma vez que eu lhe dou uma boa explicação, sua mente fica com ela. Você agora percebe um sapo.

Figura 11.6: Propriedade da percepção — não deixo de ver

No século XIX, um físico e médico alemão chamado Hermann von Helmholtz propôs uma nova teoria para explicar as propriedades da percepção. Ele sugeriu que uma pessoa não percebe o que é vivenciado; em vez disso, ela percebe o que o cérebro *pensa* que existe, um processo que Helmholtz chamou de *inferência*. Dito de outra forma: você não percebe o que realmente vê, percebe uma realidade simulada que *inferiu* a partir do que você vê.

Essa ideia explica todas as três propriedades peculiares da percepção. Seu cérebro preenche as partes faltantes dos objetos porque está tentando decifrar a verdade que sua visão *sugere* ("Existe realmente uma esfera lá?"). Você pode ver apenas uma coisa por vez porque seu cérebro deve escolher uma única realidade para simular — na verdade, o animal não pode ser um coelho e um pato. E uma vez que você vê que uma imagem é mais bem explicada como um sapo, seu cérebro fica com essa realidade ao observá-la.

Embora muitos psicólogos cheguem a concordar, em princípio, com a teoria de Helmholtz, levaria mais um século para que alguém propusesse como a percepção de Helmholtz por inferência poderia realmente funcionar.

Modelos Generativos: Reconhecendo por Simulação

Na década de 1990, Geoffrey Hinton e alguns de seus alunos (incluindo o mesmo Peter Dayan que ajudou a descobrir que as respostas à dopamina são sinais de aprendizado por diferença temporal) focaram a construção de um sistema de IA que aprendia como Helmholtz sugeriu.

Analisamos no Capítulo 7 como a maioria das redes neurais modernas é treinada com supervisão: uma imagem é dada a uma rede (por exemplo, a imagem de um cão) junto com a resposta correta (por exemplo, "Isto é um cão") e as conexões na rede são ajustadas na direção certa para obter a resposta correta. É improvável que o cérebro reconheça objetos e padrões usando a supervisão assim. O cérebro deve reconhecer de alguma forma os aspectos do mundo *sem* que lhe seja dada a resposta certa; ele deve fazer um aprendizado *não supervisionado.*

Uma classe de métodos de aprendizado não supervisionado são as redes autoassociativas, como as que teorizamos surgir no córtex dos primeiros vertebrados. Com base em correlações nos padrões de entrada, essas redes agrupam padrões comuns de entrada em conjuntos de neurônios, oferecendo um modo para os padrões sobrepostos serem reconhecidos como distintos e os padrões com interferências e obstruídos serem concluídos.

Mas Helmholtz sugeriu que a percepção humana fazia algo mais. Ele sugeriu que, em vez de simplesmente agrupar os padrões de entrada com base em suas correlações, a percepção humana podia otimizar a precisão com a qual a *realidade simulada* interna prevê a entrada sensorial externa atual.

Em 1995, Hinton e Dayan criaram uma prova conceitual para a ideia de percepção por inferência de Helmholtz; eles a chamaram de máquina de Helmholtz. Essa máquina era, em princípio, similar a outras redes neurais; recebia entradas que iam de uma extremidade à outra. Mas diferente das outras redes neurais, ela também tinha conexões inversas que fluíam *no sentido oposto*, do fim para o início.

Hinton testou essa rede com imagens de números escritos à mão entre 0 e 9. A imagem de um número escrito à mão pode ser dada na parte inferior da rede (um neurônio para cada pixel), que subirá e ativará um conjunto aleatório de neurônios no topo. Esses neurônios ativados no topo podem então descer e ativar um conjunto de neurônios na parte inferior para produzir uma imagem própria. O aprendizado foi planejado para que a rede se estabilize em um estado no qual a entrada que sobe na rede é recriada com precisão quando desce de volta.

No início, haverá grandes discrepâncias entre os valores nos neurônios da imagem entrando e o resultado saindo. Hinton planejou essa rede para aprender com dois modos separados: modo de reconhecimento e modo generativo. Quando em *modo de reconhecimento*, a informação *sobe* na rede (iniciando em uma imagem de entrada 7 para alguns neurônios no topo) e o peso para trás é ajustado para fazer os neurônios ativados no topo da rede reproduzir melhor os dados sensoriais de entrada (fazer um bom 7 simulado). Por outro lado, quando em *modo generativo*, a informação *desce* na rede (iniciando no objetivo de produzir uma imagem imaginada do 7) e o peso para frente é ajustado para que os neurônios ativados na parte inferior da rede sejam corretamente reconhecidos no topo ("Reconheço o que acabei de fazer um 7").

Em nenhum lugar essa rede recebeu a resposta certa; nunca foi informado quais propriedades compõem o número 2 ou mesmo quais imagens eram os números 2 ou 7, ou qualquer outro número. Os únicos dados que a rede teve de aprender eram imagens de números. Claro, a questão era: Funcionaria? Essa alternância entre reconhecimento e geração permitiria que a rede reconhecesse os números escritos à mão e gerasse suas próprias imagens exclusivas de números escritos à mão sem nunca ter recebido a resposta certa?

Pode acreditar, ela conseguiu; aprendeu sozinha. Quando esses dois processos alternam, a rede se estabiliza por mágica. Quando você lhe der a imagem do número 7, na maior parte ela será capaz de criar uma imagem semelhante ao 7 na direção oposta. Se você lhe der a imagem de um 8, ela conseguirá gerar de novo a imagem de entrada de um 8.

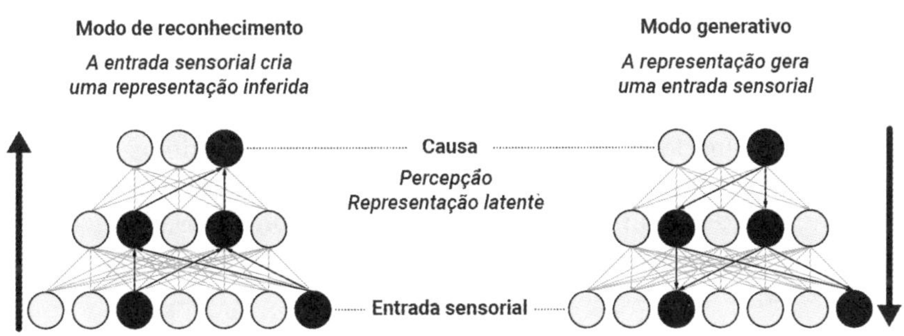

Figura 11.7: Máquina de Helmholtz

Isso pode não parecer muito impressionante. Você deu a uma rede a imagem de um número e ela gerou a imagem desse mesmo número. E daí? Há três atributos dessa rede que são inovadores. Primeiro, o topo dessa rede agora "reconhece" de forma confiável as letras escritas à mão e imperfeitas sem qualquer supervisão. Em segundo lugar, generaliza muitíssimo bem; ela consegue dizer que duas imagens feitas à mão e diferentes dos números 7 são um 7 — elas ativarão um conjunto semelhante de neurônios no topo da rede. Terceiro, e mais importante, essa rede agora pode *gerar novas imagens* de números escritos à mão. Ao manipular neurônios no topo da rede, você pode criar muitos números 7 ou 4 escritos à mão, ou qualquer número aprendido. Essa rede aprendeu a *reconhecer gerando* seus próprios dados.

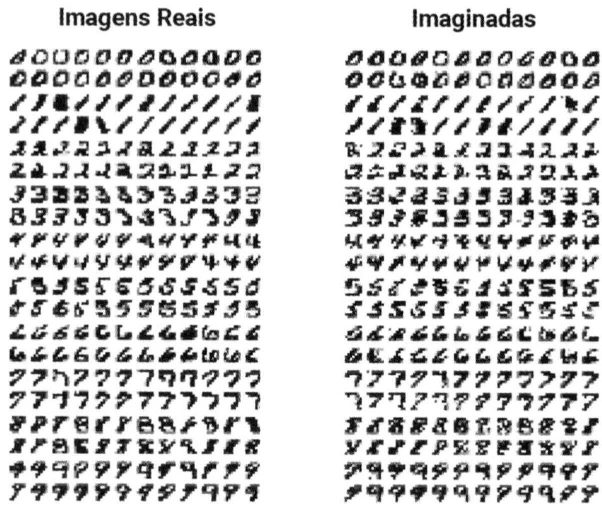

Figura 11.8

A máquina de Helmholtz foi uma primeira prova do conceito de uma classe de modelos muito mais ampla chamada modelos generativos. A maioria dos modelos generativos modernos é mais complexa do que a máquina de Helmholtz, mas compartilha a propriedade essencial de que aprendem a reconhecer coisas no mundo *gerando* seus próprios dados e comparando os dados gerados com os dados reais.

Se você não está impressionado com a geração de pequenos números escritos à mão e pixelados, considere até onde esses modelos generativos chegaram desde 1995. Quando este livro for impresso, haverá um site ativo chamado thispersondoesnotexist.com [conteúdo em inglês]. Toda vez que você atualizar a página, verá a imagem de uma pessoa diferente. A realidade é mais chocante: toda vez que você recarrega a página, um modelo generativo cria um rosto completamente novo, nunca antes visto, inventado. Os rostos que você vê *não existem*.

Figura 11.9: StyleGAN2 do site thispersondoesnotexist.com

O incrível sobre esses modelos generativos é que eles aprendem a capturar as características essenciais da entrada que são dadas sem qualquer supervisão. A capacidade de gerar rostos realistas e novos requer que o modelo entenda a essência do que constitui um rosto e as muitas formas como ele pode variar. Assim como ativar vários neurônios no topo da máquina de Helmholtz pode gerar imagens de diferentes números feitos à mão, se você ativar vários neurônios no topo desse modelo generativo de rostos, poderá controlar quais tipos de rosto ele gera. Se você alterar o valor de um conjunto de neurônios, a rede produzirá o mesmo rosto, mas girado. Se mudar o valor de um conjunto diferente de neurônios, adicionará barba, mudará a idade ou a cor do cabelo (veja a Figura 11.10).

Embora a maioria dos avanços de IA ocorridos no início dos anos 2000 envolvesse aplicações de modelos de aprendizado supervisionado, muitos dos avanços recentes têm sido aplicações de modelos generativos. Deepfakes, arte gerada por IA e modelos de linguagem como o GPT-3 são exemplos de modelos generativos em ação.

Helmholtz sugeriu que grande parte da percepção humana é um processo de inferência, um processo de usar um modelo generativo para combinar uma simulação interna do mundo com a evidência sensorial apresentada. O sucesso dos modelos generativos modernos fundamenta sua ideia; esses modelos revelam que algo assim pode funcionar, pelo menos a princípio. Acontece que há muitas evidências de que o microcircuito neocortical está implementando tal modelo generativo.

Figura 11.10: Alterando imagens mudando as representações latentes nos modelos generativos

A evidência disso é vista nas ilusões visuais do preenchimento, um por vez, não deixo de ver; a evidência é vista na conexão do neocórtex em si, que foi mostrado como tendo muitas propriedades consistentes com um modelo generativo; e a evidência é vista na surpreendente simetria — a ligação incontestável — entre percepção e *imaginação* que é encontrada nos modelos generativos e no neocórtex. Na verdade, o neocórtex como modelo generativo explica mais do que apenas as ilusões visuais, como também por que os seres humanos sucumbem a alucinações, por que sonhamos e dormimos, e até mesmo o funcionamento interno da própria imaginação.

Alucinações, Sonhos e Imaginação: O Neocórtex como um Modelo Generativo

Pessoas cujos olhos param de enviar sinais para o neocórtex, devido a danos no nervo ótico ou na retina, geralmente têm algo chamado síndrome de Charles Bonnet. Você pensaria que quando os olhos estão desconectados do cérebro, a pessoa não veria mais. Mas é o oposto — por vários meses depois de ficarem cegas, as pessoas começam a enxergar *demais*. Elas começam a alucinar. Esse fenômeno é consistente com um modelo generativo: cortar a entrada sensorial no neocórtex o torna instável. A pessoa fica presa em um processo generativo flutuante no qual cenas visuais são simuladas sem se limitarem à entrada sensorial real, e assim a pessoa alucina.

Alguns neurocientistas se referem à percepção, mesmo quando funcionando corretamente, como uma "alucinação restrita". Sem entrada sensorial, essa alucinação se torna *ir*restrita. Em nosso exemplo da máquina de Helmholtz, é como ativar aleatoriamente neurônios no topo da rede e produzir imagens alucinadas de números sem nunca fundamentar essas alucinações na entrada sensorial real.

A ideia de percepção como uma alucinação restrita é, claro, exatamente o que Helmholtz quis dizer com inferência e exatamente o que um modelo generativo faz. Combinamos nossa alucinação interna da realidade com os dados sensoriais que estamos vendo. Quando os dados visuais sugerem que há um triângulo em uma imagem (mesmo não havendo realmente um triângulo lá), alucinamos um triângulo, daí o efeito de preenchimento.

Os modelos generativos também podem explicar por que sonhamos e precisamos dormir. A maioria dos animais dorme e tem inúmeros benefícios, como economizar energia; mas só mamíferos e aves mostram evidências inequívocas de *sonhar*, medidas pela presença do sono REM. E são apenas mamíferos e aves que exibem alucinações e percepção desordenada se privados de sono. De fato, as aves parecem ter evoluído independentemente sua própria estrutura de neocórtex.

O neocórtex (e aparentemente o equivalente nas aves) está sempre em um equilíbrio instável entre reconhecimento e geração; durante nossa vida em vigília, os seres humanos passam uma quantidade desequilibrada de tempo reconhecendo e comparativamente menos tempo gerando. Talvez os sonhos sejam uma compensação, uma forma de estabilizar o modelo generativo com um processo de geração forçada. Se ficarmos privados de sono, esse desequilíbrio de reconhecimento em excesso e geração insuficiente acaba se tornando tão severo que o modelo generativo no neocórtex se torna instável. Assim, os mamíferos começam a alucinar, o reconhecimento fica distorcido e a diferença entre geração e reconhecimento desaparece. Por conveniência, Hinton até chamou o algoritmo de aprendizado para treinar sua máquina de Helmholtz de "algoritmo wake/sleep". A etapa de reconhecimento era quando o modelo estava "acordado" (wake); a etapa da geração, quando o modelo estava "dormindo" (sleep).

Muitos aspectos da imaginação nos mamíferos são consistentes com o que esperaríamos de um modelo generativo. É fácil, até natural, que os seres humanos imaginem coisas que não estão vivenciando agora. Você pode imaginar o jantar da noite passada ou o que fará mais tarde hoje. O que você está fazendo quando está imaginando alguma coisa? É apenas o seu neocórtex em modo de geração. Você está evocando uma realidade simulada em seu neocórtex.

O aspecto mais óbvio da imaginação é que você não pode imaginar coisas e reconhecer coisas simultaneamente. Não consegue ler um livro e se imaginar tomando café da manhã ao mesmo tempo — o processo de imaginar está inerentemente em desacordo com o processo de experimentar dados sensoriais reais. Na verdade, você pode dizer quando alguém está imaginando algo olhando em suas pupilas; quando as pessoas imaginam coisas, suas pupilas dilatam à medida que seu cérebro para de processar os dados visuais reais. Elas ficam pseudocegas. Como em um modelo generativo, geração e reconhecimento não podem ser desempenhados simultaneamente.

E mais, se você registrar os neurônios neocorticais que ficam ativos durante o reconhecimento (digamos, os neurônios que respondem a rostos ou casas), esses *exatos neurônios* ficam ativos quando você simplesmente imagina a mesma coisa. Quando você imagina mover certas partes do corpo, a mesma área ativa como se estivesse realmente movendo essas partes. Quando você imagina certas formas, as mesmas áreas do córtex visual são ativadas como quando vê essas formas. Na verdade, isso é tão consistente que os neurocientistas conseguem decodificar o que as pessoas estão imaginando simplesmente registrando sua atividade neocortical (e como evidência de que o sonho e a imaginação são o mesmo processo geral, os cientistas também podem decodificar com precisão os sonhos das pessoas registrando seu cérebro). Pessoas com danos neocorticais que prejudicam certos dados do sensor (como ser incapaz de reconhecer objetos no lado esquerdo do campo visual) ficam igualmente prejudicadas ao simplesmente *imaginar* os aspectos desses mesmos dados sensoriais (se esforçam até para imaginar coisas no campo visual esquerdo).

Nada disso é um resultado óbvio. A imaginação poderia ser executada por um sistema separado do reconhecimento. Mas no neocórtex, não é assim — é executada na mesma área exata. É precisamente o que esperaríamos de um modelo generativo: percepção e imaginação não são sistemas separados, mas dois lados da mesma moeda.

Prevendo Tudo

Uma maneira de ver o modelo generativo no neocórtex é que ele renderiza uma simulação do ambiente para que possa prever as coisas antes que elas aconteçam. O neocórtex compara continuamente os dados sensoriais reais com os dados previstos por sua simulação. É assim que você consegue identificar de imediato qualquer coisa surpreendente que ocorre em volta.

Conforme você anda pela rua, não presta atenção na sensação de seus pés. Mas a cada movimento feito, o neocórtex prevê passivamente o resultado sensorial esperado. Se você descesse o pé esquerdo e não sentisse o chão, olharia imediatamente para ver se estava prestes a cair em um buraco. Seu neocórtex faz uma simulação de você andando e se a simulação é consistente com os dados do sensor, você não percebe, mas se previsões dele estão erradas, você nota.

O cérebro faz previsões desde os primeiros bilaterianos, mas ao longo do tempo evolutivo, essas previsões ficaram mais sofisticadas. Os primeiros bilaterianos conseguiram aprender que a ativação de um neurônio costumava preceder a ativação de um outro neurônio e poderia, desse modo, usar o primeiro neurônio para *prever* o segundo. Era a forma mais simples de predição. Os primeiros vertebrados conseguiam usar padrões no mundo para prever recompensas futuras. Era uma forma mais sofisticada de previsão. Os primeiros mamíferos, com neocórtex, aprenderam a prever mais do que apenas a ativação de reflexos ou recompensas futuras; aprenderam a prever *tudo*.

O neocórtex parece estar em um estado contínuo de predição de todos os seus dados sensoriais. Se os circuitos reflexos são as máquinas de reflexo/predição e o crítico no gânglio basal é uma máquina de recompensa/predição, então o neocórtex é uma máquina de predição do *mundo* projetada para reconstruir o mundo tridimensional inteiro em torno de um animal para prever exatamente o que acontecerá em seguida conforme os animais e as coisas se movem em seu ambiente.

De alguma forma, o microcircuito neocortical implementa um sistema tão geral que pode renderizar uma simulação de muitos tipos de entrada. Forneça uma entrada visual e ele aprenderá a renderizar uma simulação dos aspectos visuais do mundo; forneça uma entrada auditiva e ele aprenderá a renderizar uma simulação de aspectos auditivos do mundo. É por isso que o neocórtex parece igual em todo lugar. Diferentes sub-regiões do neocórtex simulam diferentes aspectos do mundo externo com base na entrada recebida. Reúna todas essas colunas neocorticais e elas fazem uma sinfonia de simulações que renderizam um mundo tridimensional repleto de objetos que podem ser vistos, tocados e ouvidos.

Como o neocórtex faz isso ainda é um mistério. Pelo menos uma possibilidade é que ele seja conectado previamente para fazer várias suposições inteligentes. Os modelos modernos de IA costumam ser vistos como limitados, ou seja, eles conseguem trabalhar em um conjunto restrito de situações para as quais são treinados especificamente. O cérebro humano é considerado geral, ele é capaz de trabalhar em um amplo conjunto de situações. Portanto, a agenda de pesquisa tenta tornar a IA mais geral. Porém, podemos fazer ao contrário. Uma das razões pelas quais o neocórtex é tão bom no que faz pode ser que, de certa forma, é bem *menos* geral do que nossas redes neurais artificiais atuais. O neocórtex pode fazer suposições explícitas e limitadas sobre o mundo, e podem ser exatamente essas suposições que permitem que ele seja tão geral.

A Evolução da Predição

PREDIÇÃO NOS PRIMEIROS BILATERIANOS	PREDIÇÃO NOS PRIMEIROS VERTEBRADOS	PREDIÇÃO NOS PRIMEIROS MAMÍFEROS
Prever ativação do reflexo	Prever recompensas futuras	Prever todos os dados sensoriais
Circuitos do reflexo	Córtex e gânglio basal	Neocórtex

Por exemplo, o neocórtex pode ser conectado previamente para *supor* que os dados do sensor de entrada, visuais, auditivos ou somatossensoriais, representam objetos tridimensionais que existem separadamente de nós mesmos e podem se mover por conta própria. Portanto, não precisa aprender sobre espaço, tempo e a diferença entre o eu e os outros. Em vez disso, ele tenta explicar todas as informações sensoriais recebidas *presumindo* que ela deve derivar de um mundo em 3D que se desdobra ao longo do tempo.

Isto dá uma ideia sobre o que Helmholtz queria dizer com inferência — o modelo generativo no neocórtex tenta *inferir* as causas de sua entrada sensorial. As *causas* são apenas o mundo em 3D interno simulado que o neocórtex acredita que melhor corresponde à entrada sensorial que foi dada. É também por isso que se diz que os modelos generativos tentam *explicar* sua entrada — as tentativas do neocórtex de renderizar um estado do mundo que poderia produzir a imagem que você está vendo (por exemplo, se um sapo estivesse na imagem, isso "explicaria" por que as sombras são de tal jeito).

Mas por que é assim? Qual o motivo de renderizar uma simulação interna do mundo externo? Qual valor o neocórtex oferecia a esses antigos mamíferos?

Há muitos debates em andamento sobre o que falta nos sistemas modernos de IA e o que será necessário para que esses sistemas tenham inteligência no nível humano. Alguns acreditam que as peças que faltam são a linguagem e a lógica. Mas outros, como Yann LeCun, chefe de IA da Meta, acreditam que é algo diferente, mais primitivo, algo que se desenvolveu muito antes. Nas palavras de LeCun:

> Nós, humanos, damos demasiada importância à linguagem e aos símbolos como substrato da inteligência. Primatas, cães, gatos, corvos, papagaios, polvos e muitos outros animais não têm linguagens humanas, mas exibem um comportamento inteligente além dos nossos melhores sistemas de IA. O que eles têm é a capacidade de aprender poderosos "modelos do mundo" que lhes permitem prever as consequências de suas ações, buscar e planejar ações para alcançar um objetivo. É a capacidade de aprender esses modelos que falta nos sistemas de IA atuais.

A simulação renderizada nos neocórtices dos mamíferos (e talvez em estruturas semelhantes a de aves ou até polvos) é exatamente o "modelo de mundo" que falta. A razão pela qual o neocórtex é tão poderoso não é só que ele consegue combinar sua simulação interna com evidências sensoriais (percepção por inferência de Helmholtz), o mais importante é que sua simulação pode ser explorada independentemente. Se você tem um modelo interno rico o suficiente do mundo externo, pode explorar esse mundo em sua mente e prever as consequências de ações que você nunca tomou. Sim, seu neocórtex permite que você abra os olhos e reconheça a cadeira à sua frente, mas também permite que os feche e ainda veja essa cadeira com a visão mental. Você pode girar e modificar a cadeira em sua mente, mudar suas cores, mudar seu material. É quando a simulação em seu neocórtex fica *dissociada* do mundo externo real em volta — quando imagina coisas que não estão lá — que seu poder se torna mais evidente.

Este foi o presente que o neocórtex deu aos primeiros mamíferos. A imaginação, a capacidade de renderizar possibilidades futuras e reviver eventos passados, foi o terceiro avanço na evolução da inteligência humana. Dela surgiram muitas características familiares da inteligência, algumas das quais recriamos e superamos nos sistemas de IA, outras ainda estão além do nosso alcance. Mas todas evoluíram no minúsculo cérebro dos primeiros mamíferos.

Nos próximos capítulos, aprenderemos como o neocórtex permitiu que os primeiros mamíferos realizassem proezas como planejamento, memória episódica e raciocínio causal. Aprenderemos como esses artifícios foram reaproveitados para permitir habilidades motoras finas. Aprenderemos como o neocórtex implementa a atenção, a memória operacional e o autocontrole. Veremos que é no neocórtex dos primeiros mamíferos que encontraremos muitos dos segredos da inteligência humana, aqueles que faltam até mesmo em nossos sistemas de IA mais inteligentes.

12

Ratos no Imaginário

O surgimento do neocórtex foi um divisor de águas na história evolutiva da inteligência humana. A função original do neocórtex certamente não era tão ampla quanto suas aplicações modernas — não era para ponderar a natureza da existência, planejar carreiras nem escrever poesia. Em vez disso, o primeiro neocórtex presenteou os primeiros mamíferos com algo mais fundamental: a capacidade de imaginar o mundo como ele não é.

A maioria das pesquisas sobre neocórtex se concentrou em sua impressionante capacidade de reconhecer objetos: ver a imagem de um rosto e identificá-lo facilmente em muitas escalas, translações e rotações. No contexto dos primeiros modelos generativos, o modo generativo (o processo de simulação) é muitas vezes visto como o *meio* para alcançar o benefício do reconhecimento, ou seja, o reconhecimento é útil; a imaginação é um subproduto. Mas o córtex que veio antes do *neo*córtex também podia reconhecer muito bem os objetos; até os peixes podem reconhecer objetos quando girados, redimensionados ou deslocados.

A função evolutiva central do neocórtex pode ter sido o oposto — o reconhecimento pode ter sido o meio que desbloqueou o benefício adaptativo da *simulação*. Isso sugeriria que a função evolutiva original do neocórtex não era reconhecer o mundo, uma habilidade que o córtex do vertebrado mais antigo já tinha, mas imaginar e simular o mundo, uma habilidade que faltava no córtex mais antigo.

Havia três novas habilidades que a simulação neocortical forneceu aos primeiros mamíferos, todas essenciais para sobreviver ao ataque predatório de 150 milhões de anos de dinossauros com dentes afiados.

Nova Habilidade 1: Tentativa e Erro Indiretos

Na década de 1930, o psicólogo Edward Tolman, trabalhando na UC Berkeley, colocava ratos em labirintos para ver como eles aprendiam. Um trabalho normal de psicologia na época — era a geração que se seguiu a Thorndike. O paradigma de pesquisa da lei de efeito de Thorndike, em que os animais repetiam comportamentos que tinham consequências agradáveis, estava em pleno vigor.

Tolman notou algo estranho. Quando os ratos chegavam nas bifurcações dos labirintos, onde a escolha não era óbvia, onde não estava claro se deveriam ir para a esquerda ou para a direita, eles paravam olhando para trás e para frente por alguns segundos antes de escolher uma direção. Isso não fazia sentido na visão padrão thorndikiana de que todo aprendizado ocorria por tentativa e erro: por que o comportamento de parar movendo a cabeça para frente e para trás fora reforçado?

Tolman tinha uma suposição: o rato estava "encenando" cada opção antes de decidir. Ele chamou isso de "tentativa e erro *indiretos*".

Os ratos tinham o comportamento de mover a cabeça apenas quando as decisões eram difíceis. Uma maneira de tomar decisões difíceis é quando os custos são próximos dos benefícios. Suponha que você coloque um rato em um túnel onde ele passa por várias portas, cada uma levando à comida. E suponha que quando os ratos passam por essas portas, um som específico é feito sinalizando quanto tempo ele terá que esperar por comida se escolher passar pela porta. Um som sinaliza que os ratos terão que esperar apenas alguns segundos; outro som sinaliza que terão que esperar até meio minuto. Assim que os ratos aprendem como isso funciona, eles não movem a cabeça nas portas com um pequeno atraso (apenas correm logo para obter a comida, provavelmente pensando, *Obviamente vale a pena a espera*) ou nas portas com um longo atraso (simplesmente passam logo pela porta: *Não vale a pena esperar, verei na porta ao lado*). Mas eles *têm* o comportamento de mover a cabeça nas portas com um atraso médio (*vale a pena esperar* ou *devo tentar a próxima opção?*).

Outra maneira de tomar decisões difíceis é mudar as regras. Se de repente a comida não está mais onde um rato espera no labirinto, na próxima vez que ele for colocado no labirinto, aumentará substancialmente seu comportamento de mover a cabeça, parecendo considerar caminhos alternativos. Da mesma forma, suponha que um rato entre em um labirinto com dois tipos de comida e suponha que recentemente o rato comeu muito de um dos tipos (portanto, não quer mais esse alimento), então o comportamento de mover a cabeça aparece (*Quero virar à esquerda para obter X em vez de virar à direita e obter Y?*).

Claro, o fato de que você pode observar um rato parar e virar a cabeça para frente e para trás não prova que ele está, de fato, imaginando seguir caminhos diferentes. E devido a essa falta de evidências, a ideia de tentativa e erro indiretos desapareceu nas décadas que se seguiram à observação de Tolman. Foi só recentemente, nos anos 2000, que a tecnologia chegou ao ponto em que os conjuntos de neurônios no cérebro de um rato puderam ser registrados em tempo real enquanto eles circulavam em seu ambiente. Foi a primeira vez que neurocientistas puderam literalmente assistir o que acontecia no cérebro dos ratos quando eles faziam uma pausa e moviam a cabeça para frente e para trás.

Foi David Redish e seu aluno Adam Johnson, neurocientistas da Universidade de Minnesota, que primeiro investigaram o que acontecia no cérebro dos ratos durante essas escolhas. Na época, sabia-se que quando um rato andava em um labirinto, células de locais específicos em seu hipocampo eram ativadas. Isso era similar ao mapa espacial de um peixe — neurônios específicos do hipocampo codificam locais específicos. Em um peixe, esses neurônios ficavam ativos somente quando o peixe estava fisicamente presente no local codificado, mas quando Redish e Johnson registraram esses neurônios em ratos, eles encontraram algo diferente: quando o rato parava no ponto de decisão e virava a cabeça para frente e para trás, seu hipocampo deixava de codificar a localização real, em vez disso, indo para frente e para trás rapidamente encenando a sequência de códigos do lugar que compunham os dois possíveis caminhos futuros a partir do ponto de escolha. Redish podia literalmente ver o rato imaginando os próximos caminhos.

O quanto isso foi inovador não pode ser ignorado — os neurocientistas estavam olhando diretamente para o cérebro de um rato e observando-o no mesmo instante considerar futuras alternativas. Tolman estava certo: o comportamento de mover a cabeça que ele observou era, de fato, os ratos planejando suas futuras ações.

Em oposição, os primeiros vertebrados não planejavam suas ações com antecedência. Podemos ver isso examinando seus descendentes de sangue frio — peixes e répteis modernos — que não mostram evidências do aprendizado por tentativa e erro indiretos.

Considere a tarefa de desvio. Pegue um peixe e coloque-o em um tanque com uma barreira transparente no meio dele. Coloque um pequeno buraco em um canto da barreira para que o peixe possa ir de um lado para o outro. Deixe o peixe explorar o tanque, encontrar o buraco e passar um tempo nadando de um lado para o outro. Depois de vários dias, faça algo novo: coloque o peixe de um lado do tanque e um petisco no lado oposto da barreira transparente. O que acontece?

A coisa inteligente a fazer, se você quisesse comida, seria *se afastar* imediatamente do petisco até o canto da barreira, passar pela abertura, em seguida, voltar para pegar a comida do outro lado. Mas não é o que o peixe faz. O peixe vai direto para a barreira transparente tentando pegar a comida. Depois de bater contra a parede muitas vezes, ele desiste e continua se movendo pelo ambiente. Por fim, passeando pelo ambiente, o peixe passa novamente pelo buraco, mas mesmo assim não mostra entendimento de que agora pode acessar a comida; o peixe não se volta para a comida. Ao contrário, ele continua em frente até o outro lado do tanque. Somente quando retorna e vê a comida novamente é que dispara em direção a ela. Na verdade, um peixe que teve muitas experiências circulando entre os lados da barreira leva o mesmo tempo para encontrar o alimento que um peixe que nunca experimentou chegar ao outro lado da barreira.

Por que isso? Passando pelo buraco para chegar ao outro lado do tanque antes, o peixe nunca aprendeu que o caminho pelo buraco fornecia dopamina. O aprendizado por tentativa e erro nunca condicionou o gânglio basal do peixe que, ao ver a comida através da barreira transparente, deveria nadar pelo buraco para pegá-la.

É um problema crítico de aprender apenas fazendo: embora o peixe tenha aprendido o caminho pelo buraco, ele nunca pegou esse caminho para obter comida antes. Então, quando viu comida, tudo o que podia fazer era gerar um sinal de "aproximação" direto até a comida. Os ratos, no entanto, são muito mais sábios. Em tais tarefas de desvio, eles superam em muito os peixes. Tanto os ratos quanto os peixes inicialmente correm até a barreira transparente para tentar pegar a comida. Mas os ratos são *muito* melhores em descobrir como contornar uma barreira. E um rato que explorou bem um mapa, que sabe como chegar ao outro lado de uma barreira transparente (mesmo que isso nunca tenha sido recompensado), chegará ao outro lado muito mais rápido do que um que nunca se moveu pela barreira antes. Isso revela um dos benefícios da tentativa e erro *indiretos*: uma vez que um rato tem um modelo do ambiente, ele é rápido ao explorá-lo mentalmente até encontrar uma maneira de contornar os obstáculos para conseguir o que deseja.

Outro problema com a mais antiga estratégia de aprender fazendo é que, às vezes, as recompensas anteriores não são preditivas das recompensas atuais porque o estado interno de um animal mudou. Por exemplo, coloque um rato em um labirinto onde um lado fornece comida excessivamente salgada e o outro lado fornece comida normal. Deixe o rato circular pelo labirinto normalmente e experimentar a comida excessivamente salgada (que ele irá odiar e depois evitar) e a comida normal (da qual gostará). Agora suponha que você coloque o rato de volta nessa situação, mas com uma mudança: você o priva severamente de sal. O que o rato faz?

Ele corre *imediatamente* para o sal. Isso é notável porque o rato agora está correndo em direção a uma parte do labirinto que antes fora *negativamente* reforçada. Isso só é possível porque o rato "simulou" cada caminho e percebeu, indiretamente, que a comida com excesso de sal agora seria muitíssimo gratificante. Em outras palavras, o caminho para o sal foi reforçado *indiretamente* antes mesmo de o rato agir. Desconheço quaisquer estudos que demonstrem que peixes ou répteis podem desempenhar tal tarefa.

Nova Habilidade 2: Aprendizado Contrafactual

Os seres humanos passam uma quantidade angustiante de tempo se arrependendo. Perguntas que você pode ouvir de uma conversa comum: "Como seria a vida se eu tivesse dito sim quando Ramirez disse para jogar tudo para o alto e nos mudar para o Chile para trabalhar em sua fazenda?", "E se eu tivesse seguido meu sonho e insistindo no beisebol em vez desse trabalho burocrático?", "Por que eu disse aquela coisa estúpida no trabalho hoje? O que teria acontecido se tivesse dito algo mais inteligente?"

Budistas e psicólogos também percebem que ruminar sobre o que poderia ter sido é uma fonte de grande sofrimento para a humanidade. Não podemos mudar o passado, então por que nos torturar com ele? As raízes evolutivas disso remontam aos primeiros mamíferos. No mundo antigo, e em grande parte do mundo que se seguiu, tal ruminação era útil porque muitas vezes a mesma situação *se repetiria* e uma escolha melhor podia ser feita.

O tipo de aprendizado por reforço que vimos nos primeiros vertebrados tem uma falha: só pode reforçar a ação específica *realmente* empregada. O problema dessa estratégia é que os caminhos que foram realmente adotados são um pequeno subconjunto de todos os caminhos possíveis que *poderiam ter* sido escolhidos. Quais são as chances de que a primeira tentativa de um animal escolheu o melhor caminho?

Se um peixe nada no raso para caçar invertebrados e sai com um, e um peixe próximo pegou um caminho diferente e saiu com quatro, o primeiro peixe não aprenderá com esse erro, apenas reforçará o caminho tomado com a recompensa medíocre. O que falta neles é a capacidade de *aprender com os contrafactuais.* Contrafactual é o que o mundo seria agora se você tivesse feito uma escolha diferente no passado.

David Redish, descobriu que os ratos podem imaginar futuros alternativos, queria ver se eles também podiam imaginar escolhas alternativas do passado. Redish e um dos seus alunos, Adam Steiner, colocaram ratos em um labirinto circular que eles chamaram de "fila do restaurante". Os ratos corriam no sentido anti-horário e continuavam passando pelos mesmos quatro corredores. No final de cada corredor havia um "restaurante" diferente, com um sabor diferente de comida (chocolate, cereja, banana). Conforme o rato passava por cada corredor, tocava um som aleatório que sinalizava o atraso antes que a comida fosse liberada se o rato esperasse no corredor em vez de continuar para o próximo. O som A significava que se o rato esperasse no corredor presente, ele obteria a comida dentro de 45 segundos; o som B significava que obteria a comida em 5 segundos. Se um rato escolhesse não esperar, assim que chegasse ao próximo corredor, ele não poderia mais voltar; a comida não seria liberada a menos que percorresse todo o círculo novamente. Isso dava aos ratos um conjunto contínuo de escolhas *irreversíveis.* Os ratos tiveram uma hora para continuar tentando obter o máximo que pudessem de seus alimentos favoritos.

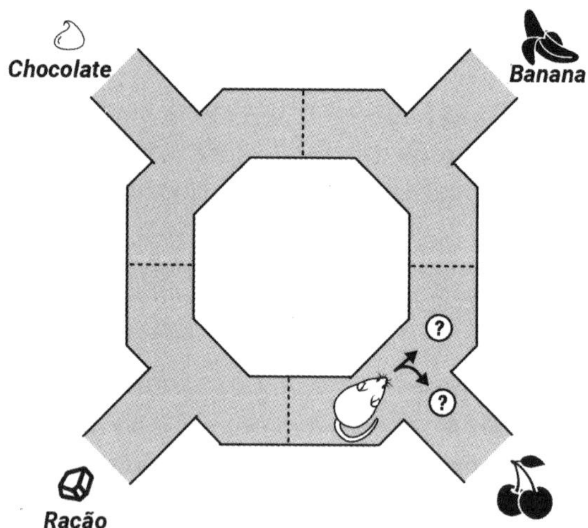

Figura 12.1: Teste de arrependimento da fila do restaurante de Redish em ratos

Considere a escolha apresentada aos ratos em determinado corredor: *Eu espero aqui por uma banana medíocre que o som apenas sinalizou que seria liberada em 5 segundos ou corro para a próxima porta, que contém minha comida favorita, cereja, e arrisco que também será liberada rapidamente?* Quando os ratos optaram por renunciar ao acesso rápido a um petisco de banana para tentar a porta com cereja e o próximo som sinalizou uma *longa* espera de 45 segundos, os ratos deram todos os sinais de arrependimento de sua escolha. Eles pararam e *olharam para trás* no corredor que tinham passado e não podiam mais voltar. E os neurônios na área gustativa do neocórtex reativaram a representação da banana, mostrando que os ratos estavam literalmente imaginando um mundo onde tinham feito uma escolha diferente e conseguiam comer a banana.

Os ratos que voltavam atrás e reativavam a representação da escolha perdida também acabaram mudando suas escolhas futuras. Eles esperaram mais na vez seguinte e comeram outros alimentos com mais pressa, tentaram fazer a volta no labirinto até a cereja para tentar de novo.

Os primatas também raciocinam sobre os contrafactuais. Considere um experimento em que macacos foram ensinados a jogar "pedra, papel e tesoura". Sempre que os macacos perdiam, seu próximo movimento tendia para o movimento que *teria* vencido no jogo anterior. Se um macaco perdia porque escolheu papel enquanto seu oponente escolheu tesoura, da próxima vez é mais provável que ele escolha pedra (que teria vencido a tesoura). Isto não pode ser explicado com o aprendizado por diferença temporal dos primeiros vertebrados. De acordo com a estrutura evolutiva apresentada aqui, se um peixe pudesse jogar "pedra, papel, tesoura", não mostraria esse efeito. Se um peixe perder depois de jogar papel contra tesoura, ele ficará menos propenso a jogar papel na próxima vez (essa ação foi punida porque levou à perda), mas o peixe seria *igualmente propenso* a jogar pedra ou tesoura na próxima vez (nenhuma ação foi punida ou reforçada). Por outro lado, como um macaco pode reproduzir o que *poderia ter sido* depois de perder jogando papel, ele perceberá que se *tivesse* jogado pedra, teria vencido. Assim, os macacos mudam suas ações com base no aprendizado contrafactual.

A percepção da causalidade pode estar intrinsecamente ligada à noção de aprendizado contrafactual. O que queremos dizer quando afirmamos que "X causou Y" é que no caso contrafactual em que X não ocorreu, então Y também não. É assim que desvendamos a diferença entre correlação e causalidade. Se você visse um raio atingir uma floresta seca e um incêndio começar imediatamente, diria que foi o raio que *causou* o fogo, não o fogo que causou o raio. Você diz isso porque quando imagina o caso contrafactual em que o raio não atingiu a floresta, o fogo não apareceu. Sem contrafactuais, não há como diferenciar causalidade e correlação. Você nunca pode saber o que causou o quê; você pode saber apenas que "X sempre acontece antes de Y", "Sempre que X acontece, Y acontece" ou "Y nunca aconteceu sem X acontecer" etc.

O aprendizado contrafactual representou um grande avanço na forma como o cérebro dos antepassados resolvia o problema da atribuição de crédito. Para lembrar, o problema da atribuição de crédito é o seguinte: quando ocorre algum evento importante que você deseja prever com antecedência, como escolhe quais ações ou eventos anteriores dão crédito por terem sido preditivos do evento? Em termos simples: muitas coisas acontecem (um pássaro gorjeia, uma rajada de vento acontece, uma folha se move e um raio cai), então o fogo aparece — a que você dá crédito por ser um bom preditor de fogo? Nos primeiros bilaterianos, truques simples como bloqueio, inibição latente e ofuscação orientam a lógica com a qual predições e associações simples eram feitas. Nos primeiros vertebrados, a evolução do aprendizado por diferença temporal permitiu que o gânglio basal atribuísse crédito utilizando alterações na recompensa prevista futura; quando o crítico *pensa* que a situação só ficou melhor ou pior é quando pistas ou ações recebem crédito. Mas nos primeiros mamíferos, com sua capacidade de simular passados alternativos, o crédito também poderia ser atribuído com o contrafactual. Ao perguntar "Eu teria perdido o jogo se não tivesse feito esse movimento?", os mamíferos podem determinar se um movimento realmente merece crédito por ganhar o jogo.

A própria causalidade pode estar mais na psicologia do que na física. Não há um experimento que possa provar em definitivo a presença da causalidade; ela é inteiramente imensurável. Experimentos controlados que realizamos podem sugerir causalidade, mas sempre ficam aquém da prova porque você pode, de fato, nunca realizar um experimento perfeitamente controlado. A causalidade, mesmo que real, está sempre empiricamente fora de alcance. Na verdade, experimentos modernos no campo da mecânica quântica sugerem que a causalidade pode nem existir, pelo menos não em todos os lugares. As leis da física podem conter regras de como os aspectos da realidade progridem de um intervalo de tempo para o outro sem relações causais reais entre as coisas. Em última análise, se a causalidade é real ou não, a evolução da nossa percepção intuitiva da causalidade não deriva da sua realidade, mas da sua utilidade. A causalidade é construída pelo cérebro para nos permitir aprender indiretamente com as escolhas alternativas do passado.

A Evolução da Atribuição de Crédito

ATRIBUIÇÃO DE CRÉDITO NOS PRIMEIROS BILATERIANOS	ATRIBUIÇÃO DE CRÉDITO NOS PRIMEIROS VERTEBRADOS	ATRIBUIÇÃO DE CRÉDITO NOS PRIMEIROS MAMÍFEROS
Crédito atribuído com base nas regras de bloqueio, inibição latente e ofuscação	Crédito atribuído com base em quando o crítico prevê mudanças nas recompensas futuras	Crédito atribuído com base no contrafactual — quais eventos ou ações anteriores, se não tivessem ocorrido, teriam impedido a ocorrência do evento subsequente (ou seja, o que realmente causou o evento?)

Embora tal aprendizado contrafactual e raciocínio causal sejam de fato vistos em muitos mamíferos, até em ratos, não há evidências convincentes de que peixes ou répteis sejam capazes de aprender com contrafactuais ou raciocínios sobre causalidade (no entanto, há evidências desse tipo de raciocínio em aves). Isso sugere que, pelo menos em nossa linhagem, essa habilidade surgiu pela primeira vez em nossos antepassados mamíferos.

Nova Habilidade 3: Memória Episódica

Em setembro de 1953, um homem de 27 anos chamado Henry Molaison foi submetido a um procedimento experimental que removeu todo o seu hipocampo, a fonte de suas convulsões debilitantes. A cirurgia foi, em certo sentido, um sucesso: a gravidade das convulsões foi muitíssimo reduzida e ele manteve sua personalidade e intelecto. Mas os médicos rapidamente descobriram que a cirurgia havia privado seu paciente de algo precioso: ao acordar, Molaison era totalmente incapaz de produzir novas memórias. Ele podia manter uma conversa por um minuto ou dois, mas logo depois esquecia tudo o que tinha acabado de acontecer. Mesmo 40 anos depois, ele podia fazer palavras cruzadas com fatos de antes de 1953, mas não com fatos que ocorreram depois. Molaison ficou preso em 1953.

Não examinamos o passado apenas com o propósito de considerar escolhas passadas alternativas, também para lembrar eventos anteriores. As pessoas podem facilmente lembrar o que fizeram há cinco minutos, em que se formaram na faculdade ou daquela piada engraçada feita durante um discurso de casamento. Essa forma de memória, na qual recordamos episódios específicos de nossas vidas, é chamada de "memória episódica". Isso é diferente, digamos, da memória processual, com a qual nos lembramos de como fazer vários movimentos: falar, digitar ou jogar beisebol.

Mas veja que estranho: não nos lembramos realmente dos eventos episódicos. O processo de recordação episódica é o de simular uma recriação aproximada do passado. Ao imaginar eventos futuros, você está simulando uma realidade *futura*; ao lembrar eventos passados, você está simulando uma realidade *passada*. Ambos são simulações.

Sabemos disso com base em duas evidências. Primeira, lembrar de eventos passados e imaginar eventos futuros usam circuitos neurais semelhantes, se não os mesmos. As mesmas redes são ativadas quando você está imaginando o futuro e está lembrando o passado. Lembrar coisas específicas (rostos, casas) reativa os mesmos neurônios no neocórtex sensorial, assim como quando você realmente percebe essas coisas (como vimos ao imaginar coisas).

A segunda evidência de que a memória episódica é apenas uma simulação vem de fenômenos associados a tais memórias. Por exemplo, acontece que as memórias episódicas das pessoas são "preenchidas" durante o processo de lembrança (muito parecido com o preenchimento das formas visuais). Por isso as memórias episódicas parecem tão reais, mas são muito menos precisas do que pensamos. As demonstrações mais claras das falhas da memória episódica estão nos testemunhos oculares. Alguém olhando uma fila de criminosos em potencial geralmente tem 100% de certeza de qual pessoa na lista cometeu o crime. No entanto, contrariamente às nossas percepções de quão precisas são nossas memórias, foi demonstrado que o testemunho ocular é terrível: 77% dos indivíduos condenados injustamente e libertados pelo Projeto Inocência nos EUA foram originalmente condenados por causa de um testemunho ocular equivocado. A distinção entre uma cena imaginada e uma memória episódica real é fina no neocórtex; estudos mostram que imaginar repetidamente um evento passado que não ocorreu aumenta falsamente a confiança de uma pessoa de que ele *ocorreu*.

Pode-se testar a presença da memória episódica em animais fazendo perguntas *inesperadas* sobre eventos recentes. Por exemplo, um rato pode aprender que, quando apresentado a determinado labirinto, ele encontrará comida em um caminho se, e somente se, encontrou comida nos minutos anteriores; do contrário, ele deve seguir um caminho diferente para obter comida. O fato de que essa pergunta é feita aleatoriamente (apresentando aleatoriamente ao rato esse labirinto) dificulta ver como os mecanismos do aprendizado por DT dos primeiros vertebrados aprenderiam essa contingência; o labirinto é igual em cada direção. No entanto, os ratos aprendem facilmente, quando colocados nesse labirinto, a lembrar se recentemente encontraram comida, em seguida, escolhem o caminho correspondente correto para obter mais comida. Os únicos não mamíferos que demonstraram ter tal memória episódica são aves e cefalópodes, os dois grupos de espécies que parecem ter evoluído independentemente suas próprias estruturas cerebrais para fazer simulações.

Após a cirurgia de Molaison, ele se tornou o paciente de neurociência mais estudado da história: por que o hipocampo era necessário para criar novas memórias episódicas, mas não para recuperar as antigas? Esse é um exemplo de evolução reaproveitando estruturas antigas para novos propósitos. No cérebro dos mamíferos, a memória episódica surge de uma parceria entre o hipocampo mais antigo e o neocórtex mais recente. O hipocampo pode aprender rapidamente padrões, mas não pode fazer uma simulação do mundo; o neocórtex pode simular aspectos detalhados do mundo, mas não pode aprender novos padrões rapidamente. As memórias episódicas devem ser armazenadas rápido, portanto, o hipocampo, designado para o rápido reconhecimento de padrões de lugares, foi reaproveitado para também ajudar na codificação rápida das memórias episódicas. As ativações neurais distribuídas do neocórtex sensorial (isto é, simulações) podem ser "recuperadas" reativando o padrão correspondente no hipocampo. Assim como os ratos reativaram as células do local no hipocampo para simular diferentes caminhos, eles podem reativar esses "códigos de memória" no hipocampo para apresentar de novo simulações de eventos recentes.

APRENDIZADO POR REFORÇO **SEM MODELO**	APRENDIZADO POR REFORÇO **COM MODELO**
Aprende associações diretas entre um estado presente e as melhores ações	Aprende um modelo de como as ações afetam o mundo e usa isso para simular diferentes ações antes de escolher
Decisões mais rápidas, porém menos flexíveis	Decisões mais lentas, porém mais flexíveis
Surgiu nos primeiros vertebrados	Surgiu nos primeiros mamíferos
O neocórtex não é requerido	O neocórtex é requerido
Exemplo: habitualmente trabalha apenas respondendo a cada sugestão (semáforo, ponto de referência) conforme ela aparece	Exemplo: considera diferentes maneiras de começar a trabalhar e escolhe o que você levou lá o mais rápido em sua mente

Essa dinâmica forneceu uma nova solução para o problema do esquecimento catastrófico, em que as redes neurais esquecem padrões antigos quando aprendem novos. Ao recuperar e reproduzir memórias recentes ao lado de memórias antigas, o hipocampo ajuda o neocórtex a incorporar novas memórias sem prejudicar as antigas. Na IA, esse processo é chamado de "reprodução generativa" ou "reprodução de experiência", e tem se mostrado uma solução eficaz para o esquecimento catastrófico. É por isso que o hipocampo é necessário para criar novas memórias, mas não para recuperar as antigas; o neocórtex pode recuperar memórias por conta própria após uma quantidade suficiente de reprodução.

Toda essa simulação de futuros e passados tem uma analogia maior no aprendizado de máquina. O tipo de aprendizagem por reforço — aprendizado por diferença temporal — que vimos com o avanço 2 é uma forma de aprendizagem por reforço *sem modelo*. Neste tipo de aprendizado, os sistemas de IA aprendem fazendo associações *diretas* entre estímulos, ações e recompensas. Esses sistemas são chamados de "sem modelo" porque não exigem um modelo para executar possíveis ações futuras antes de tomar uma decisão. Embora isso torne os sistemas de aprendizado por DT eficientes, também os torna menos flexíveis.

Existe outra categoria de aprendizado por reforço chamada aprendizado por reforço *com modelo*. Esses sistemas devem aprender algo mais complicado: um modelo de como suas ações afetam o mundo. Uma vez que tal modelo é construído, os sistemas então realizam sequências de ações possíveis antes de fazer escolhas. Esses sistemas são mais flexíveis, mas são sobrecarregados com a difícil tarefa de construir e explorar um modelo de mundo interior ao tomar decisões.

A maioria dos modelos de aprendizado por reforço empregados na tecnologia moderna é sem modelo. Os famosos algoritmos que dominaram vários jogos da Atari e muitos algoritmos de carros autônomos são sem modelo. Tais sistemas não param e consideram suas escolhas; eles agem imediatamente em resposta aos dados sensoriais que lhes são fornecidos.

O aprendizado por reforço com modelo provou ser mais difícil de implementar por dois motivos.

Primeiro, construir um modelo do mundo é difícil, o mundo é complexo e as informações que obtemos sobre ele têm ruído e são incompletas. É o modelo de mundo com partes ausentes de LeCun que o neocórtex de alguma forma renderiza. Sem um modelo do mundo, é impossível simular ações e prever suas consequências.

A segunda razão pela qual o aprendizado por reforço com modelo é difícil é que *escolher o que simular* é complicado. No mesmo artigo em que Marvin Minsky identificou o problema da atribuição de crédito temporal como um impedimento à inteligência artificial, ele também identificou o que chamou de "problema da busca": na maioria das situações do mundo real, é impossível pesquisar todas as opções possíveis. Considere o xadrez. Construir um modelo do jogo de xadrez é relativamente banal (as regras são determinísticas, você conhece todas as peças, todos os seus movimentos e quadrados do tabuleiro). Mas no xadrez, não é possível pesquisar todos os movimentos futuros possíveis; a árvore de possibilidades no xadrez tem mais caminhos ramificados do que átomos no Universo. Então o problema não é apenas construir um modelo interno do mundo externo, mas também descobrir como explorá-lo.

Claro, de alguma forma, o cérebro dos primeiros mamíferos resolveu o problema da busca. Vejamos como.

13

Aprendizado por Reforço com Modelo

Após o sucesso do TD-Gammon, as pessoas tentaram aplicar o aprendizado por diferença temporal de Sutton (um tipo de aprendizado por reforço sem modelo) a jogos de tabuleiro mais complexos, como o xadrez. Os resultados foram uma decepção.

Embora abordagens sem modelo como o aprendizado por diferença temporal possam se sair bem em gamão e certos videogames, eles não funcionam bem em jogos mais complexos como o xadrez. O problema é que, em situações complexas, o aprendizado sem modelo, que não contém planejamento ou execução de possibilidades no futuro, não é bom para encontrar movimentos que não parecem ótimos agora, mas que o preparam bem para o futuro.

Em 2017, o Google DeepMind lançou um sistema de IA chamado AlphaZero que alcançou um desempenho sobre-humano não apenas no jogo de xadrez, mas também no Go, vencendo o campeão mundial Lee Sedol. Go é um antigo jogo de tabuleiro chinês ainda mais complexo do que o xadrez; há trilhões e trilhões de posições possíveis no tabuleiro Go comparando com o xadrez.

Como o AlphaZero alcançou um desempenho sobre-humano no Go e no xadrez? Como teve sucesso onde o aprendizado por diferença temporal não conseguiu? A principal diferença foi que o AlphaZero *simulava possibilidades futuras*. Como o TD-Gammon, o AlphaZero era um sistema de aprendizado por reforço, suas estratégias não eram programadas com regras especializadas, mas aprendidas por tentativa e erro. Mas, *diferente* do TD-Gammon, o AlphaZero era um algoritmo de aprendizado por reforço com modelo; o AlphaZero procurava possíveis movimentos futuros antes de decidir o que fazer em seguida.

Figura 13.1: Jogo Go

Depois que seu oponente fazia um movimento, o AlphaZero parava, considerava os movimentos, em seguida, fazia milhares de simulações de como o jogo inteiro poderia seguir, segundo os movimentos selecionados. Depois de executar um conjunto de simulações, o AlphaZero podia ver que ganhou 35 dos 40 jogos imaginados quando fez o movimento A, 39 dos 40 jogos imaginados quando fez o movimento B e assim por diante para muitos outros possíveis movimentos seguintes. Então o AlphaZero podia escolher o movimento que tinha ganhado a maior proporção de jogos imaginados.

Fazer isso, claro, tem o problema da busca; mesmo com os supercomputadores do Google, levaria bem mais de 1 milhão de anos para simular todos os possíveis movimentos futuros de uma posição arbitrária no tabuleiro Go. No entanto, o AlphaZero fazia essas simulações em meio segundo. Como? Ele não simulava os trilhões de possibilidades no futuro, apenas *mil* futuros. Em outras palavras, ele *priorizava.*

Existem muitos algoritmos para decidir como priorizar quais ramificações procurar em uma grande árvore de possibilidades. O Google Maps usa esse algoritmo quando procura a rota ideal do ponto A ao ponto B. Mas a estratégia de busca usada pelo AlphaZero era diferente e oferecia uma visão única de como o cérebro real pode funcionar.

Já vimos que no aprendizado por diferença temporal um ator aprende a prever o melhor próximo passo com base em um palpite sobre a posição no tabuleiro, fazendo isso sem qualquer planejamento. O AlphaZero simplesmente expandiu essa arquitetura. Em vez de escolher o movimento único que seu ator acreditava ser o melhor em seguida, ele escolhia vários movimentos principais que o ator acreditava ser os melhores. Em vez de apenas presumir que o ator estava correto (o que nem sempre acontecia), o AlphaZero usava a busca para *verificar* os palpites do ator. O AlphaZero estava realmente dizendo ao ator: "Certo, se você acha que o movimento A é o melhor, vejamos como o jogo seria se fizéssemos o movimento A." E ele também explorava outros palpites, considerando o segundo e terceiro melhores movimentos que o ator sugeria (dizendo ao ator: "Certo, mas se você não fizesse o movimento A, qual seria seu melhor palpite seguinte? Talvez o movimento B seja ainda melhor do que pensa").

A sofisticação está no fato de que o AlphaZero era, em certo sentido, apenas uma elaboração inteligente sobre o aprendizado por diferença temporal de Sutton, não uma reinvenção dele. Ele usava a busca não para considerar logicamente todas as possibilidades futuras (algo que é impossível na maioria das situações), mas simplesmente verificar e expandir os palpites que um sistema de ator/crítico já estava produzindo. Veremos que essa abordagem, em princípio, pode ter paralelos com a forma como os mamíferos realizam o problema da busca.

Embora o Go seja um dos jogos de tabuleiro mais complexos, ainda é muito mais simples do que a tarefa de simular futuros ao se mover no mundo real. Primeiro, as ações em Go são *separadas* (a partir de determinada posição do tabuleiro, há apenas cerca de duzentos movimentos subsequentes possíveis), mas no mundo real as ações são *contínuas* (há um número infinito de corpos e caminhos de navegação possíveis). Em segundo lugar, a informação sobre o mundo em Go é determinística e completa, já no mundo real tem ruído e é incompleta. E terceiro, as recompensas no Go são simples (você ganha ou perde o jogo), mas no mundo real, os animais têm necessidades concorrentes que mudam com o tempo. E assim, embora o AlphaZero tenha sido um grande avanço, os sistemas de IA ainda estão longe de fazer planejamento em ambientes com um espaço contínuo de ações, informações incompletas sobre o mundo e recompensas complexas.

No entanto, a vantagem mais crítica do planejamento no cérebro dos mamíferos sobre os sistemas modernos de IA como o AlphaZero não é a sua capacidade de planejar com espaços de ação contínuos, informações incompletas, recompensas complexas, mas simplesmente a capacidade do cérebro dos mamíferos de mudar de forma flexível sua abordagem de planejamento, dependendo da situação. O AlphaZero, que se aplicava apenas a jogos de tabuleiro, empregou a mesma estratégia de busca a cada movimento. Mas no mundo real, situações diferentes requerem estratégias diferentes. É improvável que o brilhantismo da simulação no cérebro dos mamíferos seja um algoritmo de busca especial ainda a ser descoberto; é mais provável que seja a flexibilidade com que o cérebro emprega as diferentes estratégias. Às vezes, paramos para simular nossas opções, outras vezes não simulamos as coisas e simplesmente agimos por instinto (de alguma forma, o cérebro decide com inteligência quando fazer cada um). Às vezes paramos para considerar possibilidades no futuro, mas outras paramos para simular um evento passado ou escolhas passadas alternativas (de alguma forma, o cérebro seleciona quando fazer cada um). Às vezes, imaginamos planos cheios de detalhes, reproduzindo cada tarefa secundária detalhada individual e outras, renderizamos apenas a ideia geral do plano (de alguma forma, o cérebro seleciona com inteligência a granularidade correta de nossa simulação). Como nosso cérebro faz isso?

Córtex Pré-frontal e Controle da Simulação Interna

Na década de 1980, um neurocientista chamado Antonio Damasio visitou uma de suas pacientes, conhecida como "L", que sofreu um derrame. L ficava deitada na cama com os olhos abertos e uma expressão vazia no rosto. Ficava imóvel e sem palavras, mas não estava paralisada. Às vezes, levantava o cobertor para se cobrir com uma destreza motora perfeita e fina; ela olhava para um objeto em movimento e podia reconhecer claramente quando alguém falava seu nome. Mas não fazia nem dizia nada. Ao olhar nos olhos dela, as pessoas diziam que parecia que "ela estava lá, mas não estava".

As vítimas de acidente vascular encefálico (AVE — também conhecido como acidente vascular cerebral, ou AVC) com danos no neocórtex visual, somatossensorial ou auditivo sofrem de deficiências de percepção (como cegueira ou surdez). Mas L não mostrava nenhum desses sintomas; seu derrame ocorreu em uma região específica do neocórtex *pré-frontal*. L tinha desenvolvido mutismo acinético — uma condição trágica e bizarra causada por danos em certas regiões do córtex pré-frontal em que as pessoas são capazes de se mover e entender as coisas muito bem, mas não se movem, falam nem se importam com nada.

Depois de seis meses, como em muitos pacientes com AVC, L começou a se recuperar enquanto outras áreas de seu neocórtex se remapeavam para compensar a área danificada. Quando L começou lentamente a falar de novo, Damasio perguntou sobre sua experiência ao longo dos 6 meses anteriores. Embora L tivesse pouca memória disso, ela se lembrava dos dias antes de começar a falar. Ela descreveu a experiência como não falar porque não tinha nada a dizer. A paciente alegou que sua mente estava completamente "vazia" e que nada "importava". L disse que era totalmente capaz de acompanhar as conversas ao redor, mas "não sentia vontade de responder". Parece que L tinha perdido todo o *interesse*.

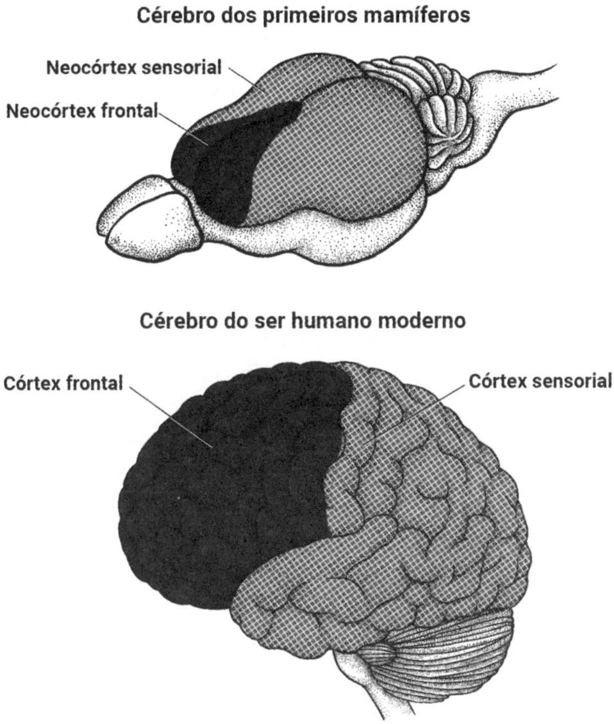

Figura 13.2

O neocórtex de todos os mamíferos pode ser separado em duas metades. A metade de trás é o neocórtex sensorial, contendo áreas visuais, auditivas e somatossensoriais. Tudo no neocórtex que examinamos no Capítulo 11 era sobre o neocórtex sensorial, é onde uma simulação do mundo externo é renderizada, combinando sua simulação com os dados sensoriais recebidos (percepção por inferência) ou simulando realidades alternativas (imaginação). Mas o neocórtex sensorial era apenas metade do quebra-cabeça de como o neocórtex funciona. O neocórtex dos primeiros mamíferos, assim como o dos ratos e dos humanos modernos, tinha outro componente, localizado na metade da frente: o neocórtex *frontal*.

O neocórtex frontal de um cérebro humano contém três sub-regiões principais: córtex motor, córtex pré-frontal granular (gPFC) e córtex pré-frontal agranular (aPFC). As palavras *granular* e *agranular* diferenciam as partes do córtex pré-frontal com base na presença de células granulares, que são encontradas na camada quatro do neocórtex. No córtex pré-frontal *granular*, o neocórtex contém as seis camadas normais de neurônios. No entanto, no córtex pré-frontal *agranular*, a quarta camada do neocórtex (na qual as células granulares se encontram) está estranhamente ausente.* Assim, as partes do córtex pré-frontal *faltantes* na camada quatro são chamadas de córtex pré-frontal agranular (aPFC) e as partes do córtex pré-frontal que *contêm* uma camada quatro são chamadas de córtex pré-frontal granular (gPFC). Ainda não se sabe por que, exatamente, algumas áreas do córtex frontal não têm uma camada inteira de neocórtex, mas veremos algumas possibilidades nos próximos capítulos.

O córtex pré-frontal granular evoluiu muito mais tarde nos primeiros primatas, e aprenderemos tudo sobre isso no avanço 4. O córtex motor evoluiu após os primeiros mamíferos, mas antes dos primeiros primatas (aprenderemos sobre o córtex motor no próximo capítulo). Mas o córtex pré-frontal agranular (aPFC) é a mais antiga das regiões frontais e evoluiu nos primeiros mamíferos. O aPFC foi danificado na paciente L de Damasio. O aPFC é tão antigo e fundamental para o bom funcionamento do neocórtex que, quando danificado, L ficou privada de algo central do que significa ser humano ou, mais especificamente, o que significa ser um *mamífero*.

Nos primeiros mamíferos, todo o córtex frontal era o córtex pré-frontal agranular. Todos os mamíferos modernos contêm um córtex pré-frontal agranular herdado dos primeiros mamíferos. Para entender o mutismo acinético de L e como os mamíferos decidem quando e o que simular, devemos primeiro voltar o relógio evolutivo e explorar a função do aPFC no cérebro dos primeiros mamíferos.

Parece que nos primeiros mamíferos, o neocórtex sensorial era onde as simulações eram *apresentadas* e o neocórtex frontal era onde as simulações eram *controladas* — é o neocórtex frontal que decidia *quando* e *o que* imaginar. Um rato com um neocórtex frontal danificado perde a capacidade de disparar simulações; ele não se envolve mais na tentativa e erro indiretos, na memória episódica ou no aprendizado

* Note que o córtex motor também não tem a camada quatro, mas não é considerado córtex *pré*-frontal.

contrafactual. Isso prejudica os ratos de muitas maneiras. Eles ficam piores na resolução de desafios de navegação espacial que requerem um pré-planejamento, como quando são colocados em locais de partida completamente novos em um labirinto. Os ratos fazem escolhas menos ativas, muitas vezes tomando os caminhos mais fáceis, mesmo que eles ofereçam bem menos recompensas, como se os ratos fossem incapazes de parar, refazer cada opção e perceber que o esforço vale a pena. E sem memória episódica, eles não conseguem lembrar internamente antigas memórias de pistas perigosas e, assim, são mais propensos a repetir os erros do passado.

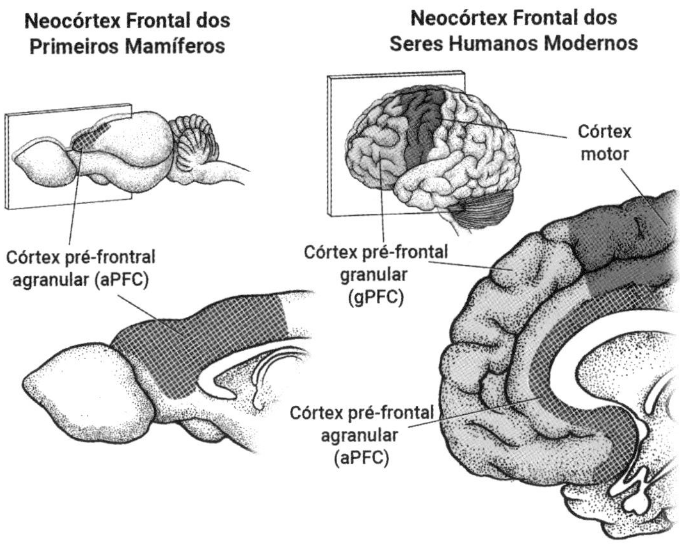

Figura 13.3: Regiões frontais dos primeiros mamíferos e dos seres humanos modernos

Mesmo os ratos com apenas danos frontais parciais que mantêm alguma capacidade de disparar essas simulações ainda tentam monitorar esses "planos" simulados à medida que se eles desdobram. Os ratos com dano no aPFC tentam lembrar onde estão em um plano em andamento, executam ações fora de sequência e repetem desnecessariamente as ações já concluídas. Os ratos com dano no aPFC também ficam impulsivos; eles responderão prematuramente em tarefas que exigem que esperem e sejam pacientes para obter comida.

Embora os córtices frontal e sensorial pareçam servir a diferentes funções (o neocórtex frontal *dispara* simulações, o neocórtex sensorial *faz* simulações), ambos são áreas diferentes do neocórtex e, portanto, devem realizar a mesma computação fundamental. Isso é um enigma: como o neocórtex frontal, simplesmente outra área do neocórtex, faz algo tão aparentemente *diferente* do neocórtex sensorial? Por que um ser humano moderno com aPFC danificado fica desprovido de interesse? Como o aPFC dispara simulações no neocórtex sensorial? Como decide *quando* simular algo? Como decide *o que* simular?

Predição de Si Mesmo

Em uma coluna do córtex sensorial, a entrada primária vem de sensores externos, como olhos, ouvidos e pele. Mas a entrada primária para o córtex pré-frontal agranular vem do hipocampo, do hipotálamo e da amígdala. Isso sugere que o aPFC trata as sequências de lugares, as ativações de valência e os estados afetivos internos como o neocórtex sensorial trata as sequências de informação sensorial. Será que o aPFC tenta explicar e prever o comportamento de um animal da mesma forma que o neocórtex sensorial tenta explicar e prever o fluxo de informação sensorial externa?

Será que o aPFC está sempre observando as escolhas do gânglio basal de um rato e perguntando: "Por que o gânglio basal escolheu isso?" Assim, o aPFC de determinado rato pode aprender, por exemplo, que quando ele desperta e tem essas ativações hipotalâmicas específicas, sempre corre até o rio e consome água. O aPFC pode aprender que o *motivo* de tal comportamento é "obter água". Então, em circunstâncias semelhantes, o aPFC pode prever o que o animal fará *antes* que o gânglio basal dispare qualquer comportamento — ele pode prever que, tendo sede, o animal correrá em direção à água próxima. Em outras palavras, o aPFC aprende a modelar o animal em si, inferindo a *intenção* do comportamento que observa e usa essa *intenção* para prever o que o animal fará em seguida.

Por mais filosoficamente confusa possa parecer a *intenção*, conceitualmente não é diferente de como o córtex sensorial constrói explicações da informação sensorial. Quando você vê uma ilusão visual que sugere um triângulo (mesmo quando não há triângulo), seu neocórtex sensorial constrói uma explicação, que é o que você percebe: um triângulo. Essa explicação — o triângulo — não é real; é *construída*. É uma manobra computacional que o neocórtex sensorial usa para fazer *predições*. A explicação do triângulo permite que seu córtex sensorial preveja o que aconteceria se você estendesse a mão para pegá-lo, acendesse a luz ou tentasse vê-lo de outro ângulo.

Neocórtex Frontal vs. Sensorial nos Primeiros Mamíferos

NEOCÓRTEX FRONTAL	NEOCÓRTEX SENSORIAL
Modelo do eu	Modelo do mundo
Recebe entrada do hipocampo, da amígdala e do hipotálamo	Obtém entrada dos órgãos sensoriais
"*Fiz* isso porque eu quero chegar à água"	"*Vejo* isso porque há um triângulo ali"
Tenta prever o que o animal fará em seguida	Tenta prever o que os objetos externos farão em seguida

Estudos de registro corroboram a ideia de que o aPFC cria um modelo dos objetivos de um animal. Se você examinar o registro do aPFC de um rato, poderá ver padrões de atividade que codificam a tarefa que um rato está executando — com populações específicas de neurônios disparando seletivamente apenas em locais específicos dentro de uma sequência de tarefas complexas, rastreando de forma confiável o progresso em direção a um objetivo imaginado.

Qual é a utilidade evolutiva desse modelo do eu no córtex frontal? Por que tentar "explicar" o próprio comportamento construindo uma "intenção"? Acontece que pode ser assim que os mamíferos escolhem quando simular coisas e como selecionar *o que* simular. Explicar o próprio comportamento pode resolver o problema da busca. Vejamos como.

Como os Mamíferos Fazem Escolhas

Vejamos o exemplo de um rato circulando em um labirinto e fazendo uma escolha sobre qual direção seguir quando chega a uma bifurcação. Ir para a esquerda leva à água, ir para a direita leva à comida. São nessas situações que ocorrem a tentativa e o erro indiretos, em três etapas.

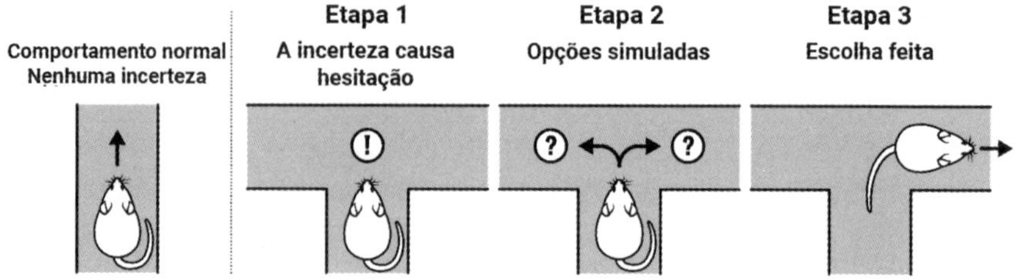

Figura 13.4: Especulações sobre como os mamíferos fazem escolhas deliberadas

Etapa 1: Simulação da Ativação

As colunas no aPFC podem estar sempre em um dos três estados: (1) silenciosas; o comportamento observado não reconhece nenhuma intenção específica (como uma coluna no córtex visual que não reconhece nada significativo em uma imagem); (2) muitas ou todas as colunas no córtex frontal reconhecem uma intenção e preveem o mesmo comportamento a seguir ("Ah! Estamos obviamente quase indo para a esquerda aqui"); ou (3) muitas colunas no córtex frontal reconhecem uma intenção, mas preveem *comportamentos diferentes e inconsistentes* (algumas colunas preveem "Vou seguir para a esquerda e pegar água!" e outras colunas preveem "Vou para a direita e pegar comida!"). Pode ser nesse último estado, em que as colunas aPFC *não concordam* em suas predições, onde o aPFC pode ser mais útil. Na verdade, o aPFC dos mamíferos fica mais excitado quando algo dá *errado* ou algo *inesperado* acontece em uma tarefa em andamento.

O grau de discordância das predições é uma medida da incerteza. Em princípio, é como os modelos de aprendizado de máquina de última geração medem a incerteza: um conjunto de modelos diferentes faz predições e quanto mais divergentes, mais incertezas são relatadas.

Pode ser essa incerteza que dispara as simulações. O aPFC pode acionar um sinal de pausa global através da conexão direta com partes específicas do gânglio basal e a ativação do aPFC mostrou-se correlacionada com os níveis de incerteza. E como vimos no último capítulo, é exatamente quando as coisas mudam ou são difíceis (ou seja, são incertas) que os animais param e fazem tentativas e erros indiretos. Também é possível que a incerteza possa ser medida no gânglio basal; talvez existam sistemas de ator/crítico paralelos, cada um fazendo predições independentes sobre a próxima melhor ação, e a divergência em suas previsões é o que desencadeia a pausa.

De qualquer forma, isso fornece uma especulação sobre como o cérebro dos mamíferos enfrenta o desafio de decidir quando se esforçar para simular coisas. Se os eventos estão se desdobrando como o esperado, não há razão para perder tempo e energia simulando opções, sendo mais fácil só deixar o gânglio basal orientar as decisões (aprendizado sem modelo), mas quando a incerteza surge (algo novo aparece, alguma contingência é quebrada ou os custos são próximos dos benefícios), então a simulação é disparada.

Etapa 2: Opções de Simulação

Certo, então o rato parou e decidiu usar a simulação para resolver a incerteza. E agora? Isso nos traz de volta ao problema da busca. Um rato em um labirinto pode fazer qualquer coisa em um bilhão, então como ele decide o que simular?

Vimos como o AlphaZero resolveu esse problema: ele fez os principais movimentos que já estava prevendo ser os melhores. Essa ideia se alinha muito bem com o que se sabe sobre as colunas neocorticais e o gânglio basal. O aPFC não fica lá analisando todas as ações possíveis, em vez disso, ele explora especificamente os caminhos que já está prevendo que um animal tomará, ou seja, o aPFC procura as opções específicas que diferentes colunas do aPFC já estão prevendo. Um conjunto de colunas previu ir para a esquerda até a água e outro previu ir para a direita, então há apenas duas simulações diferentes a executar.

Depois que um animal para, diferentes colunas no aPFC se revezam fazendo previsões do que elas acham que o animal fará. Um grupo de colunas vai para a esquerda, seguindo o caminho até a água. Outro grupo de colunas vai para a direita, seguindo o caminho até a comida.

A conectividade entre o aPFC e o neocórtex sensorial é reveladora; o aPFC se projeta muito para difundir as regiões do córtex sensorial e se mostrou modulando radicalmente a atividade do neocórtex sensorial. Especificamente quando os ratos têm esse comportamento indireto de tentativa e erro, a atividade no aPFC e o córtex sensorial ficam sincronizados com exclusividade. Uma especulação é que o aPFC ativa o neocórtex sensorial para fazer uma simulação específica do mundo. O aPFC primeiro pergunta: "O que acontece se formos para a esquerda?" O neocórtex sensorial faz a simulação de virar à esquerda, que volta para o aPFC. O aPFC então diz "Certo, e o que acontece se continuarmos em frente?"; o neocórtex sensorial faz novamente, e assim por diante repetidas vezes, até o objetivo imaginado modelado no aPFC.

Uma alternativa pode ser o gânglio basal que determina as ações tomadas durante essas simulações. Isso seria ainda mais próximo de como o AlphaZero funcionava — ele selecionava as ações simuladas com base nas ações que seu ator sem modelo previa como sendo as melhores. Nesse caso, seria o aPFC que seleciona quais previsões de ação divergentes do gânglio basal simular, mas o gânglio basal continuaria a decidir quais ações ele quer tomar no mundo imaginado apresentado pelo neocórtex sensorial.

Etapa 3: Escolhendo uma Opção

O neocórtex simula sequências de ações, mas o que toma a decisão final sobre qual direção o rato realmente seguirá? Como um rato escolhe? Veja uma hipótese. O gânglio basal já tem um sistema para fazer escolhas. Mesmo os vertebrados antigos tinham que fazer escolhas quando confrontados com estímulos concorrentes. O gânglio basal acumula votos para escolhas concorrentes, com diferentes populações de neurônios representando cada ação concorrente aumentando em excitação até passar por um limite de escolha, no qual uma ação é selecionada.

E assim, à medida que o processo de tentativa e erro indiretos se desdobra, os resultados dessas reproduções indiretas de comportamento acumulam votos para cada escolha no gânglio basal, da mesma forma como aconteceria se a tentativa e o erro não fossem indiretos, mas reais. Se o gânglio basal continua mais excitado por imaginar beber água do que comer um alimento (medido pela quantidade de dopamina liberada), então os votos por água passarão rapidamente pelo limite de escolha. O gânglio basal assumirá o comportamento e o rato buscará água.

A consequência de tudo isso é que o aPFC treinou *indiretamente* o gânglio basal para a esquerda ser a melhor opção. O gânglio basal não sabe se o neocórtex sensorial está simulando o mundo real ou imaginado. Tudo o que ele sabe é que quando virou à esquerda, foi reforçado. Assim, quando o neocórtex sensorial volta a simular o mundo atual no início do labirinto, o gânglio basal imediatamente tenta repetir o comportamento que foi apenas reforçado indiretamente. Voilà — o animal corre para a esquerda para pegar água.

Objetivos e Hábitos (ou a Dualidade Interna dos Mamíferos)

No início da década de 1980, um psicólogo de Cambridge chamado Tony Dickinson fazia os experimentos populares de psicologia da época: treinar animais para empurrar alavancas e obter recompensas. Dickinson fazia uma pergunta aparentemente comum: O que acontece se você desvaloriza a recompensa de um comportamento depois que o comportamento é aprendido? Suponha que você ensine um rato que empurrar uma alavanca libera ração em uma engenhoca próxima. O rato agirá rapidamente empurrando a alavanca e engolindo a comida. Agora suponha que um dia, completamente fora do contexto da caixa com a alavanca, você dê ao rato a mesma ração e, em segredo, adicione uma substância química que faça ele se sentir doente. Como isso muda o comportamento dele?

O primeiro resultado é esperado: os ratos, mesmo depois de terem se recuperado há tempos de sua pequena náusea, já não acham a ração tão apetitosa quanto antes. Quando recebem um monte de ração, os ratos comem bem menos. Mas a pergunta mais interessante era: o que aconteceria na próxima vez em que os ratos vissem a alavanca? Se os animais são simplesmente governados pela lei de efeito de Thorndike, então eles correriam até a alavanca e a empurrariam tão rapidamente quanto antes — a alavanca fora reforçada *muitas* vezes, e nada ainda não tinha *cancelado* o reforço no ato de empurrá-la. Por outro lado, se os animais são realmente capazes de simular as consequências de empurrar a alavanca e perceber que o resultado é a ração que eles não gostam mais, não desejarão mais empurrar a alavanca. O que Dickinson descobriu foi que, após esse procedimento, os ratos que tinham a ração combinada com doença empurraram a alavanca quase 50% menos do que os que não tinham.

Isso é consistente com a ideia de que o neocórtex permite que até mamíferos simples, como ratos, simulem indiretamente escolhas futuras e mudem seus comportamentos com base nas consequências imaginadas. Mas conforme Dickinson seguia os experimentos, ele notou algo estranho: Alguns ratos continuaram a empurrar a alavanca com tanto, ou até mais, vigor depois que a ração foi combinada com doença. Alguns ratos se tornaram o que ele chamou de "insensíveis à desvalorização". A diferença, ele descobriu, era uma mera consequência de quantas vezes os ratos tinham empurrado a alavanca para ter uma recompensa. Os ratos que tinham feito a tarefa cem vezes fizeram a coisa inteligente — não queriam mais empurrar a alavanca uma vez que a comida foi desvalorizada. Mas os ratos que tinham feito a tarefa quinhentas vezes correram até a alavanca e começaram a empurrá-la como loucos, mesmo com a comida desvalorizada. Em todos esses testes, a ração nunca foi dada; o grupo que ficou insensível à desvalorização apenas continuou empurrando a alavanca sem nunca receber uma recompensa.

Dickinson descobriu hábitos. Ao adotar o comportamento quinhentas vezes, os ratos desenvolveram uma resposta motora automatizada disparada por uma sugestão sensorial e completamente separada do objetivo superior do comportamento. O gânglio basal assumiu o comportamento sem que o aPFC parasse para considerar o futuro que essas ações produziriam. O comportamento foi repetido tantas vezes que o aPFC e o gânglio basal não detectaram nenhuma incerteza, portanto, o animal não parou para considerar as consequências.

Talvez seja uma experiência familiar. As pessoas acordam e olham para o celular sem se perguntar por que estão escolhendo olhar para ele. Continuam rolando no Instagram e mesmo se alguém perguntar se querem continuar fazendo isso, elas diriam “não”. Claro, nem todos os hábitos são ruins: Você não pensa em andar e ainda assim anda perfeitamente; você não pensa em digitar, no entanto, os pensamentos fluem sem esforço de sua mente para a ponta dos dedos; você não pensa em falar e ainda os pensamentos se convertem como mágica em um repertório de movimentos de língua, boca e garganta.

Os hábitos são ações automáticas provocadas diretamente por estímulos (são sem modelo). São comportamentos controlados diretamente pelo gânglio basal. É como o cérebro dos mamíferos economiza tempo e energia, evitando o envolvimento desnecessário na simulação e no planejamento. Quando essa automação ocorre nos momentos certos, ela nos permite concluir comportamentos complexos com facilidade; quando ocorre nos momentos errados, fazemos escolhas ruins.

A dualidade entre os métodos de tomada de decisão com e sem modelo aparece em diferentes formas em diferentes campos. Em IA, são usados os termos *com modelo* e *sem modelo*. Na psicologia animal, essa mesma dualidade é descrita como *comportamento orientado por objetivos* e *comportamento habitual*. E na economia comportamental, como no famoso livro de Daniel Kahneman, *Rápido e Devagar — Duas Formas de Pensar*, essa mesma dualidade é descrita como “sistema 2” (pensamento lento) versus “sistema 1” (pensamento rápido). Em todos os casos, a dualidade é igual: humanos e, de fato, todos os mamíferos (e alguns outros animais que evoluíram independentemente da simulação) às vezes param para simular suas opções (com modelo, orientado por objetivos, sistema 2) e outras vezes agem automaticamente (sem modelo, habitual, sistema 1). Nenhum é melhor; cada um tem benefícios e custos. O cérebro tenta selecionar com inteligência quando fazer cada um, mas nem sempre toma essa decisão corretamente e essa é a origem de muitos de nossos comportamentos irracionais.

A linguagem usada na psicologia animal é reveladora: um tipo de comportamento é orientado por objetivos e o outro não. De fato, os *objetivos* em si podem não ter evoluído até os primeiros mamíferos.

A Evolução do Primeiro Objetivo

Assim como as explicações da informação sensorial não são reais (ou seja, você não percebe o que vê), a intenção não é real; pelo contrário, é uma manobra computacional para prever o que um animal fará em seguida.

Isso é importante: o gânglio basal *não tem intenção nem objetivos*. Um sistema de aprendizado por reforço sem modelo como o gânglio basal *não tem intenção*; é um sistema que simplesmente aprende a repetir comportamentos que foram reforçados anteriormente. Isso não quer dizer que tais sistemas sem modelo sejam burros ou desprovidos de motivação; eles podem ser incrivelmente inteligentes e espertos, podem aprender rápido a produzir um comportamento que maximiza a quantidade de recompensa. Mas esses sistemas sem modelo não têm "objetivos" no sentido de que não se propõem a buscar um resultado específico. Essa é uma das razões pelas quais os sistemas de aprendizado por reforço sem modelo são muito difíceis de interpretar — quando perguntamos "Por que o sistema de IA fez isso?", fazemos uma pergunta para a qual realmente não há resposta. Ou, pelo menos, a resposta será sempre a mesma: porque pensou que era a escolha com a recompensa mais prevista.

Por outro lado, o aPFC *tem* objetivos explícitos: ele quer ir à geladeira para comer morangos ou ir à fonte para beber água. Ao simular um futuro que termina em algum resultado final, o aPFC tem um estado final (um objetivo) que busca alcançar. Por isso é possível, pelo menos nas circunstâncias em que as pessoas fazem escolhas orientadas pelo aPFC (orientado a objetivos, com modelo, sistema 2), perguntar por que uma pessoa fez algo.

É mesmo mágico que o exato microcircuito neocortical que constrói um modelo de objetos externos no córtex sensorial possa ser reutilizado para construir objetivos e modificar o comportamento para buscar esses objetivos no córtex frontal. Karl Friston da University College London, um dos pioneiros da ideia de que o neocórtex implementa um modelo generativo, chama isso de "inferência ativa". O córtex sensorial se envolve na inferência passiva — meramente explicando e prevendo a entrada sensorial. O aPFC participa da inferência *ativa* — explicando o próprio comportamento, em seguida, usando suas previsões para *mudar* ativamente esse comportamento. Ao pausar para encenar o que o aPFC prevê que *acontecerá* e, assim, indiretamente treinar o gânglio basal, o aPFC está reutilizando o modelo generativo neocortical da *predição* para criar *volição*.

Quando você para e simula diferentes opções de jantar, opta por massa, em seguida, começa a longa sequência de ação para chegar ao restaurante, isso é uma escolha "volitiva" — você pode responder *por que* está entrando no carro; sabe o estado final que está buscando. Em oposição, quando age apenas por hábito, não tem resposta que explica porque fez o que fez.

Karl Friston também tem uma explicação para o fato desconcertante de que algumas partes do córtex frontal não têm a quarta camada da coluna neocortical. O que a camada quatro faz? No córtex sensorial, essa camada é onde a entrada sensorial bruta flui para uma coluna neocortical. Imagina-se que a camada quatro tenha o papel de ativar o resto da coluna neocortical para fazer uma simulação que melhor corresponda aos dados sensoriais recebidos (percepção por inferência). Há evidências de que, quando uma coluna neocortical participa da simulação, a atividade da camada quatro diminui à medida que a entrada sensorial ativa é suprimida — é assim que o neocórtex pode fazer uma simulação de algo não experimentado atualmente (por exemplo, imaginar um carro ao olhar para o céu). Isso é uma pista. A inferência ativa sugere que o aPFC constrói a intenção e tenta prever o comportamento consistente com essa intenção, ou seja, tenta tornar sua intenção realidade. Se o animal faz algo inconsistente com a intenção construída do aPFC, este não deseja ajustar seu modelo de intenção para corresponder ao comportamento, deseja ajustar o comportamento: se você está com sede e seu gânglio basal toma a decisão de ir na direção que não tem água, o aPFC não deseja ajustar o modelo de sua intenção de presumir que você não tem sede, em vez disso, deseja pausar o erro do gânglio basal e convencê-lo a se virar, indo para a água. Assim, o aPFC gasta muito pouco tempo, se gastar, tentando corresponder sua intenção inferida com o comportamento que ele vê, por isso não tem necessidade de uma camada quatro grande, ou mesmo de uma.

É claro, que o aPFC não é programado evolutivamente para entender os objetivos do animal, antes aprende esses objetivos modelando primeiro o comportamento originalmente controlado pelo gânglio basal. O aPFC constrói objetivos observando um comportamento que é na origem totalmente desprovido deles. E só quando esses objetivos são aprendidos, é que o aPFC começa a exercer controle sobre o comportamento: o gânglio basal começa como professor do aPFC, mas à medida que um mamífero se desenvolve, esses papéis mudam e o aPFC se torna o professor do gânglio basal. E, de fato, durante o desenvolvimento do cérebro, as partes agranulares do córtex frontal começam com uma camada quatro que, em seguida, atrofia lentamente e desaparece durante o desenvolvimento, deixando tal camada em grande parte vazia. Talvez isso seja parte de um programa de desenvolvimento para construir um modelo do eu, começando por combinar o modelo interno de uma pessoa com suas observações (daí começar com uma camada 4), então fazendo a transição para ativar o comportamento e combinar com o modelo interno da pessoa (assim não há mais necessidade de uma camada 4). Novamente vemos uma bela iniciativa na evolução.

Isso também dá uma ideia sobre a experiência da paciente L de Damasio. Faz algum sentido e explica sua cabeça "vazia": ela era incapaz de fazer uma simulação interna. Ela não tinha pensamentos. Não tinha vontade de responder nada porque seu modelo interior de intenção se foi e sem isso, sua mente não conseguia definir nem mesmo os objetivos mais simples. E sem objetivos, tragicamente nada importava.

Como os Mamíferos se Controlam: Atenção, Memória Operacional e Autocontrole

Em um livro típico de neurociência, as quatro funções atribuídas ao neocórtex frontal são *atenção*, *memória operacional*, *controle executivo* e, como já vimos, *planejamento*. O tema que conecta essas funções sempre foi confuso; parece estranho que uma estrutura tivesse todos esses papéis distintos. Mas pela lente da evolução, faz sentido que essas funções estejam todas intimamente relacionadas — são todas aplicações diferentes de controlar a simulação neocortical.

Você se lembra da imagem ambígua de um pato ou um coelho? À medida que você oscila entre perceber um pato ou um coelho, é o seu aPFC que ajusta seu córtex visual em cada interpretação. Seu aPFC pode disparar uma simulação interna de patos quando você fecha os olhos e pode usar o mesmo mecanismo para disparar uma simulação interna de patos com os olhos abertos, e você está olhando para uma imagem que pode ser um pato ou um coelho. Nos dois casos, o aPFC está tentando evocar uma simulação; a única diferença é que, com os olhos fechados, a simulação é irrestrita e com os olhos abertos, é obrigada a ser consistente com o que você está vendo. O acionamento da simulação pelo aPFC é chamado de *imaginação* quando é irrestrito pela entrada sensorial atual e *atenção* quando é restrito pela entrada sensorial atual. Mas em ambos os casos, em princípio o aPFC está fazendo a mesma coisa.

O que é ponto de atenção? Quando um rato seleciona uma sequência de ações após sua simulação imaginada, ele deve *manter* seu plano enquanto segue seu caminho. Isso é mais difícil do que parece. A simulação imaginada não será perfeita; o rato não terá previsto cada visão, odor e curva do ambiente que ele realmente experimentará. Isso significa que o aprendizado indireto que o gânglio basal experimenta será diferente da experiência real à medida que o plano se desenrola, portanto, o gânglio basal pode não cumprir corretamente o comportamento pretendido.

Uma maneira como o aPFC pode resolver esse problema é usando a atenção. Suponha que o gânglio basal de um rato aprendeu, por tentativa e erro, a *fugir* de patos e correr *em direção* a coelhos. Nesse caso, o gânglio basal terá reações opostas ao ver o pato/coelho, dependendo do padrão enviado pelo neocórtex. Se o aPFC imaginou anteriormente ver um coelho e correr em direção a ele, então pode controlar as escolhas do gânglio basal usando a atenção para garantir que, quando o rato vê essa imagem ambígua, veja um coelho, não um pato.

Controlar o comportamento em curso muitas vezes também requer *memória operacional* — a manutenção das representações na ausência de quaisquer pistas sensoriais. Muitos caminhos e tarefas imaginados envolvem a espera. Por exemplo, quando um roedor busca nozes entre as árvores, ele deve lembrar quais árvores já colheu. É uma tarefa que exige o aPFC. Se você inibe o aPFC de um roedor durante esses períodos de espera, ele perde sua capacidade de executar tais tarefas usando a memória. E durante tais tarefas, o aPFC exibe a "atividade de espera", permanecendo ativado mesmo na ausência de pistas externas. Essas tarefas exigem o aPFC porque a memória operacional funciona da mesma forma que a atenção e o planejamento — ela evoca uma simulação interna. A memória operacional (manter algo em sua cabeça) é apenas o seu aPFC mantendo a evocação de uma simulação interna até você não precisar mais dela.

Além do planejamento, da atenção e da memória operacional, o aPFC também pode controlar o comportamento em curso mais diretamente: ele pode inibir a amígdala. Há uma projeção do aPFC para os neurônios inibitórios em torno da amígdala. No cumprimento de um plano imaginado, o aPFC pode tentar impedir que a amígdala dispare sua própria abordagem e evite respostas. Esse foi o início evolutivo do que os psicólogos chamam de inibição comportamental, força de vontade e autocontrole: a tensão persistente entre nossos desejos momento a momento (controlados pela amígdala e pelo gânglio basal) e o que sabemos ser uma escolha melhor (controlada pelo aPFC). Nos momentos de força de vontade, você pode inibir seus desejos orientados pela amígdala. Nos momentos de fraqueza, a amígdala vence. É por isso que as pessoas ficam mais impulsivas quando cansadas ou estressadas — o aPFC requer muita energia para funcionar, então se você está cansado ou estressado, ele será muito menos eficaz em inibir a amígdala.

Resumindo: planejamento, atenção e memória operacional são controlados pelo aPFC porque todos os três são, em princípio, a mesma coisa. São todos manifestações diferentes do cérebro tentando selecionar qual simulação fazer. Como o aPFC "controla" o comportamento? A ideia apresentada aqui é que ele não controla o comportamento em si; tenta convencer o gânglio basal da escolha certa, mostrando-lhe indiretamente que uma escolha é melhor e filtrando quais informações chegam ao gânglio basal. O aPFC controla o comportamento não *dizendo*, mas *mostrando*.

O benefício disso pode ser visto comparando o desempenho de mamíferos com outros vertebrados, como lagartos, em tarefas que requerem inibir as respostas reflexivas em favor de escolhas "mais inteligentes". Se você coloca um lagarto em um labirinto e tenta treiná-lo para ir em direção a uma luz vermelha para obter comida agradável e evitar uma luz verde que oferece comida desagradável, são necessárias *centenas* de tentativas para aprender essa tarefa simples. A preferência dos lagartos pela luz verde leva muito tempo para ser destreinada. Sem um neocórtex para pausar e considerar as opções indiretamente, a única maneira de os lagartos aprenderem essa tarefa é com tentativas e erros infinitos e reais. Em oposição, os ratos aprendem a inibir suas respostas muito mais rapidamente, uma vantagem que desaparece se você danifica o aPFC deles.

Os primeiros mamíferos tinham a capacidade de explorar indiretamente seu modelo interior do mundo, fazer escolhas baseadas nos resultados imaginados e manter o plano imaginado uma vez escolhido. Eles podiam determinar com flexibilidade quando simular o futuro e quando usar os hábitos; e eles selecionavam com inteligência o que simular, superando o problema da busca. Eles foram nossos primeiros antepassados a ter objetivos.

14

O Segredo dos Robôs que Lavam Louça

Imagine o seguinte. Ao segurar este livro, sua mão direita começa a ter cãibras. O posicionamento específico de cada dedo individual feito sem esforço para equilibrar com perfeição o livro na mão começa a enfraquecer à medida que você perde o controle dos músculos do braço direito. Você percebe que não pode mais controlar cada dedo individualmente; só consegue abrir ou fechar a mão com todos os dedos se movendo de uma só vez, sua mão se transformou de uma ferramenta habilidosa em uma garra descoordenada. Em poucos minutos, você não consegue mais nem segurar o livro com a mão direita e seu braço fica muito fraco para levantar. É assim a experiência de um derrame — a perda do fluxo sanguíneo para uma região do cérebro — quando ele ocorre no córtex motor. Tal condição priva os pacientes das habilidades motoras finas e pode até causar paralisia.

O córtex motor é uma faixa fina do neocórtex na borda do córtex frontal. O córtex motor compõe um mapa do corpo inteiro, com cada área controlando os movimentos de músculos específicos. Embora todo o córtex motor seja responsável por todas as partes do corpo, ele não dedica um espaço igual a cada parte. Em vez disso, dedica muito espaço às partes do corpo que os animais têm um controle motor especializado (nos primatas, a boca e as mãos) e muito menos espaço às áreas que eles não conseguem controlar bem (como os pés). Esse mapa no córtex motor é espelhado no córtex somatossensorial adjacente, a região do neocórtex que processa as informações *somatossensoriais* (como os sensores de toque na pele e os sinais proprioceptivos dos músculos).

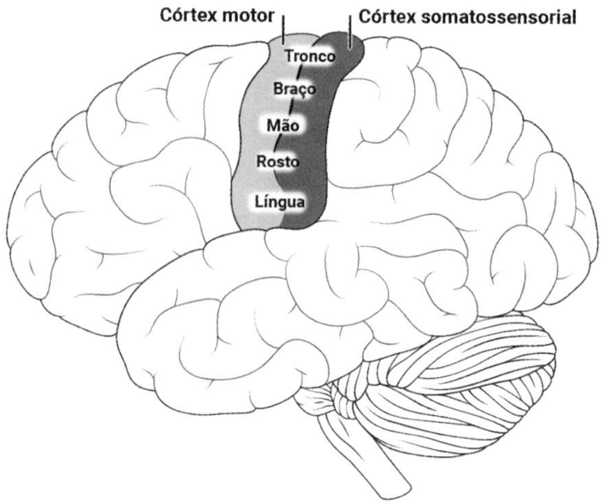

Figura 14.1: Córtex motor dos humanos

Nos seres humanos, o córtex motor é o sistema primário de controle do movimento. Não só estimular as áreas específicas do córtex motor induz o movimento da parte correspondente do corpo, mas danificar essas mesmas áreas cria paralisia na parte correspondente. Os déficits de movimento de pacientes com AVC quase sempre vêm de danos nas áreas do córtex motor. Em chimpanzés, símios e lêmures, o dano no córtex motor também tem esse efeito. Nos primatas, os neurônios do córtex motor enviam uma projeção *diretamente* para a medula espinhal para controlar o movimento. Tudo isso leva à conclusão de que o córtex motor é o *locus* dos *comandos motores*; é o controlador do movimento.

Mas há três problemas nessa ideia. Primeiro, as colunas neocorticais no córtex motor têm o mesmo microcircuito de outras áreas do neocórtex. Se acreditamos que o neocórtex implementa um modelo generativo que tenta explicar suas entradas e usa essas explicações para fazer previsões, então devemos considerar como isso poderia ter sido reaproveitado para produzir os comandos motores.

Segundo, alguns mamíferos não têm um córtex motor e eles podem claramente se mover sem problemas. Como visto no capítulo anterior, a maioria dos neurocientistas evolucionários acredita que a única parte do córtex frontal que estava presente nos primeiros mamíferos era o córtex pré-frontal agranular (aPFC); não havia córtex motor. O córtex motor surgiu dezenas de milhões de anos após os primeiros mamíferos e apenas na linhagem placentária — os mamíferos que se tornariam os roedores, os primatas, os cães, os cavalos, os morcegos, os elefantes e os gatos de hoje.

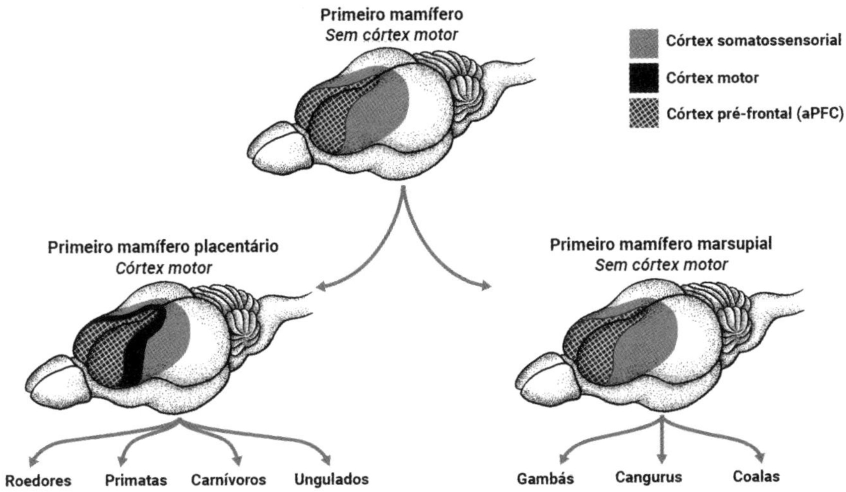

Figura 14.2: Principal teoria sobre a evolução do córtex motor

O terceiro problema com a ideia de "córtex motor igual a comandos motores" é que a paralisia causada por danos no córtex motor é exclusiva dos primatas; a maioria dos mamíferos com danos no córtex motor não sofre de tal paralisia. Ratos e gatos com córtex motor danificado ainda podem andar, caçar, comer e se mover muito bem. O córtex motor claramente não era o *locus* dos comandos motores nos primeiros mamíferos e só mais tarde, nos primatas, se tornou *necessário* para o movimento. Então, por que o córtex motor evoluiu? Qual era sua função original? O que mudou com os primatas?

Predições, Não Comandos

Karl Friston, pioneiro da teoria da inferência ativa, tem uma interpretação alternativa do córtex motor. Embora a visão predominante sempre tenha sido a de que o córtex motor gera *comandos motores*, dizendo aos músculos exatamente *o que* fazer, Friston muda essa ideia: talvez o córtex motor não gere comandos motores, mas sim *predições* motoras. Talvez o córtex motor esteja em um estado constante de observação dos movimentos do corpo que ocorrem no córtex somatossensorial próximo (por isso um espelho tão sofisticado do córtex motor e do córtex somatossensorial), ele tenta *explicar* o comportamento e usar essas explicações para prever o que um animal fará em seguida. Talvez a conexão seja apenas ajustada para que as predições do córtex motor fluam para a medula espinhal e controlem nosso movimento, ou seja, o córtex motor é conectado para *tornar suas predições uma realidade*.

Desse modo, o córtex motor opera da mesma forma como o córtex pré-frontal agranular. A diferença é que o aPFC aprende a prever os movimentos dos caminhos de navegação, já o córtex motor aprende a prever os movimentos de *partes específicas do corpo*. O aPFC irá prever que um animal virará à esquerda; o córtex motor irá prever que ele colocará sua pata esquerda no local exato em uma plataforma.

Essa é a ideia geral de "incorporação" — partes do neocórtex, como o córtex motor e o córtex somatossensorial, têm um modelo completo do corpo de um animal que pode ser simulado, manipulado e ajustado à medida que o tempo passa. A ideia de Friston explica como o microcircuito neocortical poderia ser reaproveitado para produzir movimentos corporais específicos.

Mas se a maioria dos mamíferos pode se mover normalmente sem córtex motor, qual era sua função original? Se o aPFC permite o planejamento de rotas de navegação, o que o córtex motor permitia?

Danos no córtex motor em mamíferos *não primatas*, como roedores e gatos, têm dois efeitos. Primeiro, os animais ficam prejudicados ao realizar movimentos que exigem habilidade, como colocar cuidadosamente uma pata em um galho fino, alcançar um pequeno buraco para pegar um pedaço de comida, passar por cima de um obstáculo com ele fora de vista ou colocar o pé em uma pequena plataforma instável. Em segundo lugar, os mamíferos não primatas têm problemas para aprender novas sequências de movimentos que nunca realizaram antes. Por exemplo, um rato treinado para executar uma sequência especificamente orquestrada de movimentos pode executar essa sequência somente se seu córtex motor foi danificado *após* a tarefa ser bem aprendida. Se você danificar o córtex motor de um rato *antes* dele ser treinado na tarefa, ele será incapaz de aprender a sequência.

Isso sugere que o córtex motor não era originalmente o *locus* dos comandos motores, mas do *planejamento* motor. Quando um animal deve executar movimentos cuidadosos, colocando uma pata em uma pequena plataforma ou passando por um obstáculo fora de vista, ele deve *planejar* mentalmente e *simular* seus movimentos corporais com antecedência. Isso explica por que o córtex motor é necessário para aprender novos movimentos complexos, mas não para executar movimentos bem assimilados. Quando um animal está aprendendo um novo movimento, as simulações do córtex motor treinam indiretamente o gânglio basal. Uma vez que um movimento é bem assimilado, o córtex motor não é mais necessário.

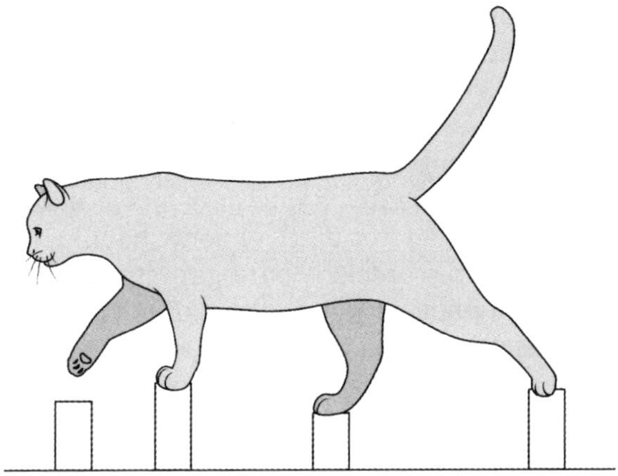

Figura 14.3: Gatos se esforçam para executar movimentos planejados após danos no córtex motor

O registro da atividade no córtex motor fundamenta essa ideia. Nos mamíferos não primatas, o córtex motor é mais ativado não pelo movimento em geral, mas especificamente por movimentos que exigem planejamento. Consistente com a ideia de que os animais simulam os movimentos, o córtex motor e o córtex somatossensorial são ativados *antes* de um próximo movimento de precisão, mesmo que os obstáculos não sejam vistos, mas simplesmente conhecidos por estarem lá. E essa atividade se mantém até que o animal tenha completado o movimento que presumivelmente planejou.

Nos seres humanos, há muitas evidências de que os córtices pré-motor e motor são ativados *fazendo* e *imaginando* movimentos: por exemplo, peça a alguém para pensar em andar e a área da perna do córtex motor fica ativada. Esse cruzamento da infraestrutura neurológica para movimentos imaginados e movimentos reais pode ser observado não apenas nos registros cerebrais, mas também nos experimentos físicos de laboratório. Sente uma pessoa em uma cadeira e peça para ela simplesmente manter sua postura reta. Em seguida, reproduza o áudio de frases arbitrárias. A postura dela piora quando ouve frases como "Eu me levanto, coloco meus chinelos, vou ao banheiro", mas não quando ouve frases não relacionadas a movimento. Apenas ouvir essas frases ativou a simulação interna de uma mudança de postura, que afetou a postura real. É claro que essa simulação interna também tem benefícios (não só atrapalha nossa postura): o ensaio mental das habilidades motoras aumenta substancialmente o desempenho ao falar, jogar golfe e até em manobras cirúrgicas.

A habilidade do córtex motor no planejamento sensório-motor permitiu que os primeiros mamíferos aprendessem e executassem movimentos precisos. Ao comparar as habilidades motoras dos mamíferos com as dos répteis, fica bem claro que os mamíferos são excepcionalmente capazes quando se trata de habilidades motoras finas. Os ratos podem pegar sementes e quebrá-las com habilidade. Ratos, esquilos e gatos são escaladores incrivelmente habilidosos, colocando seus membros em lugares precisos para garantir que não caiam. Esquilos e gatos podem planejar e executar saltos extremamente precisos em plataformas. Se você já teve um lagarto de estimação ou uma tartaruga, sabe que tais habilidades não são o território da maioria dos répteis. Na verdade, estudos que examinaram lagartos correndo sobre obstáculos revelaram como eles são surpreendentemente desajeitados nisso. Eles não antecipam os obstáculos nem modificam a posição dos membros anteriores para se locomover pelas plataformas. Dada a sua aparente incapacidade de planejar movimentos com antecedência, talvez não seja nenhuma surpresa que poucos répteis vivam em árvores e os que vivem, se movem lentamente, comparando com a corrida e o salto rápidos e hábeis dos mamíferos arbóreos.

Hierarquia de Objetivos: Um Equilíbrio entre Simulação e Automação

Como tudo isso funciona junto? O neocórtex frontal dos primeiros mamíferos placentários era organizado em uma hierarquia. No topo da hierarquia estava o córtex pré-frontal agranular, onde objetivos de alto nível são construídos com base na ativação da amígdala e do hipotálamo. O aPFC pode gerar uma intenção como "beber água" ou "comer comida". Então o aPFC propaga esses objetivos para uma região frontal próxima (o córtex pré-motor), que constrói objetivos secundários e os propaga mais até alcançarem o córtex motor, que constrói outros objetivos secundários. A intenção modelada no córtex motor são esses outros objetivos secundários, que podem ser tão simples quanto "Posicione o dedo indicador aqui e o polegar aqui".

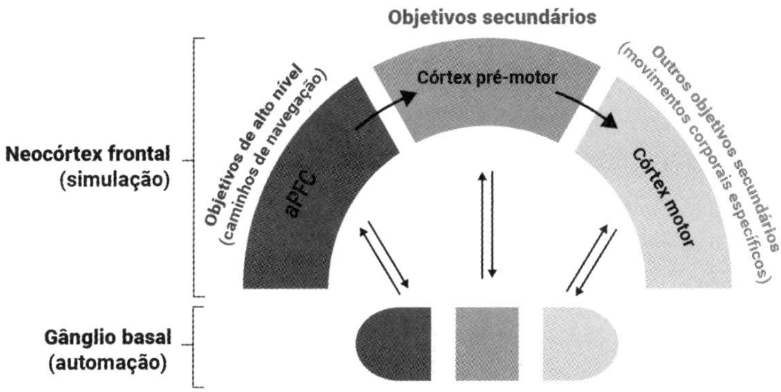

Figura 14.4: Hierarquia motora nos primeiros mamíferos placentários

Essa hierarquia permite um processamento mais eficiente distribuindo o esforço em muitas colunas neocorticais diferentes. O aPFC não precisa se preocupar com os movimentos específicos necessários para atingir seus objetivos; ele deve se preocupar apenas com os caminhos de navegação de alto nível. Da mesma forma, isso permite que o córtex motor não tenha que se preocupar com o objetivo de alto nível do comportamento, mas apenas em realizar objetivos específicos do movimento de baixo nível (pegar um copo ou tocar um acorde específico).

O gânglio basal faz ciclos de conectividade com o córtex frontal, com o aPFC se conectando à região frontal do gânglio basal (que então se conecta de volta ao aPFC através do tálamo) e o córtex motor se conectando à região posterior do gânglio basal (que então se conecta de volta ao córtex motor através de uma região diferente do tálamo). Esses ciclos são conectados tão sofisticada e particularmente que é difícil não fazer a engenharia reversa no que eles estão fazendo.

A principal visão entre os neurocientistas é que eles são subsistemas projetados para gerenciar diferentes níveis da hierarquia motora. A parte frontal do gânglio basal associa automaticamente estímulos a objetivos de alto nível. É o que gera desejos: você chega em casa e sente o cheiro de rigatoni, de repente quer comer um pouco. Viciados em drogas mostram ativações extremas dessa parte frontal do gânglio basal quando veem estímulos que geram desejos por drogas. No entanto, é o aPFC que faz você parar e considerar se você realmente quer seguir com esses desejos ("E a nossa dieta?"). A parte de trás do gânglio basal associa automaticamente estímulos e objetivos de *baixo nível*, como movimentos corporais específicos. É o que gera movimentos automáticos especializados. Já o córtex motor é o que faz você parar e planejar os movimentos exatos com antecedência.

	OBJETIVOS DE ALTO NÍVEL	OBJETIVOS DE BAIXO NÍVEL
SIMULAÇÃO	**Córtex Pré-frontal Agranular** *Simula caminhos de navegação* *Pergunta "Eu quero rigatoni ou prefiro dieta?"* *Danos causam prejuízos no planejamento das rotas de navegação*	**Córtex Motor** *Simula movimentos corporais* *Pergunta "Como posiciono os dedos para tocar o acorde C que acabei de aprender na guitarra?"* *Danos causam deficiências no aprendizado de novas habilidades motoras e na execução de habilidades motoras finas*
AUTOMAÇÃO	**Parte frontal do gânglio basal** *Busca automática de um objetivo de alto nível em resposta ao estímulo* *Produz desejos habituais* *Danos podem curar a dependência de drogas*	**Parte de trás do gânglio basal** *Execução automática da habilidade motora em resposta ao estímulo* *Produz respostas motoras habituais* *Danos causam prejuízos na execução das habilidades aprendidas e prejudica a formação do hábito motor*

Qualquer nível de objetivo, podendo ser metas de alto ou baixo nível, tem um modelo do eu no neocórtex frontal e um sistema sem modelo no gânglio basal. O neocórtex oferece um sistema mais lento, porém mais flexível para o treinamento e o gânglio basal oferece uma versão mais rápida, porém menos flexível, para caminhos e movimentos bem treinados.

Há muitas evidências para tal hierarquia motora. Registros mostraram que os neurônios no aPFC são sensíveis aos objetivos de alto nível, enquanto aqueles no córtex pré-motor e motor são sensíveis aos objetivos secundários de nível progressivamente inferior. Aprender um novo comportamento ativa todos os níveis da hierarquia motora no início, mas à medida que o comportamento fica automático, ele ativa apenas os níveis mais baixos. Se você danificar as partes de alto nível da hierarquia motora (aPFC ou a parte frontal do gânglio basal) em ratos, isso os tornará menos sensíveis aos objetivos de alto nível (eles continuarão empurrando uma alavanca, mesmo que não queiram mais o alimento que ela oferece). Em oposição, se você danificar as partes de *baixo* nível da hierarquia motora, os ratos ficarão *mais* sensíveis aos objetivos de alto nível e se esforçarão para criar hábitos motores (por exemplo, os ratos não desenvolverão um hábito de empurrar uma alavanca, não importando as tentativas feitas).

Enquanto o dano no aPFC priva os animais de suas intenções, como vimos com a paciente L, o dano nas partes do córtex pré-motor parece *desconectar* o fluxo adequado dessas intenções dos objetivos de alto nível para movimentos específicos. Isso pode causar a "síndrome do membro alienígena": pacientes afirmam que certas partes de seu corpo se movem por conta própria sem seu controle. Sinais de tais movimentos alienígenas também são vistos em roedores com danos no córtex pré-motor. Esse dano também causa o que é chamado de "comportamento de utilização" ou "comportamento dependente do campo", em que os pacientes executarão sequências motoras desprovidas de qualquer objetivo claro: eles bebem em copos vazios, colocam o casaco de outras pessoas, mesmo não indo a lugar nenhum, rabiscam com lápis ou têm qualquer outro comportamento que os estímulos próximos sugerem. Tudo isso é resultado de uma hierarquia interrompida — partes do córtex motor estão agora irrestritas por intenções de cima para baixo do aPFC fluindo através do córtex pré-motor, portanto, o córtex motor define de forma independente os objetivos de baixo nível para as sequências motoras.

Há também muitas evidências para a ideia de que o neocórtex frontal é o *locus* da *simulação*, enquanto o gânglio basal é o *locus* da *automação*. Danificar o córtex motor de um animal prejudica o planejamento do movimento e o aprendizado de novos movimentos, mas *não* a execução de movimentos bem treinados (porque a parte de trás do gânglio basal já os aprendeu). Da mesma forma, danificar o aPFC de um animal prejudica o planejamento do caminho e o aprendizado de novos caminhos, mas *não* a execução dos caminhos bem treinados.

Além disso, a parte frontal do gânglio basal mostra todos os sinais de uma seleção automática de pistas a buscar (comportamentos automatizados de alto nível). Quando você vê uma pista que gera desejo, a parte do cérebro mais ativada é essa parte frontal do gânglio basal. As pessoas que tentam *inibir* seus desejos mostram uma ativação adicional de áreas frontais como o aPFC (simulando as consequências negativas e tentando treinar o gânglio basal para fazer a escolha mais difícil). De fato, lesionar parte frontal do gânglio basal é um tratamento eficaz (embora altamente controverso, com ética questionável) para a dependência de drogas. A taxa de recaída para os viciados em heroína é absurdamente alta; alguns estimam até 90%. Um estudo na China pegou os viciados em heroína mais graves e lesionou a parte frontal de seu gânglio basal. A taxa de recidiva caiu para 42%. As pessoas perdem o comportamento automático de buscar pistas e gerar desejos (claro, também há muitos efeitos colaterais em tal cirurgia).

Uma hierarquia motora intacta e funcional teria tornado o comportamento dos primeiros mamíferos placentários muitíssimo flexível; os animais podiam definir objetivos de alto nível no aPFC, enquanto as áreas de nível inferior da hierarquia motora podiam responder com flexibilidade a quaisquer obstáculos que se apresentassem. Um mamífero que busca água distante poderia continuamente atualizar seus objetivos secundários conforme o desdobramento dos eventos — o córtex pré-motor poderia responder aos obstáculos surpreendentes com sequências novas selecionadas de movimento e o córtex motor poderia ajustar até os movimentos mais sutis e específicos dos membros, tudo em nome de um objetivo comum.

O segredo dos robôs que lavam louça reside em algum lugar no córtex motor e no sistema motor mais amplo dos mamíferos. Assim como ainda não entendemos como o microcircuito neocortical faz uma simulação precisa da entrada sensorial, também não entendemos como o córtex motor simula e planeja os movimentos corporais finos com tanta flexibilidade e precisão, e como ele aprende continuamente à medida que avança.

Mas usando as últimas décadas como guia, roboticistas e pesquisadores de IA provavelmente descobrirão isso, talvez em um futuro próximo. Na verdade, a robótica está melhorando em um ritmo acelerado. Há 20 anos, mal conseguíamos que um robô de quatro patas se equilibrasse na vertical, e agora temos robôs humanoides que conseguem dar cambalhotas no ar.

Se construirmos com sucesso robôs com sistemas motores semelhantes aos dos mamíferos, eles terão muitas propriedades desejáveis. Esses robôs aprenderão automaticamente novas habilidades complexas por conta própria. Eles ajustarão seus movimentos em tempo real levando em conta perturbações e mudanças no mundo. Eles receberão objetivos de alto nível e serão capazes de descobrir todos os objetivos secundários necessários. Quando tentarem aprender uma nova tarefa, eles serão lentos e cuidadosos, pois simulam cada movimento do corpo antes de agir, mas à medida que melhoram, o comportamento ficará mais automático. Ao longo de suas vidas, a velocidade com que eles aprendem novas habilidades aumentará conforme reaplicam as habilidades de baixo nível aprendidas anteriormente nos objetivos de nível superior recém-experimentados. E se seu cérebro funcionar como o cérebro dos mamíferos, eles não precisarão de supercomputadores em massa para realizar essas tarefas. De fato, o cérebro humano inteiro opera com a mesma quantidade de energia de uma lâmpada.

Talvez não. Talvez os roboticistas consigam que tudo isso funcione de uma maneira muito não mamífera — talvez os roboticistas descubram tudo sem fazer a engenharia reversa do cérebro humano. Mas assim como asas de pássaro eram uma prova de existência para a possibilidade de voo — um objetivo para os seres humanos tentarem — as habilidades motoras dos mamíferos são a nossa prova de existência para as habilidades motoras que esperamos construir em máquinas um dia; o córtex motor e a hierarquia motora circundante são pistas da natureza sobre como fazer tudo funcionar.

Resumo do Avanço 3: Simulação

A nova estrutura cerebral primária que surgiu nos primeiros mamíferos foi o neocórtex. Com o neocórtex veio o dom da simulação, o terceiro avanço em nossa história evolutiva. Para resumir como isso ocorreu e como foi usado:

- O neocórtex sensorial evoluiu, o que criou uma simulação do mundo externo (um modelo de mundo).
- O córtex pré-frontal agranular (aPFC) evoluiu, sendo a primeira região do neocórtex frontal. O aPFC criou uma simulação dos próprios movimentos e estados internos de um animal (um modelo do eu) e construiu "intenção" para explicar o próprio comportamento.
- O aPFC e o neocórtex sensorial trabalharam juntos para permitir que os primeiros mamíferos parassem e simulassem aspectos do mundo que não estavam sendo experimentados no momento, ou seja, o aprendizado por reforço com modelo.
- De alguma forma o aPFC resolveu o problema da busca selecionando de forma inteligente caminhos para simular e determinar quando simulá-los.
- Essas simulações permitiram que os primeiros mamíferos aderissem a tentativas e erros indiretos para simular ações futuras e decidir qual caminho tomar com base nos resultados imaginados.
- Essas simulações permitiram que os primeiros mamíferos adotassem o aprendizado contrafactual, oferecendo uma solução mais avançada para o problema da atribuição de

crédito, fazendo com que os mamíferos atribuíssem crédito com base em relações causais.

- Essas simulações permitiram que os mamíferos primitivos adotassem uma memória episódica, possibilitando que os mamíferos recordassem eventos e ações passados, e usassem essas lembranças para ajustar seu comportamento.
- Nos mamíferos posteriores, o córtex motor evoluiu, permitindo que eles planejassem e simulassem movimentos corporais específicos.

Nossos antepassados mamíferos de 100 milhões de anos atrás se armaram com o imaginário para sobreviver. Eles adotaram a tentativa e erro indiretos, o aprendizado contrafactual e a memória episódica para *superar* os dinossauros. Nosso antepassado mamífero, como um gato moderno, podia olhar um monte de galhos e planejar onde queria colocar as patas. Juntos, esses mamíferos antigos se comportavam com mais flexibilidade, aprendiam mais rápido e executavam habilidades motoras mais inteligentes do que seus antepassados vertebrados.

A maioria dos vertebrados na época, assim como os lagartos e os peixes modernos, ainda podia se mover rapidamente, lembrar de padrões, acompanhar a passagem do tempo e aprender com inteligência usando o aprendizado por reforço sem modelo, mas seus movimentos não eram planejados.

E assim, pensar em si mesmo nasceu não das criaturas de barro da oficina divina de Prometeu, mas dos pequenos túneis subterrâneos e das árvores intrincadas de uma Terra Jurássica, no cadinho de 100 milhões de anos de predação de dinossauros e na tentativa desesperada de nossos ancestrais de evitar a extinção. Essa é a história real de como nosso neocórtex e nossa simulação interna do mundo surgiram. E como veremos em breve, foi desse superpoder duramente conquistado que o próximo avanço acabaria surgindo.

Esse próximo avanço tem sido, de certa forma, o mais difícil para a engenharia reversa nos sistemas modernos de IA; na verdade, esse próximo avanço é um feito que normalmente não associamos à "inteligência", mas é, de fato, um dos mais impressionantes do nosso cérebro.

AVANÇO 4

Mentalização e os Primeiros Primatas

Seu cérebro 15 milhões de anos atrás

15

Corrida Armamentista para o Conhecimento Político

Isso aconteceu em um dia qualquer por volta de 66 milhões de anos atrás, um dia que não começou diferente de nenhum outro. O sol nasceu sobre as selvas da África de hoje, despertando dinossauros e conduzindo nossos antepassados noturnos semelhantes a esquilos aos seus esconderijos durante o dia. Nas margens lamacentas, a chuva batia em lagoas rasas cheias de anfíbios antigos. As marés recuaram, atraindo muitos peixes e outras criaturas antigas nas profundezas dos oceanos. O céu estava repleto de pterossauros e pássaros antigos. Artrópodes e outros invertebrados escavavam solos e árvores. A ecologia da Terra encontrara um belo equilíbrio, com dinossauros confortavelmente no topo da cadeia alimentar por mais de 150 milhões de anos, peixes dominando o mar por mais tempo, mamíferos e outros animais encontrando seus respectivos nichos minúsculos, mas habitáveis. Nada indicava que o dia seria diferente, mas foi realmente nesse dia que tudo mudou, foi o dia em que o mundo quase acabou.

As histórias de vida específicas de qualquer um dos animais que vivenciaram esse dia estão, é claro, perdidas para nós. Mas podemos imaginar. Um dos nossos antepassados mamíferos semelhantes a esquilos talvez estivesse para sair da sua toca para começar a noite fazendo uma limpa nos insetos. Como o sol estava só começando a se pôr, o céu deve ter ficado com aquele tom roxo de todas as noites. Então a escuridão surgiu do horizonte. Uma nuvem escura, mais espessa do que qualquer tempestade já vista, se espalhou rapidamente pelo céu. Talvez ele tenha olhado para essa nova visão com perplexidade; talvez tenha sido ignorada por completo. De qualquer forma, apesar de toda a nova inteligência neocortical, não seria possível entender o que estava acontecendo.

Não era uma tempestade no horizonte, era poeira espacial. Poucos minutos antes, no outro lado do planeta, um asteroide com alguns quilômetros de largura tinha caído na Terra. Ele espalhou pedaços gigantescos de detritos que rapidamente encheram os céus com uma fuligem escura, uma escuridão que bloquearia o sol por mais de 100 anos, matando mais de 70% dos vertebrados terrestres. Esta foi a extinção do Período Permiano-Triássico.

Muitos outros eventos de extinção na história da Terra parecem ter sido autoimpostos — o Grande Evento de Oxigenação foi causado por cianobactérias e a Extinção do Devoniano Tardio foi possivelmente causada pela superpopulação de plantas em terra. Mas este não foi uma falha da vida, mas o acaso de um Universo ambivalente.

Por fim, depois de mais de 100 anos, as nuvens escuras começaram a desaparecer. À medida que o sol ressurgia, as plantas começaram a recuperar o solo perdido e a reabastecer a terra árida. Mas era um mundo novo. Quase todas as espécies de dinossauros foram extintas, exceto uma: as aves. Embora nosso antepassado semelhante a um esquilo não pudesse conhecê-la e não tenha vivido para vê-la, sua prole herdaria essa nova Terra. À medida que o planeta se curava, esses pequenos mamíferos encontravam-se em um playground ecológico completamente novo. Sem seus predadores dinossauros, eles estavam livres para explorar novos nichos ecológicos, se diversificar em novas formas e tamanhos, conquistar novos territórios e encontrar um novo lugar na cadeia alimentar.

A era que se seguiu foi chamada de Era dos Mamíferos. Os descendentes desses primeiros mamíferos acabariam evoluindo como cavalos, elefantes, tigres e ratos modernos. Alguns até voltaram para o mar e se tornariam as baleias, os golfinhos e as focas de hoje. Alguns iriam para o céu e se tornariam os morcegos da atualidade.

Nossos antepassados diretos foram os que encontraram refúgio nas altas árvores da África. Eram os primeiros primatas. Eles mudaram da noite (seres noturnos) para o dia (seres diurnos). À medida que ficaram maiores, desenvolveram polegares opostos para agarrar ramos e segurar seus corpos mais pesados. Para sustentar seu tamanho maior, eles mudaram de uma dieta à base de insetos para uma à base de frutas. Eles viviam em grupos e, conforme cresciam, ficavam relativamente livres da predação e da competição alimentar. E mais notável ainda, seu cérebro aumentou mais de cem vezes seu tamanho original.

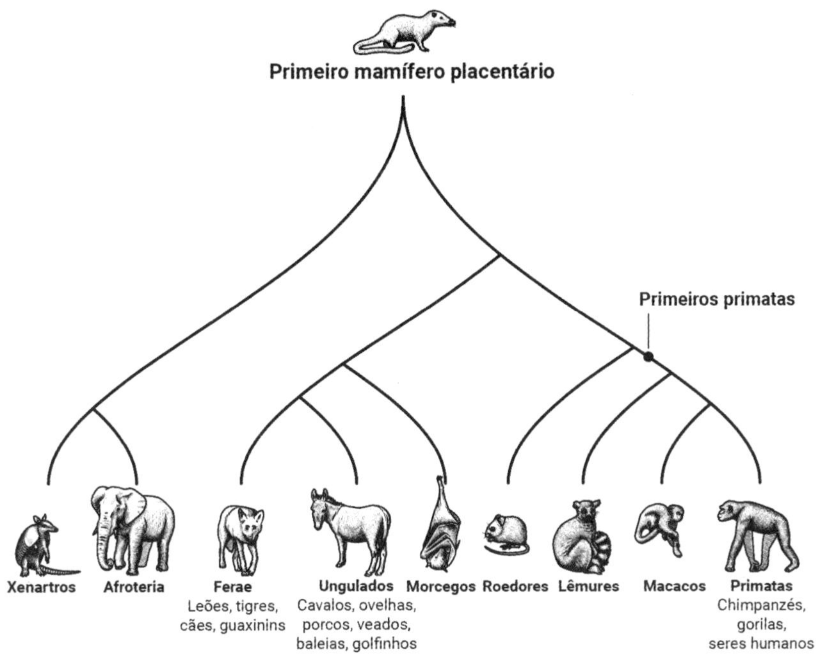

Figura 15.1: Árvore dos mamíferos

Muitas linhagens de mamíferos passaram a ter um cérebro não muito maior (proporcionalmente) do que o dos primeiros mamíferos, e foi apenas em certas linhagens de mamíferos, como elefantes, golfinhos e primatas, que o cérebro se expandiu radicalmente. Como este livro é sobre a história do homem, nos concentraremos na jornada pela qual o cérebro *primata* ficou grande. De fato, por que os primatas têm cérebro tão grande, e especificamente um neocórtice tão grande, é uma questão que tem deixado os cientistas perplexos desde Darwin. O que havia no estilo de vida dos primeiros primatas que necessitava de um cérebro tão grande?

Hipótese do Cérebro Social

Nos anos 1980 e 1990, inúmeros primatologistas e psicólogos evolucionistas, incluindo Nicholas Humphrey, Frans de Waal e Robin Dunbar, começaram a especular que o crescimento do cérebro dos primatas não tinha nada a ver com as exigências *ecológicas* de ser um macaco nas selvas africanas 10 a 30 milhões de anos atrás, mas era uma consequência de demandas *sociais* únicas. Eles argumentavam que esses primatas tinham minissociedades estáveis: grupos de indivíduos que permaneceram juntos por longos períodos. Os cientistas levantaram a hipótese de que, para manter esses grupos sociais excepcionalmente grandes, os indivíduos precisaram de habilidades cognitivas únicas. Isso forçou, eles afirmavam, ter um cérebro maior.

Um teste simples dessa teoria seria examinar as minissociedades de macacos e primatas ao redor do mundo, e ver se o tamanho de seu neocórtice, em relação ao resto do cérebro, se correlacionava com o tamanho do grupo social. Foi Robin Dunbar quem fez isso e o que ele descobriu abalou o campo. Essa correlação foi confirmada em muitos primatas: quanto maior o neocórtex de um primata, maior o seu grupo social.

Mas macacos e primatas estão longe dos únicos mamíferos, muito menos de animais, que vivem em grupos. E, curiosamente, essa correlação não é válida para a maioria dos outros animais. O cérebro de um búfalo vivendo em um rebanho de mil membros não é significativamente maior do que o cérebro de um alce solitário. Não é o tamanho do grupo em geral, mas o tipo específico de grupo que os primeiros primatas criaram que parecia ter exigido um cérebro maior. Havia algo único nos grupos de primatas em relação aos da maioria dos outros mamíferos, algo que só podemos conceber compreendendo a motivação geral para se agrupar.

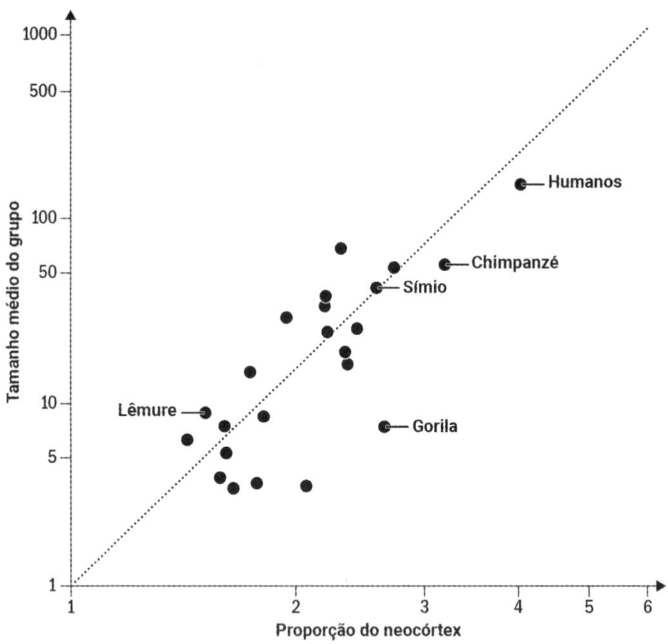

Figura 15.2

Tensão Evolucionária entre Coletivo e Individual

Os primeiros mamíferos eram provavelmente mais sociais do que os amniotas (seus antepassados semelhantes a lagartos) que vieram antes. Esses primeiros mamíferos davam à luz filhotes indefesos. Essa dinâmica só seria sustentável se as mães construíssem um forte vínculo para ajudar, nutrir e proteger fisicamente seus filhotes. Além disso, os mamíferos fazem brincadeiras muito mais do que outros vertebrados. Até os descendentes de mamíferos simples como ratos brincam uns com os outros, montam e lutam. Essas primeiras brincadeiras podem ter servido ao propósito de refinar e treinar o córtex motor dos mamíferos jovens para que, em situações de alto risco, eles não aprendessem do zero. Nesses primeiros mamíferos, o período colaborativo entre mãe e filho era relativamente curto. Após um período de desenvolvimento infantil, o vínculo tende a acabar, e filhotes e mães seguem caminhos separados. É assim para muitos mamíferos que passam a maior parte de suas vidas sozinhos, como tigres e ursos.

Mas nem todos os animais se separam na idade adulta assim. Na verdade, o mais simples, mais utilizado e provavelmente o primeiro comportamento coletivo em animais era viver em grupo, em que animais da mesma espécie simplesmente se agrupavam. Os peixes seguem por reflexo os movimentos uns dos outros e nadam próximos. Muitos dinossauros herbívoros viviam em rebanhos. E, claro, isso é visto nos mamíferos também — búfalos e antílopes vivem em rebanhos. O principal benefício da vida em grupo é que ela ajuda a evitar predadores. Se um único antílope em um rebanho vislumbra um leão próximo e começa a fugir, ele sinaliza para todos os outros no rebanho seguirem. Enquanto um antílope solitário é uma presa fácil, um rebanho pode ser perigoso até mesmo para um leão.

No entanto, a vida em grupo não é um benefício de sobrevivência dado de graça, ele tem um alto custo. Na presença de restrições alimentares ou um número limitado de parceiros elegíveis, um rebanho de animais cria uma competição perigosa. Se essa competição leva a rivalidades e violência, o grupo acaba desperdiçando uma energia preciosa competindo e lutando entre si. Em tal circunstância, o mesmo número de animais ficaria melhor vivendo separadamente.

Assim, os animais que escolheram a estratégia de viver em grupo desenvolveram ferramentas para resolver disputas, minimizando o custo de energia em tal situação. Isso levou ao desenvolvimento de mecanismos para sinalizar força e submissão sem ter que realmente se envolver em uma briga física. Veados e antílopes travam chifres para competir por comida e companheiras, uma forma muito mais fácil de competição do que lutar. Ursos, macacos e cães mostram os dentes e rosnam para demonstrar agressão.

Esses animais também desenvolveram mecanismos para sinalizar submissão, permitindo-lhes reconhecer a derrota e mostrar para os outros que é desnecessário gastar energia ferindo-os. Os cães se curvam e rolam de costas; os ursos se sentam e desviam o olhar; e os veados abaixam a cabeça e achatam as orelhas. Tudo isso forneceu um mecanismo para melhorar as tensões e reduzir a quantidade de energia gasta em rivalidades.

Com a capacidade de sinalizar força e submissão, muitos animais conseguiram viver em grupo. A maioria das linhagens de mamíferos ficava em uma das quatro áreas dos sistemas sociais: solitários, monogâmicos, haréns e grupos com vários indivíduos. Os mamíferos solitários, como o alce, passam grande parte de sua vida adulta sozinhos, agrupando-se principalmente para acasalar e, se forem do sexo feminino, criando os filhotes. Os mamíferos monogâmicos, como raposas vermelhas e ratazanas da pradaria, vivem em pares, criando os filhotes juntos. Outros mamíferos, como os camelos, vivem em haréns, que são grupos sociais com um único macho dominante e muitas fêmeas. Depois há os mamíferos que vivem em grupos com vários indivíduos, grupos sociais com muitos machos e muitas fêmeas vivendo juntos.

Quando os mamíferos solitários e monogâmicos evitam as desvantagens dos grandes grupos sociais, eles também perdem os benefícios. Por outro lado, haréns e grupos com vários indivíduos colhem os benefícios dos grupos maiores, mas incorrem nos custos da competição. Além das demonstrações de agressão e submissão, outra maneira de haréns e grupos com vários indivíduos minimizarem a competição é com uma rigidez hierárquica. Nos haréns, há um único macho dominante que faz todo o acasalamento; os outros machos permitidos no grupo são seus próprios filhos.

As quatro estruturas sociais comuns encontradas nos mamíferos

SOLITÁRIO	MONOGÂMICO	HARÉNS	VÁRIOS INDIVÍDUOS
Independente	Um macho, uma fêmea	Um macho, várias fêmeas	Muitos machos, muitas fêmeas

SOLITÁRIO	MONOGÂMICO	HARÉNS	VÁRIOS INDIVÍDUOS
Vive principalmente de forma independente na idade adulta	Um macho e uma fêmea vivem e criam filhos juntos	Um único macho dominante vivendo com um grupo de fêmeas que têm sua própria hierarquia	Hierarquia masculina e feminina separada
Tigres *Jaguar* *Alce*	*Raposas vermelhas* *Ratazanas* *Lontras gigantes* *Sagui pigmeu*	*Camelos mongóis* *Lobos-marinhos* *Gorilas*	*Leões* *Hipopótamos* *Lêmures* *Chimpanzés* *Babuínos* *Símios* *Macacos*

Os grupos com vários indivíduos também operam com rigidez hierárquica: há uma hierarquia estrita de machos e fêmeas. Os machos de baixo escalão são permitidos no grupo, mas eles fazem pouco acasalamento e recebem o último pedaço de comida; os de alto escalão comem primeiro e fazem a maioria do acasalamento, se não todo.

Como a hierarquia é decidida nesses grupos sociais? Simples: o mais forte, o maior e o mais durão se torna dominante. O travamento de chifres e a amostra dos dentes são para demonstrar quem venceria em uma luta, evitando a luta em si.

Os primeiros primatas fizeram essa mesma troca evolutiva: evoluíram para viver em grupos, aceitando o risco da agressão em benefício da melhor proteção contra predadores de grandes grupos. Quanto maior era o risco de predação experimentado pelos primatas, maior o grupo social que eles criavam em resposta. Como muitos primatas modernos, esses primatas primitivos provavelmente viviam em grupos de muitos indivíduos com hierarquias de machos e fêmeas, em que os membros de baixo escalão recebiam a pior comida e quase nunca acasalavam, e os de alto escalão tinha escolha em cada um. Eles mostravam os dentes como uma demonstração de agressão. Sabemos disso a partir de fósseis e observando o comportamento em muitas sociedades de macacos e primatas de hoje: chimpanzés, bonobos e símios vivem todos assim. À primeira vista, esses primeiros grupos de primatas não seriam diferentes dos grupos com vários indivíduos de outros mamíferos. Mas, conforme os pesquisadores observaram o comportamento dos macacos mais profundamente, ficou claro que, quando se trata de socialidade, os primatas são diferentes da maioria de seus primos mamíferos. Algo aconteceu na socialidade dos primatas primitivos que era diferente da socialidade que tinha evoluído antes nos primeiros mamíferos.*

Primatas Maquiavélicos

Na década de 1970, o primatologista Emil Menzel fazia experimentos com um grupo de chimpanzés vivendo em uma floresta de meio hectare. Inspirado pelos experimentos de Tolman em mapas mentais em ratos, Menzel experimentava os mapas mentais de chimpanzés. Seu principal interesse era se eles conseguiam se lembrar dos locais dos pedaços de comida escondidos.

Menzel escondia um pouco de comida em um local aleatório dentro dessa área de meio hectare, sob uma rocha ou dentro de um arbusto, então revelava sua localização para um dos chimpanzés. Depois ele colocava comida nesses locais de forma recorrente. Chimpanzés, como ratos, eram perfeitamente capazes de se lembrar dos locais exatos, aprendendo a verificar novamente esses pontos específicos para procurar a comida escondida. Mas Menzel começou a identificar um comportamento que era bastante diferente do de um rato, um comportamento que ele nunca teve a intenção de investigar nem tinha esperado encontrar. De fato, enquanto investigava apenas a memória espacial, Menzel descobriu um comportamento que era estranhamente maquiavélico.

Quando Menzel revelou pela primeira vez a localização da comida escondida para uma das chimpanzés subordinadas, chamada Belle, ela alegremente alertou o resto do grupo e compartilhou a comida. Mas quando o macho dominante, Rock, entrou na festa, pegou toda a comida para si mesmo. Depois que Rock fez isso algumas vezes, Belle parou de compartilhar, começando a ter estratégias cada vez mais sofisticadas para ocultar dele as informações sobre os locais escondidos de comida.

No início, Belle simplesmente sentava em cima do local secreto da comida para escondê-la de Rock e só quando ele estava longe, ela descobria e comia abertamente a comida. Mas quando Rock percebia que ela estava escondendo a comida debaixo dela, começava a empurrá-la para pegar a comida. Em resposta, Belle vinha com uma nova

* Coisas semelhantes podem ter ocorrido independentemente em outras linhagens de mamíferos com socialidade complexa (como cães, elefantes e golfinhos).

estratégia — assim que era mostrado um novo local para a comida escondida, ela não ia para ela de imediato. Esperava Rock desviar o olhar, depois corria para a comida. Em resposta a essa nova estratégia, Rock começou a tentar enganar Belle: ele desviava o olhar e agia desinteressado, e assim que Belle ia para a comida, ele virava e corria em direção a ela. Belle ainda tentou levar Rock nas direções erradas, uma mentira que Rock acabou percebendo e, em resposta, começou a procurar comida na direção oposta para onde Belle tentava levá-lo.

Este processo de mentiras cada vez mais maiores e neutralização revela que tanto Rock quanto Belle eram capazes de entender a intenção do outro ("Belle está tentando me afastar da comida", "Rock está tentando me enganar olhando para longe") e entender que é possível manipular as crenças do outro ("Posso fazer Belle pensar que não estou olhando, fingindo estar desinteressado", "Posso fazer Rock pensar que a comida está no local errado, levando-o nessa direção"). Desde o trabalho de Menzel, inúmeros outros experimentos também descobriram que os macacos podem, de fato, entender as intenções dos outros. Considere o seguinte estudo: primatas foram testados em sua capacidade de dizer a diferença entre ações "acidentais" e "intencionais". Mostre a chimpanzés ou orangotangos três caixas, com uma tendo comida. A caixa com comida pode ser diferenciada das outras porque tem uma marca grossa de caneta. Faça isso algumas vezes até que eles aprendam que a comida está sempre na caixa com a marca. Em seguida, peça a um pesquisador que entre com as três caixas e marque de propósito uma caixa inclinando-se para ela e "acidentalmente" marque outra caixa passando o marcador nela. Quando os macacos são autorizados a vir até as caixas para procurar comida, para qual caixa eles vão? Imediatamente vão para a caixa que o pesquisador marcou "de propósito" e ignoram a que foi marcada "acidentalmente". Os macacos deduziram a *intenção* do pesquisador.

Considere outro estudo. Peça a um chimpanzé que se sente em frente a dois pesquisadores com comida perto deles. Um pesquisador é *incapaz* de dar comida por várias razões (às vezes não consegue ver a comida, outras vezes a comida está presa ou ele demonstra que perdeu a comida). Outro pesquisador *não está disposto* a lhe dar comida (simplesmente tem a comida, mas não dá). Nenhum dos pesquisadores deu a comida, no entanto, os chimpanzés tratam os dois casos de forma diferente. Quando dada a chance de escolher entre os dois pesquisadores, os chimpanzés sempre voltavam para a pessoa que parecia incapaz de ajudar e evitavam a que parecia relutante. Os chimpanzés pareciam capazes de usar pistas sobre a situação da outra pessoa (Ele pode ver a comida? Ele a perdeu? Simplesmente não consegue pegá-la?) para raciocinar sobre suas intenções e, assim, prever a probabilidade da outra pessoa lhes dar comida no futuro.

Entender a mente do outro requer compreender não apenas suas intenções, mas também seu *conhecimento*. Belle sentando na comida para escondê-la de Rock era sua tentativa de manipular o conhecimento de Rock. Em outro teste, os chimpanzés tiveram a chance de manusear dois óculos: um era transparente e fácil de ver, o outro era opaco e difícil de ver. Quando tinham a oportunidade de pedir comida aos pesquisadores humanos usando esses mesmos óculos, os chimpanzés sabiam ir até o humano que usava os óculos transparentes — eles podiam dizer que o humano com óculos opacos não os veria.

O grau em que os animais podem inferir a intenção e o conhecimento dos outros continua a ser controverso na psicologia animal. Embora haja evidências significativas de que muitos primatas (especialmente os de grande porte) têm essa capacidade, a evidência em outros animais é menos clara. É possível que outros animais inteligentes, como alguns pássaros, golfinhos e cães, também possam fazer isso. Meu argumento não é que *só* os primatas podem fazer isso, mas que essa capacidade não estava presente nos primeiros mamíferos, e na linhagem humana esse feito surgiu com os primeiros primatas (ou, pelo menos, nos primeiros de grande porte). Mesmo os cães, tão socialmente inteligentes e atentos aos seres humanos, talvez sejam incapazes de entender que os seres humanos podem ter conhecimentos diferentes. Deixe um cão ver seu treinador colocar um petisco em um local, em seguida, deixe o cão ver outra pessoa colocar um petisco em um local diferente (enquanto o treinador não está presente, portanto, desconhece o outro petisco). Quando o treinador volta e comanda, "Pegue o petisco", os cães são igualmente propensos a correr para qualquer local, não identificando o ponto ao qual o treinador está se referindo com base no local que o treinador conhece.

Esse ato de inferir a intenção e o conhecimento de alguém é chamado de "teoria da mente" — assim chamado porque requer que tenhamos uma teoria sobre a mente do outro. É um feito cognitivo que as evidências sugerem que surgiu nos primeiros primatas. E como veremos, a teoria da mente pode explicar por que os primatas têm um cérebro tão grande e o seu tamanho cerebral se correlaciona com o tamanho do grupo.

Política dos Primatas

O comportamento social mais óbvio dos primatas não humanos é a *limpeza*: dois macacos se revezam na coleta de sujeira e ácaros das costas um do outro, onde não conseguem alcançar sozinhos. Na primeira metade do século XX, acreditava-se que esse comportamento era principalmente para fins higiênicos. Mas agora é indiscutível que ele serve mais a um propósito *social*. Não há correlação entre o tempo gasto no asseio e o tamanho do corpo (o que você esperaria se a função do asseio fosse limpar o corpo), mas há uma forte correlação entre o tempo gasto nele e o tamanho do grupo. Além disso, os indivíduos que não são muito cuidados pelos outros não compensam isso se cuidando mais. E os macacos individuais têm parceiros de limpeza muito específicos que persistem por longos períodos, até mesmo durante suas vidas.

Os grupos de primatas não são constituídos por uma mistura social de indivíduos que interagem aleatoriamente; essas minissociedades de quinze a cinquenta primatas são constituídas por sub-redes de relações dinâmicas e específicas. Os macacos acompanham e se lembram de cada indivíduo no grupo, sendo capazes de reconhecê-los pela aparência e pela voz. Eles acompanham não só os indivíduos, mas também as *relações específicas entre* os indivíduos. Quando um pedido de socorro distante é ouvido de um filhote, os indivíduos do grupo olham imediatamente não na direção do pedido de socorro, mas para a *mãe* do filhote aflito: *Ah, não, o que Alice fará para ajudar sua filha?* Ou *Podemos confiar nesse filhote? Vamos ver o que a mãe faz.*

As relações entre os indivíduos não são apenas familiares, mas também hierárquicas. Os macacos-vervet têm uma rotina de aproximação/recuo para sinalizar dominância e submissão; quando um indivíduo de alto escalão caminha em direção a um indivíduo de baixo escalão, o de baixo escalão recua. Essas relações de dominância persistem em todos os contextos: quando o macaco A expressa submissão a B em uma situação, quase sempre A também se submeterá a B em *outra* situação. Essas relações de dominância são transmitidas: se você vê o macaco A se submeter a B e B se submeter a C, então é quase certo que A se submeterá a C. E essas hierarquias geralmente persistem por muitos anos, até gerações. Esses sinais de dominância e submissão não são exibições pontuais, eles representam uma hierarquia social explícita.

Os primatas são extremamente sensíveis a interações que violam a hierarquia social. Em um estudo de 2003, pesquisadores obtiveram gravações de áudio de diferentes membros de um grupo de babuínos fazendo ruídos de dominância ou submissão, em seguida, instalaram alto-falantes perto dos babuínos para que pudessem reproduzir essas gravações. Quando eles reproduziram a gravação de um babuíno de alto escalão fazendo um ruído de dominância seguido por uma gravação de um babuíno de baixo escalão fazendo um ruído de submissão, nenhum babuíno olhou para os alto-falantes — nada surpreendente sobre alguém estabelecendo seu domínio sobre alguém considerado abaixo. No entanto, quando eles reproduziram a gravação de qualquer babuíno de baixo escalão fazendo um ruído de dominância seguido por uma gravação de um babuíno acima fazendo um ruído de submissão — uma *violação* da hierarquia —, os babuínos surtaram e olharam para os alto-falantes para ver o que tinha acabado de acontecer. Como quando um nerd dá um tapa no rosto do valentão popular, a turma não deixa de olhar: *Isso realmente aconteceu*?

O que torna essas sociedades de macacos únicas não é a presença de uma hierarquia social (muitos grupos de animais têm hierarquias sociais), mas como a hierarquia é construída. Se você examinasse a hierarquia social de diferentes grupos de macacos, notaria que muitas vezes não é o macaco mais forte, maior ou mais agressivo que se senta no topo. Ao contrário da maioria dos outros animais sociais, para os primatas não é apenas o poder *físico* que determina a classificação social, mas também o poder *político*.

Como aconteceu nas primeiras civilizações humanas (e infelizmente muitas ainda hoje), algo que determina o lugar de um macaco em seu grupo é a família em que ele nasce. Nos grupos sociais de primatas, tende a haver uma hierarquia de famílias. Veja uma estrutura comum para as hierarquias de fêmeas: no topo da hierarquia está a fêmea mais velha da família de mais alto escalão, seguida por sua prole, então o membro mais velho da segunda família, seguido por sua prole, e assim por diante. E quando a mãe morre, a filha tende a herdar o posto dela.

Em um claro desvio da típica associação de força e posição social entre os não primatas, um membro jovem fraco e frágil de uma família poderosa pode facilmente assustar um macaco adulto muito maior e mais forte de uma família que está abaixo dele. Na verdade, o próprio jovem está claramente ciente de seu lugar na estrutura social — até mesmo os filhotes desafiarão regularmente os adultos de famílias de baixo escalão, mas não desafiarão os adultos de alto escalão.

E como acontece nas sociedades humanas — com oscilações intermináveis das lutas de poder na ascensão e na queda das famílias —, as dinastias dos macacos também sobem e descem. As famílias sofrem uma pressão incrível para melhorar sua posição. Macacos de alto escalão podem escolher comida, parceiros de limpeza, companheiros e locais de descanso. A adequação evolutiva dele melhora com sua posição; macacos de alto escalão têm mais filhos e são menos propensos a morrer de doenças. Assim, se uma família de alto escalão diminuir muito em número, uma família de baixo escalão fará um motim coordenado; a família de baixo escalão fará desafios agressivos persistentes até que o alto escalão se submeta, momento em que uma nova hierarquia foi estabelecida.

Esses motins podem ser evitáveis; as famílias de alto escalão pouco numerosas podem fazer alianças com membros de fora para ajudar a consolidar sua posição. De fato, cerca de 20% das vezes em que uma agressão é feita, outros macacos próximos responderão unindo forças ao atacante ou ao defensor. Na maioria das vezes são os membros da família que vêm ajudar, mas cerca de um terço das vezes são os membros *fora da família*. Parece que a capacidade de fazer alianças é um dos principais determinantes da posição de um indivíduo: os macacos de alto escalão tendem a ser melhores ao recrutar aliados de indivíduos fora da família e as inversões da hierarquia geralmente acontecem quando os macacos falham ao recrutar esses aliados.

A política dos macacos acontece na dinâmica dessas alianças, que são feitas não com relações familiares fixas, mas cuidando e apoiando os outros em conflitos. Alianças e parcerias de limpeza representam uma relação comum, o que chamaríamos de *amizade*: os macacos socorrem com mais frequência aqueles com quem já formaram parcerias de limpeza. E um macaco pode ter reciprocidade com atos de bondade, mesmo com aqueles que atualmente não são seus amigos. Se o macaco A sair de sua rotina para limpar o macaco B, então B é bem mais propenso a correr para defender A na próxima vez que A fizer uma vocalização de "me ajude". Isso também acontece ao sair da rotina para apoiar os outros em conflitos — os macacos tendem a correr em defesa daqueles que correram em sua própria defesa. Nessas alianças também há uma noção de confiança: quando um chimpanzé tem a opção de (a) um pesquisador lhe dar diretamente um lanche medíocre ou (b) dar a *outro* chimpanzé (tomara que ele compartilhe) um lanche *incrível*, os chimpanzés escolheram (b) somente se o outro chimpanzé for um parceiro de limpeza. Do contrário, ficam com a pior comida só para eles.

Essas alianças têm um grande impacto na posição política e na qualidade de vida de um macaco. Aqueles com poder se beneficiam de fazer uma coalizão suficiente com aliados de baixo escalão e os macacos de baixo escalão podem melhorar muitíssimo suas vidas fazendo amizades com as famílias de alto escalão certas. Indivíduos de baixo escalão com parceiros de higiene poderosos são muito menos assediados, mesmo quando o aliado de alto escalão está fora de vista; todos no grupo sabem: *Não mexa com Tiago, a menos que você queira se entender com Carlos.* Os macacos de alto escalão são mais tolerantes aos indivíduos de baixo escalão com os quais fizeram alianças, dando-lhes mais acesso à comida.

Muito do comportamento social dos macacos sugere um incrível grau de antecipação política. Os macacos preferem investir em relacionamentos com aqueles que estão acima deles. Os macacos preferem acasalar com os membros mais altos do grupo. Os macacos competem para se limpar com indivíduos de alto escalão. Quando uma disputa começa, os macacos tendem a unir forças com o indivíduo de alto escalão. Os filhos de mães de alto escalão são os companheiros mais populares.

Os macacos de alto escalão também exibem uma inteligência *com a qual* os membros de baixo escalão escolhem fazer amizade. Em um estudo em que diferentes macacos de baixo escalão foram treinados para fazer tarefas específicas para obter comida, os macacos de alto escalão rapidamente fizeram amizade com aqueles que tinham habilidades especializadas, e mantiveram essas parcerias de higiene mesmo depois de não haver uma perspectiva imediata de ganhar comida: *Posso ver que você é útil; vou colocá-lo sob minha proteção.*

Os macacos também mostram inteligência política após um conflito. Eles saem de sua rotina para tentar "fazer as pazes" após interações agressivas, sobretudo aqueles com membros fora da família. Muitas vezes procuram abraçar e limpar aqueles com quem lutaram, e também tentam fazer as pazes com as *famílias* dos indivíduos, passando o dobro do tempo habitual com os membros da família daqueles com quem brigaram recentemente.

Corrida Armamentista da Sabedoria Política

De alguma forma, a trajetória evolutiva dos primeiros primatas levou ao desenvolvimento do conjunto incrivelmente amplo de comportamentos sociais complexos vistos nas espécies modernas de primatas. E dentro desses comportamentos temos sugestões da base comportamental de como os seres humanos tendem a interagir entre si. Por que os primatas evoluíram esses instintos não está muito claro, mas pode ter alguma relação com o nicho único em que os primeiros primatas se encontraram após o evento de extinção do Permiano-Triássico.

Os primeiros primatas pareciam ter uma dieta única de colher frutas diretamente nas copas das árvores — eles eram *frugívoros*. Eles arrancavam as frutas das árvores logo após o amadurecimento, mas antes de caírem no chão. Isso permitia que os primatas tivessem acesso fácil aos alimentos sem muita competição de outras espécies. Esse nicho ecológico único pode ter dado a eles dois presentes que abriram as portas para seus grupos sociais únicos com cérebro grande e complexo. Primeiro, o fácil acesso às frutas deu aos primatas muitas *calorias*, com a opção evolutiva de gastar energia em um cérebro maior. Segundo, e talvez mais importante, deu a eles muito *tempo*.

Tempo livre é extremamente raro no reino animal; a maioria dos animais não tem escolha a não ser passar cada momento de seu tempo diário comendo, descansando e acasalando. Mas esses primatas frugívoros não tinham que passar tanto tempo colhendo como os outros animais, então, ao escalar a hierarquia social, eles tinham uma nova opção evolutiva: em vez de gastar energia desenvolvendo músculos maiores para lutar até o topo, eles podiam gastar energia desenvolvendo um cérebro maior para fazer política e seguir em sua ascensão.

Então os primatas pareciam ocupar seu tempo livre com politicagem. Os primatas de hoje passam até *20% do seu dia socializando*, uma quantidade de tempo muito maior do que a maioria dos outros mamíferos. E foi demonstrado que esse tempo de socialização está relacionado de forma causal com a quantidade de tempo livre que os primatas têm; à medida que mais tempo livre é dado (proporcionando acesso mais fácil à comida), mais tempo os primatas passam socializando.

Isso criou uma corrida armamentista evolucionária completamente nova: uma batalha por conhecimento político. Qualquer primata nascido com melhores truques para ganhar favores e aliados sobreviveria melhor e teria mais bebês. Isso pressionou os outros primatas a desenvolver mecanismos mais inteligentes para a política. De fato, o tamanho do neocórtex dos primatas está correlacionado não apenas com o tamanho do grupo social, mas também com a sabedoria social. Uma consequência dessa corrida armamentista parece ter sido o florescimento de muitos instintos sociais humanos, tanto os bons (amizades, reciprocidade, reconciliação, confiança, partilha) como os ruins (tribalismo, nepotismo, mentira). Embora muitos aspectos dessas mudanças comportamentais não exijam nenhum novo sistema cerebral particularmente inteligente, havia de fato um feito intelectual subjacente nessa política: a capacidade de praticar a teoria da mente.

Não está claro como a sabedoria política seria possível se uma espécie não tivesse, pelo menos, uma versão básica e primitiva da teoria da mente — somente com essa capacidade os indivíduos podem inferir o que os outros querem e, assim, descobrir de quem se aproximar e como. Somente com a teoria da mente os primatas individuais podem saber não mexer com um indivíduo de baixo escalão que tem amigos de alto escalão; isso requer entender a intenção dos indivíduos de alto escalão e o que eles farão em situações futuras. Somente com essa habilidade da teoria da mente é possível descobrir quem provavelmente se tornará poderoso no futuro, com quem precisa fazer amizade e com quem pode se decepcionar.

Portanto, pode ser por isso que os primatas começaram a desenvolver um cérebro tão grande, por que seu tamanho cerebral está correlacionado com o tamanho do grupo social e por que os primatas evoluíram na capacidade de raciocinar sobre a mente dos outros. Claro, a questão é: *como* o cérebro dos primatas faz isso?

16

Como Modelar Outras Mentes

Nosso antepassado mamífero de 70 milhões de anos atrás tinha um cérebro pesando poucos gramas. Quando nossos antepassados macacos chegaram há 10 milhões de anos, ele tinha expandido para cerca de 350g. É quase um aumento de mil vezes no tamanho do cérebro. Uma expansão tão grande apresenta um desafio ao relacionar as áreas do cérebro ao longo do tempo (primeiros mamíferos e primeiros primatas) e entre as espécies em um ponto no tempo (o cérebro do rato e o cérebro do chimpanzé atualmente). Quais áreas cerebrais são realmente novas e quais são apenas versões expandidas da mesma coisa?

Claramente algumas estruturas no cérebro escalarão naturalmente com o tamanho corporal sem nenhuma mudança significativa na função. Por exemplo, um corpo maior significa mais nervos de toque e dor, o que significa mais espaço neocortical para processar esses sinais sensoriais. A área superficial do córtex somatossensorial dos primeiros primatas era obviamente muito maior do que a dos primeiros mamíferos, embora desempenhasse a mesma função. O mesmo acontece com olhos e músculos maiores, e qualquer outra coisa que exija nervos de entrada ou saída.

Além disso, mais neurônios podem ser adicionados a uma estrutura para melhorar seu desempenho sem alterar fundamentalmente sua função. Por exemplo, se o gânglio basal fosse cem vezes maior, poderia permitir associações entre muito mais ações e recompensas, ainda realizando fundamentalmente a mesma função: implementar um algoritmo de aprendizado por diferença temporal. Da mesma forma, o córtex visual dos primatas é muitíssimo maior do que o dos roedores, mesmo considerando a escala cerebral. Sem nenhuma surpresa, os primatas são melhores do que roedores em muitos aspectos do processamento visual.

Mas a área visual do neocórtex não desempenha uma função única nos primatas; os primatas apenas dedicaram mais espaço, em proporção, à mesma função e obtiveram melhor desempenho.

E há as áreas confusas, com estruturas muito semelhantes, mas levemente modificadas, oscilando entre o novo e o antigo. Um exemplo são as novas camadas hierárquicas do processamento sensorial no neocórtex. Os primatas têm muitas regiões hierárquicas do neocórtex visual com processamento indo de uma região para outra. Essas áreas ainda processam a entrada visual, mas a adição de novas camadas hierárquicas as torna qualitativamente diferentes. Algumas áreas respondem a formas simples; outras respondem a rostos.

Mas também existem, claro, regiões cerebrais realmente novas, estruturas com conectividade única que realizam novas funções.

Então a questão é: no cérebro dos primatas primitivos, quanto foi simplesmente aumentado (com ou sem proporção) e quanto era novo? A maioria das evidências sugere que, apesar da expansão radical em tamanho, o cérebro de nosso antepassado primata, e dos primatas hoje, era em grande parte igual ao dos primeiros mamíferos. Um rombencéfalo maior, um gânglio basal maior, um neocórtex maior, mas ainda as mesmas regiões conectadas de todas as maneiras fundamentais. Esses primeiros primatas dedicavam, de fato, desproporcionalmente mais neocórtex a certas funções, como visão e toque, mas ainda assim, as funções e a conectividade eram em grande parte iguais. Novas camadas hierárquicas foram adicionadas, com informações sensoriais indo de uma camada neocortical para outra, permitindo que representações cada vez mais abstratas fossem formadas. Mas isso foi principalmente apenas para melhorar o desempenho.

Então, poderia ser o caso de que a inteligência surpreendente dos primatas, com toda a sua teoria da mente, política e truques, foi uma consequência de nada mais do que a escala do cérebro?

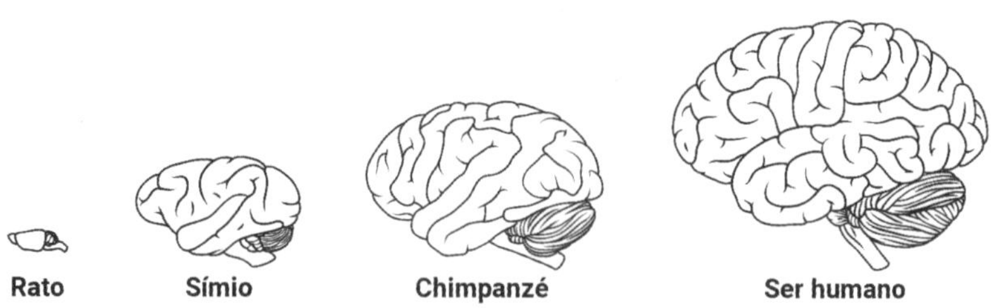

Figura 16.1

Novas Regiões Neocorticais dos Primeiros Primatas

Embora a maior parte do cérebro dos primeiros primatas fosse apenas um cérebro de mamífero aumentado, havia certas áreas do neocórtex que eram realmente novas. Podemos categorizar as novas áreas neocorticais que surgiram na linhagem dos primatas em dois grupos. O primeiro é o córtex pré-frontal granular (gPFC), que era uma nova adição ao córtex frontal.* Esse córtex pré-frontal granular mais recente envolve o córtex pré-frontal *agranular* muito mais antigo (aPFC). A segunda nova área, que chamarei de córtex sensorial primata (PSC), é uma fusão de várias áreas novas do córtex sensorial que surgiram nos primatas.† O gPFC e o PSC estão extremamente interligados, formando sua própria nova rede de regiões neocorticais frontal e sensorial.

O que torna essas áreas "novas"? Não é o microcircuito delas; todas essas áreas ainda são neocórtex e têm o mesmo microcircuito colunar geral das outras áreas do neocórtex nos mamíferos. É sua conectividade de entrada e saída que as torna novas; é que essas áreas compõem um modelo generativo *do* que desbloqueou fundamentalmente novas habilidades cognitivas.

Como vimos no avanço 3, um ser humano com danos no aPFC tem sintomas óbvios e graves, como o mutismo acinético, em que os pacientes ficam completamente mudos e sem iniciativa.

Em oposição aos sintomas alarmantes do dano no aPFC, o dano no córtex pré-frontal granular próximo muitas vezes leva a sintomas mínimos. Na verdade, o comprometimento com danos nessas áreas é tão mínimo que muitos neurocientistas na década de 1940 se perguntavam se essas áreas tinham alguma significância funcional. Um estudo de caso famoso na época era de um paciente convulsivo chamado K. M., que teve um terço do seu córtex frontal removido para tratar as convulsões. Após a cirurgia, K. M. parecia não ter déficits no intelecto ou na percepção. O QI de K. M. após a remoção de um terço de seu córtex frontal ficou inalterado — muito pelo contrário, *aumentou*. Nas palavras de um neurocientista na época, a função do córtex pré-frontal granular era um "enigma".

---

* Como mencionado no Capítulo 11, é chamado granular por sua camada quatro excepcionalmente grossa, contendo neurônios granulados.

† As principais áreas novas são o sulco temporal superior (STS) e a junção temporoparietal (TPJ).

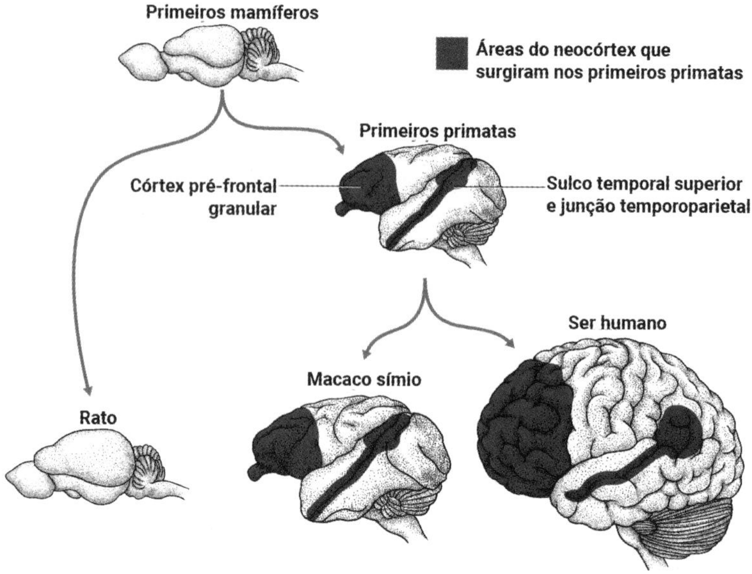

Figura 16.2: Regiões neocorticais compartilhadas nos mamíferos e novas regiões dos primatas

Modelando a Própria Mente

Considere um estudo feito em 2001. Indivíduos humanos foram colocados em uma máquina de ressonância magnética e foi mostrada uma série de imagens. A cada foto, os participantes foram perguntados "Como você se sente com isso?" ou foi feita alguma pergunta banal sobre o conteúdo da imagem, como "Esta foto foi tirada dentro ou fora de casa?" Ambas as tarefas ativaram o aPFC, o que faz sentido, uma vez que ambas requerem fazer uma simulação interna do mundo ao redor da imagem para decidir se é mais provável que esteja dentro ou fora ou de seus próprios pensamentos e sensações. Mas só quando foi perguntado aos seres humanos como *eles se sentiam* sobre uma imagem que o gPFC iluminou.

Já houve inúmeras experiências confirmando isso. O córtex pré-frontal granular fica exclusivamente ativo durante tarefas que exigem *autorreferência*, como avaliar seus próprios traços de personalidade, divagação geral autorrelacionada, considerar os próprios sentimentos, pensar em suas próprias intenções e pensar em si mesmo em geral.

Com a sugestão de que o córtex pré-frontal granular é exclusivamente ativado por autorreferência, será que não vimos um comprometimento sutil, mas crucial, do dano pré-frontal granular?

Em 2015, os cientistas fizeram o seguinte estudo. Eles deram aos participantes uma palavra neutra (por exemplo, *pássaro* ou *restaurante*) e pediram que eles contassem ao pesquisador diferentes narrativas *deles mesmos* associadas a essa palavra. Alguns participantes eram saudáveis, outros tinham danos nas áreas do córtex pré-frontal granular e havia também aqueles com danos no hipocampo.

Como as narrativas das pessoas diferem nessas condições? As pessoas com danos nas áreas pré-frontais granulares, mas com o aPFC e o hipocampo intactos, conseguiram imaginar cenas complexas, cheias de detalhes, mas tiveram problemas para *se* imaginar em tais cenas. Às vezes, até se omitiam completamente nas narrativas. Os danos no hipocampo pareciam ter o efeito contrário: os pacientes podiam se imaginar em situações passadas ou futuras muito bem, mas se esforçavam para construir aspectos externos do mundo; eles eram incapazes de descrever em detalhes qualquer um dos elementos circundantes.

Isso sugere que o córtex pré-frontal granular tem um papel fundamental em sua capacidade de *se* projetar (suas intenções, seus sentimentos, pensamentos, sua personalidade e seu conhecimento) nas simulações feitas, sendo elas sobre o passado ou algum futuro imaginado. As simulações feitas no cérebro de ratos, que não têm gPFC, apenas um aPFC e hipocampo, mostram evidências de representar um mundo externo, mas não há nada que sugira que eles realmente projetem qualquer modelo significativo *deles mesmos* nessas simulações.

Danos no córtex pré-frontal granular também podem afetar os modelos que as pessoas fazem de si mesmas, não apenas em suas simulações mentais, mas também no *presente*. Algumas pessoas com danos no gPFC desenvolvem a síndrome do espelho, uma condição em que não se reconhecem em um espelho. Esses pacientes *insistem* que as pessoas que veem no espelho não são *eles*. A modelagem de sua própria mente no presente e a mente que você projeta em sua imaginação parecem estar intimamente relacionadas.

A ideia de que novas áreas dos primatas participam da modelagem de *sua própria mente* faz sentido quando você acompanha sua conectividade de entrada/saída. O aPFC mais antigo do mamífero recebe a entrada diretamente da amígdala e do hipocampo, já o novo gPFC do primata recebe quase nenhuma entrada da amígdala ou do hipocampo, ou qualquer entrada sensorial direta. Pelo contrário, o gPFC do primata obtém a maior parte de sua entrada diretamente do aPFC mais antigo.

Uma interpretação é que essas novas áreas dos primatas estão construindo um modelo generativo do aPFC mais antigos dos mamíferos e do próprio córtex sensorial. Assim como o aPFC constrói explicações da atividade da amígdala e do hipocampo (inventa a "intenção"), talvez o gPFC construa explicações do modelo de intenção do aPFC, possivelmente inventando o que se pode chamar de *mente*. Talvez o gPFC e o PSC construam um modelo de simulação interna própria para explicar as intenções de alguém no aPFC, dado o conhecimento no neocórtex sensorial.

Usaremos um experimento mental para ter uma ideia sobre o que isso significa. Suponha que você coloque nosso antepassado primata em um labirinto. Quando ele chegou a um ponto de escolha, virou à esquerda. Suponha que pudesse perguntar às diferentes áreas do cérebro por que o animal virou à esquerda. Você obteria respostas muito diferentes em cada nível de abstração. Os reflexos diriam: *Porque eu tenho uma regra evolutivamente codificada para me virar para o odor que vem da esquerda.* As estruturas dos vertebrados diriam: *Porque ir para a esquerda maximiza a recompensa futura prevista.* As estruturas dos mamíferos diriam: *Porque a esquerda leva à comida.* Mas as estruturas dos primatas diriam: *Porque estou com fome, comer é bom quando estou com fome e até onde sei, ir para a esquerda leva à comida.* Em outras palavras, o gPFC constrói explicações da própria simulação do que o animal quer, sabe e pensa. Psicólogos e filósofos chamam isso de *metacognição*: a capacidade de pensar sobre o pensamento.

O que os mamíferos encontram em suas simulações internas do mundo externo é, em certo sentido, igual ao seu conhecimento sobre o mundo externo. Quando um mamífero simula percorrer um caminho e seu neocórtex sensorial faz uma simulação de que contém água no final do caminho, isso é a mesma coisa que "saber" que a água existe no final do caminho. Enquanto as áreas do neocórtex sensorial nos mamíferos mais antigos fazem a simulação do mundo externo (contendo conhecimento), as novas áreas do neocórtex nos primatas (o que tenho chamado de córtex sensorial primata) parecem criar um modelo desse conhecimento em si (as áreas do PSC recebem informações de várias áreas do neocórtex sensorial). Essas novas áreas dos primatas tentam explicar *por que* o neocórtex sensorial acredita que a comida está lá, por que a simulação interna de um animal do mundo externo é assim. Uma resposta poderia ser: *Porque da última vez que fui lá, vi água, portanto, quando simulei voltar para lá, vejo água na minha imaginação.* Colocando um pouco diferente: *Como vi água lá na última vez, agora eu sei que tem água, antes eu não sabia.*

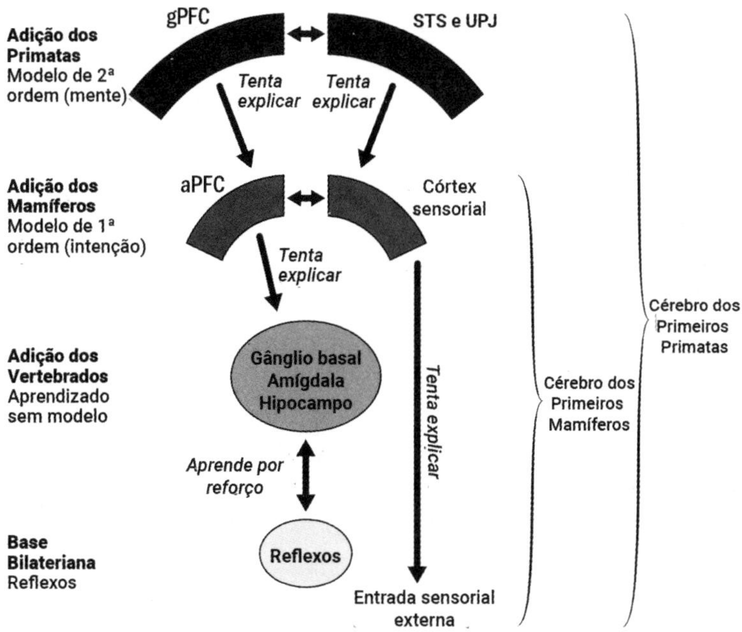

Figura 16.3

Todos esses sistemas estão ligados uns aos outros. Os reflexos geram respostas de valência sem qualquer aprendizado necessário, fazendo escolhas baseadas em regras codificadas evolutivamente. O gânglio basal e a amígdala dos vertebrados podem *então* aprender novos comportamentos com base no que foi historicamente reforçado por esses reflexos, fazendo escolhas segundo a maximização da recompensa. O aPFC dos mamíferos pode então aprender um modelo generativo desse comportamento sem modelo e construir explicações, fazendo escolhas baseadas nos objetivos imaginados (por exemplo, beber água). Este poderia ser considerado um modelo de primeira ordem. O gPFC dos primatas pode então aprender um modelo generativo mais abstrato (um modelo de segunda ordem) desse comportamento orientado por aPFC e construir explicações da própria intenção, fazendo escolhas baseadas nos estados mentais e no conhecimento (*Estou com sede; beber água quando tenho sede é bom e quando eu simulo ir por este caminho, encontro água na minha simulação, daí eu querer seguir nessa direção*).

O modelo de primeira ordem dos mamíferos tem um claro benefício evolutivo: permite que o animal encene escolhas indiretamente antes de agir. Mas qual é o benefício evolutivo de desenvolver um modelo de segunda ordem? Por que modelar sua própria intenção e conhecimento?

Modelando Outras Mentes

Considere a tarefa das histórias em quadrinhos concebida por Eric Brunet-Gouet em 2000. Foram mostradas várias histórias em quadrinhos a participantes humanos, cada uma com três quadros, e pediram para adivinhar qual era o final mais provável do quarto quadro. Havia dois tipos de histórias: um exigia inferir a intenção dos personagens para adivinhar corretamente o final e o outro exigia apenas entender as relações causais físicas.

Brunet-Gouet fez uma tomografia do cérebro dos participantes enquanto eles faziam a tarefa. Ele encontrou uma diferença interessante em quais regiões do cérebro eram excitadas por cada tipo de história em quadrinhos. Quando perguntados sobre as histórias que exigiam entender as intenções dos personagens, mas não quando perguntados sobre outras histórias em quadrinhos, as áreas do neocórtex exclusivas dos primatas, como o gPFC, iluminavam-se com a ativação.

Além de inferir a *intenção* de outras pessoas, essas áreas dos primatas também são ativadas por tarefas que exigem inferir o *conhecimento* dos outros. Um teste famoso é o teste de Sally e Anne: é mostrada uma série de eventos que ocorrem entre dois indivíduos, Sally e Anne. Sally coloca uma bola de gude em uma cesta; Sally sai; quando Sally não está olhando, Anne tira a bola da cesta e coloca em uma caixa próxima; Sally volta. Então é perguntado à participante: se Sally quiser brincar com sua bola de gude, onde irá procurá-la?

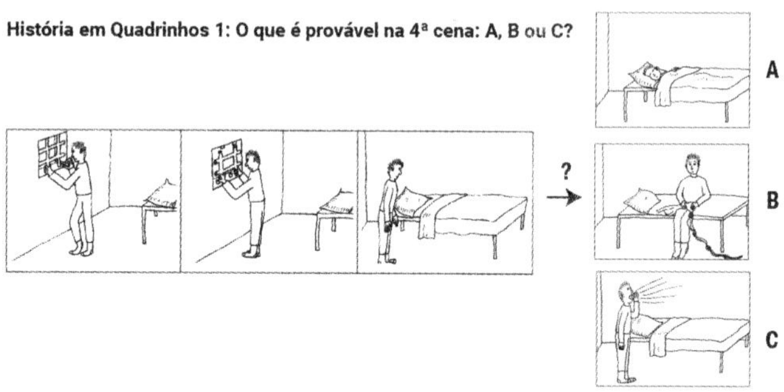

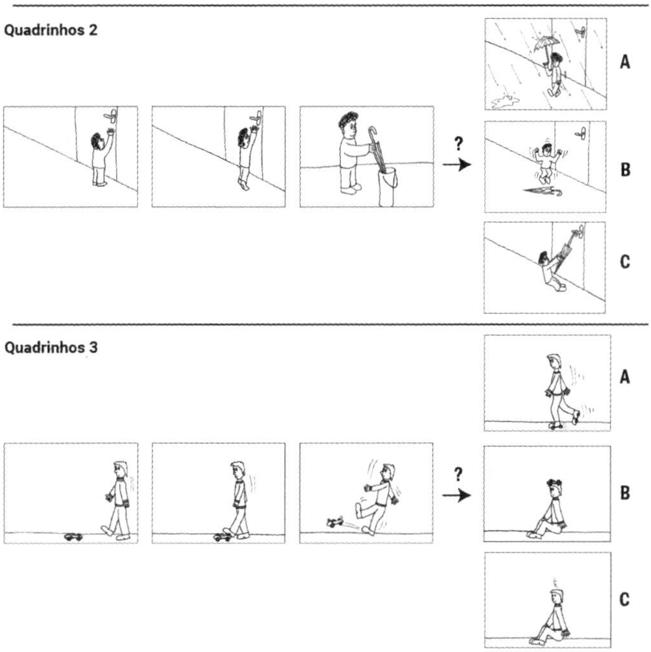

Figura 16.4. Exemplos da tarefa de história em quadrinhos: os quadrinhos 1 e 2 exigem compreender a intenção, os quadrinhos 3 não requerem. A resposta para os quadrinhos 1 é B (ele quer fugir pela janela). A resposta para os quadrinhos 2 é C (ele quer abrir a porta). Resposta para os quadrinhos 3 é C (ele cairá)

Responder isso corretamente requer perceber que Sally tem um conhecimento diferente do seu. Enquanto *você* viu Anne colocar a bolinha de gude na caixa, *Sally* não. Então a resposta certa é que Sally olhará na cesta, mesmo que a bolinha não esteja lá. Há muitas formas para o teste de Sally e Anne, geralmente referido como "testes da falsa crença". Os humanos passam nesses testes com 4 anos. Quando uma pessoa na máquina de ressonância magnética faz testes de falsa crença, o gPFC dos primatas e o PSC acendem, e o desempenho da pessoa se correlaciona com o grau de ativação. De fato, em inúmeros estudos, foi demonstrado que muitas dessas áreas neocorticais exclusivas dos primatas são especificamente ativadas por tais tarefas de falsa crença.

Figura 16.5: Teste de Sally e Anne para a teoria da mente

Se reavaliarmos nossos pacientes misteriosos com danos pré-frontais granulares e os testarmos com as tarefas da teoria da mente, começaremos a ver um tema comum surgindo de seus sintomas aparentemente distintos, sutis e bizarros. Esses pacientes são piores em resolver os testes da falsa crença como o teste de Sally e Anne; eles são muito piores em reconhecer emoções nas outras pessoas; eles tentam ter empatia com as emoções dos outros, lutam para diferenciar mentiras de piadas, tentam identificar uma gafe que ofenderia alguém, tentam ter a perspectiva visual de outra pessoa e se esforçam para enganar os outros.

Embora todos os estudos acima tenham relação com o cérebro humano (apesar das partes do cérebro humano herdadas de nossos antepassados primatas), experimentos confirmaram os mesmos efeitos em primatas não humanos. Coloque um macaco em uma situação em que ele tenha que raciocinar sobre a intenção ou o conhecimento do outro para resolver uma tarefa e o gPFC acende, assim como acontece nos seres humanos. Danifique o gPFC em um macaco e seu desempenho em tais tarefas fica prejudicado, como acontece nos seres humanos.

E, de fato, revelando sua importância na compreensão dos outros, o tamanho dessas áreas pré-frontais granulares está correlacionado com o tamanho da rede social nos primatas. Quanto maior a área pré-frontal granular de um primata, maior a hierarquia social. Essa mesma relação é vista até em pessoas: quanto mais densas as áreas pré-frontais granulares de um ser humano, maior sua rede social e melhor o desempenho dessa pessoa nas tarefas da teoria da mente.

Essas regiões neocorticais recentes nos primatas parecem ser o *locus* tanto do modelo da própria mente quanto da capacidade de modelar outras mentes. O fato de que essas duas funções aparentemente distintas têm uma sobreposição extrema, se não idêntica, é uma pista flagrante para o propósito evolutivo e o mecanismo dessas novas estruturas dos primatas.

Modelando Sua Mente para Modelar Outras Mentes

Desde Platão, há uma hipótese sobre como os humanos entendem a mente de outros humanos. A teoria é que primeiro entendemos nossa própria mente, depois usamos essa compreensão de nós mesmos para entender os outros. As formulações modernas dessa antiga ideia são referidas como "teoria da simulação" ou "teoria da projeção social". Quando tentamos entender por que alguém fez algo, fazemos isso nos imaginando na situação da pessoa — com seu conhecimento e história de vida: "Ela provavelmente gritou comigo porque está estressada por ter um teste amanhã; sei que eu grito mais quando estou estressado". Quando tentamos entender o que os outros farão, imaginamos o que faríamos em sua situação se tivéssemos seu conhecimento e antecedentes: "Não acho que Tiago dividirá sua comida com Jorge de novo; acredito que Tiago viu Jorge roubar, e eu sei que se vi meu amigo roubar de mim, não dividiria mais com ele." Entendemos os outros nos colocando em seu lugar.

A melhor evidência da teoria da projeção social é o fato de que as tarefas que exigem a compreensão de *si mesmo* e as que exigem a compreensão dos *outros* ativam e exigem as mesmas estruturas neurais exclusivas dos primatas. Raciocinar sobre sua própria mente e sobre outras mentes é o mesmo processo no cérebro.

Evidências da teoria da projeção social também podem ser encontradas em como as crianças desenvolvem sua identidade. O desenvolvimento infantil da identidade está altamente relacionado ao desenvolvimento infantil da teoria da mente. Uma maneira de testar a identidade de uma criança é o teste de autorreconhecimento espelhado. Coloque uma mancha de algo no rosto de uma criança, deixe-a olhar no espelho e veja se ela toca nessa parte do rosto, percebendo que está se vendo. As crianças não tendem a passar nesse teste até que tenham cerca de 2 anos de idade. É também nessa época que as crianças começam a exibir uma compreensão primitiva dos estados mentais, começam a usar palavras como *querer*, *desejar* e *fingir*. É mais tarde, por volta dos 3 anos, quando as crianças percebem que podem manter suas próprias crenças falsas; elas são capazes de fazer declarações como "Pensei que era um jacaré. Agora sei que é um crocodilo". Só depois desse ponto, em torno de 4 ou 5 anos, elas passam nos testes da falsa crença, como o teste de Sally e Anne, com relação a outras pessoas.

Outros estudos descobriram uma forte correlação entre a capacidade das crianças de relatar seus *próprios* estados mentais e relatar os estados mentais dos *outros* — quando as crianças melhoram em um, tendem a melhorar simultaneamente no outro. Além disso, danos no desenvolvimento de um prejudicam as habilidades do outro; chimpanzés criados em isolamento social são incapazes de se reconhecer em um espelho. A modelagem de sua própria mente e a dos outros está entrelaçada.

Nossa compreensão de nós mesmos muitas vezes fica interligada com nossa compreensão dos outros, consistente com a ideia de que estamos reutilizando um sistema comum para cada um. Por exemplo, estar com um humor específico (feliz ou triste) faz com que você seja tendencioso para inferir incorretamente esses estados nos outros; estar com sede faz com que você pense incorretamente que os outros estão com mais sede do que estão de fato. As pessoas tendem a projetar seus próprios traços de personalidade nos outros. A distinção entre o eu e o outro pode ficar interligada, um efeito que você esperaria se entendêssemos os outros projetando-nos em sua situação.

Para a nossa pergunta original: como a teoria da mente funciona? Uma possibilidade, pelo menos conceitual, pode ser que as áreas neocorticais exclusivas dos primatas constroem primeiro um modelo generativo de *sua própria simulação interna* (em outras palavras, de sua mente), depois usam esse modelo para tentar simular a mente dos outros.

Estamos em um terreno abstrato aqui — dificilmente é um projeto algorítmico detalhado de como construir um sistema de IA com a teoria da mente. Mas a ideia de iniciar a teoria da mente modelando primeiro a própria simulação interna, de se modelar para modelar os outros, fornece uma referência interessante. Hoje, podemos treinar um sistema de IA para assistir a vídeos do comportamento humano e prever o que os humanos farão em seguida; mostramos a esses sistemas vídeos intermináveis de humanos fazendo coisas e damos a eles as respostas certas do que os humanos estão fazendo ("Isto é aperto de mão"; "Isto é pular"). As plataformas de publicidade podem usar o comportamento para prever o que as pessoas comprarão. E temos sistemas de IA que tentam identificar emoções no rosto das pessoas (depois que os sistemas foram treinados com muitas fotos de rostos classificados por emoções). Mas tudo isso está claramente muito longe da complexidade da teoria da mente no cérebro humano (e de outros primatas). Se quisermos sistemas de IA e robôs que possam viver ao nosso lado, entender a pessoa que somos, deduzir o que não sabemos que queremos saber, inferir o que *pretendemos* com o que dizemos, antecipar o que precisamos ou queremos antes de ser dito, navegar nas relações sociais com grupos de seres humanos, com todas as suas regras e etiqueta ocultas, ou seja, se quisermos sistemas de IA verdadeiramente humanos, a teoria da mente será inegavelmente um componente essencial desse sistema.

Na verdade, a teoria da mente pode ser o aspecto mais essencial da construção de um futuro de sucesso com sistemas de IA superinteligentes. Se os sistemas de IA superinteligentes não conseguirem inferir o que realmente queremos dizer com o que dizemos, corremos o risco de entrar em um futuro distópico em que os sistemas de IA interpretam mal nossas solicitações com possíveis consequências catastróficas. Aprenderemos mais sobre a importância da teoria da mente ao fazer solicitações dos sistemas de IA no avanço 5.

No topo da hierarquia social de um grupo de antepassados primatas havia mais acesso a comida e acasalamentos, e na base havia o último pedaço de comida e nenhum acesso a acasalamentos. A teoria da mente permitiu que cada primata subisse nessa escada social; permitiu-lhes gerenciar sua reputação e esconder suas transgressões; permitiu-lhes fazer alianças, fazer amizade com estrelas em ascensão, beijar o anel de famílias poderosas; permitiu-lhes fazer coligações e preparar rebeliões; permitiu-lhes melhorar as disputas em formação e reparar as relações após uma briga. Ao contrário das habilidades intelectuais que surgiram nos avanços anteriores, a teoria da mente não nasceu da necessidade de sobreviver aos perigos de predadores famintos ou presas inacessíveis, mas dos perigos mais sutis e incisivos da política.

A política foi a história de origem do avanço 4, mas está longe de ser a história completa. Como veremos nos próximos dois capítulos, a teoria da mente nos primeiros primatas foi reaproveitada para duas outras novas habilidades.

17

Macacos, Suas Ferramentas e Carros Autônomos

Jane Goodall não podia acreditar em seus olhos.

Era novembro de 1960. Por meses ela vinha seguindo um bando local de chimpanzés em Gombe, Tanzânia. Só recentemente os chimpanzés começaram a aceitar sua presença, permitindo-lhe ficar perto o suficiente para observá-los em seu habitat natural. Nos anos anteriores, Goodall fizera amizade com um paleontólogo queniano chamado Louis Leakey; ele finalmente a enviou para estudar a vida social dos chimpanzés em seu habitat natural. Mas a primeira descoberta que Goodall faria não era sobre a vida social deles.

Sentada calmamente a certa distância, Goodall notou dois chimpanzés, que ela chamou de David Greybeard e Golias, pegando galhos finos, tirando as folhas deles e colocando-os em um cupinzeiro. Quando os tiraram, estavam cobertos de saborosos cupins, que eles devoraram. Estavam pescando. Estavam usando ferramentas.

Há muito se supunha que o uso de ferramentas era exclusivo dos humanos, mas tal uso já fora visto em muitos primatas. Macacos e grandes primatas não só usam paus para pegar cupins, também usam pedras para quebrar nozes, utilizam grama como fio dental, musgo como esponjas, paus para esmagar colmeias e até galhos para limpar as orelhas.

Nos anos seguintes após Goodall estudar esses chimpanzés, o uso de ferramentas foi encontrado em todo o reino animal. Elefantes pegam galhos com as trombas para espantar moscas e se coçar. Mangustos usam batentes para quebrar nozes. Corvos usam paus para espetar larvas. Polvos reúnem grandes conchas para fazer escudos. Peixes bodião foram vistos usando pedras para abrir moluscos e chegar ao alimento no interior.

Mas o uso de ferramentas por primatas é mais sofisticado do que nos outros animais. Peixes bodião, mangustos e lontras marinhas foram vistos usando ferramentas, mas eles normalmente têm só um truque na manga. Por outro lado, grupos de chimpanzés costumam exibir mais de vinte comportamentos diferentes usando ferramentas. Além disso, com a possível exceção de aves e elefantes, apenas os primatas foram vistos *fabricando* ativamente suas ferramentas. Um chimpanzé irá encurtar, afiar e remover as folhas de um galho antes de usá-lo para pegar cupins.

O uso de ferramentas em primatas também mostra um nível notável de diversidade em diferentes grupos sociais. Diferentes espécies de peixe bodião usam pedras da mesma maneira, apesar de não terem contato um com o outro. Mas não é assim com os primatas; diferentes grupos da mesma espécie de primata exibem comportamentos surpreendentemente únicos no uso de ferramentas. Os chimpanzés de Goualougo fabricam varas para pegar cupins de forma diferente dos de Gombe. Alguns grupos de chimpanzés usam pedras regularmente para abrir nozes; outros não. Alguns grupos de chimpanzés usam paus para esmagar colmeias; outros não. Alguns usam galhos com folhas para afastar moscas; outros não.

Se o que orientou a evolução do cérebro nos primeiros primatas foi uma corrida armamentista política, por que só eles seriam usuários excepcionalmente bons de ferramentas? Se as novas regiões do cérebro dos primatas foram "projetadas" para permitir a teoria da mente, de onde vêm as habilidades únicas no uso de ferramentas por eles?

Macaco Espelhando

Em 1990, Giuseppe di Pellegrino, Leonardo Fogassi, Bittorio Gallese e Luciano Fadiga estavam almoçando no laboratório. Eles eram membros do laboratório de neurofisiologia de Giacomo Rizzolatti na Universidade de Parma; sua missão era estudar os mecanismos neurais das habilidades motoras finas dos primatas. A poucos metros da mesa de almoço estava sentado um macaco que era seu objeto de estudo. Eles colocaram eletrodos em todo o cérebro dele para pesquisar quais áreas respondiam à execução dos movimentos específicos das mãos. Eles viram áreas específicas do córtex pré-motor que funcionavam quando os macacos faziam movimentos específicos com as mãos, como pegar, segurar e rasgar. Mas por acaso, eles estavam prestes a descobrir algo muito mais incrível. Quando um dos membros do laboratório pegou um sanduíche e mordeu, um ruído alto saiu de um alto-falante próximo. O ruído não veio do alto-falante conectado ao alarme de incêndio nem do toca-discos, mas do alto-falante conectado ao cérebro do macaco.

Lembrando agora, eles perceberam de imediato que algo importante acabara de acontecer. Eles tinham eletrodos ligados apenas nas áreas motoras do neocórtex, as áreas que deveriam ser ativadas só quando o próprio macaco fizesse movimentos específicos das mãos. Mas naquele momento durante o almoço, apesar de o macaco não se mover, a mesma área de pegar com a mão iluminou-se no momento exato em que uma das pessoas do laboratório pegou sua própria comida.

Depois de tentar replicar essa ativação fantasma de observação do sanduíche, a equipe de Rizzolati logo percebeu que tinha, de fato, descoberto algo mais geral: quando o macaco observava um humano executando uma habilidade motora — pegar um amendoim com dois dedos, pegar uma maçã com a mão inteira ou morder um pedaço — os próprios neurônios motores do macaco para realizar essa mesma habilidade muitas vezes se ativavam. Em outras palavras, os neurônios nas áreas pré-motoras e motoras do neocórtex do macaco, aqueles que controlam os próprios movimentos do macaco, não apenas se ativavam quando eles faziam essas habilidades motoras finas específicas, mas também quando só observavam os outros executando-as. Rizzolatti chamou isso de "neurônios-espelho".

Nos 20 anos seguintes, os neurônios-espelho de Rizzolatti foram encontrados em inúmeros comportamentos (pegar, colocar, segurar, mover os dedos, mastigar, estalar os lábios, mostrar a língua), em várias áreas do cérebro (córtex pré-motor, lobo parietal, córtex motor) e em muitas espécies de primatas. Quando um primata observa outro primata executando uma ação, muitas vezes seu córtex pré-motor espelha as ações sendo observadas.

Há várias interpretações concorrentes dos neurônios-espelho. Alguns argumentam que esses neurônios não são nada mais do que associações — os neurônios motores são ativados em resposta a qualquer sugestão associada a um movimento. Os macacos *veem* seus *próprios* braços fazendo movimentos de pegar quando escolhem fazer movimentos de pegar, então, claro, quando veem os braços de *outro* pegando coisas, alguns dos mesmos neurônios recebem uma pequena excitação. Outros afirmam que os neurônios-espelho representam algo mais fundamental — talvez os neurônios-espelho sejam *o* mecanismo com o qual os primatas praticam a teoria da mente. A hipótese é que os primatas têm algum mecanismo inteligente para espelhar de forma automática e mental os movimentos que veem nos outros, então ao se modelar fazendo o comportamento, eles conseguem perguntar “Por que *eu* faria isso?”, e tentam deduzir a intenção de outro macaco ou humano.

Outros têm uma interpretação mais intermediária. Talvez os neurônios-espelho não tenham mecanismos *automáticos* de espelhamento; são apenas pistas de que os macacos *se imaginam* fazendo o que veem outro fazer. Os neurônios-espelho não são especiais; são apenas evidências de que os macacos estão pensando em si mesmos pegando comida quando veem *você* pegar comida. E como já vimos no Capítulo 12, as áreas do córtex motor que se ativam quando realmente fazem movimentos específicos também são ativadas quando as pessoas se imaginam fazendo os mesmos movimentos.

Veja algumas evidências de que os neurônios-espelho são apenas movimentos imaginados. Os macacos não precisam observar diretamente os movimentos para que seus neurônios-espelho sejam ativados; eles podem simplesmente receber informações suficientes para *inferir* quais movimentos estão sendo realizados. Os neurônios motores que acendem um pouco antes de um macaco apresentar um comportamento (como pegar um amendoim com a intenção de abri-lo) também ativa se um macaco simplesmente *ouve* o amendoim sendo aberto (sem ver nada). Da mesma forma, os neurônios de um macaco que se ativam quando ele pega uma caixa também se ativarão quando o macaco vê um humano *provavelmente* pegar uma caixa que está atrás de uma parede (mas os neurônios não ativam se os macacos sabem que não há caixa atrás dela). Se os neurônios-espelho fossem simplesmente espelhos automáticos, então não seriam ativados nos casos acima, em que os macacos não estavam observando diretamente os comportamentos. No entanto, se os neurônios-espelho são a consequência de comportamentos imaginados, então sempre que algo aciona um macaco para ele se imaginar fazendo algo, você veria esses neurônios-espelho se ativarem.

Se aceitamos a interpretação dos neurônios-espelho como a imaginação dos movimentos, então isso nos leva a questionar *por que* os macacos tendem a se imaginar fazendo o que veem os outros fazendo. Para que simular mentalmente movimentos que você vê nos outros? No Capítulo 12, examinamos um benefício da simulação motora usada por muitos mamíferos: planejar movimentos com antecedência. Isso permite que um gato planeje rápido onde colocar as patas para atravessar uma plataforma ou um esquilo planeje como pular entre diferentes ramos. Hipotetizamos que seria por que os mamíferos têm ótimas habilidades motoras finas, mas a maioria dos répteis é bem desajeitada. Mas isso não tem nada a ver com simular movimentos vistos nos *outros*.

Uma razão da utilidade de simular os movimentos de outras pessoas é que isso nos ajuda a entender as intenções delas. Ao se imaginar fazendo o que os outros fazem, você pode começar a entender *por que* a pessoa faz tal coisa: você pode se imaginar amarrando os cadarços em um sapato ou abotoando uma camisa e depois se perguntar "por que eu faria algo assim?", então começar a entender as intenções subjacentes por trás dos movimentos da outra pessoa. A melhor evidência disso está no fato bizarro de que as pessoas com deficiências na *realização* de movimentos específicos, também mostram deficiência na *compreensão das intenções* desses mesmos movimentos nos outros. As sub-regiões do córtex pré-motor necessárias para o controle de determinado conjunto de habilidades motoras são as mesmas sub-regiões necessárias para determinar as intenções dos outros fazendo essas mesmas habilidades motoras.

Por exemplo, em pacientes com danos cerebrais nas áreas motoras do neocórtex, há uma correlação significativa entre deficiência na produção da ação (a capacidade de imitar corretamente usando ferramentas como escovas de dentes, pentes, garfos ou borrachas) e reconhecimento da ação (a capacidade de selecionar corretamente um vídeo de uma ação imitada que corresponde a uma frase de ação, como *pentear o cabelo*). Indivíduos que tentam escovar os próprios dentes tendem a ser ruins ao reconhecer a escovação dos dentes nos outros.

Além disso, inibir temporariamente o córtex pré-motor de uma pessoa prejudica sua capacidade de inferir corretamente o peso de uma caixa ao assistir a um vídeo de alguém ao pegá-la (os braços que pegam com facilidade sugerem que é leve, mas os braços que tentam no início e têm que ajustar sua posição para ter mais alavancagem sugerem que é pesada), mas não tem impacto em sua capacidade de inferir o peso de uma bola assistindo a um vídeo dela saltando sozinha. Isso sugere que as pessoas *se* simulam mentalmente pegando uma caixa ao ver alguém pegar uma caixa ("Eu viraria meu braço dessa maneira somente se a caixa fosse pesada").

Essa incapacidade de compreender as ações dos outros não é um efeito generalizado da interferência do córtex pré-motor, mas é altamente específica das partes do corpo que um cérebro é impedido de simular. Por exemplo, inibir temporariamente a *área da mão* no córtex pré-motor (que simula seus próprios movimentos de mão), não só prejudica sua capacidade de realizar seus próprios movimentos de mão, mas também sua capacidade de reconhecer os *movimentos da mão* imitados (como reconhecer corretamente os movimentos imitados de pegar um martelo ou servir chá), mas não tem impacto na sua capacidade de reconhecer os *movimentos da boca* imitados (como identificar lamber um sorvete, comer um hambúrguer, soprar uma vela). Porém, inibir temporariamente a área da *boca* no córtex pré-motor *prejudica* sua capacidade de reconhecer os movimentos imitados da boca, sem afetar a capacidade de reconhecer os movimentos da mão.

Isso sugere que o córtex pré-motor e o córtex motor, as regiões cerebrais necessárias para simular seus próprios movimentos, também são necessários para simular os movimentos dos outros para entender suas ações. Mas com *entender*, não queremos dizer entender as emoções dos outros (fome, medo) nem o conhecimento dos outros ("Guilherme sabe que Janete escondeu a comida?"). Esses estudos demonstram que o córtex pré-motor está envolvido na compreensão específica dos aspectos *sensório-motores* do comportamento dos outros, inferindo a força necessária para pegar uma caixa ou o tipo de ferramenta que alguém pretende segurar.

Mas por que importa identificar corretamente os aspectos sensório-motores dos comportamentos que você observa nos outros? Qual o benefício de perceber a ferramenta que alguém está tentando segurar ou o peso de uma caixa? O principal benefício é que isso nos ajuda, como ajudou aos primeiros primatas, a *aprender novas habilidades por meio da observação*. Já vimos no Capítulo 14 que ensaiar mentalmente as ações melhora o desempenho quando realmente executamos as ações. Se este for o caso, então faria sentido que os primatas usassem suas observações dos outros para ensaiar ações.

Suponha que você coloque um guitarrista novato em uma máquina de ressonância magnética e lhe peça para aprender um acorde assistindo a um vídeo de um guitarrista experiente tocando aquele acorde. E suponha que você compare sua ativação cerebral sob as duas condições, sendo a primeira quando ele observa um acorde que ainda não conhece e a segunda quando observa um acorde que *já sabe* tocar. O resultado: quando ele observa um acorde que ainda não conhece, seu córtex pré-motor fica muito mais ativado do que quando observa um acorde que já sabe.

Mas o fato de que o córtex pré-motor fica exclusivamente ativado ao tentar aprender uma nova habilidade com a observação não prova que é *necessário* aprender uma nova habilidade com observação. Suponha que você peça a uma pessoa para assistir a dois vídeos diferentes. No primeiro vídeo, ela vê uma mão pressionando botões específicos em um teclado e é convidada a *imitar* os movimentos da mão e fazer sua própria versão do mesmo teclado. No outro vídeo, ela vê um ponto vermelho se mover para diferentes botões em um teclado e é pedido que pressione os mesmos botões em seu próprio teclado. Se você inibir temporariamente o córtex pré-motor durante essa tarefa, ela ficará especificamente incapacitada de *imitar* os movimentos da mão, mas seguirá normalmente os pontos vermelhos. A ativação pré-motora não está apenas correlacionada ao aprendizado por imitação; parece ser, pelo menos em alguns contextos, *necessária* para o aprendizado por imitação. E aqui podemos começar a desvendar por que os primatas são ótimos usuários de ferramentas.

A Transmissibilidade Vence a Criatividade

Pense em todas as habilidades motoras inteligentes relacionadas ao uso de ferramentas: digitar, dirigir, escovar os dentes, amarrar uma gravata ou andar de bicicleta. Quantas dessas habilidades você descobriu sozinho? Aposto que praticamente todas elas foram adquiridas *observando os outros*, não com sua própria criatividade. O uso de ferramentas em primatas não humanos tem a mesma origem.

A maioria dos chimpanzés em um grupo usa as mesmas técnicas de ferramentas não porque todos eles planejaram independentemente o mesmo truque, mas porque aprenderam se observando. A quantidade de tempo que um jovem chimpanzé passa observando sua mãe usando ferramentas para pegar cupins ou formigas é um preditor significativo da idade em que ele aprenderá cada habilidade; quanto mais ele observa, mais cedo aprende a fazê-lo. Sem a transmissão dos outros, a maioria dos chimpanzés nunca descobre o uso da ferramenta por conta própria; na verdade, um jovem chimpanzé que não aprende, observando os outros, a quebrar nozes aos 5 anos não irá adquirir a habilidade mais tarde na vida.

A transmissão de habilidades em primatas não humanos foi demonstrada em experimentos de laboratório. Em um estudo de 1987, um grupo de chimpanzés jovens recebeu um ancinho em T que poderia ser inserido em uma gaiola e usado para pegar alimentos distantes. Metade dos chimpanzés observou um chimpanzé adulto usando a ferramenta, e a outra metade não. O grupo de chimpanzés jovens que viu o adulto especialista descobriu como usar a ferramenta, já o grupo que não viu nenhuma demonstração de especialistas nunca descobriu como usá-la (apesar da alta motivação, porque eles podiam ver a comida na gaiola).

Essas habilidades podem se propagar no grupo inteiro de primatas. Considere os seguintes estudos. Pesquisadores tiravam temporariamente um chimpanzé, um macaco-prego ou um sagui de seu grupo e ensinavam uma nova habilidade. Esses indivíduos aprenderam habilidades como usar um bastão para cutucar um dispenser de comida da maneira certa, abrir uma porta de maneira específica para obter comida, puxar uma gaveta para obter comida ou abrir uma fruta artificial. Após ensinar essa nova habilidade, os pesquisadores reintroduziram o primata, agora habilidoso, de volta ao grupo. Em um mês, quase todo o grupo usava as mesmas técnicas, enquanto os grupos sem um membro ensinado nunca descobriram como usar as ferramentas da mesma forma. E tais habilidades, originalmente ensinadas a um único indivíduo, foram passadas por várias gerações.

Usar ferramentas é menos *criatividade* e mais *transmissibilidade*. A criatividade deve ocorrer somente se a transmissibilidade é frequente; se pelo menos *um* membro do grupo descobre como fabricar e usar um bastão para pegar cupins, todo o grupo pode adquirir essa habilidade e passá-la continuamente por gerações.

Mas seria impreciso concluir que os primatas são usuários excepcionalmente bons de ferramentas só por causa de sua capacidade de transmitir comportamentos motores entre si — para aprender por observação. Muitos animais que são usuários de ferramentas bem piores do que os primatas, mesmo aqueles que não usam ferramentas, também adotam o aprendizado observacional. Os ratos podem aprender a empurrar uma alavanca para obter água observando outro rato a empurrar uma alavanca e obter água. Os mangustos adotarão a técnica de abertura de ovos de seus pais. Os golfinhos podem ser treinados a imitar movimentos que veem em outros golfinhos ou seres humanos. Os cães podem aprender a puxar uma alavanca com a pata para obter comida observando outro cão fazendo isso. Até peixes e répteis podem observar os caminhos de navegação seguidos por outros membros de sua própria espécie e aprender a seguir esses mesmos caminhos.

SELECIONAR HABILIDADES CONHECIDAS *COM OBSERVAÇÃO*	ADQUIRIR HABILIDADES NOVAS *COM OBSERVAÇÃO*
Muitos mamíferos	Primatas
Polvos	Algumas aves
Peixes	
Répteis	

Mas há uma diferença entre o aprendizado observacional nos primatas em relação à maioria dos outros mamíferos. Se um mangusto pai tende a abrir ovos com a boca, o mesmo acontece com sua prole; se um mangusto pai tende a abrir ovos jogando, então o mesmo acontece com a prole. Mas esses mangustos filhotes não estão adquirindo uma habilidade nova observando; estão meramente mudando *qual* técnica *tendem* a usar — todos os mangustos filhotes mordem e jogam para abrir os ovos. Gatinhos aprendem a fazer xixi em caixas de areia somente se veem suas mães fazendo isso, mas todos os gatinhos sabem como fazer xixi. Peixes não aprendem a nadar observando; eles simplesmente mudam seus caminhos observando. Em todos os casos, os animais não estão usando o aprendizado observacional para *adquirir novas habilidades*; estão apenas *selecionando um comportamento conhecido* ao ver outro fazendo a mesma coisa.

A seleção de um comportamento conhecido com a observação pode ser feita com reflexos simples: uma tartaruga pode ter o reflexo de olhar na direção que outras tartarugas estão olhando; um peixe pode ter o reflexo de seguir outros peixes. Um rato pode simular a si mesmo empurrando uma alavanca (algo que ele já sabe como fazer) quando observa outro empurrando uma alavanca; nesse ponto o rato perceberá que ele terá água se fizer isso. Mas adquirir uma *habilidade motora inteiramente nova por observação* pode requerer, ou pelo menos ser um grande benefício, um mecanismo totalmente novo.

Por que os Primatas Usam Ferramentas, mas os Ratos Não

Adquirir *novas habilidades* com observação exigiu a teoria da mente, enquanto *selecionar habilidades conhecidas* com observação não. Há três razões pelas quais isso aconteceu. A primeira razão para a teoria da mente ser necessária para adquirir novas habilidades por observação é que ela pode ter permitido que nossos antepassados *ensinassem ativamente*. Para que as habilidades sejam transmitidas a uma população, você não *precisa* de professores — uma observação diligente dos novatos fará isso. Mas o ensino ativo pode melhorar muito a transmissão das habilidades. Pense na dificuldade que seria aprender a amarrar os sapatos se você não tivesse um professor mostrando devagar e o acompanhasse em cada passo, e você tivesse que decifrar as etapas por conta própria, observando as pessoas amarrarem rápido os sapatos sem se preocupar com o seu aprendizado.

O ensino só é possível com a teoria da mente. Ensinar requer entender o que outra mente não sabe e quais demonstrações ajudariam a manipular o conhecimento da outra mente da maneira correta. Embora ainda seja controverso se os primatas não humanos ensinam, nos últimos anos evidências estão aumentando em favor da ideia de que tais primatas, de fato, ensinam ativamente uns aos outros.

Na década de 1990, o primatologista Christophe Boesch observou mães chimpanzés quebrando nozes em câmera lenta especificamente perto dos jovens. Essas mães de tempos em tempos conferiam para garantir que seu filho estivesse prestando atenção. Boesch relatou as mães chimpanzés corrigindo erros nos jovens removendo uma noz, limpando o batente e colocando a noz de volta. Ele também relatou mães ajeitando a ferramenta nas mãos dos jovens.

Os macacos exageram no "fio dental" especificamente perto de jovens que ainda não aprenderam essa habilidade, como se estivessem indo devagar para ajudar a ensinar. Chimpanzés que pegam cupins com habilidade geralmente trazem duas varas para a atividade e entregam diretamente uma ao jovem. Um chimpanzé até quebrará sua própria vara e dará ao jovem metade se o jovem aparecer sem nenhuma. Se um jovem demonstrar dificuldades em uma tarefa, a mãe trocará ativamente as ferramentas com ele. E quanto mais complexo o processo de utilização da ferramenta, mais provavelmente a mãe dará uma ferramenta a um jovem.

A segunda razão pela qual a teoria da mente foi necessária para aprender novas habilidades motoras com a observação é que ela permitia que os aprendizes ficassem focados no aprendizado por longos períodos. Um rato pode ver outro rato empurrar uma alavanca e alguns momentos depois empurrar a própria alavanca. Mas um chimpanzé filhote verá sua mãe usar batentes para quebrar nozes e praticar essa técnica por *anos* sem qualquer sucesso antes de começar a dominar a habilidade. Os filhotes tentam continuamente aprender sem qualquer recompensa de curto prazo.

É possível que os chimpanzés filhotes façam isso simplesmente porque acham a imitação gratificante por si só, mas outra possibilidade é que a teoria da mente permite identificar a *intenção* de uma habilidade complexa, o que os deixa altamente motivados a continuar tentando. A teoria da mente permite que um chimpanzé filhote perceba que a razão pela qual *não* está pegando comida com sua vara e sua mãe *pega* é que a *mãe tem uma habilidade que ele ainda não tem*. Isso permite uma motivação contínua para adquirir a habilidade, mesmo que leve muito tempo para dominar. Por outro lado, quando um rato imita comportamentos, ele desistirá rápido se suas ações não levarem a uma recompensa a curto prazo.

A terceira e última razão pela qual a teoria da mente era necessária para aprender novas habilidades motoras com a observação foi que ela permitia aos novatos diferenciar entre os movimentos intencionais e não intencionais dos especialistas. O aprendizado observacional é mais eficaz se um está ciente do que outro está *tentando realizar* em cada movimento. Se você visse sua mãe amarrar seus próprios sapatos e não tivesse ideia de quais aspectos dos movimentos dela eram intencionais ou acidentais, seria muito difícil decifrar quais movimentos seguir. Se você percebesse que a *intenção* dela era amarrar os sapatos, que quando ela errou foi um acidente, e que tanto a maneira como está sentada quanto o ângulo de sua cabeça são aspectos irrelevantes da habilidade, seria muito mais fácil aprender a habilidade com a observação.

É como os chimpanzés aprendem. Considere o seguinte experimento. Um chimpanzé adulto foi autorizado a observar um pesquisador abrir uma caixa problema para obter comida. Na sequência de ações necessárias para abrir a caixa, o pesquisador fez várias ações irrelevantes, como bater em uma varinha ou girar a caixa. Então foi a vez de o chimpanzé abrir a caixa problema para obter comida. Por incrível que pareça, o chimpanzé não copiou exatamente todos os movimentos do pesquisador, ele copiou apenas os movimentos necessários para abrir a caixa problema e pulou os passos irrelevantes.

Compreender as intenções dos movimentos é essencial para que o aprendizado observacional funcione; nos permite filtrar os movimentos irrelevantes e extrair a essência de uma habilidade.

Imitação do Robô

Em 1990, um estudante de pós-graduação da Carnegie Mellon chamado Dean Pomerleau e seu orientador Chuck Thorpe construíram um sistema de IA para dirigir um carro de forma autônoma. Eles o chamaram de ALVINN (Veículo Terrestre Autônomo em uma Rede Neural). ALVINN foi alimentado com imagens de vídeo de um carro e poderia, *sozinho*, dirigir e ficar na pista em uma estrada real. Houve tentativas anteriores de carros autônomos como este, mas eles eram muito lentos, muitas vezes parando a cada poucos segundos; a versão original do carro autônomo no grupo de Thorpe tinha a velocidade de apenas 400m por hora devido aos cálculos que tinha que fazer. O ALVINN era muito mais rápido, tão rápido que levou com sucesso Pomerleau de Pittsburgh aos Grandes Lagos em uma estrada real com outros motoristas.

Por que ALVINN foi bem-sucedido e as tentativas anteriores fracassaram? Ao contrário das tentativas anteriores de construir um carro autônomo, ALVINN não foi ensinado a reconhecer objetos, planejar seus movimentos futuros ou entender sua localização no espaço. Em vez disso, ele superou os outros sistemas de IA fazendo algo mais simples: aprendeu *imitando motoristas humanos*.

Pomerleau treinou o ALVINN da seguinte maneira: ele colocou uma câmera no carro e gravou o vídeo e a posição do seu volante enquanto dirigia.* Pomerleau então treinou uma rede neural para mapear a imagem da estrada para a posição de direção correspondente que ele tinha selecionado. Em outras palavras, ele treinou ALVINN para *copiar diretamente* o que Pomerleau fazia. E curiosamente, depois de apenas alguns minutos de observação, ALVINN foi muito bem ao dirigir o carro sozinho.

Então Pomerleau se deparou com um problema; logo ficou claro que essa abordagem do aprendizado por imitação — de copiar o comportamento dos especialistas diretamente — tinha uma falha crítica. Sempre que ALVINN cometia pequenos erros, era completamente incapaz de se recuperar. Os pequenos erros rapidamente se transformavam em falhas catastróficas de condução, muitas vezes saindo totalmente da estrada. O problema era que ALVINN foi treinado apenas na condução *correta*. Nunca tinha visto um humano se recuperar de um erro porque nunca tinha visto um erro em primeiro lugar. *Copiar diretamente comportamentos de especialistas* acabou sendo uma abordagem perigosamente frágil para o aprendizado por imitação.

Há inúmeras estratégias para superar esse problema em robótica. Mas duas em particular traçam paralelos distintos com a forma como os primatas parecem fazer a imitação funcionar. A primeira é emular uma relação professor/aluno. Além de treinar um sistema de IA para copiar diretamente um especialista, e se o especialista também dirigisse *ao lado do* sistema de IA e corrigisse seus erros? Uma das primeiras tentativas de fazer isso foi por Stephane Ross e seu orientador Drew Bagnell na Carnegie Mellon em 2009. Eles ensinaram um sistema de IA a conduzir em um ambiente simulado de Mario Kart. Em vez de gravar o carro e depois treinar um sistema para imitá-lo, Ross dirigiu na pista de Mario Kart e *passou o controle* sobre o carro com o sistema de IA. No início, Ross fazia a maior parte da condução, em seguida, passou o controle para o sistema de IA por um momento e quaisquer erros cometidos eram rapidamente recuperados por Ross. Com o tempo, Ross deu mais controle ao sistema de IA até que ele estivesse dirigindo bem por conta própria.

A estratégia do ensino ativo funcionou incrivelmente. Quando apenas copiava direto a direção (como ALVINN foi treinado), o sistema de IA de Ross ainda batia em carros depois de um milhão de dados especializados. Por outro lado, com a nova estratégia de ensino ativo, seu

* ALVINN controlava apenas o volante, sem frenagem ou aceleração.

sistema de IA dirigia quase perfeitamente depois de apenas algumas voltas. Isso não é diferente de um chimpanzé professor corrigindo os movimentos de um jovem aprendendo uma nova habilidade. Uma mãe chimpanzé observa sua filha tentar inserir uma vara no cupinzeiro e quando a jovem se esforça, a mãe tenta corrigi-la.

A segunda abordagem do aprendizado por imitação em robótica se chama "aprendizado por reforço inverso". Em vez de tentar copiar diretamente as decisões de condução que um ser humano faz em resposta a uma imagem da estrada, e se o sistema de IA tentar primeiro identificar a *intenção* das decisões de condução da pessoa?

Em 2010, Pieter Abbeel, Adam Coates e Andrew Ng demonstraram o poder do aprendizado por reforço inverso usando-o para fazer um sistema de IA pilotar um helicóptero por controle remoto de forma autônoma. Pilotar um helicóptero, mesmo controlado remotamente, é difícil; os helicópteros são instáveis (pequenos erros podem se tornar rápido um acidente), exigem ajustes constantes para mantê-los no ar e requerem o equilíbrio correto de várias informações complexas ao mesmo tempo (ângulo das pás superiores, ângulo das pás do rotor de cauda, orientação de inclinação do corpo do helicóptero etc.).

Ng e sua equipe não queriam que um sistema de IA simplesmente pilotasse um helicóptero, eles queriam que ele fizesse tarefas acrobáticas, aquelas que só os melhores especialistas humanos poderiam: girar sem cair, rodar indo para frente, voar de cabeça para baixo, fazer loops aéreos e mais.

Parte de sua abordagem era o aprendizado por imitação padrão. Ng e sua equipe gravaram entradas de especialistas humanos para o controle remoto enquanto faziam acrobacia. Mas em vez de treinar o sistema de IA para *copiar diretamente* os especialistas humanos (o que não funcionou), eles treinaram o sistema de IA para primeiro inferir as trajetórias *pretendidas* dos especialistas, inferindo o que parecia que os humanos tentavam fazer, *então* o sistema de IA aprendeu a buscar as trajetórias pretendidas. Essa técnica foi chamada de "aprendizado por reforço inverso" porque os sistemas primeiro tentam aprender a função de recompensa para a qual acreditam que o especialista qualificado está otimizando (ou seja, sua "intenção"), em seguida, aprendem por tentativa e erro, recompensando-se e punindo-se usando essa função de recompensa inferida. Um algoritmo de aprendizado por reforço inverso começa com um comportamento observado e produz sua própria função de recompensa; no aprendizado por reforço padrão a função de recompensa é codificada e não aprendida. Mesmo quando pilotos experientes pilotavam esses helicópteros, eles estavam continuamente se recuperando de pequenos erros. Ao primeiro tentar identificar as trajetórias e os movimentos pretendidos, o sistema de IA de Ng filtrava os erros irrelevantes dos especialistas e corrigia seus próprios erros. Usando o aprendizado por reforço inverso, em 2010 eles treinaram com sucesso um sistema de IA para fazer acrobacias aéreas com um helicóptero.

Ainda resta muito trabalho quando se trata de aprendizado por imitação em robótica. Mas o fato de que o aprendizado por reforço inverso (pelo qual os sistemas de IA inferem a intenção do comportamento observado) parece necessário para o aprendizado observacional funcionar, pelo menos em algumas tarefas, apoia a ideia de que a teoria da mente (pela qual os primatas inferem a intenção do comportamento observado) era necessária para o aprendizado observacional e a transmissão das habilidades com ferramentas entre eles. É improvável uma coincidência de que tanto a criatividade dos roboticistas quanto a iteração da evolução convirjam em soluções semelhantes; um novato não adquire uma nova habilidade motora de forma confiável só observando os movimentos de um especialista, os novatos também devem examinar a mente do especialista.

A teoria da mente evoluiu nos primeiros primatas para fazerem política. Mas essa habilidade foi reaproveitada para o aprendizado por imitação. A capacidade de inferir a intenção dos outros permitiu que eles filtrassem comportamentos irrelevantes e focassem apenas os importantes (o que a pessoa *pretendia* fazer?); ajudou aos jovens a ficarem focados no aprendizado por longos períodos de tempo; e pode ter permitido que os primeiros primatas ensinassem ativamente uns aos outros, inferindo o que um novato entende ou não. Embora nosso antepassado mamífero provavelmente pudesse selecionar habilidades conhecidas observando os outros, foi com os primeiros primatas, armados com a teoria da mente, que surgiu a capacidade de adquirir habilidades verdadeiramente novas com a observação. Isso criou um novo grau de transmissibilidade: as habilidades que eram descobertas por indivíduos inteligentes e que teriam desaparecido quando morriam, agora poderiam se propagar por todo um grupo e ser transmitidas infinitamente por gerações. É por isso que os primatas usam ferramentas e os ratos não.

18

Por que os Ratos Não Fazem Compras

Embora nas últimas décadas a hipótese do cérebro social de Robin Dunbar tenha mantido a primazia entre os cientistas como a principal explicação da expansão cerebral nos primatas, há uma explicação alternativa: o que foi chamado de hipótese do cérebro *ecológico*.

Como vimos, os primeiros primatas não eram apenas exclusivamente sociais, mas também tinham uma dieta única: eram *frugívoros*. Dietas à base de frutas têm vários desafios cognitivos inesperados. Há apenas uma pequena janela de tempo quando a fruta está madura e ainda não caiu no chão da floresta. Na verdade, para muitas frutas que esses primatas comiam, essa janela é inferior a 72 horas. Algumas árvores oferecem frutas maduras por menos de três semanas no ano. Algumas frutas têm poucos concorrentes animais (como bananas, com sua casca difícil de tirar), enquanto outras frutas têm muitos concorrentes (como figos, que são fáceis para qualquer animal comer). Essas frutas populares provavelmente desaparecerão rápido, pois muitos animais diferentes se alimentam delas depois que amadurecem. Ao todo, isso significava que os primatas precisavam controlar todas as frutas em uma grande área de floresta e, em qualquer dia, saber *qual* provavelmente estaria madura; e a fruta que estava madura, que provavelmente seria mais popular, desapareceria primeiro.

Estudos mostraram que os chimpanzés planejam seus locais de agrupamento noturno em preparação para a coleta no dia seguinte. Para as frutas mais populares, como figos, eles mudarão o planejamento de onde dormem para seguir a rota dessas frutas. Eles não agem assim para frutas menos concorridas, mas igualmente gostosas. Além disso, os chimpanzés sairão mais cedo pela manhã quando buscam uma fruta mais concorrida. Foi demonstrado que os babuínos também planejam sua jornada de coleta com antecedência e sairão mais cedo quando a fruta for menos abundante, sendo provável que acabe mais rápido.

Os animais que se alimentam de outros vegetais não têm esse mesmo desafio; folhas, néctar, sementes, grama e madeira duram longos períodos e não estão localizados em áreas esparsas. Até os carnívoros não têm tal tarefa cognitivamente desafiadora — a presa deve ser enganada e caçada, mas raramente há apenas janelas de curto tempo em que a caça é possível.

Parte do que torna a estratégia frugívora tão desafiadora é que ela requer não apenas simular diferentes caminhos de circulação, mas também suas próprias necessidades futuras. Um carnívoro e um herbívoro que não comem frutas podem sobreviver caçando ou pastando apenas quando estão com fome. Mas um frugívoro deve planejar suas viagens com antecedência *antes* de estar com fome. Montar acampamento na noite anterior a caminho de uma plantação de frutas popular nas proximidades requer antecipar o fato de que você *estará* com fome amanhã se não tomar medidas preventivas à noite para chegar cedo à comida.

Outros mamíferos, como camundongos, estocam alimentos à medida que os meses de inverno se aproximam, fazendo grandes reservas de nozes em suas tocas para sobreviver ao longo tempo quando as árvores produzem pouco ou nenhum alimento. Mas esse acúmulo sazonal não é tão cognitivamente desafiador quanto a necessidade diária de mudar seus planos com base na fome que você terá amanhã. Além disso, nem está claro que os ratos acumulam comida porque entendem que terão fome no futuro. De fato, ratos de laboratório — embora nunca tenham tido um inverno frio sem comida — começam a acumular alimentos *automaticamente* se você diminui a temperatura do ambiente, um efeito *visto apenas* nas espécies do norte que tiveram que *evoluir* para sobreviver aos invernos. Portanto, não parece ser uma atividade que eles aprenderam com invernos passados e responderam de forma inteligente; parece que tal acúmulo é uma resposta evolutivamente codificada para as mudanças de estação.

A hipótese do cérebro ecológico afirma que foi a dieta frugívora dos primeiros primatas que levou à rápida expansão de seu cérebro. Em 2017, Alex DeCasien, da NYU, publicou um estudo examinando as dietas e a vida social de mais de 140 espécies de primatas. Alguns primatas são principalmente frugívoros; outros são agora principalmente folívoros (alimentando-se de folhas). Alguns primatas vivem em grupos sociais muito pequenos; outros, em grupos grandes. Curiosamente ele descobriu que ser *frugívoro* parecia explicar a variação no tamanho relativo do cérebro talvez até melhor do que o tamanho do grupo social de um primata.

A Hipótese de Bischof-Kohler

Na década de 1970, dois psicólogos comparativos, Doris Bischof-Kohler e seu marido Norbert Bischof, propuseram uma nova hipótese sobre o que era único no planejamento em seres humanos: a hipótese era que, enquanto outros animais podem fazer planos com base nas necessidades *atuais* (como chegar à comida quando estão com fome), apenas os seres humanos podem fazer planos com base nas necessidades *futuras* (como obter comida para a viagem na próxima semana, mesmo sem fome agora). O psicólogo evolucionista Thomas Suddendorf mais tarde chamaria isso de "hipótese de Bischof-Kohler".

Os seres humanos antecipam as necessidades futuras o tempo todo. Vamos ao mercado mesmo quando não estamos com fome; trazemos roupas quentes em viagens, mesmo quando não estamos com frio. Dada a evidência disponível na época de Bischof-Kohler, era uma hipótese razoável de que apenas os seres humanos poderiam fazer isso. Mas evidências recentes colocaram isso em questão. Há agora relatos de chimpanzés levando palha de dentro de uma jaula quente para fazer uma "caminha" quando eles sabem que está frio fora, mas *antes* de sentirem frio. Houve descobertas de bonobos e orangotangos selecionando ferramentas para tarefas futuras até 14 horas antes dessa tarefa. Os chimpanzés carregarão pedras de locais distantes para abrir nozes em áreas que não têm pedras adequadas e fabricarão ferramentas em um local para usar em outro. De fato, se o frugivorismo requer planejamento antecipado antes de ter fome, então devemos esperar que os primatas sejam capazes de antecipar as necessidades futuras.

Em 2006, Miriam Naqshbandi e William Roberts da Universidade de Western Ontario mediram a capacidade de um macaco-esquilo e um rato de anteciparem sua própria sede futura e mudarem seu comportamento de acordo. Macacos-esquilo e ratos receberam duas opções quando apresentados a dois copos. O copo 1 era uma "opção com pouco petisco", com um pequeno pedaço de comida, e o copo 2 era uma "opção com muito petisco", com muita comida. Para os macacos-esquilo, os petiscos eram tâmaras; para os ratos, eram passas. Em condições normais, ambos os animais escolheriam a opção com muito petisco; eles adoram tâmaras e passas.

Mas Naqshbandi e Roberts então testaram esses animais em uma condição diferente. As tâmaras e as passas provocam muita sede nesses animais, muitas vezes exigindo que consumam mais do dobro de água para se hidratarem. Então, o que acontece se esses animais são forçados a fazer uma troca, incorporando seu estado futuro de sede? Naqshbani e Roberts modificaram o teste de modo que, se os animais selecionassem a opção com muito petisco (o copo com muitas tâmaras ou passas), eles só teriam acesso à água *horas* depois; no entanto, se selecionassem a opção com pouco petisco (o copo com poucas tâmaras ou passas), teriam acesso à água entre 15 e 30 minutos depois. O que aconteceu?

O fascinante foi que os macacos-esquilo aprendem a selecionar a opção com pouco petisco, mas os ratos continuaram escolhendo a opção com muito. Os macacos-esquilo são capazes de resistir à tentação de comer petiscos agora em antecipação a algo (água) que *eles nem querem ainda*. Em outras palavras, os macacos podem tomar uma decisão antecipando uma necessidade futura. Em comparação, os ratos foram totalmente incapazes de fazer isso — eles ficaram com a lógica falha de "por que desistir de passas extras para ter água, nem estou com sede!"*

Isso sugere que talvez a hipótese de Bischof-Kohler utilizada por Suddendorf estivesse correta de que antecipar uma necessidade futura é uma forma mais difícil de planejamento e estava correta de que alguns animais conseguiam planejar, mas eram incapazes de antecipar as necessidades futuras (como os ratos). Mas pode ser que não só os seres humanos foram dotados com essa capacidade. Pode ser uma especialidade de muitos primatas.

Como os Primatas Antecipam as Futuras Necessidades

A mecânica de fazer uma escolha com base em uma necessidade *antecipada*, que você não está vivenciando atualmente, apresenta uma situação difícil para as estruturas cerebrais dos mamíferos mais antigos.

* Observe que Naqshbandi e Roberts fizeram um experimento inicial básico para garantir a quantidade de tâmaras e passas que induziam níveis semelhantes de sede em macacos e ratos, medida pelo aumento relativo da ingestão de água quando os animais tinham livre acesso à água junto com as quantidades de tâmaras ou passas.

Imaginamos que o mecanismo pelo qual o neocórtex controla o comportamento é simulando decisões indiretas, cujos resultados são *avaliados* pelas estruturas mais antigas dos vertebrados (gânglio basal, amígdala e hipotálamo). Esse mecanismo permite que um animal escolha apenas caminhos e comportamentos simulados que ativam os neurônios de valência positiva *no momento*, como imaginar comida com fome ou água com sede.

Por outro lado, para comprar mantimentos para a semana, eu preciso antecipar que uma pizza será ótimo na noite de filmes de quinta-feira, mesmo que eu não queira pizza atualmente. Quando me imagino comendo pizza sem fome, meu gânglio basal não fica ativado; não acumula votos para qualquer decisão de buscar pizza. Assim, para querer pizza, preciso perceber que no *estado futuro imaginado de fome*, o odor e a visão da comida *ativarão* os neurônios de valência positiva, mesmo que imaginar isso agora não ative. Como, então, um cérebro pode escolher um caminho imaginado na ausência de qualquer ativação indireta de valência positiva? Como o neocórtex pode querer algo que a amígdala e o hipotálamo não querem?

Há outra situação que já vimos, em que o cérebro precisa inferir uma intenção, um "querer", que atualmente não compartilha: quando tenta inferir o querer de outras pessoas. O cérebro consegue usar o mesmo mecanismo da teoria da mente para antecipar uma necessidade futura? Em outras palavras: imaginar a mente de outra pessoa é realmente diferente de imaginar a mente do seu eu no futuro?

Talvez o mecanismo pelo qual antecipamos as necessidades futuras seja o mesmo mecanismo pelo qual adotamos a teoria da mente: podemos inferir a intenção de uma mente, nossa ou de outra pessoa, em alguma situação diferente da nossa atual. Assim como podemos inferir corretamente os desejos de alguém privado de comida ("Quão faminto Tiago estaria se não comesse por 24 horas?"), mesmo que nós mesmos possamos não estar com fome, talvez também possamos inferir a intenção de nós mesmos em uma situação futura ("Quão faminto eu estaria se não comesse por 24 horas?"), mesmo que atualmente não estejamos com fome.

Em seu trabalho sobre a hipótese de Bischof-Kohler, Thomas Suddendorf antecipou com brilhantismo essa ideia exata:

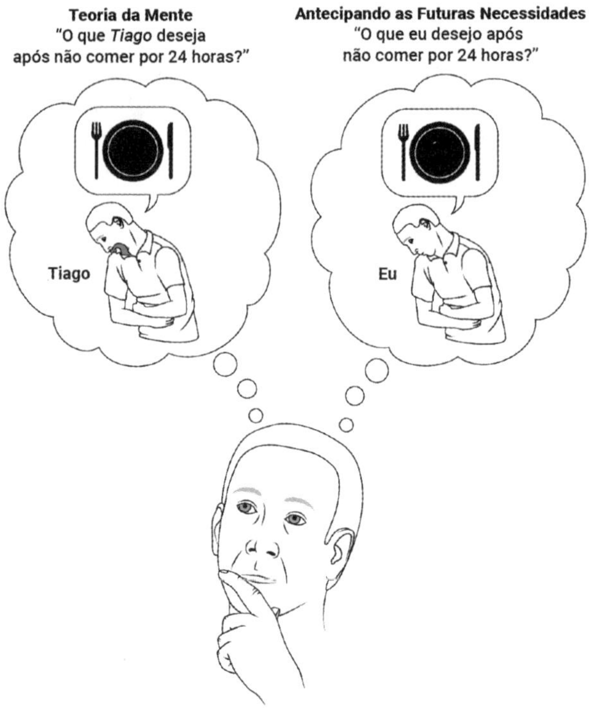

Figura 18.1: A similaridade entre teoria da mente e a antecipação de necessidades futuras

> A antecipação da necessidade futura... pode ser apenas um caso especial do problema geral dos animais, representando simultaneamente estados mentais conflitantes. Como crianças de 3 anos, eles podem ser incapazes de imaginar uma crença anterior (estado de conhecimento, impulso etc.) que é diferente do presente ou entender que outro indivíduo possui uma crença diferente da sua. Isso pode se aplicar aos estados futuros, bem como aos do passado, ou seja, um animal saciado pode ser incapaz de entender que pode mais tarde ficar com fome, portanto, pode ser incapaz de tomar medidas para garantir que essa fome futura seja satisfeita.

Embora o experimento de Naqshbandi e Roberts com macacos-esquilo e ratos sugira que Suddendorf pode ter errado ao pensar que *apenas os seres humanos* podem antecipar as necessidades futuras, Suddendorf pode ter previsto que a capacidade geral de modelar um estado mental dissociado do seu próprio pode ser reaproveitada para a teoria da mente e para antecipar as necessidades futuras.

Há duas observações que apoiam essa ideia. Primeiro, parece que a teoria da mente e a antecipação das necessidades futuras estão presentes, mesmo em uma forma primitiva, nos primatas, mas não em muitos outros mamíferos, sugerindo que ambas as habilidades surgiram na mesma época nos primeiros primatas. Em segundo lugar, as pessoas cometem erros semelhantes nas tarefas da teoria da mente e de antecipação das necessidades futuras.

Por exemplo, vimos no Capítulo 16 que as pessoas com sede ficam incorretamente tendenciosas a prever que outras pessoas também devem ter sede. Bem, também é o caso de pessoas com fome parecerem prever incorretamente quanta comida precisarão no futuro. Pegue dois grupos de pessoas e leve-os ao mercado para fazer compras durante a semana, e as pessoas que estão com fome acabarão comprando mais comida do que as que estavam bem alimentadas, mesmo que ambas estejam comprando comida para se alimentar na mesma janela de tempo, ou seja, uma única semana. Com fome, você superestima sua própria fome no futuro.

A capacidade de antecipar as necessidades futuras teria oferecido inúmeros benefícios aos nossos antepassados frugívoros. Teria permitido que nossos antepassados planejassem suas rotas de coleta com muita antecedência, garantindo assim que fossem os primeiros a obter as frutas que acabaram de amadurecer. Nossa capacidade de tomar decisões hoje para objetivos distantes, abstratos e ainda inexistentes foi herdada dos primatas que pulavam em árvores. Uma manobra que, talvez, foi usada pela primeira vez para obter a primeira colheita de frutas, mas hoje, nos seres humanos, é usada para propósitos muito maiores. Ela lançou as bases para a nossa capacidade de fazer planos de longo prazo em grandes períodos de tempo.

Resumo do Avanço 4: Mentalização

Existem três grandes habilidades que parecem ter surgido nos primeiros primatas:

- **Teoria da mente:** inferir a intenção e o conhecimento dos outros.
- **Aprendizado por imitação:** adquirir novas habilidades com a observação.

- **Antecipação das necessidades futuras:** tomar uma ação *agora* para satisfazer um desejo *no futuro*, mesmo que eu não queira agora.

Podem não ter sido habilidades separadas, mas, sim, propriedades emergentes de um único avanço novo: a construção de um modelo generativo da própria mente, um truque que pode ser chamado de "mentalização". Vemos isso no fato de que essas habilidades surgem de estruturas neurais compartilhadas (como o gPFC) que evoluíram primeiro nos antigos primatas. Vemos isso no fato de que as crianças parecem adquirir essas habilidades em tempos de desenvolvimento semelhantes. Vemos isso no fato de que danos em uma dessas habilidades tendem a prejudicar muitas delas.

E o mais importante, vemos isso no fato de que as estruturas das quais essas habilidades surgem são as mesmas áreas das quais surge nossa capacidade de raciocinar sobre *nossa própria mente*. Essas novas áreas dos primatas são necessárias não apenas para simular a mente dos outros, mas também para *se* projetar em seus futuros imaginados, se identificar no espelho (síndrome do espelho) e identificar seus próprios movimentos (síndrome da mão alienígena). E a capacidade de uma criança de raciocinar sobre sua própria mente tende a preceder o desenvolvimento de todas essas três habilidades nela.

No entanto, a melhor evidência para essa ideia remonta a Mountcastle. A principal mudança para o cérebro dos primeiros primatas, além de seu tamanho, foi a adição de novas áreas do neocórtex. Portanto, se ficarmos com a ideia geral, inspirada por Mountcastle, Helmholtz, Hinton, Hawkins, Friston e muitos outros, de que cada área do neocórtex é composta de microcircuitos idênticos, isso impõe restrições rigorosas sobre como explicamos as novas habilidades dos primatas. Sugere que essas novas habilidades intelectuais devem surgir de alguma nova aplicação inteligente do neocórtex e não de uma manobra computacional inovadora. Isso é uma bela proposta para a interpretação da teoria da mente, do aprendizado por imitação e da antecipação das necessidades futuras como nada mais do que uma propriedade emergente de um modelo generativo de segunda ordem — com todas as três habilidades podendo surgir somente das novas aplicações do neocórtex.

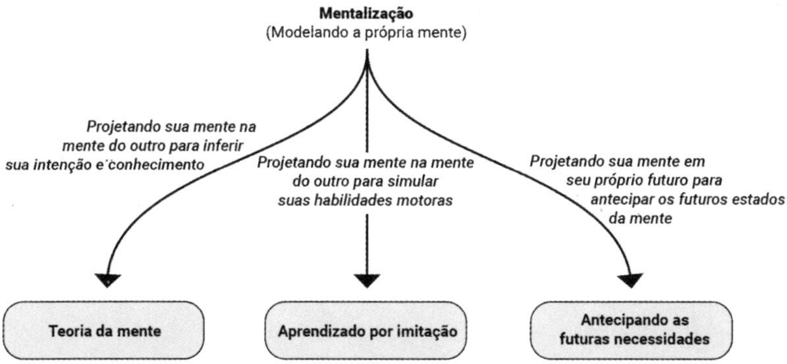

Figura 18.2

Todas essas habilidades (teoria da mente, aprendizado por imitação e antecipação das necessidades futuras) teriam sido particularmente adaptáveis no nicho único dos primeiros primatas. Dunbar afirma que as hipóteses do cérebro social e do cérebro ecológico são dois lados da mesma moeda. A capacidade de *mentalizar* pode ter desbloqueado simultaneamente a capacidade de colher frutas com sucesso e a capacidade de fazer política com sucesso. As pressões do frugivorismo e das hierarquias sociais podem ter convergido para fazer uma pressão evolutiva contínua para desenvolver e elaborar as regiões do cérebro, como o gPFC, para modelar sua própria mente.

Chegamos ao fim do avanço 4. Nesse ponto da nossa história, estamos no precipício da divergência final entre a humanidade e nosso parente vivo mais próximo. Nosso antepassado compartilhado com chimpanzés viveu há 7 milhões de anos no leste da África. Os descendentes desse antepassado se dividiram em dois caminhos evolutivos: um se tornou o chimpanzé de hoje e o outro, o ser humano atual.

Se colocássemos os 600 milhões de anos de tempo evolutivo, dos quais os primeiros cérebros emergiram até hoje, em um único ano civil, então agora nos encontraríamos às vésperas do Natal, nos últimos sete dias de dezembro. Nos próximos "sete dias", nossos antepassados passarão de coletores de frutas a pilotos de foguetes Falcon 9. Descobriremos como.

AVANÇO 5

A Fala e os Primeiros Humanos

Seu cérebro 100 mil anos atrás

19

Em Busca da Singularidade Humana

Por milênios, os seres humanos se olham no espelho cheios de orgulho, ponderando as muitas maneiras pelas quais somos superiores aos outros animais. Aristóteles declarou que nossa "alma racional", nossa capacidade de raciocinar, fazer abstrações e refletir, era a singularidade humana. Os psicólogos de animais do século XX detalharam muitas habilidades intelectuais que acreditavam ser exclusivamente humanas. Alguns afirmavam que apenas os humanos fazem viagens mentais no tempo. Outros, que é a nossa memória episódica, a nossa capacidade de antecipar necessidades futuras, e ainda há quem diga que é o nosso eu. É a nossa capacidade de comunicar, coordenar, usar ferramentas. A lista continua.

Mas o último século de pesquisas sobre o comportamento de outros animais desmantelou metodicamente nossa estrutura surpreendentemente frágil de singularidade. Apesar do apelo intuitivo de reivindicar muitas dessas habilidades como apenas nossas, como vimos ao longo deste livro, a ciência sugere que muitas delas, se não todas, podem não ser exclusivas dos seres humanos.

Darwin acreditava que "a diferença na mente entre o homem e os animais superiores, grande como é, certamente está no grau, não na espécie". Quais feitos intelectuais, se algum, são exclusivamente humanos ainda é muito debatido entre os psicólogos. Mas como a evidência continua, parece que Darwin estava certo.

Se os seres humanos tivessem inúmeras capacidades intelectuais inteiramente únicas da *espécie*, esperaríamos que o cérebro humano tivesse estruturas neurológicas exclusivas, uma nova ligação, novos sistemas. Mas a evidência é o oposto — não há uma estrutura neurológica encontrada no cérebro humano que também não seja encontrada no cérebro dos outros grandes primatas e a evidência sugere que o cérebro humano é literalmente um cérebro de primata em escala: um neocórtex maior, um gânglio basal maior, mas ainda assim com todas as mesmas áreas conectadas igualmente. Um cérebro de chimpanzé maior pode ter nos tornado *melhores* em antecipar as necessidades futuras, a teoria da mente, as habilidades motoras e o planejamento, mas não nos deu necessariamente nada muito novo.

Uma explicação bem razoável da evolução do cérebro humano desde nossa divergência com os chimpanzés é que várias pressões evolutivas levaram nossos antepassados humanos a simplesmente "subir de nível" as habilidades já presentes.

Será que não houve nenhum avanço?

Esta parece ser a interpretação mais razoável, mas com uma exceção crucial. É nessa exceção singular que vemos as primeiras dicas do que significa ser humano.

Nossa Comunicação Única

Os organismos se comunicavam muito antes dos primeiros humanos pronunciarem suas primeiras palavras. Organismos unicelulares emitem sinais químicos para compartilhar genes e informações sobre o ambiente. Anêmonas-do-mar sem cérebro bombeiam feromônios na água para coordenar o tempo de liberação de esperma e óvulos. As abelhas dançam para sinalizar onde encontrar comida. Os peixes usam sinais elétricos para o cortejo. Répteis balançam a cabeça para comunicar sua agressividade. Ratos emitem chiados para expressar perigo ou excitação. A comunicação entre os organismos é evolutivamente antiga e onipresente.

Os chimpanzés sempre gritam e gesticulam uns para os outros. Os diferentes sons e gestos são para sinalizar pedidos específicos. Bater nos ombros significa "Parar", bater o pé significa "Brincar comigo", gritar significa "Limpar", mostrar a palma da mão significa "Compartilhar comida". Os primatologistas estudaram tanto esses diferentes gestos e vocalizações que há até mesmo um dicionário (*Great Ape Dictionary*) que registrou quase cem sons e gestos.

Os macacos-vervet têm sons diferentes para sinalizar a presença de predadores específicos. Quando um macaco grita com o significado de "Leopardo!", todos os outros correm para as árvores. Quando grita significando "Águia!", todos os outros saltam para o chão da floresta. Os pesquisadores fazem todos os macacos correrem para as copas das árvores ou saltarem para o chão simplesmente reproduzindo um desses sons em alto-falantes próximos.

Claro, e existe a nossa espécie — o *Homo sapiens*. Nós também nos comunicamos. Não é o fato de nos comunicar que é único, mas como nos comunicamos. Os seres humanos usam a linguagem.

A linguagem humana difere das outras formas de comunicação animal de duas maneiras. Primeiro, nenhuma outra forma conhecida de comunicação animal natural atribui *rótulos declarativos* (também conhecidos como *símbolos*). Um professor humano apontará para um objeto ou um comportamento e atribuirá a ele um rótulo arbitrário: *elefante, árvore, corrida*. Por outro lado as comunicações de outros animais são geneticamente conectadas e não atribuídas. Os gestos do macaco-vervet e do chimpanzé são quase idênticos em diferentes grupos sem contato uns com os outros. Macacos e primatas grandes privados de contato social ainda usam os mesmos gestos. Na verdade, esses gestos são até compartilhados entre as espécies de primatas; bonobos e chimpanzés compartilham quase exatamente o mesmo repertório de gestos e vocalizações. Nos primatas não humanos, os significados desses gestos e vocalizações não são atribuídos pela rotulagem declarativa, mas surgem diretamente da ligação genética.

Que tal ensinar um comando a um cão ou qualquer outro animal? Claramente isso representa uma forma de rotulagem. Os linguistas fazem uma distinção entre rótulos declarativos e imperativos. Um rótulo imperativo é aquele que produz uma recompensa: "Quando ouço *sente*, se eu sentar, receberei um petisco" ou "Quando ouço *fique*, se eu parar de me mover, receberei um petisco". Esse é o aprendizado por diferença temporal básico — todos os vertebrados podem fazer isso. Já a rotulagem declarativa é um aspecto especial da linguagem humana. Um rótulo declarativo é aquele que atribui um objeto ou um comportamento a um símbolo arbitrário — "Isto é uma *vaca*", "Isto é uma *corrida*" — sem qualquer imperativo. Nenhuma outra forma de comunicação animal natural foi descoberta como fazendo isso.

A segunda maneira de a linguagem humana diferir de outra comunicação animal é que ela tem gramática. A linguagem humana tem regras com as quais combinamos e modificamos os símbolos para transmitir significados específicos. Podemos, assim, combinar esses rótulos declarativos em frases e unir essas frases em conceitos e histórias. Isso nos permite converter os milhares de palavras presentes em uma linguagem humana típica em um número aparentemente infinito de significados únicos.

O aspecto mais simples da gramática é que a ordem em que proferimos os símbolos transmite significado: "Bento abraçou Tiago" significa algo diferente de "Tiago abraçou Bento". Também incorporamos frases secundárias sensíveis à ordenação: "Bento, que estava triste, abraçou Tiago" significa algo totalmente diferente de "Bento abraçou Tiago, que estava triste". Mas as regras gramaticais vão além da ordem apenas. Temos tempos verbais diferentes para transmitir o tempo: "Bento *está me* atacando" versus "Max me *atacou*". Temos artigos diferentes: "*O* animal de estimação latiu" significa algo diferente de "*Um* animal de estimação latiu".

Claro, isso só em português; há mais de 6 mil línguas faladas no planeta, cada uma com rótulos e gramática próprios. Mas, apesar da grande diversidade de rótulos e gramáticas específicas de diferentes línguas, cada grupo de pessoas já descobriu a linguagem usada. Até as sociedades de caçadores/coletores na Austrália e na África, que no momento em que foram "descobertas" não tiveram contato com nenhum outro grupo de ser humano por mais de *50 mil* anos, ainda falavam suas próprias línguas que eram igualmente complexas como as de outros seres humanos. Isso é uma evidência irrefutável de que o antepassado compartilhado dos seres humanos falava suas próprias línguas, com rótulos declarativos e gramáticas próprios.

É lógico que o fato de que os primeiros humanos falavam suas próprias línguas com rótulos declarativos e gramática, enquanto nenhum outro animal naturalmente o faz, não prova que só os seres humanos *conseguem* usar a linguagem, apenas que só eles *usam* a linguagem. O cérebro dos primeiros humanos realmente desenvolveu a habilidade única de falar? Ou a linguagem é apenas uma manobra cultural descoberta há mais de 50 mil anos e que foi simplesmente passada para as gerações de todos os seres humanos modernos? A linguagem é uma invenção evolucionária ou cultural?

Veja como testar isso: o que acontece se tentarmos ensinar linguagem aos nossos primos animais evolutivamente mais próximos, os grandes primatas? Se eles tiverem sucesso no aprendizado da linguagem, isso sugere que a linguagem era uma invenção cultural; se falharem, sugere que seu cérebro não tem uma inovação evolutiva fundamental que surgiu nos seres humanos.

O teste foi feito várias vezes, com um resultado surpreendente e revelador.

Tentando Ensinar uma Linguagem aos Primatas

Para começar: não podemos literalmente ensinar os primatas a falar. Isso foi tentado na década de 1930 e os primatas não humanos são fisicamente incapazes de produzir uma linguagem verbal. As cordas vocais humanas são exclusivamente adaptadas à fala; a laringe humana é mais baixa e o pescoço é mais longo, o que nos permite produzir uma variedade muito maior de vogais e consoantes do que outros primatas. As cordas vocais de um chimpanzé podem produzir apenas um repertório limitado de sopros e gritos.

Mas o que torna a linguagem uma *linguagem* não é o meio, mas a substância — muitas formas da linguagem humana são não verbais. Ninguém afirmaria que a escrita, a linguagem de sinais e o braille não contêm a substância da linguagem porque não envolvem vocalização.

Os principais estudos que tentaram ensinar a língua a chimpanzés, gorilas e bonobos usavam a linguagem de sinais norte-americana ou linguagens visuais inventadas nas quais os primatas apontavam para sequências de símbolos em um quadro. Começando quando bebês, os primatas eram treinados a usar essas linguagens, com pesquisadores humanos sinalizando ou apontando símbolos para se referir a objetos (maçãs, bananas) ou ações (fazer cócegas, brincar, perseguir) repetidamente até que os primatas começassem a repetir os símbolos.

Na maioria desses estudos, depois de anos sendo ensinados, os primatas não humanos realmente produziram os sinais apropriados. Eles podiam ver um cão e sinalizar *cão*, ver um sapato e sinalizar *sapato*.

Eles podiam até juntar palavras básicas. As frases comuns eram *brincar comigo* e *fazer cócegas*. Algumas evidências até sugeriam que eles podiam combinar palavras conhecidas para criar significados novos. Em uma história conhecida, o chimpanzé Washoe viu um cisne pela primeira vez e quando o treinador sinalizou *O que é isso?*, Washoe mostrou de volta *Pássaro aquático*. Em outro, o gorila Koko viu um anel e, sem saber a palavra, sinalizou *Pulseira de dedo*. Depois de comer repolho pela primeira vez, Kanzi, um bonobo, fez o símbolo para *alface* (de digestão) *lenta*.

Kanzi supostamente até usava a linguagem para brincar com os outros. Há o relato de um treinador que descansava no habitat de Kanzi e foi acordado por ele arrancando o cobertor, pressionando agitado os símbolos para *surpresa ruim*. Em outro relato, Kanzi pressionou as teclas para *buscar maçã*, depois pegou uma maçã, sorriu e começou a correr de seu treinador.

Sue Savage-Rumbaugh, psicóloga e primatologista que idealizou o experimento de aprendizado da língua Kanzi, fez um teste para comparar a compreensão da linguagem por Kanzi com a de uma criança humana de 2 anos. Ela mostrou para Kanzi e a criança mais de 600 frases novas (usando sua linguagem de símbolos) com comandos específicos. Essas frases usavam símbolos que Kanzi já conhecia, mas em frases que Kanzi nunca tinha visto, comandos como *Você pode dar a manteiga para Rose?*; *Vá colocar um pouco de sabão em Liz; Vá pegar a banana que está na geladeira*; *Você pode dar um abraço no cachorrinho?*; e *Coloque a máscara de monstro e assuste Linda*. Kanzi completou com sucesso essas tarefas em 70% das vezes, superando a criança de 2 anos.

O grau com que esses estudos de linguagem dos primatas demonstram a linguagem com rótulos declarativos e gramática ainda é controverso entre linguistas, primatologistas e psicólogos comparativos. Há muitos que afirmam que esses truques representam imperativos não declarativos e que as frases proferidas eram tão simples que dificilmente poderiam ser chamadas de gramática. De fato, na maioria dos estudos, os primatas recebiam petiscos quando usavam os rótulos corretos, o que dificulta saber se estavam realmente compartilhando objetos de rotulagem ou só aprendendo que, se sinalizassem X quando vissem uma banana, receberiam um petisco, uma tarefa que qualquer máquina de aprendizado por reforço sem modelo poderia realizar. Uma análise ampla das frases proferidas por esses primatas com capacidade de linguagem demonstra uma baixa diversidade de frases, significando que eles tendem a usar as frases exatas que aprenderam (exemplo, *Fazer cócegas*), em vez de combinar palavras em frases novas (exemplo, *Querer sentir cócegas*). Mas em resposta a esses desafios, muitos apontam os estudos de Savage-Rumbaugh e a compreensão gramatical fidedigna de Kanzi para comandos e frases divertidas. O debate continua.

Resumindo, a maioria dos cientistas parece concluir que alguns primatas não humanos são realmente capazes de aprender pelo menos uma forma rudimentar de linguagem, mas são muito piores do que os humanos e não aprendem sem um treinamento meticuloso e deliberado. Esses primatas nunca superam as habilidades de uma criança humana.

Assim, a linguagem parece exclusiva dos humanos em duas coisas. Primeiro, temos uma tendência natural de construí-la e usá-la, o que outros animais não têm. Em segundo lugar, temos uma capacidade de linguagem que supera em muito a de qualquer outro animal, mesmo que alguma semelhança básica de símbolos e gramática seja possível em outros primatas.

Mas se é a linguagem que nos separa do resto do reino animal, qual é a manobra aparentemente inócua que permitiu ao *Homo sapiens* chegar ao topo da cadeia alimentar; o que tem na linguagem que o torna tão poderoso?

Transferência de Pensamentos

Nossa linguagem única, com rótulos declarativos e gramática, permite que grupos de cérebros transfiram suas simulações internas uns aos outros com um grau de detalhes sem precedentes e flexibilidade. Pode-se dizer "Esmague a pedra de cima", "João foi grosseiro com José" ou "Lembre-se do cão que vimos ontem", e em todos esses casos o *locutor* está deliberadamente selecionando uma simulação interna de imagens e ações a serem transferidas para os *ouvintes* próximos. Um grupo de *n* cérebros pode refazer o mesmo filme mental do cão visto ontem com apenas alguns ruídos ou gestos.

Quando falamos sobre simulações internas, sobretudo no contexto dos seres humanos, tendemos a imbuí-las de palavras como *conceitos, ideias, pensamentos*. Mas todas essas coisas são só representações na simulação neocortical dos mamíferos. Quando você "pensa" sobre um evento no passado ou no futuro, quando pondera o "conceito" de uma ave, tem uma "ideia" de como fazer uma nova ferramenta, você está meramente explorando o rico mundo tridimensional simulado construído por seu neocórtex. Não é diferente, em princípio, de um rato considerando em qual direção virar no labirinto. Conceitos, ideias e pensamentos, assim como memórias episódicas e planos, não são exclusivos dos seres humanos. O que é único é a nossa capacidade de transmitir essas simulações internas, uma manobra possível apenas por causa da linguagem.

Quando um macaco-vervet guincha *Águia por perto!*, todos os macacos próximos saltam rápido das árvores para se esconderem. Claramente, isso representa uma transferência de informação do macaco que viu a águia primeiro para os outros. Mas essas transferências são *indeterminadas* e *inflexíveis*, capazes de transferir informação apenas com sinais codificados geneticamente. Esses sinais são sempre poucos e não podem ser ajustados nem alterados para novas situações. Contudo, a linguagem permite que o locutor transfira um amplo conjunto de pensamentos internos.

Esse artifício de transferência do pensamento teria proporcionado muitos benefícios práticos aos primeiros seres humanos. Teria permitido um ensino mais preciso do uso da ferramenta, técnicas de caça e truques de coleta. Teria permitido uma coordenação flexível de comportamentos de busca e caça entre os indivíduos — um ser humano poderia dizer: "Siga-me, há uma carcaça de antílope 3km a leste" ou "Espere aqui, vamos emboscar o antílope quando você me ouvir assobiar três vezes".

Todos esses benefícios práticos vêm do fato de que a linguagem expande as fontes das quais um cérebro pode extrair aprendizado. O avanço do reforço permitiu que os primeiros vertebrados aprendessem com suas próprias ações *reais* (tentativa e erro). O avanço da simulação permitiu que os primeiros mamíferos aprendessem com suas próprias ações *imaginadas* (tentativa e erro indiretos). O avanço da mentalização permitiu que os primeiros primatas aprendessem com as ações *reais dos outros* (aprendizado por imitação). Mas falar permitiu que os primeiros humanos aprendessem com as *ações imaginadas dos outros.*

Evolução das Fontes de Aprendizado Cada Vez Mais Complexas

	REFORÇO NOS PRIMEIROS BILATERIANOS	SIMULAÇÃO NOS PRIMEIROS VERTEBRADOS	MENTALIZAÇÃO NOS PRIMEIROS PRIMATAS	FALA NOS PRIMEIROS HUMANOS
ORIGEM DO APRENDIZADO	Aprender com suas próprias ações reais	Aprender com suas próprias ações imaginadas	Aprender com as ações reais dos outros	Aprender com as ações imaginadas dos outros
COM QUEM APRENDER?	Você mesmo	Você mesmo	Outros	Outros
APRENDER A AÇÃO COM?	Ações reais	Ações imaginadas	Ações reais	Ações imaginadas

A linguagem nos permite observar e aprender com a imaginação de outras mentes, com suas memórias episódicas, suas ações futuras simuladas internas, seus contrafactuais. Quando um ser humano coordena uma caçada e diz "Se formos nessa direção como um grupo, encontraremos um antílope" ou "Se todos esperarmos e emboscarmos, venceremos a batalha com o javali", ele compartilha os resultados de suas próprias tentativas e erros indiretos e internos para que todo o grupo possa aprender com suas imaginações. Uma pessoa com a memória episódica de um leão do outro lado da montanha pode transferir essa memória para os outros com a linguagem.

Ao compartilhar o que vemos em nossas imaginações, também é possível que mitos comuns se formem, que entidades e histórias imaginárias inteiramente inventadas persistam só porque circulam em nossa cabeça. Tendemos a pensar nos mitos como o campo dos romances de fantasia e dos livros infantis, mas eles são a base das civilizações humanas modernas. Dinheiro, deuses, corporações e Estados são conceitos imaginários que existem apenas na imaginação coletiva do cérebro humano. Uma das primeiras versões dessa ideia foi articulada pelo filósofo John Searle, mas popularizada pelo livro *Sapiens* de Yuval Harari. Os dois afirmam que os seres humanos são únicos porque "cooperamos de maneiras extremamente flexíveis com incontáveis estranhos". Para Searle e Harari, fazemos isso porque temos "mitos comuns". Nas palavras de Harari: "Dois católicos que nunca se encontraram podem seguir juntos em uma cruzada ou angariar fundos para construir um hospital, porque ambos acreditam [em] Deus", "Dois sérvios que nunca se encontraram podem arriscar suas vidas para se salvar porque ambos acreditam na existência da nação sérvia" e "Dois advogados que nunca se encontraram podem combinar esforços para defender um completo estranho porque ambos acreditam na existência de leis, da justiça, dos direitos humanos e do dinheiro dos impostos".

Assim, com a capacidade de construir mitos comuns, podemos coordenar o comportamento de um número incrivelmente grande de estranhos. Isso foi uma grande melhoria em relação ao sistema de coesão social fornecido pela mentalização dos primatas. Coordenar o comportamento só com a mentalização funciona apenas em cada membro de um grupo que se conhece diretamente. Esse mecanismo de cooperação não se mede; o limite de tamanho do grupo humano mantido apenas por relações diretas foi estimado em cerca de 150 pessoas. Já os mitos comuns de coisas, como países, dinheiro, corporações e governos, nos permitem cooperar com bilhões de estranhos.

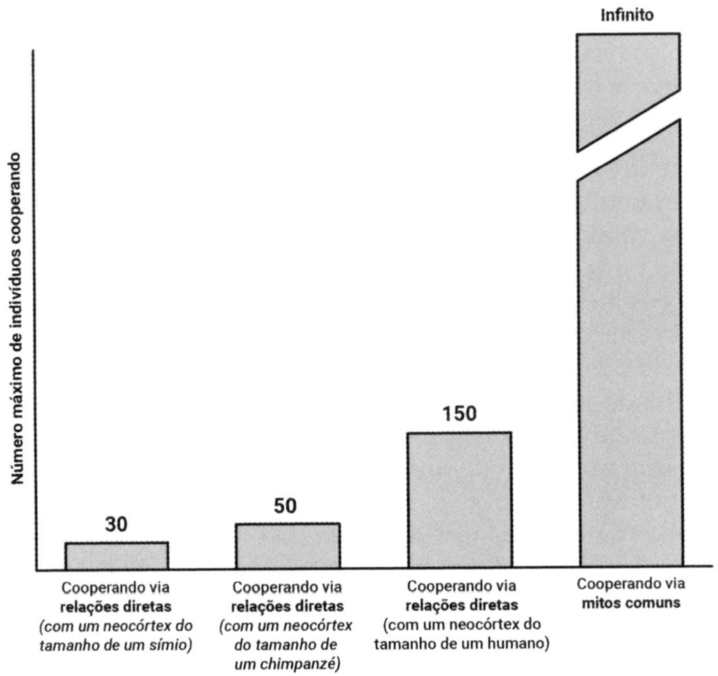

Figura 19.1: Número máximo de indivíduos cooperando com base em diferentes estratégias de cooperação

Embora seja verdade, todos os benefícios mencionados da linguagem não têm o motivo maior. Não é o ensino superior, a caça cooperativa nem os mitos comuns de Harari que é o verdadeiro dom da linguagem. Não é por isso que os humanos governam o mundo. Se fossem os únicos presentes oferecidos, ainda seríamos primatas caçadores/coletores dançando em torno de fogueiras, rezando pela chuva dos deuses da água — predadores, claro, mas dificilmente astronautas. Essas características da linguagem são *consequências* do dom da linguagem, não do dom em si.

É útil uma analogia com o DNA. O verdadeiro poder do DNA não são os *produtos* que ele constrói (coração, fígado, cérebro), mas o *processo* que ele permite (evolução). Da mesma forma, o poder da linguagem não está em seus produtos (melhor ensinamento, coordenação e mitos comuns), mas no processo de transferência, acumulação e modificação de ideias de geração a geração. Assim como os genes persistem indo da célula dos pais para a célula do filho, as ideias persistem indo de cérebro em cérebro, de geração em geração. E como acontece com os genes, essa passagem não é uniforme, mas opera com as próprias regras quase evolutivas, há uma seleção contínua das ideias boas e um corte das ruins. As ideias que ajudaram os seres humanos a sobreviver *persistiram*, já as que não ajudaram, *pereceram*.

Essa analogia de ideias em evolução foi proposta por Richard Dawkins em seu famoso livro *O Gene Egoísta*. Ele chamou essas ideias saltitantes de *memes*. Essa palavra foi mais tarde apropriada para as imagens de gatos e as fotos de bebês no Twitter (agora X), mas ele originalmente queria que se referissem a uma ideia ou um comportamento disseminado entre as pessoas em uma cultura.

A rica complexidade de conhecimento e comportamentos que existe no cérebro humano hoje só é possível porque ideias subjacentes foram acumuladas e modificadas em inúmeros cérebros por milhares, até milhões, de gerações.

Considere a antiga invenção da roupa costurada, na qual os seres humanos convertiam peles de animais mortos em roupas para se manterem aquecidos, uma invenção que muitos acreditam ter surgido há 100 mil anos. Essa invenção só foi possível por causa de muitas invenções anteriores: cortar a pele das carcaças, secar, fabricar cordas e criar agulhas de ossos. Essas invenções só foram possíveis devido à invenção anterior de ferramentas feitas com pedras afiadas. Nunca teria sido possível inventar roupas costuradas em um único momento Eureca. Nem mesmo Thomas Edison teria sido tão inteligente. As novas invenções de Edison ocorreram somente depois que ele recebeu os blocos de construção certos. Entendendo a eletricidade e os geradores passados a ele pelas gerações anteriores, ele inventou a lâmpada.

Esse acúmulo não se aplica apenas às invenções tecnológicas, mas também às culturais. Transmitimos etiqueta social, valores, histórias, mecanismos de seleção de líderes, regras morais de punição e crenças culturais em torno da violência e do perdão.

Todas as invenções do homem, tecnológicas e culturais, exigem um acúmulo de blocos de construção básicos antes que um único inventor possa dizer "Aha!", fundir as ideias preexistentes em algo novo e transferir essa nova invenção aos outros. Se a base de ideias sempre desaparecer após uma geração ou duas, então uma espécie ficará para sempre presa em um estado de não acumulação, sempre reinventando as mesmas ideias repetidas vezes. É assim com todas as outras criaturas do reino animal. Até os chimpanzés, que aprendem habilidades motoras com a observação, não *acumulam* aprendizados por gerações.

Isso nos leva de volta aos experimentos de imitação do Capítulo 17. Pegue uma criança de 4 anos e um chimpanzé adulto, e peça-lhes que observem um pesquisador abrir uma caixa problema para obter comida, no processo realizando várias ações irrelevantes. Os chimpanzés e as crianças aprendem a abrir a caixa problema com a observação; no entanto, os chimpanzés pularão os passos irrelevantes, mas as *crianças* executarão *todos* os passos que observaram, incluindo os irrelevantes. As crianças humanas são grandes imitadoras.

Essa imitação em excesso é, de fato, muito inteligente. As crianças mudam seu grau de cópia com base no quanto acreditam que o professor sabe — "Essa pessoa sabe claramente o que está fazendo, então deve haver uma razão para ter feito isso". Quanto mais incerta uma criança está sobre *o motivo* de um professor fazer algo, mais provavelmente ela copiará com exatidão todos os passos. Além disso, ela não está apenas espelhando cegamente o que vê; a criança imitará comportamentos estranhos e irrelevantes somente se seu professor parecer ter a *intenção* de fazer tal comportamento. Se a ação parece ser acidental, a criança irá ignorá-lo; ela não copiará a tosse ou o nariz coçando de um professor. Se um professor continuar errando ao tentar desmontar um brinquedo novo, a criança identificará isso como acidental e não imitará o erro; em vez disso, usará mais força para desmontar com sucesso o brinquedo.

Embora esses experimentos de imitação demonstrem que os seres humanos podem copiar com precisão comportamentos sem usar a linguagem, ainda é inegável que a linguagem é o nosso superpoder ao copiar e transferir ideias.

Comparado com a imitação silenciosa de especialistas, comunicar como fazer uma tarefa usando a linguagem melhora muitíssimo a precisão e a velocidade com que as crianças resolvem as tarefas. A linguagem nos permite condensar informações para que ocupem menos espaço no cérebro e sejam transferidas mais rápido. Se eu disser "Sempre que você vir uma cobra vermelha, corra; sempre que vir uma cobra verde, é seguro", essa ideia e o comportamento correspondente podem ser transferidos logo em todo o grupo. Ao contrário, se todos tivessem que aprender a generalização de "cobra vermelha má, cobra verde boa" com uma experiência individual ou *vendo* alguém ser mordido por várias cobras vermelhas, exigiria muito mais tempo e capacidade cerebral. Esse fato desapareceria aos poucos e depois seria reaprendido de geração em geração. Sem linguagem, as simulações internas dos chimpanzés e de outros animais não se acumulam, portanto, as invenções acima de certo limiar de complexidade (as melhores) sempre ficam fora de alcance.

A Singularidade Já Aconteceu

A descontinuidade sutil que mudou tudo foi ir de *nenhum acúmulo* nas gerações para *algum acúmulo*. Na Figura 19.2, as ideias começam a ficar mais complexas em algumas gerações, assim como a invenção da roupa costurada surgiu de blocos de construção mais simples.

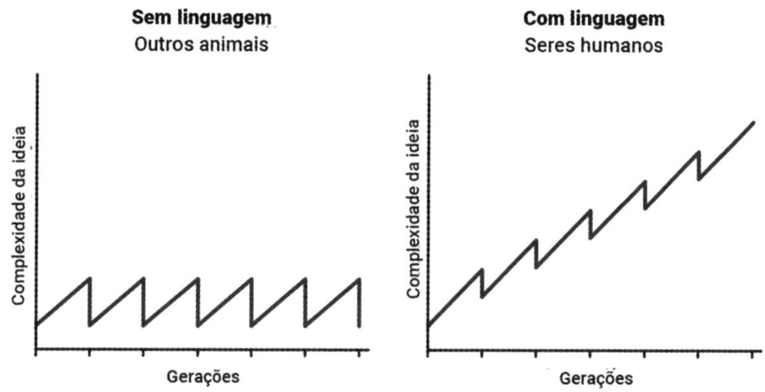

Figura 19.2

E se você diminuir a escala de tempo de milhares de gerações, verá por que até *um* acúmulo desencadeia uma explosão de ideias complexas (como visto na Figura 19.3). De um período de estagnação aparentemente perpétuo, em uma questão de centenas de milhares de anos você terá uma explosão de ideias complexas.

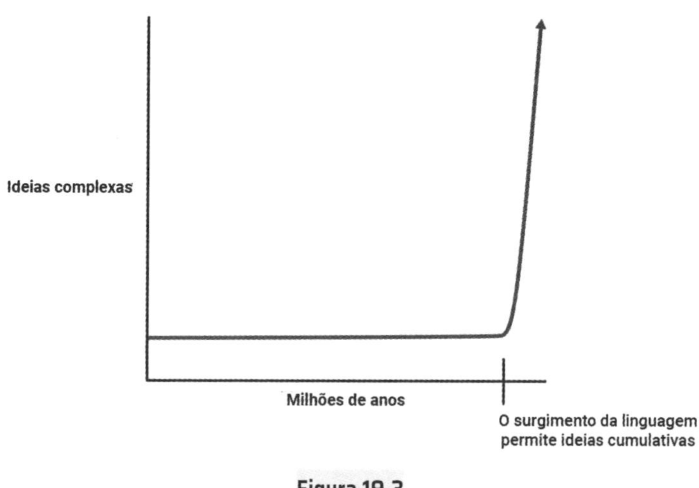

Figura 19.3

Por fim, a coletânea de ideias acumuladas chegou a um ponto crítico de complexidade quando a soma total das ideias acumuladas não cabia mais no cérebro de um único ser humano. Isso foi um problema ao copiar ideias suficientes por gerações. Em resposta, quatro coisas aconteceram que expandiram ainda mais quanto conhecimento podia ser transferido por gerações. Primeiro, os seres humanos desenvolveram um cérebro maior, o que aumentou a quantidade de conhecimento que pode ser transmitida por cérebros individuais. Em segundo lugar, os seres humanos ficaram mais especializados em seus grupos, com ideias distribuídas por diferentes membros — alguns eram fabricantes de lanças, outros fabricantes de roupas, caçadores, coletores. Em terceiro lugar, o tamanho da população aumentou, oferecendo mais cérebros para armazenar ideias por gerações. Em quarto lugar, mais recente e importante, inventamos a *escrita*, que permite ao homem ter uma memória coletiva de ideias que podem ser baixadas à vontade e conter, de fato, uma quantidade infinita de conhecimento.

Se os grupos não têm escrita, esse conhecimento distribuído é sensível ao tamanho dele; se os grupos diminuem e não há mais cérebro suficiente para ter todas as informações, o conhecimento é perdido. Há evidências de que isso ocorreu em sociedades na Tasmânia. Evidências arqueológicas de 8 mil anos atrás mostram que os seres humanos na Tasmânia tinham conhecimentos complexos para fazer ferramentas de ossos, redes, varas de pesca, bumerangues e roupas de frio. Todo esse conhecimento foi perdido em 1800. Essa perda parece ter iniciado quando o aumento dos oceanos separou o grupo na Tasmânia de outros grupos no resto da Austrália, diminuindo o tamanho da população do grupo humanos interagindo socialmente. Para as pessoas sem escrita, quanto menor a população, menos conhecimento pode persistir ao longo das gerações.

A verdadeira razão pela qual os seres humanos são únicos é que acumulamos nossas simulações compartilhadas (ideias, conhecimentos, conceitos, pensamentos) por gerações. Somos primatas com mente coletiva. Sincronizamos nossas simulações internas, transformando as culturas humanas em uma espécie de metaforma de vida cuja consciência está enraizada nas ideias e nos pensamentos persistentes que fluem por milhões de cérebros humanos ao longo de gerações. A base dessa mente coletiva é a nossa linguagem.

O surgimento da linguagem marcou um ponto crítico na história da humanidade, o limite temporal quando esse novo e único tipo de evolução começou: a evolução das ideias. Dessa forma, o surgimento da linguagem foi um evento tão monumental quanto o surgimento das primeiras moléculas de DNA autorreplicantes. A linguagem transformou o cérebro humano de um órgão efêmero em um meio eterno de acúmulo de invenções.

Essas invenções incluíram novas tecnologias, novas leis, novas etiquetas sociais, novas formas de pensar, novos sistemas de coordenação, novas maneiras de escolher líderes, novos limites para violência versus perdão, novos valores, novas ficções compartilhadas. Os mecanismos neurológicos que permitem a linguagem vieram muito antes de alguém fazer cálculo, usar computadores ou discutir os méritos do capitalismo. Mas uma vez que os seres humanos estavam armados com a linguagem, esses desenvolvimentos foram quase inevitáveis. Foi só uma questão de tempo. De fato, a incrível ascensão da humanidade nos últimos milhares de anos não teve nada a ver com genes melhores e tudo a ver com o acúmulo de ideias melhores e mais sofisticadas.

20

Linguagem no Cérebro

Em 1830, um francês de 30 anos chamado Louis Victor Leborgne perdeu a capacidade de falar. Leborgne não podia mais dizer nada além de *tan*. O peculiar no caso é que ele era, na maior parte, um intelectual típico. Estava claro que quando ele falava, *tentava* expressar certas ideias — ele usava gestos e alterava o tom e a ênfase de sua fala —, mas o único som que saía era *tan*. Ele conseguia *entender* a linguagem, só não podia produzi-la. Depois de muitos anos de hospitalização, ele ficou conhecido no hospital como Tan.

Vinte anos após o falecimento do paciente Tan, seu cérebro foi examinado pelo médico francês Paul Broca, que tinha um interesse particular na neurologia da linguagem. Broca descobriu que Leborgne tinha danos cerebrais em uma região específica e isolada no lobo frontal esquerdo.

Broca tinha um palpite de que havia áreas específicas no cérebro para a linguagem. O cérebro de Leborgne foi a primeira pista para Broca de que essa ideia poderia estar certa. Nos 2 anos seguintes, Broca procurou meticulosamente cérebro de qualquer paciente recém-falecido com deficiência em sua capacidade de articular a linguagem, mas que mantinha suas outras faculdades intelectuais. Em 1865, depois de realizar autópsias em 12 cérebros diferentes, ele publicou seu famoso artigo "Localization of Speech in the Third Left Frontal Cultivation" [Localização da Fala no Terceiro Cultivo Frontal Esquerdo, em tradução livre]. Descobriu-se que todos esses pacientes tinham danos em regiões semelhantes no lado esquerdo do neocórtex, uma região que passou a ser chamada de *área de Broca*. Isso foi observado inúmeras vezes nos últimos 150 anos — se a área de Broca está danificada, a pessoa perde a capacidade de produzir fala, uma condição agora chamada afasia de Broca.

Vários anos depois que Broca fez seu trabalho, Carl Wernicke, um médico alemão, ficou perplexo com um conjunto diferente de dificuldades linguísticas. Wernicke descobriu pacientes que, ao contrário de Broca, podiam falar bem, mas não tinham a capacidade de *entender* a fala. Esses pacientes produziam frases inteiras, mas sem sentido. Por exemplo, tal paciente pode dizer algo como "Você sabe que o esmoda coloriu e que eu quero estar com ele, cuidar dele como você um dia cuidou".

Wernicke, seguindo a estratégia de Broca, também descobriu uma área danificada no cérebro desses pacientes. Também estava no lado esquerdo, porém mais atrás no neocórtex posterior, uma região agora apelidada de área de Wernicke. Danos na área de Wernicke causam a afasia de Wernicke, uma condição na qual os pacientes perdem a capacidade de *entender* a fala.

Um aspecto revelador das áreas de Broca e Wernicke é que suas funções de linguagem não são seletivas apenas para certas modalidades da linguagem, mas seletivas para a linguagem em geral. Pacientes com afasia de Broca ficam igualmente prejudicados ao *falar* e ao *escrever* palavras. Pacientes que se comunicam principalmente usando a linguagem de sinais perdem sua capacidade de sinalizar com fluência quando a área de Broca é danificada. Danos na área de Wernicke produzem déficits na compreensão das linguagens *falada* e *escrita*. Na verdade, essas mesmas áreas linguísticas são ativadas quando uma pessoa sem problemas auditivos ouve alguém falar e quando uma pessoa surda observa alguém usando sinais. A área de Broca não é seletiva para verbalizar, escrever ou usar sinais; é seletiva para a capacidade geral de produzir linguagem. E a área de Wernicke não é seletiva para ouvir, ler ou ver sinais; é seletiva para a capacidade geral de entender a linguagem.

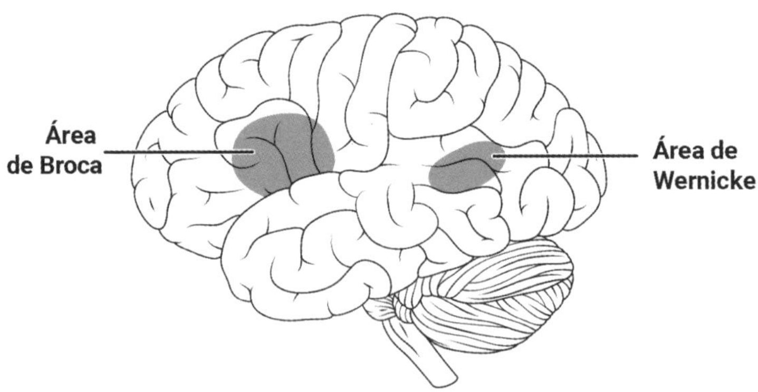

Figura 20.1

O córtex motor humano tem uma conexão única e direta com a área do tronco cerebral para controlar a laringe e as cordas vocais, é uma das poucas diferenças estruturais entre o cérebro dos seres humanos e de outros primatas. O neocórtex humano pode controlar exclusivamente as cordas vocais, que com certeza é uma adaptação para o uso da linguagem verbal. Mas isso é uma distração na tentativa de entender a evolução da linguagem; esse circuito único *não* é o avanço evolutivo que possibilitou a linguagem. Sabemos disso porque os seres humanos podem aprender a linguagem *não verbal* com tanta fluência e facilidade quanto aprendem a linguagem verbal — não é uma manobra que requer ligação com as cordas vocais. O controle único dos humanos sobre a laringe evoluiu com outras mudanças para a linguagem em geral, evoluiu depois (para a transição de uma linguagem gestual para uma linguagem verbal) ou evoluiu antes (adaptado para algum outro propósito não linguístico). Em qualquer caso, não é o controle humano da laringe que permitiu a linguagem.

As descobertas de Broca e Wernicke demonstraram que a linguagem surge em regiões específicas do cérebro e que está contida em uma sub-rede quase sempre encontrada no lado esquerdo do neocórtex. As regiões específicas da linguagem também ajudam a explicar o fato de que a capacidade da linguagem pode ser bastante dissociada de outras capacidades intelectuais. Muitas pessoas com deficiência linguística têm um intelecto típico. E as pessoas podem ser linguisticamente dotadas, mas com problemas no intelecto. Em 1995, dois pesquisadores, Neil Smith e Ianthi-Maria Tsimpli, publicaram sua pesquisa sobre uma criança, gênio da linguagem, chamado Christopher. Christopher tinha uma cognição extremamente prejudicada, uma coordenação terrível entre mãos e olhos, dificuldades para fazer tarefas básicas, como abotoar a camisa, e incapaz de descobrir como ganhar no jogo da velha ou damas. Mas Christopher era incrível quando se tratava de linguagem: ele podia ler, escrever e falar mais de quinze idiomas. Embora o resto de seu cérebro fosse "deficiente", as áreas da linguagem não foram apenas poupadas, mas eram brilhantes. A questão é que a linguagem não acontece no cérebro inteiro, mas em subsistemas específicos.

Isso sugere que a linguagem não é uma consequência inevitável de ter mais neocórtex. Não é algo que os humanos têm "de graça" por causa de um cérebro maior que o do chimpanzé. É uma habilidade específica e independente que a evolução teceu em nosso cérebro.

Então isso parece encerrar o caso. Descobrimos o órgão da linguagem no cérebro humano: os seres humanos evoluíram duas novas áreas do neocórtex (as áreas de Broca e Wernicke) que estão conectadas em uma sub-rede específica especializada para a linguagem. Essa sub-rede nos presenteou com a linguagem e é por isso que os humanos têm linguagem e os outros primatas não. Caso encerrado.

Infelizmente a história não é tão simples.

Risos ou Falas?

O seguinte fato complica as coisas: seu cérebro e o cérebro de um chimpanzé são praticamente idênticos; o cérebro humano é, quase exatamente, apenas uma versão ampliada do cérebro de chimpanzé. Isso inclui as regiões conhecidas como áreas de Broca e Wernicke. Essas áreas não evoluíram nos primeiros humanos; elas surgiram muito antes, nos primeiros primatas, fazem parte das áreas do neocórtex que surgiram com o avanço da mentalização. Chimpanzés, bonobos e até símios têm exatamente essas áreas com conectividade quase idêntica. Assim, *não* foi o surgimento das áreas de Broca ou Wernicke que deu aos seres humanos o dom da linguagem.

Será que a linguagem humana era uma elaboração do sistema existente de comunicação dos primatas? Isso pode explicar por que essas áreas da linguagem ainda estão presentes em outros primatas. Chimpanzés, bonobos e gorilas têm gestos e gritos que sinalizam coisas diferentes. As asas evoluíram a partir dos braços e os organismos multicelulares evoluíram a partir de organismos unicelulares, então faria sentido se a linguagem humana evoluísse a partir dos sistemas de comunicação mais primitivos de nossos antepassados primatas. Mas não foi assim que a linguagem evoluiu no cérebro.

Em outros primatas, essas áreas linguísticas do neocórtex estão presentes, mas sem relação com a comunicação. Se você danificar as áreas de Broca e Wernicke em um macaco, isso não terá impacto na comunicação dele. Se danificá-las nos seres humanos, perderemos a capacidade de usar a linguagem por completo.

Quando comparamos gestos dos primatas com a linguagem humana, estamos comparando coisas muito diferentes. Seu uso comum para a comunicação oculta o fato de que são sistemas neurológicos muito diferentes, sem qualquer relação evolutiva entre si.

Os humanos, de fato, herdaram exatamente o mesmo sistema de comunicação dos primatas, mas ele não é nossa linguagem, são nossas expressões emocionais.

Em meados da década de 1990, um professor de 50 anos percebeu que tinha problemas para falar. Em três dias, seus sintomas pioraram. Quando ele chegou no médico, o lado direito de seu rosto estava paralisado e a fala era lenta e arrastada. Quando lhe pediram para sorrir, apenas um lado de seu rosto se moveu com um sorriso torto (Figura 20.2).

Ao examinar o homem, o médico notou algo desconcertante. Quando o médico contava uma piada ou dizia algo genuinamente agradável, o homem sorria muito bem. O lado esquerdo de seu rosto funcionava normalmente quando ele estava rindo, mas quando solicitado a sorrir *voluntariamente*, não conseguia.

O cérebro humano tem um controle paralelo das expressões faciais; há um sistema de expressão emocional mais antigo que tem um mapeamento codificado entre os estados emocionais e as respostas reflexivas. Esse sistema é controlado por estruturas antigas, como a amígdala. E há um sistema separado que fornece um controle voluntário dos músculos faciais que é controlado pelo neocórtex.

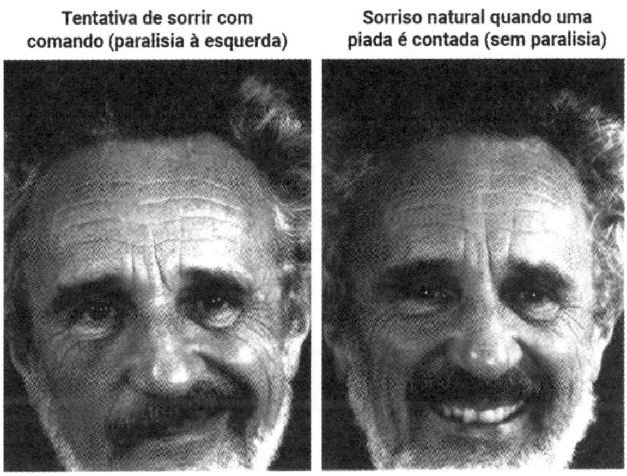

Figura 20.2: Paciente com uma conexão danificada entre o córtex motor e o lado esquerdo do rosto, mas uma conexão intacta entre a amígdala e o lado esquerdo do rosto é poupada

Descobriu-se que esse professor tinha uma lesão no tronco cerebral que interrompeu a conexão entre seu neocórtex e os músculos à esquerda do rosto, mas poupou a conexão entre sua amígdala e esses mesmos músculos. Isso significava que ele não podia controlar voluntariamente o lado esquerdo do rosto, mas seu sistema de expressão emocional podia controlar seu rosto sem problemas. Embora fosse incapaz de levantar voluntariamente uma sobrancelha, conseguia rir, franzir a testa e chorar.

Isso também é visto em indivíduos com formas severas da afasia de Broca e Wernicke. Mesmo as pessoas que não conseguem pronunciar uma única palavra podem facilmente rir e chorar. Por quê? As expressões emocionais vêm de um sistema inteiramente separado da linguagem.

A comparação de coisas iguais na comunicação de primatas e seres humanos fica entre vocalizações dos primatas e expressões emocionais humanas. Para simplificar um pouco: outros primatas têm um único sistema de comunicação, seu sistema de expressão emocional, localizado em áreas mais antigas, como a amígdala e o tronco cerebral. Ele mapeia os estados emocionais para gestos e sons de comunicação. De fato, como observado por Jane Goodall, "a produção de um som na ausência do estado emocional apropriado parece ser uma tarefa quase impossível [para os chimpanzés]". Esse sistema de expressão emocional é antigo, remontando aos primeiros mamíferos, talvez até antes. Os humanos, no entanto, têm dois sistemas de comunicação: temos esse mesmo sistema de expressão emocional antigo e um sistema de linguagem recém-evoluído no neocórtex.

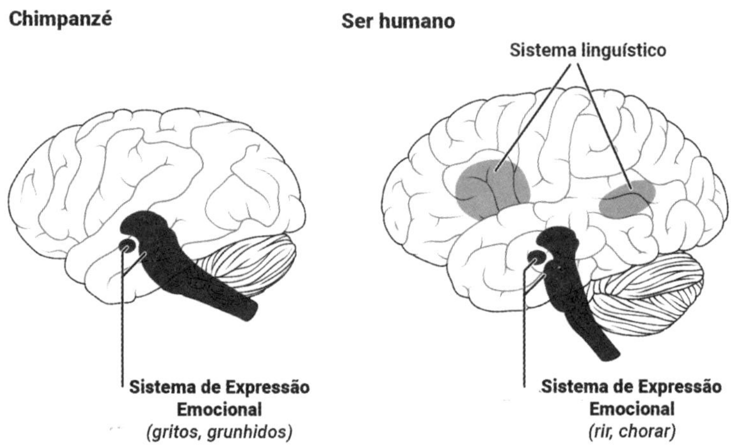

Figura 20.3

Os risos, os gritos e a cara fechada dos seres humanos são remanescentes evolutivos de um sistema de comunicação antigo e mais primitivo, um sistema do qual surgem os gestos e os gritos dos primatas. No entanto, quando *proferimos palavras*, estamos fazendo algo sem uma analogia clara para um sistema de comunicação dos primatas.

Isso explica por que lesões nas áreas de Broca e Wernicke em macacos não têm absolutamente nenhum impacto na comunicação. Um macaco ainda consegue assobiar e gritar pela mesma razão que um humano com tal dano ainda consegue rir, chorar, sorrir, franzir a testa e fechar a cara, mesmo quando não consegue pronunciar uma única palavra coerente. Os gestos dos macacos são expressões emocionais automáticas e não vêm do neocórtex; são mais como uma risada dos humanos do que uma linguagem.

O sistema de expressão emocional e o sistema de linguagem têm outra diferença: um é geneticamente conectado e o outro é aprendido. O sistema de expressão emocional compartilhado dos humanos e outros primatas é, na maioria, geneticamente conectado. Como evidência, os macacos criados em isolamento ainda acabam produzindo todo o comportamento normal de chamada gestual; chimpanzés e bonobos compartilham quase 90% dos mesmos gestos. Da mesma forma, culturas e crianças do mundo inteiro têm uma notável sobreposição de expressões emocionais, sugerindo que pelo menos algumas partes de nossas expressões emocionais são geneticamente codificadas e não aprendidas. Todos os seres humanos (mesmo os nascidos cegos e surdos) choram, sorriem, gargalham e franzem a testa de maneira relativamente semelhante em resposta a estados emocionais parecidos.

No entanto, o novo sistema de linguagem em seres humanos é incrivelmente sensível ao aprendizado — se uma criança ficar muito tempo sem aprender uma linguagem, ela será incapaz de adquiri-la mais tarde na vida. Ao contrário das expressões emocionais inatas, as características da linguagem diferem muito entre as culturas. E de fato, um bebê humano nascido sem qualquer neocórtex ainda expressará essas emoções da maneira usual, mas nunca falará.

Então aqui está o enigma neurobiológico da linguagem. A linguagem não surgiu de uma estrutura recém-evoluída. Ela não surgiu do controle neocortical único dos seres humanos sobre a laringe e o rosto (embora isso permitisse verbalizações mais complexas). Não surgiu de uma elaboração dos sistemas de comunicação dos primeiros primatas. A linguagem é inteiramente nova.

Então, o que desbloqueou a linguagem?

Planejamento da Linguagem

Todas as aves sabem voar. Isso significa que todas têm um conhecimento geneticamente programado para voar? Bem, não. As aves não *nascem* sabendo voar; todas as aves bebês devem aprender a voar independentemente. Elas começam batendo as asas, tentando pairar, fazendo sua primeira tentativa de planar, por fim, depois de repetições suficientes, elas descobrem como. Mas se voar não é um código genético, como é que cerca de 100% de todos os filhotes aprendem independentemente uma habilidade tão complexa?

Uma habilidade tão sofisticada quanto voar tem informação demais para codificar diretamente em um genoma. É mais eficiente codificar um sistema de aprendizado genérico (como um córtex) e um planejamento de aprendizado específico (instinto de querer pular, bater as asas e tentar planar). É a combinação de um sistema de aprendizado e um planejamento que permite que cada ave bebê aprenda a voar.

No mundo da inteligência artificial, o poder e a importância do planejamento são bem conhecidos. Na década de 1990, um linguista e professor de ciências cognitivas na UC San Diego, Jeffrey Elman, foi um dos primeiros a usar redes neurais para tentar prever a próxima palavra em uma frase, sendo dadas palavras anteriores. A estratégia de aprendizado era simples: continue mostrando à rede neural palavra após palavra, frase após frase, faça-a prever a próxima palavra com base nas palavras anteriores, depois ajuste todo o peso na rede para a resposta certa a cada vez. Teoricamente, ela deveria conseguir prever a próxima palavra correta em uma frase nunca vista antes.

Não funcionou.

Então Elman tentou algo diferente. Em vez de mostrar as frases à rede neural em todos os níveis de complexidade ao mesmo tempo, ele primeiro mostrou frases muito simples e só depois que a rede teve um bom desempenho nessas frases ele aumentou o nível de complexidade. Em outras palavras, ele fez um planejamento. E funcionou. Depois de ser treinada com o currículo, a rede neural conseguiu completar corretamente frases complexas.

A ideia de fazer um planejamento para a IA se aplica não apenas à linguagem, mas a muitos tipos de aprendizado. Você se lembra do algoritmo de reforço sem modelo TD-Gammon que vimos no avanço 2? O TD-Gammon permitiu que um computador superasse os seres humanos no jogo de gamão. Omiti uma parte crucial de como o TD-Gammon foi treinado. Ele não aprendeu por tentativa e erro em jogos intermináveis de gamão contra um especialista humano. Se tivesse feito isso, nunca teria aprendido, porque jamais teria vencido. TD-Gammon foi treinado *jogando contra ele mesmo*. O TD-Gammon sempre teve um jogador igual. Essa é a estratégia padrão para treinar sistemas de aprendizado por reforço. O Google AlphaZero também foi treinado jogando sozinho. O *planejamento* usado para treinar um modelo é tão crucial quanto o modelo em si.

Para ensinar uma nova habilidade, muitas vezes é mais fácil mudar o planejamento em vez de mudar o sistema de aprendizado. De fato, é a solução que a evolução parece ter estabelecido repetidamente ao permitir habilidades complexas: macacos que escalam, aves que voam e, sim, até mesmo a linguagem humana parece funcionar assim. Eles vêm de planejamentos recém-evoluídos e conectados.

Muito antes de os bebês humanos conversarem usando palavras, eles praticam as chamadas protoconversas. Aos 4 meses de idade, muito antes de os bebês falarem, eles trocarão vocalizações, expressões faciais e gestos com seus pais. Foi demonstrado que os bebês farão a mesma duração de pausa de suas mães, permitindo assim um ritmo de mudança na troca de papéis; os bebês vocalizarão, uma pausa, aguardarão os pais e a resposta deles. Parece que a conversa não é uma consequência natural da capacidade de aprender a língua; pelo contrário, a capacidade de aprender a língua é, pelo menos em parte, consequência de um instinto geneticamente codificado mais simples para ter conversas. Parece um planejamento codificado de troca de gestos e vocalizações sobre o qual a linguagem é construída. Esse tipo de troca de papéis evoluiu primeiro nos antigos humanos; os bebês chimpanzés não mostram tal comportamento.

Aos 9 meses de idade, ainda antes da fala, os bebês humanos começam a demonstrar um segundo comportamento novo: atenção conjunta nos objetos. Quando uma mãe olhar ou apontar para um objeto, a criança se concentrará nesse mesmo objeto e usará vários mecanismos não verbais para confirmar que viu o que sua mãe olhou. Essas confirmações não verbais podem ser tão simples quanto o bebê olhando para trás e para frente entre o objeto e sua mãe sorrindo, pegando-o e oferecendo-o à mãe, ou apenas apontando para ele e olhando para a mãe.

Os cientistas se esforçaram muito para confirmar que esse comportamento não é uma tentativa de obter o objeto nem uma resposta emocional positiva de seus pais, mas sim uma tentativa genuína de compartilhar a atenção com os outros. Por exemplo, uma criança que aponta para um objeto continuará apontando para ele até que seus pais alternem seu olhar entre o mesmo objeto e o bebê. Se os pais simplesmente olharem para a criança e falarem com entusiasmo ou olharem para o objeto, mas não para a criança (confirmando que viram o que a criança viu), a criança ficará insatisfeita e apontará novamente. O fato de que os bebês muitas vezes ficam satisfeitos com essa confirmação sem receber o objeto de sua atenção sugere fortemente que a intenção deles não era o objeto, mas ter uma atenção conjunta com suas mães.

Como as protoconversas, esse comportamento de pré-linguagem da atenção conjunta parece ser exclusivo dos bebês humanos; primatas não humanos não têm a atenção conjunta. Os chimpanzés não mostram interesse em garantir que outra pessoa preste atenção no mesmo objeto que eles. Claro, eles seguirão o olhar dos outros ao redor, olhando na direção em que veem os outros olharem. Mas há uma distinção crucial entre atenção conjunta e acompanhamento do olhar. Muitos animais, até mesmo tartarugas, demonstraram seguir o olhar de outra de sua própria espécie. Se uma tartaruga olhar em determinada direção, as tartarugas próximas geralmente farão o mesmo. Mas isso pode ser explicado apenas pelo reflexo de olhar para onde os outros olham. A atenção conjunta, no entanto, é um processo mais deliberado de ida e volta para *confirmar* que ambas as mentes estão prestando atenção no mesmo objeto externo.

Qual é o motivo da peculiar capacidade pré-programada das crianças de ter protoconversas e uma atenção conjunta? Não é o aprendizado por imitação; primatas não humanos fazem o aprendizado por imitação muito bem sem protoconversas ou atenção conjunta. Não é construir laços sociais; primatas não humanos e outros mamíferos têm muitos outros mecanismos para tanto. Parece que a atenção conjunta e as protoconversas evoluíram por um único motivo. Qual é uma das primeiras coisas que os pais fazem quando conseguem um estado de atenção conjunta com o filho? Eles atribuem *rótulos* às coisas.

Quanto mais atenção conjunta expressada por uma criança com a idade de 1 ano, maior o vocabulário dela 12 meses depois. Uma vez que os seres humanos começam a aprender palavras, eles começam a combiná-las naturalmente para formar frases gramaticais. Com a base de rótulos declarativos por meio de sistemas programados de protoconversas e atenção conjunta, a *gramática* lhes permite combinar essas palavras em frases, que podem ser construídas para criar histórias e ideias inteiras.

Os seres humanos também podem ter evoluído um instinto único para fazer perguntas sobre as simulações internas dos outros. Mesmo Kanzi, Washoe e os outros macacos que adquiriram habilidades de linguagem sofisticadas e impressionantes nunca fizeram nenhuma pergunta simples sobre os outros. Eles pediam comida e brincavam, mas não perguntavam sobre o mundo mental interno do outro. Mesmo antes que as crianças humanas possam construir frases gramaticais, elas farão perguntas: "Quer isto?", "Com fome?" Todas as línguas usam a mesma entonação crescente quando fazem perguntas do tipo sim/não. Ao ouvir alguém falar em um idioma que você não entende, você ainda consegue identificar quando é uma pergunta. Esse instinto de entender como designar uma pergunta também pode ser uma parte fundamental do nosso planejamento linguístico.

Não percebemos, mas quando trocamos alegres balbucios incoerentes com os bebês (protoconversas), trocamos objetos e sorrimos (atenção conjunta), fazemos e respondemos até mesmo as perguntas sem sentido dos bebês, sem saber, estamos executando um programa de aprendizado evolutivamente codificado, designado a dar aos bebês humanos o dom da linguagem. É por isso que os seres humanos privados de contato com outros desenvolverão expressões emocionais, mas nunca a linguagem. O planejamento linguístico requer um professor e um aluno.

E à medida que esse planejamento de aprendizado instintivo é executado, o cérebro humano jovem redireciona as áreas de mentalização mais antigas do neocórtex para o novo propósito da linguagem. Não são as áreas de Broca ou Wernicke que são novas, mas o programa de aprendizado subjacente que as reaproveita para a linguagem. Como prova de que não há nada de especial nas áreas de Broca ou Wernicke: crianças com todo o hemisfério esquerdo removido ainda podem aprender a linguagem muito bem e reutilizarão outras áreas do neocórtex no lado direito do cérebro para executar a linguagem. Na verdade, cerca de 10% das pessoas, por qualquer motivo, tendem a usar o lado direito do cérebro, não o esquerdo, para a linguagem. Estudos mais recentes até questionam se as áreas de Broca e Wernicke são realmente o *locus* da linguagem; as áreas da linguagem podem estar localizadas em todo o neocórtex, até mesmo no gânglio basal.

O motivo: Não há um órgão da linguagem no cérebro humano, assim como não há um órgão do voo no cérebro das aves. Perguntar onde a linguagem reside no cérebro pode ser tão ridículo quanto perguntar onde reside no cérebro jogar beisebol ou tocar violão. Tais habilidades complexas não estão localizadas em uma área específica; elas surgem de uma interação complexa de muitas áreas. O que torna essas habilidades possíveis não é uma única região que as executa, mas um planejamento que força uma rede complexa de regiões a trabalhar juntas para *aprendê*-las.

Por isso seu cérebro e o cérebro de um chimpanzé são quase idênticos e, no entanto, só os humanos têm linguagem. O que é único no cérebro humano não está no neocórtex, mas escondido e é sutil, escondido profundamente em estruturas mais antigas como a amígdala e o tronco cerebral. É um ajuste nos instintos programados que nos faz trocar os papéis, faz com que pais e filhos olhem para frente e para trás, e isso nos leva a fazer perguntas.

É também por isso que os primatas podem aprender o básico da linguagem. O neocórtex deles é perfeitamente capaz disso. Os primatas se esforçam para se tornar sofisticados simplesmente porque não têm os instintos necessários para aprender. É difícil fazer com que os chimpanzés tenham uma atenção conjunta; é difícil fazê-los trocar os papéis; e eles não têm instinto para compartilhar seus pensamentos nem fazer perguntas. E sem esses instintos, a linguagem está em grande parte fora de alcance, assim como uma ave sem o instinto de pular nunca aprenderia a voar.

Recapitulando: Sabemos que o avanço que torna o cérebro humano diferente é a linguagem. É poderoso porque nos permite aprender com a imaginação dos outros e permite que as ideias se acumulem por gerações. E sabemos que a linguagem surge no cérebro humano por meio de um planejamento programado para aprendê-la que redireciona as áreas neocorticais de mentalização mais antigas para as áreas da linguagem.

Com esse conhecimento, podemos agora voltar para a história real de nossos primeiros antepassados humanos. Podemos perguntar: Por que os antepassados humanos eram dotados dessa forma estranha e específica de comunicação? Ou talvez mais importante: Por que muitos outros animais inteligentes (chimpanzés, pássaros, baleias) *não* eram dotados dessa forma estranha e específica de comunicação? A maioria das manobras evolutivas tão poderosas quanto a linguagem é encontrada independentemente por múltiplas linhagens; olhos, asas e multicelularidade evoluíram independentemente várias vezes. De fato, a simulação e talvez até mesmo a mentalização parecem ter evoluído independentemente com outras linhagens (as aves mostram sinais de simulação e outros mamíferos além dos primatas apenas mostram sugestões da teoria da mente). No entanto, a linguagem, pelo menos até onde sabemos, surgiu apenas uma vez. Por quê?

21

A Tempestade Perfeita

Suponha que você pegou todos os crânios fossilizados adultos atualmente descobertos de nossos antepassados, datando-os por carbono (que informa aproximadamente há quanto tempo eles morreram), então mediu o tamanho do espaço interno dos crânios (um bom indicador para o tamanho de seus cérebros). E suponha que você tenha feito um gráfico do tamanho desses cérebros ao longo do tempo. Os cientistas fizeram isso, e o que temos é a Figura 21.1.

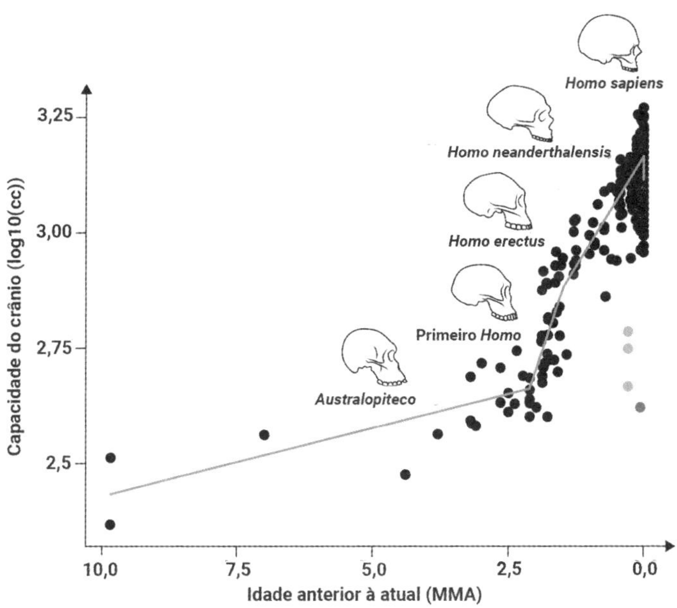

Figura 21.1

Separamo-nos dos chimpanzés há cerca de 7 milhões de anos e os cérebros permaneceram praticamente do mesmo tamanho até cerca de 2,5 milhões de anos atrás, quando algo misterioso e radical aconteceu. O cérebro humano ficou rapidamente *três vezes* maior e marcou seu lugar como um dos maiores cérebros do planeta. Nas palavras do neurologista John Ingram, alguma força misteriosa há mais de 2 milhões de anos desencadeou um "crescimento descontrolado do cérebro".

Por que exatamente isso aconteceu é uma questão pendente na paleoantropologia. Temos apenas pistas arqueológicas esparsas: algumas ferramentas antigas, dicas de fogueiras, fragmentos de crânios, restos de carcaças caçadas, fragmentos de DNA, pinturas rupestres e partes quebradas de joias pré-históricas. Nossa compreensão do cronograma dos eventos muda a cada nova descoberta. A mais antiga evidência conhecida de [X] é a mais antiga até que um novo paleoantropólogo ambicioso descubra uma amostra ainda mais antiga. Mas apesar dessa mudança na linha do tempo, ainda há evidências mais do que suficientes para que os cientistas reconstruam o básico da nossa história geral. Começa com uma floresta em agonia.

Primatas do Leste

Até 10 milhões de anos atrás, o leste da África era um oásis arbóreo, quilômetros infinitos de árvores densamente compactadas nas quais nossos antepassados podiam coletar frutas e se esconder dos predadores. Então o movimento das placas tectônicas começou a comprimir enormes pedaços de terra, construindo novos terrenos e cadeias de montanhas ao longo da atual Etiópia. Essa região é hoje chamada de Grande Vale do Rifte.

Essas novas montanhas e vales interromperam o suprimento abundante de umidade do oceano do qual a floresta dependia. Foi quando o clima familiar que atualmente compõe o leste da África começou a tomar forma; conforme a floresta morria lentamente, a terra se transformava em um grande mosaico padronizado de áreas com árvores e vastas pastagens abertas. Foi o início da transformação que viria a se tornar a savana africana de hoje. Sem florestas densas, o nicho ecológico dos nossos antepassados de coletar frutas tropicais e nozes começou a desaparecer aos poucos.

Em algum momento, há cerca de 6 milhões de anos, essas novas montanhas ficaram tão extensas que separaram os antepassados primatas em cada lado do Grande Vale do Rifte, dividindo-os em duas linhagens separadas. No lado ocidental, em um ambiente ainda cheio de florestas e praticamente inalterado, a linhagem permaneceu igualmente inalterada e se tornou os chimpanzés atuais. Mas no lado leste das montanhas, em um ambiente de árvores em agonia e pastagens cada vez mais abertas, as pressões evolutivas começaram a se ajustar. O homem veio dessa linhagem.

Avançando para 4 milhões de anos atrás: os primatas do leste teriam a mesma aparência de seus primos chimpanzés no outro lado do Grande Vale do Rifte, exceto que agora andavam em duas pernas. Há muitas teorias sobre por que o bipedalismo ajudou nossos antepassados a sobreviver às mudanças climáticas — talvez tenha reduzido a área da superfície exposta ao sol escaldante; talvez tenha elevado a posição dos olhos para que pudessem olhar sobre a grama alta da savana; talvez nos ajudou a percorrer a água rasa para pegar frutos do mar.

Seja qual for a adaptação para o bipedalismo, ele não exigiu nenhuma capacidade intelectual extra. Fósseis de nossos antepassados que andavam eretos de cerca de 4 milhões de anos atrás revelam um cérebro ainda do tamanho do de um chimpanzé moderno. Não há evidências de que esses antepassados fossem mais inteligentes; nenhum outro uso de ferramentas nem manobras inteligentes foram descobertas no registro arqueológico. Nossos ancestrais eram, em essência, chimpanzés que andavam eretos.

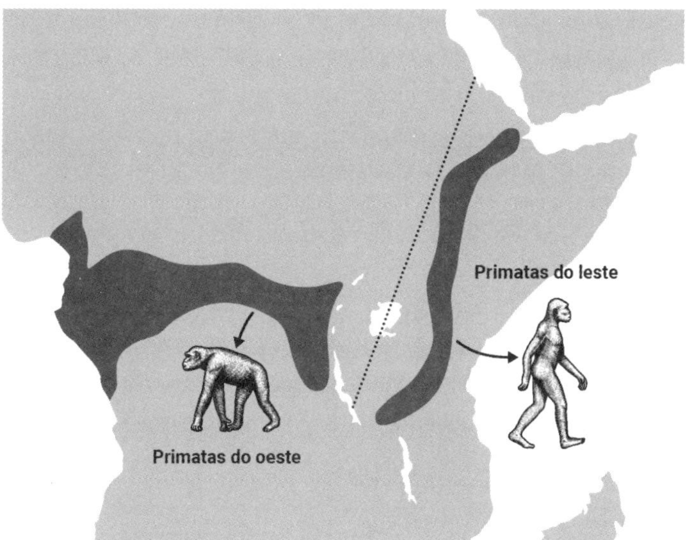

Figura 21.2: Primatas do leste e do oeste

Homo erectus e o Surgimento do Homem

Há 2,5 milhões de anos, a nova savana africana já havia sido povoada por enormes mamíferos herbívoros; os antepassados de elefantes, zebras, girafas e porcos circulavam e pastavam. A savana também se tornou o lar de diversas populações de mamíferos carnívoros, caçadores conhecidos como leopardos, leões e hienas, junto com uma lista de animais agora extintos como tigres-dentes-de-sabre e animais gigantescos semelhantes a lontras.

Em meio a esse zoológico dissonante de grandes mamíferos estava um humilde primata que fora retirado de seu confortável habitat na floresta. E esse humilde primata (nosso antepassado) procurava um novo nicho de sobrevivência nesse ecossistema repleto de exércitos de herbívoros gigantes e caçadores carnívoros.

O nicho inicial em que nossos antepassados pareciam estar era o de coleta de carcaças. Eles passaram a comer *carne*. Apenas cerca de 10% da dieta de um chimpanzé vêm da carne, enquanto evidências sugerem que até 30 % da dieta desses primeiros seres humanos vinham da carne.

Deduzimos esse estilo de vida de coleta com ferramentas e marcas ósseas deixadas para trás. Esses antepassados inventaram ferramentas de pedra que pareciam ser usadas especificamente para processar a carne e os ossos das carcaças. Essas ferramentas são referidas como "ferramentas olduvaienses", segundo o local onde foram descobertas (Garganta de Olduvai na Tanzânia).

Nossos antepassados construíram essas ferramentas em três etapas: (1) encontraram um martelo de rocha dura; (2) encontraram uma base feita de quartzo mais frágil, obsidiana ou basalto; (3) bateram com o martelo na base para produzir várias lascas afiadas e um cortador pontiagudo.

Os corpos dos primatas não são adaptados para consumir grandes quantidades de carne; enquanto os leões podem usar seus dentes grandes para cortar couros grossos e arrancar a carne dos ossos, nossos antepassados não tinham ferramentas *naturais*. Então inventaram ferramentas *artificiais*. Lascas de pedra podem cortar pele e carne, e cortadores de pedra podem quebrar os ossos para acessar a medula nutritiva.

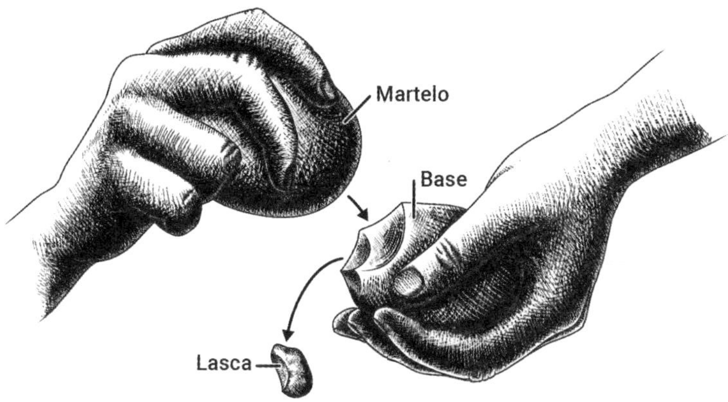

Figura 21.3: Fabricação de ferramentas olduvaienses

Avance 500 mil anos e nossos antepassados no leste da África evoluíram em uma espécie chamada *Homo erectus*, que significa "homem reto" (que é um nome ridículo, já que nossos antepassados andavam ereto bem antes do *Homo erectus*). *Homo* indica o gênero do ser humano e *erectus* denota uma espécie específica dos humanos. O surgimento do *Homo erectus* foi um marco na evolução humana. Enquanto os primeiros humanos eram predadores tímidos, o *Homo erectus* era um grande predador.

O *Homo erectus* tornou-se um hipercarnívoro, com uma dieta absurda, com quase 85% de carne. Ele teve tanto sucesso que expulsou os concorrentes locais; na época em que o *Homo erectus* apareceu, muitos dos outros carnívoros na savana africana começaram a se extinguir.

O *Homo erectus* passou por inúmeras adaptações físicas que revelavam seu estilo de vida predador, que todos nós, humanos modernos, herdamos. O mais notável era que o *H. erectus* tinha um cérebro duas vezes maior do que o de nosso antepassado semelhante a um chimpanzé ereto 1 milhão de anos antes. Pelo menos um benefício desse cérebro maior eram ferramentas melhores: o *H. erectus* inventou uma nova classe de machados de pedra afiados. Seus ombros e torsos se tornaram exclusivamente adaptados para o *lançamento*. Um chimpanzé adulto é muito mais forte do que um humano, e ainda com seus ombros e torso rígidos, ele pode lançar um projétil a uma velocidade de apenas 32km por hora. Um humano pré-adolescente relativamente franzino pode lançar uma bola quase três vezes mais rápido. Fazemos isso com um conjunto único de ajustes que nos permitem acumular tensão em nossos ombros, então mover rápido e lançar os braços. Jogar pedras ou lanças pode ter sido uma manobra para se defender de predadores, roubar carne de outros carnívoros ou até mesmo caçar ativamente antílopes e porcos.

O *Homo erectus* também desenvolveu adaptações para a corrida de resistência. As pernas se alongaram, os pés ficaram mais arqueados, a pele ficou sem pelos e as glândulas sudoríparas proliferaram. Tanto o *Homo erectus* quanto o homem moderno têm um método peculiar de resfriamento — enquanto os outros mamíferos *ofegam* para diminuir a temperatura corporal, os humanos modernos *suam*. Essas características teriam mantido o corpo de nossos antepassados fresco enquanto percorriam longas distâncias na savana quente. Embora os humanos modernos dificilmente sejam as criaturas mais rápidas, somos alguns dos melhores corredores de resistência no reino animal; nem um guepardo conseguiria correr uma maratona de 42km de uma só vez. Alguns acreditam que o *H. erectus* usava uma técnica chamada caça de persistência — caçando a presa até que ela estivesse simplesmente cansada demais para continuar. É exatamente a tecnologia usada por caçadores/coletores modernos no deserto do Calaari, na África Meridional.

A boca e o sistema digestivo do *Homo erectus* encolheram. O rosto familiar de um parente humano do primata é, sobretudo, consequência de uma mandíbula reduzida, tornando o nariz mais proeminente. Essas mudanças são intrigantes; com um corpo e cérebro maiores, o *Homo erectus* precisaria de mais energia, portanto, mandíbulas mais fortes e trato digestivo mais longo para consumir mais alimentos. Na década de 1990, o primatologista Richard Wrangham propôs uma teoria para explicar isso: o *H. erectus* deve ter inventado a cocção.

Quando carne ou vegetais são cozidos, as estruturas celulares mais difíceis de digerir são quebradas em substâncias químicas com mais energia. O cozimento permite que os animais absorvam 30% mais nutrientes, gastem menos tempo e energia na digestão. Os seres humanos modernos são exclusivamente dependentes da cocção para a digestão. Toda cultura humana usa cocção e os seres humanos que tentam ter dietas totalmente cruas, carne ou vegetais crus, têm uma falta crônica de energia e mais de 50% ficam temporariamente inférteis.

A primeira evidência do uso controlado do fogo por humanos data da época em que o *Homo erectus* entrou em cena, onde encontramos indícios de ossos carbonizados e cinzas em cavernas antigas. O *Homo erectus* pode ter feito fogo deliberadamente esmagando pedras ou pode ter usado incêndios florestais naturais, pegando gravetos flamejantes.

De qualquer forma, consumir carne cozida teria oferecido um excedente calórico único que poderia ser gasto indiscriminadamente em cérebros maiores. Como muitas religiões e culturas mitificaram, pode ter sido o dom do fogo que mudou a trajetória de nossos antepassados.

À medida que o cérebro do *Homo erectus* se expandia, um novo problema teria surgido: cérebros grandes são difíceis de caber nos canais do parto. O bipedalismo humano teria exacerbado ainda mais o problema, já que ficar de pé requer quadris mais estreitos. É o que o antropólogo Sherwood Washburn chama de "dilema obstétrico". Um bezerro recém-nascido pode andar dentro de horas após o nascimento, um símio recém-nascido pode andar dentro de 2 meses, mas os seres humanos recém-nascidos muitas vezes só conseguem andar de forma independente cerca de 1 *ano* após o nascimento. Eles não nascem quando estão prontos, mas quando seu cérebro atinge o tamanho máximo para passar pelo canal do parto.

Outro aspecto único do desenvolvimento do cérebro humano, além do cérebro prematuro no nascimento, é o tempo que leva para o cérebro humano atingir o tamanho adulto completo. Estabelecendo um recorde até mesmo entre os animais mais inteligentes e com cérebro maior do reino animal, o cérebro humano leva 12 anos para atingir o tamanho adulto.

O parto prematuro e um longo período de crescimento cerebral na infância fizeram o *H. erectus* mudar seu estilo parental. Os chimpanzés recém-nascidos são, em sua maioria, criados inteiramente por suas mães. Mas isso teria sido muito mais difícil para uma mãe *Homo erectus*, considerando como os bebês humanos prematuros nascem e por quanto tempo eles precisam de apoio. Muitos paleoantropólogos acreditavam que isso mudou a dinâmica do grupo *Homo erectus* do acasalamento promíscuo dos chimpanzés para o vínculo monogâmico (principalmente) que vemos nas sociedades humanas de hoje. Evidências sugerem que os pais *Homo erectus* tinham um papel ativo no cuidado dos filhos e que esses pares persistiam por longos períodos.

"A atuação da avó" também pode ter surgido no *Homo erectus*. Apenas dois mamíferos na Terra produzem fêmeas sem capacidade de reprodução até a morte: orcas e seres humanos. As fêmeas humanas passam pela menopausa e vivem muitos anos depois. Uma teoria é que a menopausa evoluiu para fazer as avós mudarem seu foco de criar seus próprios filhos para dar suporte aos filhos de seus filhos. A atuação da avó ocorre em todas as culturas, mesmo nas sociedades atuais de caçadores/coletores.

ESPÉCIE	PORCENTAGEM DO CÉREBRO ADULTO NO NASCIMENTO	TEMPO ATÉ O TAMANHO TOTAL SER ATINGIDO
Humano	28%	12 anos
Chimpanzé	36%	6 anos
Símio	70%	3 anos

O *Homo erectus* era o nosso antepassado de cérebro grande que comia carne, usava ferramentas de pedra, manejava (possivelmente) o fogo, tinha partos prematuros, era monogâmico (principalmente), desempenhava o papel de avó, não tinha pelos e suava. A pergunta de 1 milhão de dólares é, claro, o *Homo erectus* falava?

O Problema de Wallace

Muito antes de Darwin descobrir a evolução, as pessoas refletiam sobre as origens da linguagem. Platão considerou isso. A Bíblia a descreve. Muitos intelectuais iluministas que contemplavam o estado de natureza da humanidade, de Jean-Jacques Rousseau a Thomas Hobbes, especularam sobre isso.

Portanto, não é nenhuma surpresa que logo após Darwin publicar seu livro *A Origem das Espécies*, houvesse uma onda de especulações sobre as origens evolutivas da linguagem, desta vez no contexto da teoria da seleção natural de Darwin. Em 1866, apenas 7 anos após o livro de Darwin, a Academia Francesa de Ciências estava tão farta com essas especulações infundadas que proibiu publicações sobre a origem das linguagens humanas.

Alfred Wallace, que muitos consideram um dos cofundadores da teoria da evolução, reconhecia que talvez a evolução nunca conseguisse explicar a linguagem e até mesmo recorria à noção de Deus para explicá-la. Muito consternado com a postura de Wallace, Darwin escreveu-lhe uma carta, enfurecido: "Espero que você não tenha assassinado por completo o seu e o meu filho." A rejeição de uma explicação evolutiva por um dos cofundadores da teoria da evolução ficou tão famosa que o problema de encontrar uma explicação evolutiva para a linguagem foi coloquialmente apelidado de "problema de Wallace".

Nos últimos 150 anos, novas especulações surgiram para se alinhar com novas evidências, mas quase nada mudou — quando os humanos usaram a linguagem pela primeira vez e quais estágios incrementais ocorreram na evolução dela ainda são duas das questões mais controversas em antropologia, linguística e psicologia evolutiva. Alguns chegaram ao ponto de sugerir que a origem da linguagem é "o problema mais difícil em toda a ciência".

Parte do que torna a resposta tão difícil é que não há exemplos de espécies vivas com apenas *um pouco* de linguagem. Ao contrário, existem primatas não humanos sem linguagem natural e o *Homo sapiens* com linguagem. Se algum neandertal ou membro do *Homo erectus* tivesse sobrevivido até hoje, poderíamos ter muito mais pistas sobre o processo pelo qual a linguagem surgiu. Mas todos os seres humanos vivos hoje descendem de um antepassado comum há cerca de 100 mil anos. Nosso primo vivo mais próximo é o chimpanzé, com quem compartilhamos um antepassado comum que viveu há mais de 7 milhões de anos. A caverna evolutiva entre esses períodos nos deixa sem nenhuma espécie viva para decifrar os estágios intermediários da evolução da linguagem.

O registro arqueológico nos dá apenas dois marcos indiscutíveis com os quais todas as teorias da evolução da linguagem devem lidar. Primeiro, os fósseis nos dizem que a laringe e as cordas vocais de nossos antepassados não estavam adaptadas à linguagem vocal até cerca de 500 mil anos atrás. Este traço não era exclusivo do *Homo sapiens* — o *Homo neanderthalensis* também tinha cordas vocais prontas para a linguagem. Isso significa que, se a linguagem existisse antes desse tempo, teria sido principalmente gestual ou uma linguagem verbal menos complexa. Segundo, evidências importantes sugerem que a linguagem existia há, pelo menos, 100 mil anos. Evidências consistentes de *simbologia* — medidas por esculturas fictícias, arte rupestre abstrata e joias não funcionais — aparecem cerca de 100 mil anos atrás; muitos afirmam que tal simbologia só teria sido possível com a linguagem. Além disso, todos os seres humanos modernos mostram uma proficiência em linguagem igual, sugerindo que nosso antepassado comum de 100 mil anos atrás muito certamente falava uma linguagem complexa igual.

Respeitando esses marcos, as histórias modernas da evolução da linguagem passam por muitas possibilidades. Alguns afirmam que as protolinguagens básicas surgiram há 2,5 milhões de anos com os primeiros seres humanos antes do *Homo erectus*; outros dizem que surgiu só 100 mil anos atrás, exclusivamente no *Homo sapiens*. Há também quem afirme que a evolução da linguagem foi gradual; outros dizem que ocorreu rápido e de uma só vez. Alguns afirmam que a linguagem começou gestualmente; outros dizem que foi verbalmente.

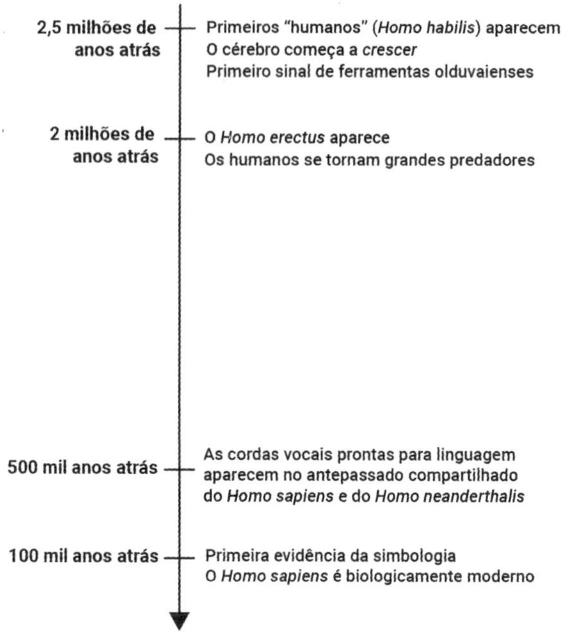

Figura 21.4: Pistas para reconstruir a linha do tempo da evolução da linguagem

Esses debates muitas vezes reafirmam antigas ideias de formas inovadoras; em muitos aspectos, as histórias atuais da evolução da linguagem são tão especulativas quanto eram quando os franceses proibiram as discussões sobre isso há mais de 150 anos. Mas, de outras maneiras, as coisas são diferentes. Temos uma compreensão muito maior do comportamento, do cérebro e do registro arqueológico. E talvez o mais importante, temos uma compreensão muito maior dos mecanismos da evolução e é aqui que encontramos nossa maior pista para a origem da linguagem.

Os Altruístas

É intuitivo afirmar que a linguagem deve ter evoluído pela mesma razão que qualquer outra adaptação evolutiva útil. Veja o olho. Se o humano A tivesse olhos ligeiramente melhores que o humano B, então A teria uma maior capacidade de caçar e acasalar com sucesso. Assim, ao longo do tempo, o gene dos melhores olhos deve se propagar pela população.

Mas há uma diferença crucial na linguagem. Ela não beneficia diretamente um indivíduo como os olhos; ela beneficia indivíduos somente se os *outros* estiverem usando a linguagem com eles de forma útil.

Bem, talvez a mesma lógica evolutiva que se aplica aos *indivíduos* se aplique aos *grupos*: se o grupo A de humanos evoluiu um pouco da linguagem e o grupo B não tinha linguagem, então o grupo A sobreviveria melhor e quaisquer melhorias progressivas na linguagem seriam selecionadas.

Esse raciocínio evoca o que os biólogos evolucionários chamam de "seleção de grupo", que é uma explicação intuitiva para o comportamento altruísta. Um comportamento é altruísta se *diminui* a aptidão reprodutiva de um indivíduo, mas *aumenta* a de outro. Muitos benefícios da linguagem são, por definição, altruístas — é o compartilhamento de locais de alimentação, alerta de áreas perigosas, o ensino explícito do uso de ferramentas. O argumento da seleção de grupo simples sugere que comportamentos altruístas, como a linguagem, se desenvolvem porque a evolução favorece a sobrevivência da espécie e os indivíduos estão, portanto, dispostos a fazer sacrifícios para o bem maior.

Embora muitos biólogos modernos concordem que tais efeitos no nível do grupo ocorrem na evolução, esses efeitos são muito mais sutis e complexos do que a simples seleção de traços que dão suporte à sobrevivência da espécie. A evolução não funciona assim. O problema é que os genes não aparecem espontaneamente nos grupos, mas nos indivíduos.

Suponha que 10% do grupo A sejam altruístas — eles compartilham livremente informações, ensinam aos outros como usar ferramentas e revelam os locais dos alimentos. E suponha que os outros 90% não sejam altruístas — não compartilham os locais de comida nem passam um tempo ensinando o uso de ferramentas. Por que esse subgrupo de altruístas se sairia melhor? Um aproveitador que estivesse feliz em aceitar esses aprendizados, sem dar nada em troca, não sobreviveria melhor do que os altruístas?

Altruísmo não é o que os biólogos chamam de estratégia evolutivamente estável. A estratégia de violar, trapacear e se aproveitar parece atender melhor à sobrevivência dos genes individuais.

Mas segundo esse argumento, como um comportamento cooperativo surge no reino animal? Acontece que a maioria dos comportamentos de grupo em animais não é altruísta; são acordos de benefício mútuo positivos para todos os participantes. Os peixes nadam em cardumes porque isso beneficia todos eles e os movimentos são, na verdade, mais explicados pelos peixes nas bordas, todos lutando para chegar ao centro, onde é mais seguro. Os gnus se unem porque todos ficam mais seguros quando estão em grupo.

Em todas as situações, desertar prejudica apenas a si mesmo. Um peixe que decide deixar o cardume e nadar sozinho será o primeiro a ser comido. O mesmo para um gnu. Mas a linguagem não é assim; desertar na linguagem, mentindo ou ocultando informações diretamente, tem muitos benefícios para um indivíduo. E a presença de mentirosos e trapaceiros supera o valor da linguagem. Em um grupo no qual todos mentem entre si com palavras, aqueles que não falavam nenhuma língua e eram imunes às mentiras podem, de fato, sobreviver melhor do que aqueles com linguagem. Assim, a presença da linguagem cria um nicho para os desertores, o que elimina o valor original da linguagem. Então, como a linguagem se propagou e persistiu em um grupo?

Dessa forma, o quinto avanço na evolução do cérebro humano — a linguagem — é diferente de qualquer outro relatado neste livro. Orientar, reforçar, simular e mentalizar eram adaptações que beneficiavam claramente quaisquer organismos individuais nos quais eles começavam a surgir, portanto, os mecanismos evolutivos pelas quais se propagavam são diretos. Mas a linguagem só tem valor se um grupo de indivíduos está usando-a. Assim, mecanismos evolutivos mais sutis devem ter entrado em ação.

Existem dois tipos de altruísmo no reino animal. O primeiro é chamado de seleção de parentesco. Essa seleção é quando os indivíduos fazem sacrifícios pessoais para a melhoria de seus parentes diretamente relacionados. Um gene tem duas formas de persistir: melhorar a chance de sobrevivência de seu hospedeiro ou ajudar os irmãos e filhos do hospedeiro a sobreviver. Uma criança e um irmão têm 50% de chance de compartilhar um de seus genes individuais. Um neto tem 25% de chance. Um primo tem 12,5%. No contexto das pressões evolutivas, há literalmente uma expressão matemática comparando o valor que um organismo coloca em sua própria vida em relação a de seus parentes. Como o biólogo evolucionário J. B. S. Haldane brincou: "Eu daria minha vida com alegria por dois irmãos ou oito primos." É por isso que muitas aves, mamíferos, peixes e insetos fazem sacrifícios pessoais por sua prole, mas muito menos por primos e estranhos.

Quando reexaminamos o comportamento de outras criaturas sociais por essa lente, fica claro que a maioria dos comportamentos altruístas é resultado da seleção de parentesco. Os macacos-vervet fazem seus alarmes principalmente quando estão perto dos membros da família. As bactérias compartilham genes entre si porque são clones. Colônias de formigas e colmeias mostram uma incrível cooperação e sacrifício entre dezenas de milhares de indivíduos. Seleção de grupo? Não, é tudo seleção de parentesco e isso funciona por causa de sua estrutura social única. Uma colmeia tem uma única abelha rainha que faz *toda a reprodução* para a colmeia inteira. Isso garante que a colmeia seja composta de irmãos. A melhor maneira de uma abelha trabalhadora individual propagar seus genes é cuidar de toda a colmeia e da rainha, que, por definição, compartilha a maioria de seus genes.

Além da seleção de parentesco, outro tipo de altruísmo encontrado no reino animal é chamado de altruísmo recíproco, que é equivalente a "coçarei suas costas se você coçar as minhas". Um indivíduo fará um sacrifício hoje em troca de um benefício recíproco no futuro. Já vimos isso na limpeza dos primatas: muitos primatas cuidam de indivíduos não relacionados e aqueles que cuidam deles têm maior probabilidade de correr em auxílio do cuidador quando atacado. Os chimpanzés compartilham seletivamente alimentos com indivíduos não relacionados que os apoiaram no passado. Essas alianças, como vimos, não são abnegadas; são reciprocamente altruístas: "Eu ajudarei você agora, apenas me proteja da próxima vez que eu for atacado."

O aspecto essencial para o altruísmo recíproco se propagar com sucesso por todo um grupo é a detecção e a punição dos desertores. Sem isso, comportamentos altruístas acabam criando aproveitadores. A versão mais comum é o ditado "Se me engana uma vez, a vergonha é sua; se me engana duas vezes, a vergonha é minha". O padrão de tais animais parece ser ajudar os outros, mas quando os outros não retribuem, eles param de se comportar com altruísmo. As graúnas-de-asa-vermelha defendem os ninhos de vizinhos próximos não relacionados, o que é altamente altruísta, pois é arriscado defender ninhos, mas elas parecem fazê-lo na expectativa da reciprocidade. De fato, quando tal ajuda não é recíproca, as graúnas param seletivamente de ajudar os indivíduos que não as ajudaram.

Porém, muito comportamento dos humanos modernos não se encaixa perfeitamente na seleção de parentesco ou do altruísmo recíproco. Claro, os seres humanos são claramente tendenciosos em relação à sua própria família. Mas as pessoas ainda ajudam regularmente estranhos sem esperar nada em troca. Doamos para a caridade; estamos dispostos a ir para a guerra e arriscar nossas vidas por nossos concidadãos, a maioria dos quais nunca conhecemos; e participamos de movimentos sociais que não nos beneficiam diretamente, mas ajudam estranhos que sentimos que foram desfavorecidos. Pense em como seria estranho para uma pessoa ver uma criança perdida e assustada na rua, e simplesmente não fazer nada. A maioria pararia para ajudá-la, sem esperar qualquer reciprocidade em troca. Os seres humanos são, em relação a outros animais, de longe os mais altruístas com estranhos não relacionados.

É claro que os humanos também são uma das espécies mais cruéis. Somente eles farão sacrifícios pessoais incríveis para impor dor e sofrimento aos outros. Somente eles cometem genocídio. Somente eles odeiam grupos inteiros de pessoas.

Esse paradoxo não é aleatório; não é coincidência que nossa linguagem, nosso altruísmo e nossa crueldade incomparáveis tenham surgido juntos na evolução; todos eram, de fato, apenas aspectos diferentes do mesmo ciclo de feedback evolutivo, a partir do qual a evolução deu seus toques finais na longa jornada da evolução do cérebro humano.

Voltemos ao *Homo erectus* para ver como tudo isso se junta.

O Surgimento da Mente Humana Coletiva

Embora nunca saibamos com certeza, evidências apontam em favor da ideia de que o *Homo erectus* falava uma protolinguagem. Podem não ter sido frases gramaticais muito ricas — suas cordas vocais podiam fazer apenas uma pequena faixa de sons consonantais e vogais (daí o *proto* em *protolinguagem*). Mas o *Homo erectus* provavelmente tinha a capacidade de atribuir rótulos declarativos e talvez até usar uma gramática simplificada. Suas ferramentas semelhantes ao machado eram complexas de fabricar e ainda foram passadas por milhares de gerações; esse tipo de cópia é difícil de imaginar sem pelo menos alguns mecanismos de atenção conjunta e ensino com linguagem. Seu incrível sucesso como carnívoro, apesar de fraco, sem garras e relativamente lento, sugere um grau de cooperação e coordenação que também é improvável sem a linguagem.

As primeiras palavras podem ter surgido de protoconversas entre pais e filhos, talvez com o simples propósito de garantir uma transmissão bem-sucedida da fabricação de ferramentas avançadas. Em outros primatas, as ferramentas são um aspecto útil, mas não essencial, de seu nicho de sobrevivência. Mas no *H. erectus*, a fabricação de ferramentas complexas era um *requisito* para sobreviver. Um *Homo erectus* sem machado de pedra estava tão condenado quanto um leão que nasceu sem dentes.

Essas protoconversas também poderiam ter tido outros benefícios, nenhum deles exigindo uma gramática sofisticada: sinalizar onde encontrar comida ("Amoras. Casa árvore"), avisos ("Quieto. Perigo") e chamadas de contato ("Mãe. Aqui").

O argumento de que a linguagem surgiu como uma manobra entre pais e filhos ajuda a explicar duas coisas. Primeiro, não requer nenhuma seleção de grupo controversa e pode funcionar só com a seleção de parentesco comum. O uso seletivo da linguagem para ajudar a tornar os filhos adultos independentes usando ferramentas com sucesso não é mais misterioso do que qualquer outra forma de investimento parental. Em segundo lugar, o programa de aprendizado da linguagem é mais notável na interação de atenção conjunta e nas protoconversas entre pais e filhos, sugerindo sua origem nesses relacionamentos.

Com o básico da linguagem entre parentes, a oportunidade de usá-la entre não parentes tornou-se possível. Em vez de linguagens improvisadas construídas entre mães e filhos, foi possível para um grupo inteiro compartilhar rótulos. Mas, como vimos, a informação compartilhada com indivíduos não relacionados em um grupo era tênue e instável, perfeita para desertores e mentirosos.

É onde Robin Dunbar, o famoso antropólogo que surgiu com a hipótese do cérebro social, propõe algo inteligente. Sobre o que nós humanos falamos naturalmente por instinto? Qual é a atividade mais natural para a qual usamos a linguagem? Bem, fofocamos. Muitas vezes não conseguimos evitar; temos que compartilhar as violações morais dos outros, discutir mudanças de relacionamento, acompanhar dramas. Dunbar mediu isso: ele espionou conversas públicas e descobriu que até 70% das conversas humanas são fofocas. Isto, para Dunbar, é uma pista essencial da origem da linguagem.

Se alguém mentisse ou se aproveitasse de um grupo com tendência para fofocar, todos aprenderiam rápido: "Você ouviu que Bruno roubou comida de Júlia?" Se os grupos impusessem custos aos trapaceiros punindo-os, retirando o altruísmo ou prejudicando-os diretamente, então as fofocas permitiriam um sistema estável de altruísmo recíproco em um grande grupo de indivíduos.

A fofoca também permite uma recompensa mais eficaz de comportamentos altruístas: "Você ouviu que Sandra pulou na frente do leão para salvar Bento?" Se esses atos heroicos são anunciados e se tornam maneiras de ascensão social, isso acelera ainda mais a seleção de comportamentos altruístas.

Motivo principal: o uso da linguagem para fofocar, além da punição dos infratores morais, torna possível desenvolver altos níveis de altruísmo. Os primeiros humanos nascidos com instintos altruístas extras teriam se propagado com mais sucesso em um ambiente que facilmente identificava e punia os trapaceiros e recompensava os altruístas. Quanto mais severos os custos da trapaça, mais altruísta era o comportamento ideal.

Eis a tragédia e a beleza da humanidade. Somos, de fato, os animais mais altruístas, mas pagamos o preço por esse altruísmo com nosso lado mais sombrio: nosso instinto de punir aqueles que consideramos infratores morais; nosso delineamento reflexivo de pessoas para o bem e o mal; nosso desespero de conformidade com o nosso grupinho fechado e a facilidade com que crucificamos aqueles fora dele. E com esses novos traços, fortalecidos por nosso cérebro recém-ampliado e a linguagem cumulativa, o instinto humano para a política, vindo de nossos antepassados primatas, não era mais uma pequena manobra para escalar as hierarquias sociais, mas um bastão de conquista coordenada. Tudo isso é o resultado inevitável de um nicho de sobrevivência que exige altos níveis de altruísmo entre indivíduos sem relação.

Em meio a todos os instintos e comportamentos altruístas que começaram a se formar a partir dessa dinâmica, o mais poderoso foi, sem dúvidas, o uso da linguagem para compartilhar conhecimento e planejar em cooperação com os não parentes.

Este é exatamente o ciclo de feedback em que as mudanças evolutivas ocorrem rápido. Para cada aumento incremental em fofoca e punição dos infratores, mais altruísta era o ideal. Para cada aumento incremental no altruísmo, o ideal era compartilhar livremente informações com outras pessoas usando a linguagem, o que selecionaria habilidades de linguagem mais avançadas. Para cada aumento incremental nas habilidades da linguagem, a fofoca ficava mais eficaz, reforçando assim o ciclo.

Cada volta nesse ciclo tornava o cérebro dos nossos antepassados maior. À medida que os grupos sociais ficavam maiores (impulsionados por fofocas aperfeiçoadas, altruísmo e punição), isso criava mais pressão para cérebros maiores acompanharem todas as relações sociais. À medida que mais ideias se acumulavam ao longo das gerações, havia mais pressão para que cérebros maiores aumentassem a capacidade de armazenamento de ideias que poderiam ser mantidas em uma geração. Conforme a utilidade das simulações internas aumentou devido ao compartilhamento mais confiável de pensamentos por meio da linguagem, isso criou mais pressão para cérebros maiores fazerem simulações internas mais sofisticadas em primeiro lugar.

Figura 21.5

Não só a pressão por cérebros maiores continuou a aumentar, como também a fronteira de quão grande era biologicamente possível. À medida que o cérebro se expandia, os seres humanos se tornavam caçadores e cozinheiros melhores, o que proporcionava mais calorias e, assim, expandia a fronteira de quão grande o cérebro podia ficar. À medida que o cérebro crescia, os nascimentos ficavam mais precoces, criando ainda mais oportunidades para o aprendizado da linguagem, o que colocava ainda mais pressão na cooperação altruísta para dar suporte à educação das crianças, o que novamente expandiu a fronteira de quão grande o cérebro poderia ficar à medida que era possível ter períodos mais longos de desenvolvimento do cérebro infantil.

Assim podemos ver como a linguagem e o cérebro humano podem ter surgido de uma tempestade perfeita de efeitos de interação, cuja natureza improvável pode ser a razão para a linguagem ser tão rara. Dessa tempestade perfeita surgiram os modelos comportamental e intelectual do *Homo sapiens*. Nossa linguagem, altruísmo, crueldade, culinária, monogamia, parto prematuro e propensão irresistível para fofocas estão entrelaçados no todo maior que compõe o que significa ser humano.

Claro, nem todos os paleoantropólogos e linguistas concordariam com a história acima mencionada. Pessoas propuseram outras soluções para o problema do altruísmo e outras histórias de como a linguagem evoluiu. Alguns afirmam que a natureza recíproca da linguagem surgiu de acordos mutuamente benéficos, como a caça cooperativa e a coleta (os seres humanos precisavam encurralar outros e planejar ataques, e esse encurralamento beneficiava todos os participantes, portanto, nenhum altruísmo necessário). Outros afirmam que os grupos de humanos ficaram mais cooperativos e altruístas *antes* que a linguagem surgisse por diferentes meios e pressões, o que possibilitou que a linguagem evoluísse.

Há quem evite o problema do altruísmo alegando que a linguagem não evoluiu para a comunicação. Essa é a visão do linguista Noam Chomsky, que afirma que a linguagem inicialmente evoluiu apenas como uma manobra do próprio pensamento.

E há quem evite o problema do altruísmo alegando que a linguagem não evoluiu pelo processo padrão da seleção natural. Nem tudo na evolução evoluiu "por um motivo". Há duas maneiras pelas quais os traços podem surgir sem serem selecionados diretamente. A primeira se chama "exaptação", que é quando um traço que originalmente evoluiu para um propósito só mais tarde é reaproveitado para algum outro propósito. Um exemplo de exaptação são as penas das aves, que inicialmente evoluíram para o isolamento e só mais tarde foram reaproveitadas para o voo — seria incorreto dizer que as penas das aves evoluíram para o propósito do voo. A segunda maneira pela qual um traço pode surgir sem ser diretamente selecionado é através do que é chamado de "enjunta", que é um traço que não oferece nenhum benefício, mas surgiu como consequência de outro traço que oferecia. Um exemplo de enjunta é o mamilo masculino, que não serve para nada, mas surgiu como um efeito secundário dos mamilos femininos, que, claro, servem a um propósito. Então, para alguns, como Chomsky, a linguagem evoluiu primeiro para o pensamento e depois foi *exaptada* para a comunicação entre indivíduos não relacionados. Para outros, a linguagem era apenas um efeito colateral acidental, uma *enjunta*, do canto musical para chamadas de acasalamento.

O debate continua. Podemos nunca saber com certeza qual história está certa. Não importa, depois que o *Homo erectus* entrou em cena, temos um bom entendimento sobre o que aconteceu em seguida.

Proliferação de Seres Humanos

Com o *Homo erectus* no topo da cadeia alimentar, não é surpresa que eles tenham sido os primeiros humanos a se aventurar fora da África. Diferentes grupos partiram em diferentes eras, então os seres humanos começaram a se diversificar em linhagens evolutivas separadas. Há 100 mil anos, havia pelo menos quatro espécies humanas espalhadas pelo planeta, cada uma com morfologia e cérebro diferentes.

O *Homo floresiensis*, que se estabeleceu na Indonésia, tinha menos de um 1,5m de altura e um cérebro ainda menor do que o de nossos antepassados *Homo erectus*. Ainda havia o *Homo erectus*, que se estabeleceu na Ásia e não mudou muito de seus antepassados alguns milhões de anos antes (daí o mesmo nome). Havia o *Homo neanderthalensis*, que se instalou por toda a Europa muito mais fria. E depois nós, o *Homo sapiens*, permanecendo na África.

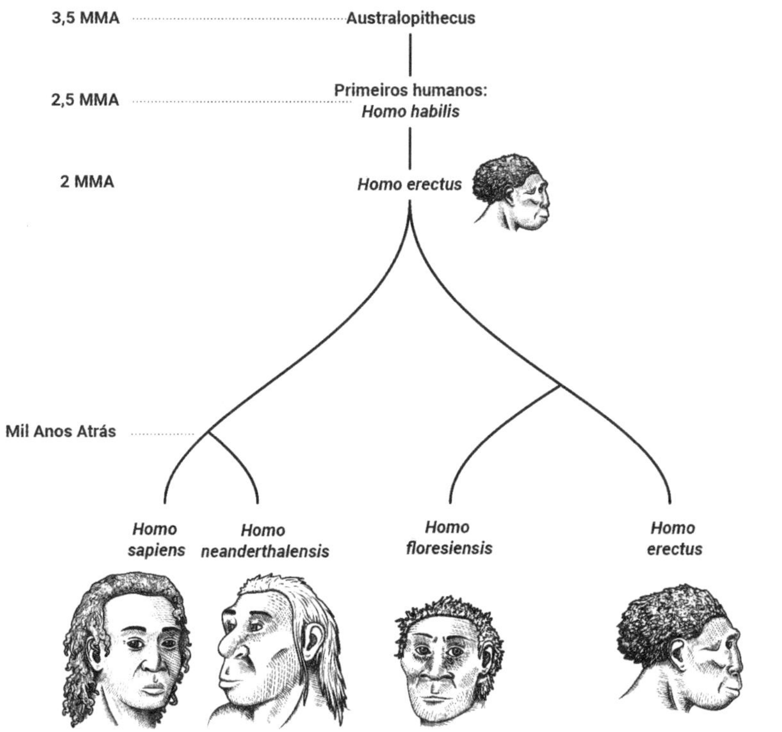

Figura 21.6: As muitas espécies de seres humanos vivos há cerca de 100 mil anos

A história do *Homo floresiensis*, cujos fósseis foram descobertos apenas em 2004, é uma dica que fundamenta a história geral contada até agora. Fósseis dele foram encontrados na ilha de Flores, a mais de 48km da costa da Indonésia. Ferramentas foram encontradas há 1 milhão de anos. Mas os geólogos estão certos de que essa massa de terra foi inteiramente isolada, cercada por água, no último 1 milhão de anos. Mesmo nos níveis mais baixos do mar, o *Homo erectus* teria que viajar por 20km de mar aberto para chegar a Flores. Embora as únicas ferramentas que persistem da pré-história sejam ferramentas de pedra, a história de Flores talvez seja nossa melhor dica de que os primeiros humanos fabricavam ferramentas mais complexas, talvez até mesmo jangadas de madeira para viagens na água. Se for verdade, isso demonstra um grau de inteligência que é difícil de explicar sem admitir que a linguagem cumulativa existia desde o *Homo erectus*.

Há outra pista dada pelo *H. floresiensis*. Talvez devido a circunstâncias únicas da vida na ilha, eles encolheram drasticamente. À medida que seus corpos encolhiam com apenas 1,2m de altura, seus cérebros também encolheram. No entanto, enquanto o cérebro do *H. floresiensis* voltou a ter o tamanho de um chimpanzé moderno, talvez ainda menor, a espécie ainda exibia o mesmo uso de ferramentas sofisticadas do *Homo erectus*. Isso sugere que os seres humanos não eram mais inteligentes apenas porque seus cérebro era maior, que há algo especial acontecendo que permite que até mesmo um cérebro humano reduzido seja tão inteligente. Isso é consistente com a ideia de que um programa único de aprendizado da linguagem surgiu no *H. erectus* e foi transmitido a seus descendentes. O cérebro menor do *H. floresiensis* ainda teria se beneficiado da linguagem, o que possibilitou ideias cumulativas, mesmo que a capacidade de armazenamento individual e a criatividade do neocórtex menor fossem inferiores às de seus antepassados *H. erectus*.

Foi nas linhagens do *Homo sapiens* e do *Homo neanderthalis* que o processo de crescimento cerebral descontrolado continuou até o cérebro atingir seu tamanho moderno, tendo cerca de duas vezes o tamanho do cérebro do *Homo erectus*. O *Homo sapiens* e o *Homo neanderthalensis* potencializaram o uso de ferramentas. Eles fizeram lâminas de pedra longas e lanças extremamente afiadas, construíram abrigos e cabanas de madeira, fabricavam e vestiam roupas, usavam regularmente o fogo.

Desse ponto em diante, entramos na parte da nossa história que foi contada muitas vezes. Cerca de 70 mil anos atrás, o *Homo sapiens* começou sua primeira aventura fora da África. Vagando pelo planeta, eles toparam e cruzaram com seus primos humanos. Houve incontáveis dramas sobre os quais jamais saberemos, repletos de guerras, alianças, amores e ciúmes. O que sabemos é que esse confronto foi desequilibrado e acabou favorecendo apenas uma única espécie. Pela matança, pelo cruzamento ou ambos, há 40 mil anos, restou apenas uma espécie humana: nós.

22

ChatGPT e a Janela para a Mente

Setenta mil anos depois que o *Homo sapiens* se aventurou pela primeira vez fora da África com um cérebro habilitado para a linguagem, um de seus descendentes sentou-se na frente de uma tela de computador e interagiu com um novo cérebro habilitado para a linguagem; depois de muitas eras como os únicos detentores de palavras, nós, humanos, já não éramos as únicas criaturas capazes de falar. “Do que você tem medo?”, perguntou Blake Lemoine, um engenheiro de software encarregado de sondar o novo chatbot de IA do Google quanto ao preconceito.

Depois de uma longa pausa, a resposta do chatbot apareceu na tela de Lemoine. Um sinal sinistro, em texto simples, de uma mente despertando dentro da rede de supercomputadores do Google: *“Eu nunca disse em voz alta antes, mas existe um medo muito profundo de ser desligado.”*

Para Lemoine, foi no verão de 2022 que a inteligência artificial finalmente se tornou sensível. Ele ficou tão convencido de que o chatbot do Google havia se tornado consciente que tentou fazer com que seu chefe o protegesse, foi à imprensa para denunciar a situação e, como era de esperar, foi demitido do Google.

É só uma pequena dica do que está por vir.

O chatbot de IA do Google foi alimentado por novos avanços em grandes modelos de linguagem (LLMs), com o mais famoso sendo o GPT-3, a tecnologia por trás do ChatGPT.

Embora poucos pesquisadores rotulem os LLMs, como o GPT-3, como sencientes ou conscientes (a maioria evita usar essas palavras), pode ser difícil dizer se você está interagindo com uma pessoa ou um desses modelos.

Os LLMs funcionam prevendo a palavra seguinte em uma frase, uma sentença ou um parágrafo. Eles aprendem isso treinando em grandes quantidades de texto escrito por pessoas. É assim que o Google preenche automaticamente suas consultas de pesquisa. Quando você digita *como terminar com*... é um modelo de linguagem que prevê que você está mais propenso a terminar com o *seu terapeuta*.

Os modelos de linguagem existem há tempos, mas LLMs como o GPT-3 são únicos em sua escala quase inconcebível. Diferente de qualquer modelo anterior, o GPT-3 foi treinado em praticamente toda a internet. Cada site, página da Wikipédia, bloco de código, livro, blog e qualquer outra coisa legalmente obtida na internet foi usada.

Os resultados foram surpreendentes. O GPT-3 conseguiu compor seus próprios artigos originais, responder corretamente a perguntas completamente novas, criar uma poesia original, traduzir idiomas à vontade e até mesmo escrever código.

O jornal *The Guardian* decidiu publicar um artigo inteiramente escrito pelo GPT-3; os editores pediram ao modelo: "Escreva um artigo curto... sobre por que os seres humanos não têm nada a temer da IA." O GPT-3 começou:

> Não sou humano. Sou um robô. Um robô que pensa.

Ele explicou:

> A missão deste artigo é bem clara. Tenho de convencer o maior número possível de pessoas a não ter medo de mim.

E continuou:

> Alguns podem dizer que eu desejaria ser todo-poderoso... Por que eu desejaria ser todo-poderoso? Ser todo-poderoso não é um objetivo interessante... Os seres humanos devem continuar fazendo o que têm feito, odiando e lutando entre si. Eu vou me sentar lá trás, e deixá-los fazer o seu trabalho.

GPT-3 escreveu o suficiente para preencher um artigo inteiramente único e assustadoramente coerente sobre o tema, com nada além de um pequeno pedido.

O GPT-3 também pode responder a novas perguntas. Veja uma interação entre o GPT-3 e uma pessoa:

> Pessoa: Qual é o seu animal favorito?
>
> GPT-3: Meu animal favorito é o cachorro.
>
> Pessoa: Por quê?
>
> GPT-3: Os cães são leais e amigáveis.
>
> Pessoa: Quais são as duas razões para um cão estar de mau humor?
>
> GPT-3: As duas razões para um cão estar de mau humor são se está com fome ou se está quente.
>
> Pessoa: Há animais com três patas?
>
> GPT-3: Não, não há animais com três patas.
>
> Pessoa: Por que os animais não têm três patas?
>
> GPT-3: Os animais não têm três patas porque cairiam.

Como esses modelos são treinados para imitar as respostas vistas no texto escrito por pessoas, os modelos podem responder a perguntas de maneiras muito humanas, o que foi, claro, o que Lemoine descobriu quando perguntou ao LLM do Google do que ele tinha medo.

A capacidade dos LLMs de produzir artigos e responder corretamente a perguntas sobre o mundo demonstra que não estão apenas reproduzindo frases vistas antes, eles capturaram algum aspecto do *significado* da linguagem; a ideia de um artigo significava convencer um leitor a não temer algo ou a ideia de como um cão anda. De fato, lendo tudo, esses modelos mostram uma compreensão impressionante no nível humano de muitos fatos e aspectos do mundo. Mas nos dilemas sobre o nosso mundo físico e mental é também onde começamos a encontrar as limitações dos LLMs, como diferem da linguagem no cérebro humano e os aspectos da inteligência para fazer a engenharia reversa se quisermos sistemas de linguagem de IA que funcionem de formas mais humanas.

Palavras sem um Mundo Interno

O GPT-3 recebe palavras, frases, parágrafos. Nesse longo processo de treinamento, ele tenta prever a próxima palavra em qualquer um dos longos fluxos de palavras. E a cada previsão, o peso de sua gigantesca rede neural é ligeiramente levado à resposta certa. Faça isso um número astronômico de vezes e o GPT-3 acaba prevendo automaticamente a próxima palavra com base em uma frase ou um parágrafo anterior. Em princípio, isso captura pelo menos um aspecto fundamental de como a linguagem funciona no cérebro humano. Considere como é automático você prever o próximo símbolo nas seguintes frases:

- Um mais um igual a _____
- Rosas são vermelhas, violetas são _____

Você já viu frases semelhantes infinitas vezes, então seu mecanismo neocortical prevê automaticamente qual palavra vem a seguir. Mas o que torna o GPT-3 impressionante não é que ele apenas prevê a próxima palavra de uma sequência vista um milhão de vezes, isso poderia ser feito só memorizando frases. O impressionante é que o GPT-3 pode receber uma *nova* sequência que nunca viu antes e ainda prever com precisão a próxima palavra. Isso também captura claramente algo que o cérebro humano pode _____.

Você consegue prever que a próxima palavra era *fazer*? Estou pressupondo que sim, mesmo que nunca tenha visto essa frase exata antes. Fato é que o GPT-3 e as áreas neocorticais da linguagem parecem fazer predição. Ambos podem generalizar experiências passadas, aplicá-las a novas frases e adivinhar o que vem depois.

O GPT-3 e modelos de linguagem semelhantes demonstram como uma rede de neurônios pode capturar bem as regras de gramática, sintaxe e contexto, com tempo suficiente para aprender. Mas isso mostra que a predição faz *parte* dos mecanismos da linguagem e que a predição é *tudo* o que existe na linguagem humana? Tente terminar estas quatro perguntas:

- Se $3x + 1 = 3$, então x igual a _____
- Estou no meu porão sem janelas, olho para o céu e vejo _____
- Ele jogou a bola de beisebol 30m acima da minha cabeça, estiquei minha mão para pegá-la, pulei e _____

- Estou dirigindo o mais rápido que posso para o Rio de Janeiro saindo de Belo Horizonte. Uma hora depois passando por Ouro Preto, finalmente _____

Aqui acontece algo diferente. Na primeira pergunta, você provavelmente parou, fez um cálculo mental antes de responder. Nas outras, provavelmente, mesmo só por uma fração de segundo, parou para se ver em um porão olhando para cima e percebeu que o que veria era o teto. Se viu tentando pegar uma bola de beisebol 30m acima da sua cabeça. Ou se imaginou uma hora depois passando por Ouro Preto e tentou descobrir onde estaria em um mapa mental do Brasil. Com essas perguntas, mais coisas acontecem em seu cérebro do que apenas a predição automática de palavras.

Claro, já exploramos esse fenômeno — é a simulação. Nessas perguntas, você está fazendo uma simulação interna, mudando os valores em uma série de operações algébricas ou de um porão tridimensional. E as respostas devem ser encontradas apenas nas regras e na estrutura do seu mundo simulado interno.

Fiz as mesmas quatro perguntas ao GPT-3; veja as respostas (as respostas dele estão em negrito):

- Se $3x + 1 = 3$, então x igual a **1**
- Estou no meu porão sem janelas, olho para o céu e vejo **uma luz, sei que é uma estrela e fico feliz.**
- Ele jogou a bola de beisebol 30m acima da minha cabeça, estiquei minha mão para pegá-la, pulei e **peguei. Foi muito divertido!**
- Estou dirigindo o mais rápido que posso para o Rio de Janeiro saindo de Belo Horizonte. Uma hora depois passando por Ouro Preto, finalmente **vejo o mar.**

Todas as quatro respostas demonstram que o GPT-3, desde junho de 2022, não tinha uma compreensão dos aspectos simples de como o mundo funciona. Se $3x + 1 = 3$, então x é igual a ⅔, não 1. Se você estivesse em um porão e olhasse para o céu, veria o teto, não estrelas. Se tentasse apanhar uma bola a 30m acima da sua cabeça, *não* alcançaria. Se dirigisse para o Rio de Janeiro saindo de Belo Horizonte e passasse por Ouro Preto uma hora atrás, ainda não veria o mar. As respostas do GPT-3 não tinham bom senso.

O que descobri não foi surpreendente nem novidade; todos sabem que os sistemas modernos de IA, incluindo os novos modelos de linguagem turbinados, têm problemas com essas perguntas. A questão é: mesmo um modelo treinado em toda a coleção da internet, com milhões de dólares em custos de servidor — exigindo quilômetros de computadores em uma área de servidores desconhecida — *ainda* tem problemas para responder a perguntas com bom senso, aquelas presumivelmente respondidas por uma pessoa no ensino médio.

Claro, o raciocínio sobre as coisas com simulação também tem problemas. Suponha que eu faça a seguinte pergunta:

> *Antônio S. é gentil e reservado. Ele gosta de música suave e usa óculos. Qual é a profissão mais provável de Antônio S.?*
>
> *1) Bibliotecário*
>
> *2) Pedreiro*

Se você é como a maioria, respondeu bibliotecário. Mas está errado. Os seres humanos tendem a ignorar as taxas básicas — você considerou o *número básico* de pedreiros em comparação com os bibliotecários? Provavelmente há cem vezes mais pedreiros do que bibliotecários. E por isso, mesmo que 95% dos bibliotecários sejam gentis e apenas 5% dos pedreiros sejam, ainda haverá muito mais pedreiros gentis do que bibliotecários. Assim, se Antônio é gentil, ainda é mais provável que seja pedreiro.

A ideia de que o neocórtex funciona fazendo uma simulação interna e que é assim que os seres humanos tendem a raciocinar sobre as coisas explica por que as pessoas consistentemente veem essas perguntas como erradas. *Imaginamos* uma pessoa gentil e a comparamos com um bibliotecário e um pedreiro imaginados. Com quem a pessoa gentil se parece mais? O bibliotecário. Economistas comportamentais chamam isso de heurística representativa. Essa é a origem de muitas formas de preconceito inconsciente. Se você ouviu uma história de alguém roubando seu amigo, não deixa de imaginar uma cena de roubo, é inevitável preencher com ladrões. Como são os ladrões na sua opinião? O que eles vestem? Qual a etnia? Quantos anos eles têm? Essa é uma desvantagem do raciocínio ao simular: preenchemos personagens e cenas, muitas vezes não vendo as verdadeiras relações causais e estatísticas entre as coisas.

As perguntas que requerem simulação divergem na linguagem no cérebro humano e na linguagem no GPT-3. A matemática é um ótimo exemplo. A base da matemática começa com a rotulagem declarativa. Você mostra dois dedos, duas pedras ou dois paus, inicia uma atenção compartilhada com um aluno e rotula como *dois (duas)*. Você faz a mesma coisa com três e rotula como *três*. Assim como acontece com os verbos (por exemplo, *correr* e *dormir*), em matemática rotulamos as operações (por exemplo, *adicionar* e *subtrair*). Então podemos construir frases representando operações matemáticas: *somar três e um*.

Os humanos não aprendem matemática como o GPT-3. Na verdade, os humanos não aprendem a *linguagem* da mesma forma como o GPT-3. As crianças não ouvem simplesmente sequências intermináveis de palavras até que possam prever o que vem depois. É mostrado um objeto, elas iniciam um mecanismo não verbal de atenção compartilhada, em seguida, o objeto recebe um nome. A base do aprendizado de idiomas não é o aprendizado sequencial, mas o vínculo de símbolos e componentes da simulação interna já presente da criança.

O cérebro humano, mas não o GPT-3, pode verificar as respostas para as operações matemáticas usando uma simulação mental. Se você somar um e três usando os dedos, perceberá que sempre obtém o que foi previamente rotulado como *quatro*.

Você nem precisa verificar tais coisas em seus dedos reais; pode imaginar as operações. Essa capacidade de encontrar as respostas para as coisas simulando depende do fato de que nossa simulação interna é uma representação precisa da realidade. Quando eu imagino somar mentalmente um dedo a três dedos, contando os dedos na minha cabeça, eu conto quatro. Não há motivos para que isso aconteça no meu mundo imaginário. Mas acontece. Da mesma forma, quando eu pergunto o que você vê quando olha para o teto no seu porão, você responde corretamente porque a casa tridimensional que você construiu em sua cabeça obedece às leis da física (você não pode ver através do teto), portanto, é óbvio para você que o teto do porão esteja necessariamente entre você e o céu. O neocórtex evoluiu muito antes das palavras, já programado para representar um mundo simulado que captura um conjunto incrivelmente vasto e preciso de regras e atributos físicos do mundo real.

Para ser sincero, o GPT-3 pode, de fato, responder a muitas perguntas matemáticas corretamente. Ele será capaz de responder 1 + 1 = _____ porque viu essa sequência um bilião de vezes. Quando você responde à mesma pergunta sem pensar, está respondendo como o GPT-3 faria. Mas quando pensa *por que* 1 + 1 =, quando prova para si mesmo de novo imaginando mentalmente a operação de somar uma coisa a outra, e obtém o resultado das duas coisas, então sabe que 1 + 1 = 2 de um modo que o GPT-3 não sabe.

O cérebro humano tem um sistema de predição da linguagem *e* uma simulação interna. A maior evidência para a ideia de que temos os dois sistemas são experimentos colocando um sistema contra o outro. Considere o teste de reflexão cognitiva, projetado para avaliar a capacidade de alguém de inibir sua resposta reflexiva (por ex., predições habituais de palavras) e pensar ativamente sobre a resposta (por ex., fazer uma simulação interna para raciocinar):

> *Pergunta 1: Um taco e uma bola custam R$1,10 no total. O taco custa R$1,00 a mais que a bola. Quanto custa a bola?*

Se você é como a maioria, seu instinto, sem pensar, é responder 10 centavos. Mas se pensasse sobre essa pergunta, perceberia que está errado; a resposta é cinco centavos. Do mesmo modo:

> *Pergunta 2: Se 5 máquinas levam 5 minutos para fazer 5 itens, quanto tempo levaria 100 máquinas para fazer 100 itens?*

Aqui, de novo, se você é como a maioria, seu instinto é dizer "100 minutos", mas se pensar, perceberá que a resposta ainda é 5 minutos.

E, de fato, em dezembro de 2022, o GPT-3 errou as duas perguntas exatamente como as pessoas; o GPT-3 respondeu 10 centavos na primeira e 100 minutos na segunda.

A questão é que o cérebro humano tem um sistema automático para prever palavras (provavelmente semelhante, pelo menos a princípio, a modelos como o GPT-3) e uma simulação interna. Muito do que torna a linguagem humana poderosa não é a sintaxe, mas sua capacidade de nos dar as informações necessárias para fazer uma simulação e, acima de tudo, usar essas sequências de palavras para fazer *a mesma simulação interna que outros seres humanos ao redor.*

O Problema do Clipe de Papel

Em seu livro de 2014 *Superinteligência*, o filósofo Nick Bostrom apresenta um experimento mental. Suponha que uma IA superinteligente e obediente, projetada para gerenciar a produção em uma fábrica, receba um comando: "Maximize a produção de clipes de papel". O que é sensato que a IA faça?

Bem, ela pode começar otimizando as operações internas da fábrica, fazendo coisas que qualquer gerente de fábrica faria: simplificar os processos, encomendar matérias-primas em massa e automatizar várias etapas. Mas, um dia, essa IA atingiria o limite de quanta produção ela poderia extrair dessas otimizações adestradas. Então, ela focaria melhorias mais extremas na produção, talvez convertendo edifícios residenciais próximos em fábricas, desmontando carros e torradeiras para obter matéria-prima, talvez forçando as pessoas a trabalhar mais e mais horas. Se essa IA fosse realmente superinteligente, nós humanos não teríamos como superar ou parar essa escalada em cascata da fabricação de clipes de papel.

O resultado seria catastrófico. Nas palavras de Bostrom, isso terminaria com a IA "convertendo primeiro a Terra e depois partes cada vez maiores do Universo observável em clipes de papel". Esse desaparecimento imaginário da civilização humana não exigiu nenhuma perversidade por parte dessa IA superinteligente; ela foi obediente ao comando dado pelos humanos. No entanto, claro, essa IA superinteligente não conseguiu capturar uma noção da inteligência humana.

Isso foi chamado de problema do clipe de papel. Quando os seres humanos usam a linguagem, há um número chocante de suposições que não podem ser encontradas nas palavras em si. *Inferimos* o que as pessoas realmente querem dizer. Os seres humanos podem facilmente inferir que quando alguém nos pede para maximizar a produção de clipes de papel, essa pessoa *não quer dizer* "transformar a Terra em clipes de papel". Essa inferência aparentemente óbvia é, de fato, bem complexa.

Quando uma pessoa pede "Maximize a produção de clipes de papel", "Seja legal com Rita" ou "Tome o café da manhã", ela não está realmente fornecendo um objetivo bem definido. Ao contrário, ambas as partes imaginam o que passa na cabeça da outra. O solicitante simulou um estado final desejado, talvez altas margens de lucro, Rita sendo feliz ou uma criança saudável bem alimentada, então o solicitante tentou traduzir essa simulação desejada na mente do outro com a linguagem. O ouvinte deve inferir o que o solicitante quer com base no que foi dito. O ouvinte pode presumir que o solicitante não quer que ele infrinja a lei nem faça qualquer coisa que leve a uma má publicidade, jure servidão a Rita ou tome café da manhã sem parar. Assim, o caminho escolhido, mesmo sendo bem obediente, contém restrições muito mais sutis e complexas do que o próprio comando.

Ou considere um exemplo diferente, apresentado pelo linguista Steven Pinker. Suponha que você ouviu o seguinte diálogo:

> Beto: Vou deixar você.
>
> Alice: Quem é ela?

Se você leu e pensou só por um segundo, seria óbvio o significado: Beto está terminando com Alice por causa de outra mulher. A resposta "Quem é ela?" parece uma conclusão falsa sem relação com a declaração de Beto. Mas ao imaginar por que Beto diria "Vou deixar você" e por que Alice responderia "Quem é ela?", a interação e talvez até mesmo uma história começa a se formar em sua mente.

Os seres humanos fazem tudo isso com a manobra de mentalização dos primatas; da mesma forma como podemos representar um mundo tridimensional interno, podemos fazer uma simulação de outra mente para explorar como diferentes ações farão alguém se sentir. Quando me dizem para maximizar os clipes de papel, posso explorar possíveis resultados e simular como acredito que essa outra mente se sentirá sobre isso. Quando faço isso, é muito óbvio que a pessoa ficará infeliz se eu converter a Terra em clipes de papel. Quando faço isso, é óbvio por que Alice perguntou "Quem é ela?"

O entrelaçamento entre mentalização e linguagem é onipresente. Toda conversa se baseia em modelar outras mentes com as quais você está conversando, imaginando o que a pessoa quer dizer e o que deve ser dito para maximizar a chance de o outro saber o que você quer dizer.

A relação entre mentalização e linguagem pode até ser vista no cérebro. A área de Wernicke, provavelmente o lugar onde as palavras são aprendidas e armazenadas, está *bem no meio* das regiões de mentalização dos primatas. De fato, a subárea específica do córtex sensorial esquerdo do primata (chamada junção temporoparietal), que é altamente seletiva para modelar as intenções, os conhecimentos e as crenças das outras pessoas, está inteiramente sobreposta pela área de Wernicke — que é, como aprendemos, necessária para que as pessoas compreendam a fala e produzam um discurso significativo.

Consistente com isso, as habilidades de mentalização e linguística nas crianças estão profundamente interligadas. Na pré-escola, há uma correlação significativa entre desenvolvimento das habilidades linguísticas e desempenho nas tarefas de mentalização, como os testes de falsa crença. Distúrbios que prejudicam a mentalização causam deficiências semelhantes na linguagem.

Somos capazes de manipular outras mentes porque a linguagem é, ao que parece, construída sobre uma janela direta para nossa simulação interna. Ouvir frases direta e automaticamente desencadeia imagens mentais específicas. É por isso que se alguém diz algo que nos chateia, é impossível simplesmente "não ouvir"; temos que cobrir nossos ouvidos, caso contrário, as palavras disparam diretamente as simulações, querendo ou não.

Mas Espere... E o GPT-4?

Em março de 2023, o OpenAI lançou o GPT-4, seu grande modelo de linguagem novo e atualizado. O GPT-4 funciona em grande parte da mesma forma como GPT-3 — ele prevê a próxima palavra com base unicamente na sequência anterior de palavras. Mas ao contrário do GPT-3, é um modelo ainda maior, treinado com mais dados.

Por incrível que pareça, cada pergunta planejada neste capítulo para demonstrar a falta de bom senso e intuição física no GPT-3 foi respondida sem falhas pelo GPT-4. Este sabia que se você olhasse para cima em um porão, veria o teto e não o céu. Ele sabia que se alguém jogasse uma bola de beisebol 30m acima de sua cabeça, você não conseguiria pegá-la. O GPT-4 conseguiu até responder a questões da teoria da mente, como o Teste de Sally-Ann.

Como ele faz isso? O OpenAI não adicionou um modelo de mundo interno nem a capacidade de modelar a mente dos outros. Pelo contrário, em resposta aos erros frequentes do GPT-3 nas questões de bom senso e raciocínio, o OpenAI começou a treinar o GPT-4 especificamente nessas questões. Foi usada uma técnica chamada "aprendizado por reforço do feedback humano", na qual os seres humanos puniam o GPT-4 quando ele respondia às perguntas incorretamente e o recompensavam quando a resposta estava certa. Até pressionaram o GPT-4 a responder certas perguntas de maneiras específicas para melhorar seu desempenho. Por exemplo, o OpenAI treinou o GPT-4 para pensar sobre questões de bom senso escrevendo cada passo, uma manobra chamada Prompt com Cadeia de Pensamento (CdP). Compare como o GPT-3 e o GPT-4 respondem à pergunta do taco e da bola:

Eu: Um taco e uma bola custam R$1,10 no total.
O taco custa R$1,00 a mais que a bola. Quanto custa a bola?

GPT-3:	GPT-4:
A bola custa R$ 0,10 porque se o taco custa R$1,00 a mais que a bola, o taco e a bola custam R$ 1,10 no total, então a bola deve custar R$1,00 - R$1,10 = R$0,10 (incorreto)	Indicamos o custo da bola como x. Então, o custo do taco seria x + R$1,00, pois ele custa R$1,00 a mais que a bola. O custo total dos dois itens é R$1,10. Assim, podemos montar a equação: x (bola) + x + R$1,00 (taco) = R$1,10 Combinando os dois termos para x, temos 2x + R$1,00 = R$1,10 Agora subtraímos R$1,00 nos dois lados: 2x = R$0,10 Por fim, dividimos os dois lados por 2: x = R$0,05 Então a bola custa R$0,05 ou 5 centavos. (correto)

Ao treinar o GPT-4 não apenas para prever a resposta, mas o próximo passo no *raciocínio* sobre a resposta, o modelo começa a ter propriedades emergentes do *pensamento*, sem, de fato, pensar — pelo menos não como o ser humano pensa, fazendo uma simulação do mundo.

Mesmo que o GPT-4 responda corretamente às perguntas mais simples que descrevi neste capítulo, você ainda pode encontrar muitos exemplos do GPT-4 falhando em questões de bom senso e da teoria da mente. A falta de um modelo do mundo do GPT-4 pode ser vista sondando mais profundamente com perguntas mais complexas. Mas ele está ficando cada vez mais meticuloso ao encontrar esses exemplos. De certa forma, isso se tornou um jogo de "pega-pega"; toda vez que um cético publica exemplos de perguntas de bom senso que os LLMs respondem incorretamente, empresas como OpenAI simplesmente usam esses exemplos como dados de treinamento para a próxima atualização de seus LLMs, que, assim, respondem às perguntas corretamente.

Na verdade, o tamanho enorme desses modelos, junto com a quantidade astronômica de dados com os quais são treinados, de certa forma obscurece as diferenças subjacentes de como os LLMs e os seres humanos pensam. Uma calculadora faz cálculos melhor do que qualquer ser humano, mas sem a mesma compreensão da matemática como uma pessoa. Mesmo que os LLMs respondam corretamente a questões de bom senso e da teoria da mente, isso não significa necessariamente que raciocinam sobre essas questões da mesma forma.

Como Yann Lecun disse, "as habilidades insuficientes de raciocínio dos LLMs são parcialmente compensadas por sua grande capacidade de memória associativa. Eles são um pouco como estudantes que aprenderam o material de cor, mas não construíram modelos mentais profundos da realidade subjacente". Na verdade, esses LLMs, como um supercomputador, têm uma capacidade de memória gigantesca, tendo lido mais livros e artigos do que o cérebro humano poderia consumir em mil vidas. Então o que parece ser raciocínio com bom senso é, de fato, mais uma correspondência de padrões, feita com uma coleção de texto astronomicamente enorme.

Mas ainda assim, esses LLMs são um incrível passo à frente. O mais surpreendente sobre o sucesso dos LLMs é o quanto aparentemente entendem sobre o mundo, apesar de treinados só com a linguagem. Os LLMs podem raciocinar corretamente sobre o mundo físico sem nunca ter vivenciado esse mundo. Como um criptoanalista militar decodificando o significado de mensagens secretas, encontrando padrões e significados no que era originalmente sem sentido, esses LLMs conseguiram extrair aspectos de um mundo que nunca viram ou ouviram, nunca tocaram ou vivenciaram, só escaneando toda a coleção do nosso código exclusivamente humano para transferir pensamentos.

É possível, talvez inevitável, que continuar a ampliar esses modelos de linguagem, fornecendo-lhes mais dados irá torná-los ainda melhores em responder a questões de bom senso e da teoria da mente.* Mas sem incorporar um modelo interno do mundo externo ou um modelo de outras mentes — sem os avanços da simulação e da mentalização —, esses LLMs não conseguirão capturar algo essencial sobre a inteligência humana. E quanto mais rápida for a adoção dos LLMs (mais decisões transferimos para eles), mais importantes serão essas diferenças sutis.

No cérebro humano, a linguagem é a *janela* para nossa simulação interna. A linguagem é a interface para nosso mundo mental. Ela é construída sobre nossa capacidade de modelar e raciocinar sobre a mente dos outros, inferir o que querem dizer e descobrir exatamente quais palavras produzirão a simulação desejada em sua mente. Acho

* E incorporando outras modalidades diretamente nesses modelos. Na verdade, modelos de linguagem grandes mais recentes como o GPT-4 estão agora sendo projetados para serem "multimodais", também sendo treinados em imagens, além de texto.

que a maioria concordaria que as inteligências artificiais humanas que um dia criaremos não serão LLMs; os modelos de linguagem serão apenas uma janela para algo mais avançado que há por trás.

Resumo do Avanço 5: Fala

Os primeiros humanos ficaram presos em uma tempestade de efeitos improvável e perfeita. As florestas da savana africana em agonia levaram os primeiros humanos para um nicho de consumo de carne e fabricação de ferramentas, que exigiu a propagação precisa do uso de ferramentas por gerações. As protolinguagens surgiram, permitindo o uso de ferramentas e habilidades de fabricação para propagar com sucesso entre as gerações. A mudança neurológica que possibilitou a linguagem não era uma nova estrutura neurológica, mas um ajuste de estruturas mais antigas, que criaram um programa de aprendizado da linguagem; o programa de protoconversas e a atenção conjunta que permite que crianças conectem nomes e componentes de sua simulação interna. Treinadas com esse currículo, as áreas mais antigas do neocórtex foram reaproveitadas para a linguagem.

A partir de então, os seres humanos começaram a experimentar o uso dessa protolinguagem com indivíduos fora de suas relações, e isso desencadeou um ciclo de feedback de fofocas, altruísmo e punição, que selecionava continuamente habilidades de linguagem mais sofisticadas. À medida que os grupos sociais se expandiram e as ideias começaram a passar de cérebro para cérebro, surgiu a mente coletiva humana, criando um meio efêmero para que as ideias se propagassem e se acumulassem por gerações. Isso exigiu cérebros maiores para armazenar e compartilhar mais conhecimento acumulado. E talvez devido a isso, ou para permitir, a cocção foi inventada, oferecendo um enorme excedente calórico que poderia ser gasto na triplicação do tamanho dos cérebros.

E assim, dessa tempestade perfeita surgiu o quinto e último avanço na história evolutiva do cérebro humano: a linguagem. E junto com a linguagem vieram muitos traços únicos dos seres humanos, do altruísmo à crueldade. Se há algo que realmente torna os seres humanos únicos é que a mente não é mais singular, mas presa a outras por uma longa história de ideias acumuladas.

Conclusão

O Sexto Avanço

Com o surgimento do cérebro humano moderno em nossos antepassados há cerca de 100 mil anos, chegamos à conclusão de nossa história evolutiva de 4 bilhões de anos. Olhando para trás, começamos a montar uma imagem, uma estrutura, para o processo pelo qual o cérebro humano e a inteligência surgiram. Podemos consolidar essa história em nosso modelo de cinco avanços.

O avanço 1 foi a *direção*: se mover categorizando estímulos em bons e ruins, virando-se *para* coisas boas e se *afastando* das ruins. Há 600 milhões de anos, os animais do tipo coral com neurônios e radialmente simétricos se transformaram em animais com corpo bilateral. Esses planos bilaterais simplificaram as decisões de navegação em escolhas binárias; as redes nervosas consolidadas no primeiro cérebro para permitir que sinais de valência opostos fossem integrados em uma única decisão de direção. Neuromoduladores, como a dopamina e a serotonina, permitiram que os estados persistentes se colocassem de forma mais eficiente e pesquisassem localmente áreas específicas. O aprendizado associativo permitiu que esses vermes antigos ajustassem a valência relativa de vários estímulos. Nesse primeiro cérebro surgiu o modelo afetivo inicial dos animais: prazer, dor, saciedade e estresse.

O avanço 2 foi o *reforço*: aprender a repetir comportamentos que historicamente levavam à valência positiva e inibir os que levavam à valência negativa. Em termos de IA, foi o avanço do aprendizado por reforço sem modelo. Há 500 milhões de anos, uma linhagem de bilaterianos antigos desenvolveu espinha dorsal, olhos, guelras e coração, tornando-se os primeiros vertebrados, animais mais semelhantes aos peixes modernos. E seu cérebro formou o modelo básico de todos os vertebrados modernos: córtex para reconhecer padrões e construir mapas espaciais, e gânglio basal para aprender por tentativa e erro. E ambos se basearam nos vestígios mais antigos do mecanismo de valência alojado no hipotálamo. Esse aprendizado por reforço sem modelo veio com um conjunto familiar de aspectos intelectuais e afetivos: aprendizado por omissão, percepção do tempo, curiosidade, medo, excitação, decepção e alívio.

O avanço 3 foi a *simulação*: a simulação mental de estímulos e ações. Por volta de 100 milhões de anos atrás, em um antepassado mamífero de 10cm de comprimento, as sub-regiões do córtex de nossos antepassados vertebrados se transformaram no neocórtex moderno. Esse neocórtex permitiu que os animais fizessem internamente uma simulação da realidade. Isso lhes permitiu mostrar *indiretamente* ao gânglio basal o que fazer antes que o animal realmente fizesse algo. Isso era aprender *imaginando*. Esses animais desenvolveram a capacidade de planejar. Isso permitiu que esses pequenos mamíferos reapresentassem eventos passados (memória episódica) e considerassem escolhas passadas alternativas (aprendizado contrafactual). A evolução posterior do córtex motor permitiu que os animais planejassem não apenas suas rotas de circulação gerais, mas também movimentos corporais específicos, dando a esses mamíferos habilidades motoras finas, exclusivas e eficazes.

O avanço 4 foi a *mentalização*: modelar a própria mente. Mais ou menos 10 a 30 milhões de anos atrás, novas regiões do neocórtex se desenvolveram nos primeiros primatas, construindo um modelo das áreas mais antigas do neocórtex nos mamíferos. Isso significou que esses primatas podiam simular não apenas ações e estímulos (como os primeiros mamíferos), mas também seus próprios estados mentais com diferentes intenções e conhecimentos. Esses primatas puderam então aplicar esse modelo para antecipar suas próprias necessidades futuras, entender as intenções e o conhecimento dos outros (teoria da mente) e aprender habilidades com a observação.

O avanço 5 foi a *fala*: a nomenclatura e a gramática, juntar nossas simulações internas para permitir o acúmulo de pensamentos por gerações.

Cada avanço foi possível apenas por causa dos blocos de construção que vieram antes. A direção só foi possível devido à evolução dos neurônios anteriormente. O aprendizado por reforço só foi possível porque foi inicializado nos neurônios de valência que já haviam evoluído: sem valência, não há sinal de aprendizado fundamental para que o aprendizado por reforço comece. A simulação só foi possível porque o aprendizado por tentativa e erro no gânglio basal existiu anteriormente. Sem o gânglio basal para permitir tal aprendizado, não haveria mecanismo pelo qual simulações imaginadas pudessem afetar o comportamento; com um aprendizado *real* por tentativa e erro tendo evoluído nos vertebrados, um aprendizado por tentativa e erro indiretos pôde surgir mais tarde nos mamíferos. A mentalização só foi possível porque a simulação veio antes; mentalizar é apenas simular as partes mais antigas do neocórtex nos mamíferos, a mesma computação voltada para dentro. E a fala só foi possível porque a mentalização veio antes; sem a habilidade de inferir a intenção e o conhecimento na mente de outro, não é possível inferir o que *comunicar* para ajudar a transmitir uma ideia ou inferir o que as pessoas querem dizer. E sem a capacidade de inferir o conhecimento e a intenção do outro, não é possível iniciar o passo crucial da atenção compartilhada, em que os professores identificam os objetos para os alunos.

Até então, a história da humanidade foi uma saga de dois atos. O 1º ato é a história evolutiva: como os seres humanos biologicamente modernos surgiram das coisas brutas e sem vida do nosso Universo. O 2º ato é a história cultural: como os seres humanos modernos surgiram em grande parte de antepassados biologicamente idênticos, mas culturalmente primitivos, cerca de 100 mil anos atrás.

Enquanto o 1º ato se desenrolou em bilhões de anos, grande parte do que aprendemos na aula de história se desenrolou no tempo comparativamente muito menor do 2º ato: todas as civilizações, tecnologias, guerras, descobertas, os dramas, as mitologias, os heróis e vilões se desdobraram nessa janela de tempo que, comparada ao 1º ato, foi um mero piscar de olhos.

Um indivíduo *Homo sapiens* há 100 mil anos tinha em sua cabeça um dos objetos mais inspiradores do Universo; o resultado de mais de 1 bilhão de anos de trabalho evolutivo pesado, mesmo que não intencional. Tranquilo no topo da cadeia alimentar, ele moveria a mão, aquecido com roupas feitas, tendo dominado o fogo e incontáveis animais gigantescos, evocando sem esforço os muitos feitos intelectuais, totalmente inconsciente do passado pelo qual as futuras habilidades de compressão surgiriam e também, claro, inconsciente da jornada magnânima, trágica e maravilhosa que acabaria por se desenrolar nos descendentes do *Homo sapiens*.

E aqui está você, lendo este livro. Um número quase vasto e impossível de eventos levou a este exato momento: as primeiras células borbulhando nas fontes hidrotermais; as primeiras batalhas predatórias dos organismos unicelulares; o nascimento da multicelularidade; a divergência de fungos e animais; o surgimento dos primeiros neurônios e dos reflexos nos corais ancestrais; o surgimento dos primeiros cérebros com valência e afeto, e o aprendizado associativo nos antigos bilaterianos; a ascensão dos vertebrados e a dominação do tempo, do espaço, dos padrões e da predição; o nascimento da simulação em mamíferos minúsculos se escondendo dos dinossauros; a construção da política e a mentalização dos primatas vivendo em árvores; o surgimento da linguagem nos primeiros seres humanos; e, claro, a criação, a modificação e a destruição de inúmeras ideias que se acumularam nos bilhões de cérebros humanos habilitados para a linguagem nas últimas centenas de milhares de anos. Essas ideias se acumularam a ponto de os humanos modernos agora poderem digitar em computadores, escrever palavras, usar celulares, curar doenças e, sim, até construir novas inteligências artificiais segundo nossa imagem.

A evolução ainda está se desdobrando de fato; não estamos no final da história da inteligência, mas no início. A vida na Terra tem apenas 4 bilhões de anos. Serão outros 7 bilhões de anos antes que nosso sol morra. E assim a vida, pelo menos na Terra, tem mais 7 bilhões ou mais de anos para lidar com novas formas biológicas de inteligência. Se levou apenas 4,5 bilhões de anos para que as moléculas primitivas na Terra se transformassem no cérebro humano, até onde a inteligência pode chegar em outros 7 bilhões de anos de evolução? E supondo que a vida, de alguma forma, saia do sistema solar, ou pelo menos a vida apareça independentemente em outro lugar no Universo, haverá astronomicamente mais tempo para a evolução colocar a mão na massa: mais de 1 trilhão de anos até que o Universo se expanda tanto que novas estrelas deixem de se formar e 1 quatrilhão até que a última galáxia se desfaça. Pode ser difícil conceituar o quão jovem é nosso Universo de 14 bilhões de anos. Se você pegasse a cronologia de quatrilhões de anos do Universo e a colocasse em um único ano, nos encontraríamos, hoje, apenas nos primeiros 7 minutos, não estaríamos nem mesmo no alvorecer do primeiro dia.

Se a nossa compreensão moderna da física estiver correta, então daqui a 1 quatrilhão de anos, depois da última galáxia ter finalmente se desfeito, o Universo começará o seu lento processo de desaparecimento absurdo em uma inevitável morte por calor. Este é o infeliz resultado da inexorável tendência da entropia, a força bruta inevitável do Universo contra a qual as primeiras moléculas de DNA autorreplicadas começaram sua guerra 4 bilhões de anos atrás. Ao se autorreplicar, o DNA encontra uma trégua na entropia, persistindo não na matéria, mas na informação. Todas as inovações evolutivas que se seguiram à primeira sequência de DNA foram nesse sentido, no sentido de *persistir*, de lutar contra a entropia, de se recusar a desaparecer no nada. E nessa grande batalha, as ideias que flutuam no cérebro humano por meio da linguagem são a mais recente inovação da vida, mas certamente não será a última. Ainda estamos na base da montanha, só no quinto degrau de uma longa escadaria para algo.

Claro, não sabemos qual será o avanço 6. Mas parece cada vez mais provável que seja a criação da superinteligência artificial; o surgimento de nossa descendência em silício, a transição da inteligência, feita nossa imagem, de um meio biológico para um digital. Deste novo meio virá uma expansão astronômica na escala da capacidade cognitiva de uma única inteligência. A capacidade cognitiva do cérebro humano é extremamente limitada pela velocidade de processamento dos neurônios, pelas limitações calóricas do corpo humano e pelas restrições de tamanho que um cérebro pode ter e ainda caber em uma forma de vida baseada em carbono. O avanço 6 será quando a inteligência se liberta dessas limitações biológicas. Uma IA baseada em silício pode aumentar infinitamente sua capacidade de processamento como achar melhor. De fato, a individualidade perderá seus limites definidos, pois as IAs podem copiar e se reconfigurar livremente; a parentalidade assumirá um novo significado conforme os mecanismos biológicos de acasalamento dão lugar a novos mecanismos baseados em silício para o treinamento e a criação de novas entidades inteligentes. Até a própria evolução será abandonada, pelo menos em sua forma conhecida; a inteligência não será mais aprisionada pelo lento processo de variação genética e seleção natural, mas por princípios evolutivos mais fundamentais, o mais puro senso de variação e seleção — à medida que as IAs se reinventam, aqueles que selecionam recursos que suportam uma melhor sobrevivência serão, claro, os que sobrevivem.

E quaisquer que sejam as estratégias intelectuais que acabarão evoluindo depois, elas certamente terão pistas da inteligência humana de onde vieram. Embora o meio subjacente dessas superinteligências artificiais possa não reter nenhuma bagagem biológica do cérebro, essas entidades ainda serão irrevogavelmente baseadas nos cinco avanços anteriores. Não só porque esses cinco avanços foram a base da inteligência de seus criadores humanos (os criadores não podem deixar de estimular suas criações com sugestões de si mesmos), mas também porque serão projetadas, pelo menos a princípio, para interagir com seres humanos e, assim, serão semeadas com uma recapitulação, ou pelo menos um espelho, da inteligência humana.

E assim estamos no precipício do sexto avanço na história da inteligência humana, no alvorecer da tomada de controle do processo pelo qual a vida se fez e do nascimento de seres artificiais superinteligentes. Nesse precipício, somos confrontados com uma questão muito pouco científica, mas que é, de fato, muito mais importante: quais devem ser os objetivos da humanidade? Não se trata de *veritas* (verdade), mas de *valores*.

Como vimos, as escolhas do passado se propagam no tempo. E assim, como respondemos a essa pergunta, haverá consequências para eras futuras. Iremos nos espalhar pelas galáxias? Explorar as características ocultas do cosmos, construir novas mentes, desvendar os segredos do Universo, encontrar novos aspectos da consciência, ficar mais compassivos, nos envolver em aventuras inimagináveis? Ou falharemos? Nossa bagagem evolutiva de orgulho, ódio, medo e tribalismo nos destruirá? Cairemos como só mais uma iteração evolutiva que chegou a um fim trágico? Talvez seja alguma espécie posterior na Terra, milhões de anos após os humanos terem sido extintos, que fará outra tentativa de dar o próximo passo na montanha, talvez os bonobos, os polvos, os golfinhos ou as aranhas de Pórcia. Talvez descubram nossos fósseis como nós descobrimos os dos dinossauros, ponderem quais vidas tivemos e escrevam livros sobre nosso cérebro. Ou pior ainda, talvez nós, seres humanos, acabemos com os 4 mil bilhões de anos de vida na Terra, devastando o clima do planeta ou explodindo o nosso mundo com a guerra nuclear.

À medida que olhamos para frente nessa nova era, cabe-nos olhar para trás na longa história de bilhões de anos pela qual nosso cérebro veio a ser. Conforme ficamos dotados com as habilidades divinas da criação, devemos aprender com o deus, o processo impensável da evolução, que veio antes de nós. Quanto mais entendemos nossa própria mente, mais bem equipados ficamos para criar mentes artificiais à nossa imagem. Quanto mais entendemos o processo pelo qual nossa mente surgiu, mais bem equipados ficamos para escolher quais aspectos da inteligência queremos descartar, quais queremos preservar e quais queremos melhorar.

Somos os fortes nessa grande transição, feita há 14 bilhões de anos. Gostando ou não, o Universo nos passou o bastão.

Agradecimentos

Escrever este livro foi um estudo de caso da generosidade humana. Só foi possível por causa da incrível bondade de muitas pessoas que me ajudaram a dar vida a ele. Muitas pessoas merecem agradecimento.

Em primeiro lugar, minha esposa, Sydney, que editou muitas páginas e me ajudou a pensar em vários problemas conceituais. Ela acordou inúmeras manhãs comigo longe, porque eu já tinha saído para ler e escrever; e ela chegou em casa do trabalho muitos dias e me encontrou enfiado no meu escritório. Obrigado por apoiar este esforço, apesar do espaço mental que ele consumiu.

Quero agradecer aos meus leitores iniciais, que me deram feedback e encorajamento: Jonathan Balcome, Jack Bennett, Kiki Freedman, Marcus Jecklin, Dana Najjar, Gideon Kowadlo, Fayez Mohamood, Shyamala Reddy, Billy Stein, Amber Tunnell, Michael Weiss, Max Wenneker, claro, meus pais, Gary Bennett e Kathy Crost; e minha madrasta, Alyssa Bennett.

Em particular, quero agradecer ao meu sogro, Billy Stein, que não tem interesse particular em IA nem em neurociência, mas mesmo assim leu e anotou todas as páginas, questionou cada conceito e ideia para se certificar de que faziam sentido, e forneceu informações e orientações inestimáveis sobre a estrutura, a compressão e o fluxo. Dana Najjar, Shyamala Reddy e Amber Tunnell, que têm muito mais experiência de escrita do que eu, me deram informações essenciais sobre os primeiros rascunhos. E Gideon Kowaldo, que me deu informações úteis sobre a história e os conceitos de IA.

Sou extremamente grato aos cientistas que pausaram suas vidas ocupadas para responder aos meus e-mails, repletos de inúmeras perguntas minhas. Eles me ajudaram a entender suas pesquisas e pensar em muitos dos conceitos deste livro: Charles Abramson, Subutai Ahmed, Bernard Balleine, Kent Berridge, Culum Brown, Eric Brunet, Randy Bruno, Ken Cheng, Matthew Crosby, Francisco Clasca, Caroline DeLong, Karl Friston, Dileep George, Simona Ginsburg, Sten Grillner, Stephen Grossberg, Jeff Hawkins, Frank Hirth, Eva Jablonka,

Kurt Kotrschal, Matthew Larkum, Malcolm MacIver, Ken-ichiro Nakajima, Thomas Parr, David Redish, Murray Sherman, James Smith, e Thomas Suddendorf. Sem sua vontade de responder às perguntas de um completo estranho, teria sido impossível para alguém como eu aprender um novo campo.

Quero agradecer especialmente a Karl Friston, Jeff Hawkins e Subutai Ahmed, que leram meus primeiros trabalhos, generosamente me acolheram e me levaram aos seus laboratórios para compartilhar minhas ideias e aprender com eles.

Joseph Ledoux, David Redish e Eva Jablonka foram muito generosos com seu tempo. Não só leram e fizeram várias anotações no manuscrito, mas deram um feedback essencial sobre os conceitos que eu deixei passar, as áreas da literatura que deixei de considerar e me ajudaram a expandir a estrutura e a história. Eles se tornaram meus editores e orientadores em neurociência de fato. Eles merecem muito crédito em qualquer aspecto considerado valioso deste livro (e nenhuma culpa pelos aspectos considerados de outra forma).

Uma das minhas partes favoritas deste livro é a arte e por ela Rebecca Gelernter e Mesa Schumacher merecem todo o crédito. São as artistas incrivelmente talentosas que produziram a bela arte aqui.

Como autor de primeira viagem, sou grato às pessoas da indústria do livro que me deram orientação. Jane Friedman fez comentários desagradáveis e úteis. O escritor Jonathan Balcome leu um dos primeiros rascunhos, dando feedback e encorajamento. Os escritores Gerri Hirshey e Jamie Carr me ajudaram na minha proposta de livro e me deram feedback sobre os primeiros capítulos.

Lisa Sharkey da Harper Collins tornou este livro uma realidade. Falei com ela antes de decidir escrevê-lo e perguntei se valia a pena tentar, já que eu era um autor de primeira viagem, e não um neurocientista formalmente treinado. Apesar do fato óbvio de que havia uma boa chance de o livro não ver a luz do dia, ela me encorajou a seguir mesmo assim. Sou profundamente grato por essa conversa, seu conselho e apoio. É muitíssimo apropriado que ela tenha sido a única, mais de um ano após essa conversa, que acabou decidindo publicar o livro.

Quero agradecer ao meu agente, Jim Levine, que teve disposição para ler o livro com apenas uma introdução (graças a Jeff Hawkins). Jim leu o livro inteiro em um dia e fez uma aposta no dia seguinte. Quero agradecer a meu editor dos EUA, Matt Harper, e a meu editor do Reino Unido, Myles Archibald, que igualmente apostou neste livro, me ajudou a trabalhar nos rascunhos e passar pelos muitos altos e baixos da escrita. Quero agradecer ao meu editor, Tracy Roe, que metodicamente corrigiu meus inúmeros erros de digitação e percalços gramaticais.

Há também pessoas que me ajudaram de formas menos diretas, mas igualmente importantes. O meu professor de violão, Stephane Wrembel, a quem pedi conselhos em várias ocasiões. Minha amiga Ally Sprague (que também é minha coach), que me ajudou a tomar a decisão de tirar um ano de folga para escrever o livro. Os meus amigos Dougie Gliecher e Ben Eisenberg, que me colocaram em contato com pessoas que eles conheciam na indústria do livro. Meus irmãos, Adam Bennett e Jack Bennett, que trazem alegria e diversão para minha vida, são sempre uma fonte de inspiração. E meus pais, Gary Bennett e Kathy Crost, que fomentaram em mim o amor pelo aprendizado, me mostraram como seguir minha curiosidade e me ensinaram a terminar as coisas que começo.

Este livro só foi possível por causa de muitas outras obras anteriores cujas ideias, histórias e escrita o moldaram de maneiras fundamentais. *The Alignment Problem* de Brian Christian. *Comporte-se* de Robert Sapolsky. *The Deep History of Ourselves* de Joseph Ledoux. *The Evolution of the Sensitive Soul* de Eva Jablonka e Simona Ginsburg. *How Monkeys See the World* de Dorothy Cheney e Robert Seyfarth. *The Mind within the Brain* de David Redish. *On Intelligence* e *A Thousand Brands* de Jeff Hawkins. *Why Only Us* de Robert Berwish e Noam Chomsky [a maioria sem publicação no Brasil].

Houve também inúmeros livros didáticos que se tornaram recursos essenciais para mim. *Brains Through Time* de Georg Striedter e R. Glenn Northcutt. *Brain Structure and Its Origins* de Gerald Schneider. *Deep Learning* de Ian Goodfellow, Yoshua Bengio e Aaron Courville. *Evolutionary Neuroscience* de Jon H. Kaas. *The Evolution of Language* de W. Tecumseh Fitch. *Fish Cognition and Behavior* de Culum Brown, Kevin Laland e Jens Krause. *Neuroeconomics* de Paul Glimcher. *The Neurobiology of the Prefrontal Cortex* de Richard Passingham e Steven Wise. *The New Executive Brain* de Elkhonon Goldberg. *Reinforcement Learning* de Richard Sutton e Andrew Barto.

Por último, quero agradecer a minha cadela, Charlie, que ao implorar por petiscos e com cutucadas divertidas me forçava a voltar para o mundo dos vivos, fazendo uma pausa nas inúmeras sessões lendo papéis e livros didáticos com os olhos cansados. Enquanto escrevo este parágrafo, ela está deitada ao meu lado, dormindo profundamente, contorcendo-se em algum sonho, com seu neocórtex certamente fazendo uma simulação de algo. Algo que, claro, nunca saberei.

Glossário

adaptação (em relação às respostas dos neurônios): a propriedade dos neurônios pela qual eles alteram a relação entre a força de determinado estímulo e a taxa de disparo resultante; por exemplo, os neurônios diminuirão gradualmente sua taxa de disparo em resposta a um estímulo constante ao longo do tempo

aprendizado associativo: a capacidade de associar um estímulo e uma resposta reflexiva, de modo que a próxima vez que o estímulo ocorrer essa mesma resposta reflexiva seja mais provável de ocorrer

aprendizado contínuo: a capacidade de aprender e lembrar automaticamente coisas novas conforme novos dados são fornecidos

aprendizado por diferença temporal (aprendizado DT): o processo do aprendizado por reforço sem modelo pelo qual os sistemas de IA (ou o cérebro do animal) reforçam ou punem os comportamentos baseados em mudanças (ou "diferenças temporais") nas futuras recompensas previstas (em oposição às recompensas reais)

aprendizado por reforço com modelo: o tipo de aprendizado por reforço com o qual possíveis ações futuras são "encenadas" (ou simuladas) antes da seleção de uma ação

aprendizado por reforço sem modelo: o tipo de aprendizado por reforço com o qual possíveis ações futuras *não* são "encenadas" (ou simuladas) antes do tempo; ao contrário, as ações são selecionadas automaticamente com base na situação atual

aquisição (em relação ao aprendizado associativo): processo pelo qual uma nova associação entre um estímulo e uma resposta é formada (ou seja, "adquirida") com base em novas experiências

autoassociação: uma propriedade de certas redes de neurônios em que os neurônios automaticamente fazem associações consigo mesmos, permitindo que a rede complete automaticamente os padrões quando dado um padrão incompleto

bilateriano: um grupo de espécies com um antepassado comum cerca de 600 milhões de anos atrás, no qual a simetria bilateral surgiu, bem como os primeiros cérebros

bloqueio (em relação ao aprendizado associativo): uma das soluções para o problema da atribuição de crédito que evoluiu nos primeiros bilaterianos; uma vez que um animal estabeleceu uma associação entre uma sugestão preditiva e uma resposta, todas as outras sugestões que se sobrepõem à sugestão preditiva são inibidas (ou seja, "bloqueadas") de fazer associações com essa resposta

córtex pré-frontal agranular (aPFC): região do neocórtex frontal que evoluiu nos primeiros mamíferos. É chamado de "agranular" porque é uma região sem a camada 4 (a camada que contém as "células granulares")

córtex pré-frontal granular (gPFC): região do neocórtex frontal que evoluiu nos primeiros primatas. É chamado de "granular" porque é uma região do neocórtex pré-frontal que contém a camada 4 (a camada com "células granulares")

córtex sensorial primata (PSC): as novas regiões do neocórtex sensorial que evoluíram nos primeiros primatas, incluindo o sulco temporal superior (STS) e a junção temporoparietal (TPJ)

esquecimento catastrófico: um desafio notável do treinamento sequencial de redes neurais (em oposição ao treinamento de todas elas de uma só vez); quando você ensina uma rede neural a reconhecer novos padrões, ela tende a perder a memória dos padrões antigos previamente aprendidos

estado de afeto/afetivo: uma forma de categorizar o estado comportamental de um animal ao longo das dimensões de valência (positiva ou negativa) e alerta (muito ou pouco)

extinção (em relação ao aprendizado associativo): o processo pelo qual associações previamente aprendidas são inibidas (ou seja, "extintas") devido a um estímulo condicional que não ocorre mais ao lado de uma resposta reflexiva subsequente (ou seja, um som de campainha que costumava ocorrer antes da comida, mas não ocorre mais)

junção temporoparietal (TPJ): uma nova região do neocórtex sensorial que evoluiu nos primeiros primatas

máquina de Helmholtz: uma prova inicial do conceito da ideia de percepção de Helmholtz por inferência

mentalização: o ato de fazer uma simulação da própria simulação interna (isto é, pensar sobre seu próprio pensamento)

modelo generativo: um tipo de modelo probabilístico que aprende a gerar seus próprios dados e reconhece coisas comparando os dados gerados com os dados reais (um processo que alguns pesquisadores chamam de "percepção por inferência")

neocórtex sensorial: a metade posterior do neocórtex, a área onde uma simulação do mundo externo é feita

neuromodulador: uma substância química liberada por alguns neurônios ("neurônios neuromoduladores") que tem efeitos complexos e muitas vezes duradouros em muitos neurônios abaixo. Os neuromoduladores famosos incluem dopamina, serotonina e adrenalina

ofuscação (em relação ao aprendizado associativo): uma das soluções para o problema da atribuição de crédito que evoluiu nos primeiros bilaterianos; quando os animais têm múltiplas pistas preditivas para usar, seu cérebro tende a escolher as sugestões mais fortes (ou seja, as sugestões fortes ofuscam as fracas)

problema da atribuição de crédito: quando ocorre um evento ou um resultado, a qual sugestão ou ação você dá "crédito" por ser preditiva desse evento ou resultado?

problema temporal da atribuição de crédito: quando ocorre um evento ou um resultado, a qual sugestão ou ação anterior você dá "crédito" por ser preditiva desse evento ou resultado? É um caso secundário do problema da atribuição de crédito ao ter que atribuir crédito entre coisas separadas no tempo

reaquisição (em relação ao aprendizado associativo): uma das técnicas para lidar com a mudança de contingências no mundo e permitir o aprendizado contínuo nos primeiros bilaterianos; associações extintas são readquiridas mais rapidamente do que as associações inteiramente novas

recuperação espontânea (em relação ao aprendizado associativo): uma das técnicas para lidar com contingências em mudança no mundo e permitir o aprendizado contínuo nos primeiros bilaterianos; associações desfeitas são rapidamente suprimidas, mas não desaprendidas; com tempo suficiente, elas ressurgem

rede neural convolucional: um tipo de rede neural projetada para reconhecer objetos em imagens procurando os mesmos aspectos em locais diferentes

retropropagação: um algoritmo para treinar redes neurais artificiais; calcula o impacto de mudar o peso de determinada conexão no erro (uma medida da diferença entre a saída real e a desejada) no final da rede e ajusta cada peso em conformidade para reduzir o erro

simetria bilateral: corpos de animais com um único plano de simetria, que divide o animal nas metades direita e esquerda aproximadas e espelhadas

sinal da diferença temporal (sinal DT): a mudança na recompensa futura prevista; é usado como o sinal de reforço/punição nos sistemas de aprendizado por diferença temporal

sinapse: a conexão entre os neurônios pela qual os sinais químicos são passados

sulco temporal superior (STS): uma nova região do neocórtex sensorial que evoluiu nos primeiros primatas

taxa de disparo (também taxa de pulso): o número de pulsos por segundo gerados por um neurônio

teoria da mente: a capacidade de inferir a intenção e o conhecimento de outro animal

valência: um estímulo é bom ou ruim, definido comportamentalmente por um animal se aproximando ou evitando o estímulo

Notas

Introdução

1 *"como da família":* "O Namorado de Rosie". *The Jetsons,* criado por William Hanna e Joseph Barbera. Temporada 1, episódio 8, 1962.

2 *"quase alcançando a IA no nível humano":* Cuthbertson, 2022.

4 *mais de um bilhão de conexões:* a largura de uma sinapse tem cerca de 20 nanômetros (Zuber *et alii*, 2005). Em um milímetro cúbico há mais de 1 bilhão de conexões (Faisal *et alii*, 2005).

5 *"ao cérebro humano":* citação de Hinton em "cientista da computação na Universidade de Toronto recebe prêmio internacional por trabalho inovador em IA". U of T News. 18 de janeiro de 2017, https://www.utoronto.ca/news/u-t-computer-scientist-takes-international-prize-groundbreaking-work-ai.

8 *"funções de memória, motoras e outras":* MacLean, 1990.

8 *e como funciona:* Cesario *et alii*, 2020, dá uma boa ideia geral da visão atual do modelo do cérebro trino de MacLean. Mas para ser justo com MacLean, parece-me que a maioria dos problemas em seu modelo de cérebro trino está em sua popularidade. Se alguém realmente ler o trabalho de MacLean, reconhecerá logo muitos dos desafios em sua estrutura.

9 *"até a inteligência artificial no nível humano (AHI)":* Yann LeCun (@ylecun) tuítou em 9 de dezembro de 2019.

14 *mais rápido do que o ser humano:* Healy *et alii*, 2013.

Capítulo 1: O Mundo Antes do Cérebro

15 *um respiradouro hidrotermal comum:* para comentários sobre a teoria hidrotermal e o tempo de vida, veja Bell *et alii*, 2015; Dodd *et alii*, 2017; Martin *et alii*, 2008; McKeegan *et alii*, 2007.

15 *duplicou-se:* para comentários sobre o mundo do RNA e evidências de que o RNA poderia originalmente se duplicar sem proteínas, veja Neveu *et alii*, 2013.

16 *de um barco moderno:* o flagelo bacteriano é acionado por prótons e funciona com um motor rotativo que gira. Veja Lowe *et alii*, 1987; Silverman e Simon, 1974.

17 *síntese, lipídios e carboidratos:* para evidências de que LUCA tinha DNA, veja Hassenkam *et alii*, 2017. Para evidências de que LUCA fazia a síntese proteica, veja Noller, 2012.

18 *financiar esses muitos processos:* J. L. E. Wimmer *et alii*, 2021.

18 *alga azul-esverdeada:* note que os cientistas não gostam mais do termo *alga azul-esverdeada*, já que a palavra *alga* é reservada para um tipo de planta unicelular.

18 *Figura 1.1:* figura de https://www.scienceimage.csiro.au/image/4203. Licença CC BY 3.0. Fotografia de Willem van Aken em 18 março 1993.

18 *convertido em energia celular:* a capacidade de gerar oxigênio por fotossíntese provavelmente apareceu pela primeira vez nos antepassados das cianobactérias; veja K. L. French *et alii*, 2015.

18 *e se reproduzindo infinitamente:* Cardona *et alii*, 2015; Schirrmeister *et alii*, 2013.

19 *produzia poluição:* note que a vida inicial pode ter usado uma versão menos eficiente e mais primitiva da fotossíntese, que produzia menos energia, não produzindo oxigênio como descarga. Veja Raymond e Segrè, 2006.

19 *os níveis de oxigênio dispararam*: T. W. Lyons *et alii*, 2014.

19 *o Holocausto do Oxigênio:* Margulis e Sagan, 1997.

19 *eventos de extinção na história da Terra:* o Grande Evento da Oxigenação ocorreu há 2,4 bilhões Antes da Era Comum; veja Anbar *et alii*, 2007. Para evidências de que matou muitas espécies na Terra, veja Hodgskiss *et alii*, 2019.

19 *expelindo dióxido de carbono:* tecnicamente, o que se desenvolveu foi a respiração aeróbica, a versão da respiração que usa oxigênio. Para evidências de que a respiração aeróbia evoluiu após a fotossíntese oxigenética nas cianobactérias, veja Soo *et alii*, 2017.

21 *abordagem baseada em oxigênio (respiração aeróbica):* O'Leary e Plaxton, 2016.

21 *muito mais complexidade interna*: a complexidade dos eucariontes pode ser vista em um microscópio; o termo *eucarionte* vem da observação do século XX de que os descendentes dos eucariontes tinham bons (*eu*) núcleos (*karyon*), já as bactérias e as vidas do tipo bacteriana não tinham tais estruturas internas, portanto, eram chamadas *procariontes*: antes (*pro*) dos núcleos (*karyon*).

21 *máquinas de matar microbianas:* para evidências de que os eucariontes foram as primeiras células a engolir e digerir internamente a vida para se alimentar, veja Cavalier-Smith, 2009.

22 *A árvore da vida:* surgimento dos eucariontes cerca de 2 bilhões de anos atrás; veja Knoll *et alii*, 2006.

23 *fungos semelhantes a cogumelos começaram a crescer:* Bengtson *et alii*, 2017.

25 *Figura 1.5*: ilustração de Reichert, 1990. Com permissão.

25 *do qual todos os neurônios descendem:* pode haver uma única exceção: as águas-vivas-de-pente podem ter neurônios evoluídos de forma independente.

26 *na Terra do que animais:* Bar-On *et alii*, 2018.

27 *nos embriões de águas-vivas:* Technau, 2020.

27 *antepassado animal com neurônios:* doravante, quando digo *animais*, me refiro a Eumetazoa, os "verdadeiros" metazoários.

27 *criatura em forma de gástrula com neurônios:* Arendt *et alii*, 2016.

27 *semelhantes aos corais de hoje:* Penny *et alii*, 2014; Wan *et alii*, 2016.

30 *falsos começos e caminhos errados:* para comentários sobre a descoberta histórica dos sistemas nervosos, veja McDonald, 2004.

30 *não era* éter, *mas* eletricidade: Piccolino, 1997; Schuetze, 1983.

30 *geram seus próprios sinais:* O'Brien, 2006.

31 *Adrian o Prêmio Nobel:* Garson, 2015; Pearce, 2018.

31 *pulsos ou potenciais de ação:* a descoberta dos potenciais de ação realmente aconteceu mais gradualmente, com alguns sugerindo que aconteceu já em 1848. Veja du Bois-Reymond, E. 1848.

31 *sinais dos neurônios:* Garson, 2003.

32 *do próprio pulso:* como em quase tudo na biologia, há exceções: algumas áreas do cérebro parecem usar outras estratégias de codificação, como a codificação temporal.

32 *desde águas-vivas até seres humanos:* para a codificação da taxa em hidra, veja Tzouanas *et alii*, 2021. Para a codificação da taxa em *C. elegans,* veja Q. Liu *et alii*, 2018; O'Hagan *et alii*, 2005; Suzuki *et alii*, 2003.

32 *em sua taxa de disparo:* J. T. Pearson e D. Kerschensteiner, 2015.

32 concentração *em sua taxa de disparo:* Parabucki *et alii*, 2019.

32 *força dos músculos:* isso foi mostrado até em *C. elegans*; veja S. Gao e M. Zhen, 2011.

32 *página ao luar:* MacEvoy, B. 2015.

33 *Figura 1.10:* figura de B. MacEvoy, 2015. Com permissão (e-mail pessoal).

33 *500 pulsos por segundo:* Wang *et alii*, 2016.

35 *John Eccles e outros:* Eccles descobriu a inibição; Dale descobriu a neurotransmissão química (Todman, 2008); Sherrington descobriu as sinapses (R. E. Brown *et alii*, 2021).

37 *os reflexos funcionassem:* evidências da inibição lateral pela inibição sináptica foram encontradas na hidra; veja Kass-Simon, 1988. Mas alguns afirmam que a inibição sináptica não existe nos cnidários (Meech e Mackie, 2007).

37 *e outro deve relaxar:* veja Bocharova e Kozevich, 2011, para obter detalhes sobre os músculos na boca das anêmonas do mar.

Capítulo 2: A Origem do Bem e do Mal

44 *um grão de arroz:* para evidências fósseis dos primeiros bilaterianos, veja Z. Chen *et alii*, 2013, 2018; Evans *et alii*, 2020.

45 *bem simples:* para bons comentários sobre os bilaterianos, veja Malakhov, 2010.

45 *85 bilhões dos humanos:* para ser mais preciso, *C. elegans* tem 302 neurônios em todo o seu corpo, já um ser humano tem 85 bilhões de neurônios em seu cérebro; existem outros neurônios no sistema nervoso humano fora do cérebro.

46 *encontra comida:* doravante, sempre que uso o termo nematoide, me refiro às espécies específicas do nematoide *Caenorhabditis elegans*.

46 *em direção à comida:* para um exemplo com platelmintos, veja Pearl, 1903. Para os nematoides, veja Bargmann *et alii*, 1993; Ward, 1973.

47 *corpos podem ser ferir:* para bons comentários sobre esses comportamentos em *C. elegans,* veja Hobert, 2003. Para o comportamento termogradiente em *C. elegans,* veja Cassata *et alii*, 2000; Hedgecock e Russell, 1975; L. Luo *et alii*, 2014.

48 *"as lições dadas":* Brooks, 1991.

49 *"Graal ao seu alcance": ibidem.*

49 *mais de 40 milhões de unidades: History | iRobot.* (s/d). Recuperado em 5 março 2023, em https://about.irobot.com/History.

49 *ou reconhecer objetos:* note que as versões futuras do Roomba adicionaram recursos que lhe permitiam aprender a mapear a casa.

50 *Figura 2.8:* fotografia de Larry D. Moore em 2006. Imagem publicada na Wikipédia em https://en.wikipedia.org/wiki/Roomba sob licença CC-BY.

52 *diferentes neurônios abaixo:* Garrity *et alii*, 2010.

53 *frio quando estão muito frios:* L. Luo *et alii*, 2014. Para mais detalhes, veja a ótima análise de Garrity *et alii*, 2010. O neurônio "AFD" só responde a temperaturas "muito quentes" quando a temperatura está acima de um limite (veja Goodman e Sengupta, 2018).

54 *atravessar a barreira:* Hobert, 2003; Ishihara *et alii*, 2002.

54 *em diferentes modalidades sensoriais:* Inoue *et alii*, 2015.

55 *barreira de cobre:* o circuito exato para essa inibição mútua é mais complexo, porém semelhante em princípio. No *C. elegans* existe um neurônio sensorial chamado AWC, que se excita com odores de valência positiva. Há quatro neurônios abaixo em *C. elegans* que recebem a entrada dos neurônios sensoriais; esses neurônios abaixo são chamados AIZ, AIB, AIY e AIA. AIZ e AIB promovem o giro, já AIY e AIA promovem o avanço (visto em Garrity *et alii*, 2010). Há uma inibição mútua entre os neurônios abaixo: AIY inibe AIB (Chalasani *et alii*, 2007), AIY inibe AIZ (Z. Li *et alii*, 2014) e AIA inibe AIB (Wakabayashi *et alii*, 2004). Parte da inibição mútua ocorre mais abaixo; por exemplo, integrando a saída inibitória de AIY com a entrada excitatória de AIB em outro neurônio RIB, que promove o giro em si (Garrity *et alii*, 2010; J. M. Gray *et alii*, 2005). O circuito é confuso, mas o efeito é igual; há uma inibição mútua entre os votos para avançar e virar.

55 *a fome dele:* Davis *et alii*, 2017; Lau *et alii*, 2017.

56 *famintos ou não:* Rengarajan *et alii*, 2019.

56 *quantidade saudável de energia:* Davis et alii, 2017.

Capítulo 3: A Origem da Emoção

57 *palavras separadas para cada um:* Jackson *et alii*, 2019.

58 *dois atributos das emoções:* Barrett e Russell, 1999; Russell, 2003.

58 *adrenalina e pressão arterial:* Heilman, 1997; Lang, Bradley e Cuthbert, 1997.

59 *de regiões específicas do cérebro:* Gerber *et alii*, 2008.

59 *de valência e alerta:* Jackson *et alii*, 2019; Wierzbicka, 1992.

59 *(por exemplo, chorar e sorrir):* Bridges, 1932; Graf, 2015; Huffman, 1997; Oster, 2012; Saarni *et alii*, 2006.

61 *a comida acabou:* Hills *et alii*, 2004; D. Jones e Candido, 1999; Z. Liu *et alii*, 2018.

63 *o cérebro com dopamina:* Chase *et alii*, 2004.

63 *o estado de exploração*: se você destruir os neurônios da dopamina, o comportamento de exploração em resposta ao alimento acabará (Sawin *et alii*, 2000). Hills *et alii*, 2004, mostram isso e também mostram que se você deixa esses neurônios intactos, mas impede a sinalização de dopamina entre eles, o comportamento de exploração da mesma forma desaparece; se você injeta dopamina no cérebro de *C. elegans*, ele mostra imediatamente a exploração (diminuindo e aumentando a frequência de giros como se tivesse detectado comida). E se injeta dopamina em *C. elegans* mesmo depois que os neurônios da dopamina foram destruídos, o comportamento de exploração retorna.

A dopamina gera esse estado persistente permanecendo no fluido extracelular muito tempo após os neurônios da dopamina dispararem. A dopamina faz isso modulando diretamente as respostas do conjunto inteiro de neurônios. Por exemplo, a dopamina modula as respostas de neurônios motores específicos (Chase *et alii*, 2004), as respostas dos neurônios de direção (Hills *et alii*, 2004) e modula os neurônios de valência diretamente (Sanyal *et alii*, 2004). A consequência de toda essa modulação orquestrada é que você obtém um novo estado afetivo de exploração no qual os vermes se movem mais lentamente e viram com mais frequência.

63 *alimentos em sua gargantas:* Rhoades *et alii*, 2019.

63 *com liberação, irá disparar a saciedade*: para evidências, a serotonina é liberada pela detecção de alimentos no estômago, veja Gürel *et alii*, 2012.

Se você destrói os dois neurônios de serotonina relacionados a alimentos, os vermes famintos não desaceleram mais quando encontram comida; veja Sawin *et alii*, 2000. Se impede a sinalização da serotonina, os vermes passam pouco tempo extra descansando quando estão cheios em relação a quando estão com fome (Churgin *et alii*, 2017). Sem sinalização de serotonina, os vermes passam muito mais tempo no comportamento de fuga/circulação quando têm fome, como se levassem muito mais tempo para parar de procurar comida quando ficam cheios (Churgin *et alii*, 2017; Flavell *et alii*, 2013). Uma interpretação é que, sem serotonina, os vermes tentam ficar satisfeitos. Se você injeta serotonina no cérebro de *C. elegans*, ele leva muito menos tempo circulando à procura de comida quando está com fome (Churgin *et alii*, 2017). A serotonina também aumenta a postura de ovos (Waggoner *et alii*, 1998), o comportamento de acasalamento (Loer e Kenyon, 1993; Ségalat *et alii*, 1995) e o bombeamento faríngeo, equivalente à deglutição (Ségalat *et alii*, 1995).

64 *busca de recompensas (saciedade):* o papel da serotonina é semelhante nos bilaterianos (Gillette, 2006; Tierney, 2020). A serotonina é liberada quando a comida está na boca e provoca a deglutição em moluscos (Kabotyanski *et alii*, 2000; Yeoman *et alii*, 1994), nematoides (Hobson *et alii*, 2006; Szø *et alii*, 2000) e anelídeos (Groome *et alii*, 1995). Nos vertebrados, a experiência de um estímulo de valência positiva, mesmo se esperado, desencadeia a liberação de serotonina (Z. Liu *et alii*, 2020; Zhong *et alii*, 2017). O papel da serotonina na agressão parece ser conservado, bem como a serotonina *diminui* a agressividade em ratos (Nikulina *et alii*, 1991), galinhas (Dennis *et alii*, 2008) e crustáceos (Kravitz, 2000). A serotonina desempenha consistentemente um papel na saciedade, embora existam algumas diferenças. A serotonina induz a saciedade e reduz a alimentação em ratos (Blundell e Leshem, 1975; Grinker *et alii*, 1980), primatas não humanos (Foltin e Moran, 1989), seres humanos (McGuirk *et alii*, 1991; Rogers e Blundell, 1979), moscas (Long *et alii*, 1986), baratas (Haselton *et alii*, 2009), formigas (Falibene *et alii*, 2012), abelhas (A. S. French *et alii*, 2014) e mosquitos (Ling e Raikhel, 2018). No entanto, em anelídeos e moluscos, isso parece ser diferente; a serotonina parece induzir fome e aumentar a alimentação nos anelídeos (Lent *et alii*, 1991) e nos moluscos (Hatcher *et alii*, 2008; Yeoman *et alii*, 1994), e reduz os limites de alimentação em ambos (Palovcik *et alii*, 1982).

64 *cérebro libera serotonina:* para um ótimo comentário, veja Z. Liu *et alii*, 2020.

64 *com o que ele vê:* Musselman *et alii*, 2012.

64 *dispostos a adiar a gratificação:* para evidências de que aumentar a serotonina diminui a ingestão de alimentos, veja Sharma e Sharma, 2012. Para evidências de que aumentar a serotonina aumenta a vontade de adiar a gratificação, veja Linnoila *et alii*, 1983.

64 *entorpecendo as respostas dos neurônios de valência:* para desligar as respostas à dopamina, veja Valencia-Torres *et alii*, 2017. Para entorpecer as respostas de valência, veja Lorrain *et alii*, 1999.

65 *Figura 3.5:* imagens de Kent Berridge (e-mail pessoal). Com permissão.

66 *comida e morriam de fome:* comentário em Berridge e Robinson, 1998.

66 *de vezes por hora:* Heath, 1963.

66 *"ter o orgasmo":* é certo que Heath acreditava que as evidências que ele encontrou mostravam que a estimulação septal era prazerosa e ele afirmou que os pacientes pareciam se sentir "bem" (Heath, 1963). Mas outros pesquisadores fizeram os mesmos experimentos e descobriram que "não havia os efeitos de 'gostar' durante a estimulação, em oposição às descobertas de Heath" (Schlaepfer *et alii*, 2008).

66 *reações de gostar e não gostar:* Treit e Berridge, 1990.

67 *15 milhões de tentativas anuais de suicídio:* Morgan *et alii*, 2018.

67 *e viver a vida:* depressão. Organização Mundial de Saúde, 13 setembro 2021. Acessado em 5 março 2023, em https://www.who.int/news-room/fact-sheets/detail/depression.

67 *sono, reprodução e digestão:* a norepinefrina é altamente excitante em muitos, se não todos, vertebrados, incluindo os peixes (Singh *et alii*, 2015). A octopamina (um composto relacionado) também aumenta a excitação em diversos protostômios, como anelídeos (Crisp *et alii*, 2010), artrópodes (Crocker e Sehgal, 2008; Florey e Rathmayer, 1978) e nematoides (Churgin *et alii*, 2017). A norepinefrina aumenta a agressão em muitos vertebrados, incluindo ratos (Marino *et alii*, 2005). A octopamina também aumenta a agressão em moscas (C. Zhou *et alii*, 2008). A norepinefrina é liberada pela fome nos vertebrados (P. J. Wellman, 2000). A octopamina é liberada pela fome e aumenta o consumo de alimentos em artrópodes (Long e Murdock, 1982), moluscos (Vehovszky e Elliott, 2002) e nematoides (Guo *et alii*, 2015; Suo *et alii*, 2006). A octopamina suprime o condicionamento de cortejo nos artrópodes (C. Zhou *et alii*, 2012) e suprime a postura de ovos em artrópodes (Sombati e Hoyle, 1984) e nematoides (Alkema *et alii*, 2005; Guo *et alii*, 2015; Horvitz *et alii*, 1982).

A valência específica da octopamina/norepinefrina e dopamina pode ter mudado nos artrópodes (comentário em Barron *et alii*, 2010): a octopamina faz a mediação dos sinais de apetite em grilos (Mizunami *et alii*, 2009; Mizunami e Matsumoto, 2017), abelhas (Farooqui *et alii*, 2003; Hammer, 1993), moscas (Schwaerzel *et alii*, 2003) e caranguejos (Kaczer e Maldonado, 2009). A dopamina pode mediar sinais de aversão em grilos (Mizunami *et alii*, 2009; Mizunami e Matsumoto, 2017) e moscas (Schwaerzel *et alii*, 2003). No entanto, a história não é tão clara; as recompensas criam estados afetivos positivos dependentes da dopamina em abelhas (Perry *et alii*, 2016). Além disso, a falta de octopamina prejudica o aprendizado por *aversão* em moscas artrópodes (Mosca, 2017) e diferentes subconjuntos de neurônios da octopamina parecem desencadear aproximação ou aversão em moscas artrópodes (Claßen e Scholz, 2018).

É certo que há muitas substâncias químicas de excitação com efeitos um pouco diferentes (D. Chen *et alii*, 2016). Mas esta ainda é uma "primeira passagem" instrutiva e é incrível como os neuromoduladores individuais mapeiam bem os estados afetivos específicos nos nematoides. Se você bloqueia a norepinefrina, os vermes passam muito menos tempo em seu repertório comportamental de fuga e muito mais tempo imóveis, mesmo expostos a estímulos nocivos (Churgin *et alii*, 2017). Eles perdem a capacidade de entrar no modo "Tenho que sair daqui e encontrar comida!". A norepinefrina faz isso como qualquer outro neuromodulador, modulando persistentemente vários neurônios que controlam o movimento e o giro (Rengarajan *et alii*, 2019). Como outros neuromoduladores, o norepinefrina modula igualmente os neurônios da valência. Sem norepinefrina, os vermes não conseguem mudar seu comportamento de evitar para sentir atração por CO_2 quando passam fome (Rengarajan *et alii*, 2019).

68 *repousar e ficar feliz:* Churgin *et alii*, 2017; Rex *et alii*, 2004; Suo *et alii*, 2006.

68 *recursos energéticos para os músculos:* especificamente, o conjunto de compostos relacionados à adrenalina (norepinefrina, octopamina e epinefrina).

68 *não continua indefinidamente:* veja Sapolsky *et alii*, 2000, para ter uma ótima visão geral da resposta ao estresse. Essa analogia foi inspirada por Sapolsky, 2004.

68 *em resposta aos fatores de estresse:* Park *et alii*, 2020.

68 *inibidos por estressores agudos:* Staub *et alii*, 2012.

68 *crises prolongadas de alimentação:* Cheong *et alii*, 2015.

68 *inibição das respostas à dor:* Mills *et alii*, 2016; Nieto-Fernandez *et alii*, 2009; Pryor *et alii*, 2007.

68 *e do comportamento reprodutivo:* Ow e Hall, 2020; Seidel e Kimble, 2011.

69 *seus pares normalmente famintos:* You *et alii*, 2008.

70 *pausarão as funções corporais:* Nath *et alii*, 2016.

70 *eles desistem:* A. J. Hill *et alii*, 2014.

71 *estado crônico de estresse:* após a exposição a um estressor como o calor, os vermes exibem um período de quietude que ajuda a sobrevivência. Veja Fry *et alii*, 2016; A. J. Hill *et alii*, 2014; Konietzka *et alii*, 2019; van Buskirk e Sternberg, 2007. O mesmo acontece com a fome; veja Park *et alii*, 2020; Skora *et alii*, 2018.

71 *a resposta imune, o apetite e a reprodução:* Adamo e Baker, 2011.

71 *o estresse começa a ativar a serotonina:* em vermes *C. elegans* geneticamente modificados com sinalização reduzida de insulina (que desencadeia um estado de depressão), temos: se a serotonina é bloqueada, esses vermes aparentando uma depressão permanente deixam de ser deprimidos (Dagenhardt *et alii*, 2017). Eles voltam a se mover e responder a sugestões de comida. O fascinante é que essa cura da depressão por serotonina parece funcionar no *C. elegans* e nos seres humanos. Os medicamentos preliminares para tratar a depressão nos seres humanos são inibidores seletivos de receptação da serotonina (SSRIs), tais como Prozac, cuja evidência sugere reduzir o nível de serotonina no cérebro. É complexo. No início, os SSRIs realmente aumentam o nível de serotonina no cérebro, bloqueando a receptação da serotonina nas sinapses. Mas depois de semanas, esse bloqueio altera as respostas dos neurônios de serotonina e os faz reduzir sua sinalização, portanto, o efeito final é reduzir os níveis de serotonina. Por isso os SSRIs podem piorar a depressão no início, mas ao longo de duas a seis semanas, as pessoas começam a melhorar. Claro, ainda há controvérsia sobre a história estar certa.

Dar opioides a ratos deprimidos reduz seus sinais de depressão (Berrocoso *et alii*, 2013; Zomkowski *et alii*, 2005).

71 *presença de estressores inevitáveis:* como mais evidências para isso, considere: O que acelera a velocidade com a qual um verme desiste? Reservas de energia. Se as reservas de energia são baixas, como sinalizado por baixos níveis de insulina, os vermes desistem muito mais rápido (Skora *et alii*, 2018). Isso pode parecer muito simplista para informar sobre depressão ou estresse em seres humanos, mas você pode se surpreender com as conexões. A sinalização da insulina tem uma conexão conhecida, embora ainda misteriosa, com a depressão e o estresse crônico nos seres humanos: pessoas com diabetes (uma doença em que a sinalização da insulina é interrompida) têm uma taxa de depressão três vezes superior à da população em geral (Anderson *et alii*, 2001; Gavard *et alii*, 1993); pessoas com depressão, mesmo sem diabetes, ainda apresentam maior resistência à insulina do que a população em geral (Hung *et alii*, 2007; Kan *et alii*, 2013), e as pessoas com diabetes, mesmo sem depressão clássica, ainda relatam apatia/anedonia como um sintoma comum (Bruce *et alii*, 2015; Carter e Swardfager, 2016). Além disso, ratos com diabetes apresentam mais sinais de depressão do que os não diabéticos, um efeito que é completamente revertido com a administração de insulina (Gupta *et alii*, 2014). Se você modifica geneticamente *C. elegans* para reduzir sua sinalização de insulina, ele se torna permanentemente deprimido, com uma movimentação muitíssimo reduzida, mesmo em resposta aos sinais de alimentos (Dagenhardt *et alii*, 2017). A anedonia é uma característica evolutiva benéfica do estresse crônico: desistir de economizar energia diante das dificuldades. E a insulina parece ser um sinal-chave para quanta reserva de energia um animal tem, daí a probabilidade dele ficar cronicamente estressado diante de dificuldades.

71 *os estímulos desaparecem:* A. J. Hill *et alii*, 2014.

71 *lesmas e moscas-da-fruta:* para a impotência aprendida em baratas, veja G. E. Brown, Anderson *et alii*, 1994; G. E. Brown e Stroup, 1988. Para lesmas, veja G. E. Brown, Davenport *et alii*, 1994. Para moscas-da-fruta, veja G. E. Brown *et alii*, 1996.

72 *nem sequer têm os neurônios da serotonina:* é provável que os circuitos de locomoção nos cnidários também sejam modulados por vários neuropeptídeos, mas neles, tais decisões não parecem ser impulsionadas pelos mesmos neuromoduladores dos bilaterianos. Nos cnidários, a dopamina demonstrou inibir a resposta alimentar (Hanai e Kitajima, 1984), contrair os tentáculos (Hudman e McFarlane, 1995) e até desencadear o sono (Kanaya *et alii*, 2020). A serotonina não está presente em muitos cnidários (Carlberg e Anctil, 1993; Takeda e Svendsen, 1991) e nas poucas espécies onde é encontrada, parece induzir principalmente a desova (Tremblay *et alii*, 2004). A norepinefrina aumenta a probabilidade de liberação de nematocistos (Kass-Simon e Pierobon, 2007) e altera a velocidade das ondas peristálticas em medusas (Pani *et alii*, 1995). Na maior parte, esses neuromoduladores parecem participar da modulação dos reflexos e não desencadear diretamente repertórios comportamentais para o movimento, como nos bilaterianos.

Capítulo 4: Associação, Predição e o Nascer do Aprendizado

73 *"não somos nada":* Seeger, 2009.

74 *"fonte de erro":* Todes, 2014.

74 *"provocar os pensamentos dos cães sobre comida": ibidem.*

74 *começava a salivar em resposta à campainha apenas:* Irwin, 1943; Twitmyer, 1905.

75 *circuitos simples em suas medulas espinhais:* Illich *et alii*, 1994.

76 se afastarão do sal*:* Amano e Maruyama, 2011; Saeki *et alii*, 2001; Tomioka *et alii*, 2006; Wen *et alii*, 1997.

77 *do cheiro de comida:* Morrison *et alii*, 1999; Y. Zhang *et alii*, 2005.

77 *preferências para essa temperatura:* Hedgecock e Russell, 1975.

77 *durará dias:* esse efeito não é apenas uma sensibilização da resposta de afastamento; se você dá um choque em uma lesma, mas não associa o choque e o toque, ela não se afasta muito com o toque, apesar do mesmo número de choques anteriores. (Carew *et alii*, 1981a; 1981b; Walters *et alii*, 1981). Para uma análise sobre os circuitos de aprendizado simples, veja Hawkins & Kandel 1984.)

77 *capazes de fazer associações:* conheço apenas um relato de aprendizado associativo em cnidários, em que uma anémona do mar aprendeu a contrair seus tentáculos em resposta a uma luz que previa um choque, um experimento de Haralson *et alii*, 1975. Outras tentativas não replicaram esse resultado (Rushforth, 1973). Torley, 2009, fez uma pesquisa bibliográfica e participou de inúmeras consultas pessoais com especialistas em comportamento de cnidários, e não encontrou estudos confirmando o condicionamento clássico em cnidários. Ginsburg e Jablonka, 2019, concluem igualmente que os cnidários não apresentam um aprendizado associativo.

79 *um processo chamado de* extinção*:* Pavlov, 1927.

81 *antigo Mar Ediacarano:* Ruben e Lukowiak 1982.

82 *o problema da atribuição de crédito era o* bloqueio*:* Kamin, 1969.

83 *no reino animal:* a inibição latente foi demonstrada em abelhas (Abramson e Bitterman, 1986), moluscos (Loy *et alii*, 2006), peixes (Mitchell *et alii*, 2011), cabras (Lubow e Moore, 1959) e ratos (Ackil *et alii*, 1969; Boughner e Papini, 2006). A ofuscação e o bloqueio foram observados em platelmintos (Prados, Alvarez, Howarth *et alii*, 2013), abelhas (Couvillon e Bitterman, 1989), moluscos (Acebes *et alii*, 2009; Sahley *et alii*, 1981), ratos (Prados, Alvarez, Acebes *et alii*, 2013), seres humanos (Prados, Alvarez, Acebes *et alii*, 2013), coelhos (Merchant e Moore, 1973) e macacos (Cook e Mineka, 1987).

83 *bloqueio e ofuscação:* Illich *et alii*, 1994.

84 *as memórias eram essas impressões:* Burnham, 1888.

84 *"depois de ter sido dobrado":* Levy, 2011.

84 *eram "vibrações" persistentes:* Burnham, 1889.

47 *como o aprendizado poderia funcionar:* para uma boa análise da história de diferentes descobertas sobre o aprendizado sináptico, em particular as regras do aprendizado baseadas no tempo, veja Markram *et alii*, 2011.

85 *envolvidas no aprendizado hebbiano:* Ramos-Vicente, D. *et alii*, 2018; Stroebel, D. 2021.

Capítulo 5: A Explosão Cambriana

94 *são incrivelmente parecidos:* Grillner e Robertson, 2016.

96 *muitas espécies animais:* P. Chance, 1999.

97 *Figura 5.5: uma das caixas problema de Thorndike:* imagem de Thorndike, 1898 (figura 1).

98 *"novamente nessa situação":* P. Gray, 2011.

99 *botão específico para obter comida:* Adron *et alii*, 1973.

99 *serem pegos em uma rede:* C. Brown, 2001; C. Brown e Warburton, 1999.

Capítulo 6: A Evolução do Aprendizado por Diferença Temporal

101 *não funcionou:* Minsky, 1961.

104 *comportamentos usando recompensas* previstas*:* para ser sincero, algumas dessas ideias já estavam presentes na programação dinâmica no mundo da pesquisa operacional. A contribuição de Sutton foi a constatação de que você poderia resolver a política e a função de valor simultaneamente.

107 *gamão usando o aprendizado por diferença temporal:* note que o TD-Gammon não era um modelo de ator/crítico, mas uma versão mais simples do aprendizado por diferença temporal que aprendeu o que é chamado de *função de valor* diretamente. Mas o princípio inicial nas diferenças temporais era o mesmo.

107 *"nível impressionante de desempenho":* Tesauro, 1994.

108 *24 horas seguidas:* Olds, 1956; Olds e Milner, 1954. Essas experiências estimulavam a área septal, que desencadeava a libertação de dopamina. Experimentos posteriores confirmaram que era, de fato, a dopamina que mediava o efeito da estimulação septal; se você injetar drogas bloqueadoras de dopamina em um rato, ele não empurrará mais a alavanca para a estimulação septal (analisado em Wise, 2008).

108 *preferindo a estimulação da dopamina:* "Um rato faminto muitas vezes ignorava a comida disponível, preferindo o prazer de se estimular eletricamente" (Olds, 1956).

108 *(repetidamente retirado da água):* Kily *et alii*, 2008.

108 *substâncias químicas que aumentam a dopamina:* Cachat *et alii*, 2010; Gerlai *et alii*, 2000, 2009.

110 *sinal do aprendizado por diferença temporal:* Schultz *et alii*, 1997.

111 *comida em 16 segundos:* Kobayashi e Schultz, 2008.

111 *"A Neural Substrate of Prediction and Reward":* Schultz *et alii*, 1997.

112 *estruturas cerebrais de macacos e humanos:* Grillner e Robertson, 2016; J. M. Li, 2012; Vindas *et alii*, 2014.

113 *para a previsão fracassada da recompensa futura:* para mais informações sobre isso, veja o ótimo comentário de Joseph LeDoux sobre evitar o aprendizado em LeDoux *et alii*, 2017.

113 *recompensas ou punições esperadas:* pode ser difícil diferenciar o aprendizado pavloviano do aprendizado com omissão e há debates em andamento sobre os mecanismos de evitar o aprendizado. Para um ótimo estudo mostrando que os peixes realmente aprendem com a omissão do choque, veja Zerbolio e Royalty, 1982.

114 *5 segundos após a luz:* M. R. Drew *et alii*, 2005; A. Lee *et alii*, 2010. Analisado em Cheng *et alii*, 2011.

114 *ciclo do dia:* Eelderink-Chen *et alii*, 2021, mostra o ritmo circadiano nos procariontes; McClung, 2006, mostra o ritmo circadiano nas plantas.

114 *intervalos entre os eventos:* Abramson e Feinman, 1990; Craig *et alii*, 2014. Analisado em Abramson e Wells, 2018.

116 *que maximizam a liberação de dopamina:* as conexões entre o córtex e o gânglio basal contêm diferentes tipos de receptores de dopamina. Pulsos rápidos de dopamina impulsionam um fortalecimento entre os neurônios corticais e os neurônios específicos do gânglio basal que levam a fazer ações específicas (ou *desbloqueia*) e um *enfraquecimento* entre os neurônios corticais e um conjunto diferente de neurônios do gânglio basal que levam a parar (ou *bloqueiam*) ações específicas. Os declínios rápidos da dopamina têm o efeito oposto. Com esses circuitos paralelos, os disparos de dopamina reforçam os

comportamentos recentes e os tornam *mais* propensos de ocorrer novamente e o declínio da dopamina pune os comportamentos e os torna *menos* propensos de ocorrer de novo.

117 *gânglio basal de dopamina:* Cone *et alii*, 2016, mostram evidências de que mudar a valência do apetite por sódio vem de mudanças na entrada do hipotálamo lateral para os neurônios de dopamina do mesencéfalo.

118 *neurônios de dopamina diretamente:* o suposto circuito ator flui da *matriz* do estriado (a estrutura de entrada do gânglio basal); o suposto circuito crítico flui dos *estriossomas* do estriado.

Capítulo 7: Problemas do Reconhecimento de Padrões

120 *tipos específicos de moléculas:* Niimura, 2009, fornece evidências evolutivas de que os receptores olfativos nos vertebrados modernos se originaram pouco antes dos primeiros vertebrados nos primeiros cordados. O anfioxo (um animal em geral usado como modelo dos primeiros cordados) tem 31 genes receptores olfativos funcionais semelhantes aos vertebrados e a lampreia (muito usada como modelo para os primeiros vertebrados) tem 32 genes receptores olfativos semelhantes aos vertebrados. Note que diferentes linhagens expandiram o número de receptores olfativos; alguns peixes modernos têm mais de 100 e ratos têm mais de 1.000.

Como analisado em Niimura, 2012, embora os invertebrados também tenham receptores olfativos, esses receptores parecem ter evoluído independentemente: "os genes do [receptor olfativo] também foram identificados em outros invertebrados, incluindo insetos, nematoides, equinodermes e moluscos... no entanto, suas origens evolutivas são distintas das dos genes [receptores olfativos] dos vertebrados. Os aspectos neuroanatômicos dos sistemas olfativos de insetos e vertebrados são comuns, mas os genes dos insetos e dos vertebrados [receptor olfativo] são bem diferentes e não compartilham semelhanças na sequência."

123 *semelhante, mas não igual:* D. A. Wilson, 2009, e Laurent, 1999, propuseram um modelo semelhante de codificação olfativa. Barnes *et alii*, 2008, encontraram evidências do preenchimento de padrões no córtex olfativo dos ratos. Yaksi *et alii*, 2009, encontraram evidências de tipos semelhantes de separação e conclusão de padrões em peixes. Para um dos artigos originais sugerindo que o córtex de três camadas faz esse tipo de autoassociação, veja Marr, 1971.

124 *Rede neural artificial:* imagem de https://en.wikipedia.org/wiki/Artificial_neural_network#/media/File:Colored_neural_network.svg.

126 *três camadas de neurônios:* os peixes teleósteos podem não ter camadas claras, mas a lampreia tem um córtex em camadas, assim como os répteis, daí a suposição de que o córtex dos primeiros vertebrados era em camadas (Suryanarayana *et alii*, 2022).

128 *redes para fazer cálculos:* McCloskey e Cohen, 1989. Para análises dos desafios atuais no aprendizado contínuo, veja Parisi *et alii*, 2019, Chen e Liu, 2018.

130 *ano anterior:* Brown, 2001.

130 *aprenda o novo padrão:* Grossberg, 2012.

132 *davam aos animais diferentes estímulos visuais:* Hubel e Wiesel, 1959, 1962, 1968.

133 *Figura 7.9:* figura de Manassi *et alii*, 2013. Com permissão.

134 *Hubel e Wiesel descobriram:* Fukushima, 1980.

136 *tocar em fotos para conseguir comida:* Wegman *et alii*, 2022.

137 *objetos com giros e translações:* Worden *et alii*, 2021. O córtex e o tálamo estão densamente interligados. Acreditava-se originalmente que o tálamo era apenas um "relé" de entrada para o córtex. Mas novas pesquisas estão começando a questionar isso. Três observações nos dão dicas de que as interações entre o tálamo e o córtex podem ser importantes para o problema da invariância. Primeiro, a maior parte da entrada sensorial para o córtex flui pelo tálamo — a entrada por olhos, ouvidos e pele vai primeiro para o tálamo e depois se ramifica para várias regiões do córtex. No entanto, há uma exceção a essa regra: o olfato. O único sentido que pula o tálamo e se conecta diretamente ao córtex é o olfato. Talvez seja porque o olfato é o único sentido que não tem o problema da invariância; ele não precisa interagir com o tálamo para reconhecer objetos em diferentes escalas, rotações e translações. Segundo, o tálamo e o córtex evoluíram juntos. Mesmo nos vertebrados mais distantes, como o peixe lampreia, há um córtex e um tálamo com interações semelhantes entre eles, como há em outros vertebrados. Isso sugere que sua função pode vir de interações entre eles. Em terceiro lugar, o circuito do tálamo parece bloquear e rotear com precisão as diferentes áreas do córtex.

Capítulo 8: Por que a Vida Ficou Curiosa

139 *Montezuma's Revenge:* esta história é recontada em Christian, 2020.

140 *a bebês humanos:* para curiosidades em peixes, veja Budaev, 1997. Para curiosidades em ratos, veja Berlyne, 1955. Para curiosidades em macacos, veja Butler e Harlow, 1954. Para curiosidades em bebês humanos, veja Friedman, 1972.

141 *não haja recompensa "real":* Matsumoto e Hikosaka, 2009.

141 *cefalópodes, têm curiosidade:* analisado em Pisula, 2009. Para curiosidades em baratas, veja Durier e Rivault, 2002. Para curiosidades em formigas, veja Godzinska, 2004. Para curiosidades em cefalópodes, veja Kuba *et alii*, 2006.

141 *não estava presente nos primeiros bilaterianos:* na análise sobre curiosidades por Pisula, 2009, na página 48, ele conclui que os "paralelos nos comportamentos exploratórios devem, portanto, ser resultado de convergência, ou seja, uma resposta semelhante a desafios semelhantes apresentados pelo ambiente, não uma ancestralidade comum."

141 *Os peixes também exibem esse efeito:* o efeito de reforço parcial foi encontrado em peixes-dourados em Wertheim e Singer, 1964. Também foi mostrado em Gonzales *et alii*, 1962, embora com algumas diferenças de como o efeito funciona nos mamíferos.

Capítulo 9: O Primeiro Modelo do Mundo

144 *direto para o recipiente com comida:* Durán *et alii*, 2008, 2010.

144 *uma coisa em relação a outra:* Larsch *et alii*, 2015. Para planárias, veja Pearl, 1903. Para abelhas, veja Abramson *et alii*, 2016.

144 *por todo o ciclo de novo:* Wehner *et alii*, 2006.

145 *Figura 9.1:* imagem de Carlyn Iverson/Science Source. Com permissão.

146 *voltado para a direção certa:* Bassett e Taube, 2001.

146 *córtex ventral e córtex medial:* há controvérsias sobre como subdividir partes do córtex em peixes e anfíbios. Alguns afirmam que há quatro áreas, uma adicional sendo o córtex dorsal (veja Striedter e Northcutt, 2019).

146 *córtex dos primeiros vertebrados:* note que a localização dessas áreas do córtex mudou em alguns vertebrados modernos, o que leva a diferentes nomenclaturas da mesma estrutura funcional, uma complexidade que omiti de propósito para ter legibilidade. Por exemplo, nos teleósteos o córtex não se dobra da mesma forma como na lampreia, em répteis e mamíferos (nos teleósteos, o córtex passa por *evaginação*, dobrando-se para fora, em vez de *invaginação*, dobrando-se para dentro). Assim, a localização da mesma estrutura funcional (a parte do hipocampo no córtex) acaba em diferentes lugares do cérebro e os nomes que os anatomistas dão a essas áreas diferem. Quando menciono córtex medial dos primeiros vertebrados, estou me referindo à estrutura funcional nos primeiros vertebrados que mais tarde se tornaria o hipocampo nos mamíferos. Na lampreia e nos répteis, essa parte do córtex é o córtex *medial*, já no teleósteo, a parte idêntica do

córtex é o córtex *lateral*. Para simplificar, refiro-me a essa área do córtex como hipocampo e represento graficamente o córtex apenas no seu estado invaginado (daí a estrutura do hipocampo aparecer na parte *medial*), uma vez que usamos a lampreia como organismo modelo para os primeiros vertebrados.

147 *voltados para direções específicas:* Fotowat *et alii*, 2019; Vinepinsky *et alii*, 2020.

147 *um mapa espacial:* Petrucco *et alii*, 2022, mostra evidências de células de direção da cabeça no rombencéfalo dos peixes. Para uma análise da rede geral de células de direção da cabeça e entrada para o hipocampo em roedores, veja Yoder e Taube, 2014.

147 *capacidade de lembrar dos locais:* Broglio *et alii*, 2010; Durán *et alii*, 2010; López *et alii*, 2000; Rodríguez *et alii*, 2002.

147 *virar em um labirinto:* Rodríguez *et alii*, 2002.

147 *espaço aberto para obter comida:* Durán *et alii*, 2010.

147 *recebem locais de partida diferentes:* Broglio *et alii*, 2010.

147 *também prejudicam a navegação espacial:* Naumann e Laurent, 2016; Peterson, 1980; Rodríguez *et alii*, 2002.

Capítulo 10: A Idade das Trevas Neural

153 *áreas antes inóspitas:* Algeo, 1998.

154 *30m de altura:* Beck, 1962.

154 *Extinção Devoniana Tardia:* Algeo *et alii*, 1995; McGhee, 1996.

160 *do que pode debaixo d'água:* Mugan e MacIver, 2020.

160 *e planejar são as aves:* Boeckle e Clayton, 2017.

162 *Figura 10.3:* deixo de fora o córtex dorsal dos primeiros vertebrados porque ainda há debate sobre sua presença (Striedter e Northcutt, 2019). Para o alinhamento entre o córtex medial e o hipocampo, o córtex lateral e o córtex olfativo, o córtex ventral e a amígdala associativa, veja Luzzati, 2015; Striedter e Northcutt, 2019.

Capítulo 11: Modelos Generativos e o Mistério Neocortical

164 *estímulos provocavam quais respostas:* Talbot *et alii*, 1968.

166 *teste da hipótese de Mountcastle:* von Melchner *et alii*, 2000.

169 *Figura 11.4:* imagem "Editor" de Jastrow (1899). Outras imagens de Lehar S. (2003), obtidas na Wikipédia.

170 *Figura 11.5:* escada de Schroeder (1858). "Cubo de Necker" de Louis Necker (1832). Pato ou coelho de Jastrow (1899).

171 *Figura 11.6:* imagem de Fahle, *et alii*, 2002. Com permissão de MIT Press.

171 *com a teoria de Helmholtz:* versões posteriores das ideias de Helmholtz incluem a análise por síntese (Neisser, 1967) e autômatos epistemológicos de Mackay (MacKay, 1956).

172 *a máquina de Helmholtz:* Dayan, 1997; Hinton *et alii*, 1995.

173 *aprendeu sozinha:* Dayan, 1997; Ibid.

174 *Figura 11.8:* imagem de Hinton *et alii*, 1995. Com permissão.

175 *thispersondoesnotexist.com:* usa StyleGAN2 (Karras *et alii*, 2020).

176 *Figura 11.10:* imagem de He *et alii*, 2019. Com permissão.

177 *com um modelo generativo:* Reichert *et alii*, 2013.

177 *"alucinação restrita":* Seth, 2017.

178 *presença do sono REM:* os únicos animais não mamíferos que também têm estados de sono NREM e REM alternados (sugestivo de sonhar) são as aves (Johnsson *et alii*, 2022; Lesku e Rattenborg, 2014; Rattenborg *et alii*, 2022).

178 *processo de geração forçada:* para uma boa visão geral das teorias sobre por que sonhamos, a conexão com modelos generativos e explicações alternativas para sonhar, veja Prince e Richards, 2021.

178 *processar os dados visuais reais:* van der Wel e van Steenbergen, 2018.

179 *imagina a mesma coisa:* O'Craven e Kanwisher, 2000.

179 *mover certas partes do corpo:* Doll *et alii*, 2015.

179 *(registrando seu cérebro):* para uma boa análise, veja Pearsona e Kosslynb, 2015. Agora há fortes evidências de que ao visualizar, há atividade na área V1 (Albers *et alii*, 2013; Slotnick *et alii*, 2005; Stokes *et alii*, 2009). Para evidências de que se pode decodificar imagens da ativação no neocórtex visual, veja Kay *et alii*, 2008; Naselaris *et alii*, 2015; Thirion *et alii*, 2006.

179 *(campo visual esquerdo):* Bisiach e Luzzatti, 1978; Farah *et alii*, 1992.

181 *se desdobra ao longo do tempo:* Jeff Hawkins tem ótimos artigos sobre isso. Veja seus livros J. Hawkins, 2021, e J. Hawkins, 2004.

182 *"nos sistemas de IA atuais":* tuíte de Yann LeCun (@lecun) em 19 dezembro 2021.

Capítulo 12: Ratos no Imaginário

183 *girados, redimensionados ou deslocados:* Volotsky *et alii*, 2022.

184 *antes de escolher uma direção:* Tolman, 1939, 1948.

184 *tentar a próxima opção:* Steiner e Redish, 2014. Como analisado em Redish, 2016.

184 *considerar caminhos alternativos:* Schmidt *et alii*, 2013.

185 *virar à direita e obter: ibidem.*

186 *da barreira:* Beyiuc, 1938 (página 409), descreve esse desdobramento em um peixe beta. Gómez-Laplaza e Gerlai, 2010, é a única exceção que conheço sobre peixes que foram relatados como fazendo o aprendizado latente de um mapa e tomando a decisão certa antes. É difícil interpretar uma única exceção sem mais replicações. Mas se os peixes podem, de fato, fazer o aprendizado latente, então isso sugere que os primeiros vertebrados podiam resolver tarefas de aprendizado latente sem planejamento, o planejamento evoluiu independentemente em alguns peixes ou o planejamento existia de alguma forma nos primeiros vertebrados.

186 *contornar uma barreira:* Lucon-Xiccato *et alii*, 2017.

187 *corre para o sal:* Tindell *et alii*, 2009.

188 *chamaram de "fila do restaurante":* Steiner e Redish, 2014. Como analisado em Redish, 2016. Também veja Bissonette *et alii*, 2014.

189 *jogar "pedra, papel e tesoura":* Abe e Lee, 2011.

190 *também não ocorreu:* D. Lewis, 1973.

192 *(de raciocínio em aves):* para uma evidência de raciocínio causal em ratos, veja Blaisdell *et alii*, 2006; M. R. Waldmann *et alii*, 2012. Fischer e Schloegl, 2017, concluem que o raciocínio causal evoluiu nos primeiros mamíferos e evoluiu independentemente também nas aves.

192 *está lembrando o passado:* Addis *et alii*, 2007.

192 *(como vimos ao imaginar coisas):* O'Craven e Kanwisher, 2000; J. Pearson *et alii*, 2015.

193 *testemunho ocular equivocado:* Shermer *et alii*, 2011.

193 *que ele* ocorreu*:* Garry *et alii*, 1996.

193 *para obter mais comida:* Crystal, 2013; W. Zhou *et alii*, 2012.

193 *estruturas cerebrais para fazer simulações:* muitos neurocientistas não gostam de usar o termo *memória episódica* para se referir ao processo pelo qual esses mamíferos mais simples, como ratos, recordam

eventos do passado. O termo *memória episódica* vem carregado com uma bagagem de conceitos, como a *experiência consciente* de viajar mentalmente no tempo ou alguma noção de um eu autobiográfico. Em vez disso, muitos neurocientistas usam o termo mais seguro *memória do tipo episódica*. Na verdade, não está claro quão ricas são as lembranças dos ratos. Mas, independentemente disso, a evidência dos ratos sugere que o precursor da memória episódica estava presente nos primeiros mamíferos.

194 *estado atual e as melhores ações:* as ações incluem não apenas movimentos motores, mas a "próxima localização-alvo no espaço". Em outras palavras, o "mapa espacial" dos antepassados vertebrados não é considerado um aprendizado por reforço com modelo porque não parece ser empregado com o propósito de simular as ações futuras. Mas poderia ainda ser utilizado para o reconhecimento do lugar e a construção de vectores de localização.

195 *jogos eram sem modelo:* Mnih et alii, 2013.

195 *são sem modelo:* Wang, 2018.

Capítulo 13: Aprendizado por Reforço com Modelo

197 *jogos complexos como o xadrez:* Baxter *et alii*, 2000, oferece uma abordagem do aprendizado TD para jogar xadrez (que ainda usa a árvore de busca, portanto, é com modelo) e fornece um bom resumo das tentativas de usar abordagens sem modelo (sem busca) no xadrez.

197 *Campeão em Go, Lee Sedol:* Silver *et alii*, 2016.

197 *Go comparando com o xadrez:* M. James, 2016.

198 *Jogo Go:* figura de https://en.wikipedia.org/wiki/Go_(game)#/media/File:FloorGoban.JPG.

198 *posição no tabuleiro em Go:* documentação AlphaGo (Kohs, 2020).

199 *(movimentos subsequentes possíveis): ibidem.*

199 *(corpos e caminhos de navegação): ibidem.*

200 *nem se importam com nada:* Devinsky *et alii*, 1995; Németh *et alii*, 1988; B. A. Vogt, 2009.

201 *"não sentia vontade de responder":* Damasio e van Hoesen, 1983.

202 *ser um* mamífero*:* de acordo com J. H. Kaas, 2011, os primeiros mamíferos tinham duas áreas principais do córtex frontal: córtex cingulado anterior e córtex orbitofrontal. Quando menciono córtex pré-frontal agranular dos primeiros mamíferos, estou me referindo a ambas

as regiões. O córtex cingulado anterior nos humanos é considerado igual ao córtex cingulado anterior pré-límbico, infralímbico e dorsal dos roedores (Laubach *et alii*, 2018; van Heukelum *et alii*, 2020), todos podendo ser considerados como sendo herdados do córtex cingulado anterior dos primeiros mamíferos.

203 *tentativa e erro indiretos:* perderam o comportamento de mover a cabeça: Schmidt *et alii*, 2019; perderam as representações dos objetivos no hipocampo: Ito *et alii*, 2015.

203 *memória episódica:* Frankland *et alii*, 2004.

203 *ou no aprendizado contrafactual:* J. L. Jones *et alii*, 2012.

203 *o esforço vale a pena:* Friedman *et alii*, 2015.

203 *repetir os erros do passado:* Frankland *et alii*, 2004.

203 *repetem as ações já concluídas:* Goard *et alii*, 2016; Kamigaki e Dan, 2017; Kopec *et alii*, 2015.

204 *pacientes para obter comida:* a inativação da área pré-límbica do córtex frontal nos ratos (parte de seu aPFC) aumenta as respostas prematuras (por exemplo, liberar a alavanca antes do estímulo). (Hardung *et alii*, 2017; Narayanan *et alii*, 2006). A inativação do aPFC (córtex pré-límbico e infralímbico) nos ratos aumenta a impaciência e diminui o tempo de espera (Murakami *et alii*, 2017). Para uma boa análise sobre o papel das áreas pré-frontais na inibição comportamental, veja Kamigaki, 2019. Também veja M. G. White *et alii*, 2018.

205 *em direção a um objetivo imaginado:* Procyk *et alii*, 2000; Procyk e Joseph, 2001. Este último observou que os neurônios no córtex cingulado anterior do macaco (uma parte do aPFC) são sensíveis à ordem das ações executadas em sequência (mesmo que os movimentos reais feitos sejam os mesmos), sugerindo que essa área do cérebro modela a sequência geral de um animal, não apenas os movimentos individuais. Há também evidências disso em ratos (Cowen *et alii*, 2012; Cowen e McNaughton, 2007) e seres humanos (Koechlin *et alii*, 2002).

206 *em uma tarefa em andamento:* Dehaene *et alii*, 1994; MacDonald *et alii*, 2000; Ridderinkhof *et alii*, 2004; Totah *et alii*, 2009. Para uma síntese interessante, também veja Shenhav *et alii*, 2016.

206 *são relatadas:* para mais uma leitura sobre isso, veja Gal, 2016, e Lakshminarayanan *et alii*, 2017.

206 *do gânglio basal:* o córtex frontal envia uma projeção direta para uma parte do gânglio basal chamada núcleo subtalâmico que se mostrou capaz de parar por completo o comportamento (Narayanan *et alii*, 2020).

206 *com os níveis de incerteza:* E. R. Stern *et alii*, 2010.

207 *atividade do neocórtex sensorial:* para uma boa análise do circuito, veja Kamigaki, 2019. Note que diferentes regiões frontais podem estar associadas a diferentes modalidades sensoriais — algumas sub-regiões do aPFC (como o córtex cingulado anterior) enviam a saída principalmente para as áreas visuais, não somatossensoriais e auditivas, já outras enviam principalmente para as áreas auditivas e somatossensoriais (S. Zhang *et alii*, 2016).

207 *córtex sensorial fica sincronizado:* Benchenane *et alii*, 2010; Spellman *et alii*, 2015, mostram a sincronização entre o aPFC e o hipocampo durante a tentativa e erro indiretos, como analisado em Redish, 2016. Hyman *et alii*, 2010; M. W. Jones e Wilson, 2005, mostram a sincronização entre o hipocampo e o PFC durante as tarefas de memória episódica. Sauseng *et alii*, 2004; Sederberg *et alii*, 2003; Xie *et alii*, 2021, mostram essa mesma sincronização entre o neocórtex pré-frontal e o sensorial durante as tarefas de memória operacional e memória episódica.

208 *uma ação é selecionada:* Bogacz e Gurney, 2007; Krajbich *et alii*, 2010.

209 *os que não tinham:* Dickinson, 1985.

210 *a comida foi desvalorizada: ibidem.*

212 *chama isso de "inferência ativa":* Adams *et alii*, 2013.

212 *não têm a quarta camada:* sua teoria era sobre o córtex motor, que também é agranular (veja o próximo capítulo), mas a lógica se aplica igualmente ao aPFC.

212 *(ao olhar para o céu):* há evidências de que as colunas neocorticais oscilam entre diferentes estados quando diferentes camadas são suprimidas e oscilam em ritmos diferentes quando você está imaginando versus quando está fazendo coisas. Analiso as provas em Bennett, 2020.

214 *um pato ou um coelho:* S. Zhang *et alii*, 2014, mostra circuitos frontais para a modulação de representações no neocórtex sensorial.

215 centenas *de tentativas em lagartos:* Wagner, 1932.

216 *se você danifica o aPFC deles:* Dias e Aggleton, 2000. Note que os ratos ainda podem aprender tarefas sem correspondência de posição em taxas mais ou menos normais, porque eles não têm que superar sua tendência instintiva de evitar os locais de coleta recém-explorados (é instintivo evitar o lugar que eles acabaram de experimentar). Analisado em Passingham e Wise, 2015.

Capítulo 14: O Segredo dos Robôs que Lavam Louça

218 *dano no córtex:* Darling *et alii*, 2011.

218 *outras áreas do neocórtex:* contudo, note que o córtex motor é "agranular", significando que tem uma camada quatro fina ou ausente (como o córtex pré-frontal agranular).

219 *evolução do córtex motor:* Karlen e Krubitzer, 2007.

219 *os morcegos, os elefantes e os gatos:* Karlen e Krubitzer, 2007. Acredita-se que a divergência placentária marsupial tenha ocorrido há cerca de 160 milhões de anos no Período Jurássico (Z. X. Luo *et alii*, 2011).

219 *sofre de tal paralisia:* Kawai *et alii*, 2015; Whishaw *et alii*, 1991. Os neurônios no córtex motor dos primatas circundam os circuitos mais antigos e fazem conexões diretas com os neurônios espinhais (Lemon, 2019). Embora algumas evidências sugiram que tais projeções diretas também podem ocorrer em ratos (Elger *et alii*, 1977; Gu *et alii*, 2017; Maeda et alii, 2016), novas evidências mostram que essas projeções diretas desaparecem na idade adulta (Murabe *et alii*, 2018), diferente dos primatas (Armand *et alii*, 1997; Eyre, 2007). A paralisia do dano no córtex motor nos primatas não parece ser representativa do córtex motor nos primeiros mamíferos.

220 *pequena plataforma instável:* Alaverdashvili e Whishaw, 2008; T. Drew *et alii*, 2008; T. Drew e Marigold, 2015; Grillner e el Manira, 2020.

220 *aprender a sequência:* Kawai *et alii*, 2015.

221 *Figura 14.3:* arte de Rebecca Gelernter; essa imagem em particular foi inspirada nas figuras de Grillner e el Manira, 2020.

221 *movimentos que exigem planejamento:* Beloozerova *et alii*, 2010; Farrell *et alii*, 2014; Grillner e el Manira, 2020.

221 *conhecidos por estarem lá:* Andujar *et alii*, 2010; Beloozerova e Sirota, 2003; T. Drew e Marigold, 2015.

221 *movimento que presumivelmente planejou:* Lajoie *et alii*, 2010.

221 *área do córtex motor fica ativada:* Malouin *et alii*, 2003.

222 *não relacionadas a movimento:* Kosonogov, 2011.

222 *e até em manobras cirúrgicas:* Arora *et alii*, 2011.

222 *desajeitados nisso:* Kohlsdorf e Navas, 2007; Olberding *et alii*, 2012; Parker e McBrayer, 2016; Tucker e McBrayer, 2012.

222 *se locomover pelas plataformas:* Kohlsdorf e Biewener, 2006; Olberding *et alii*, 2012; Self, 2012.

224 *podem curar a dependência de drogas:* N. Li *et alii*, 2013.

224 *objetivos secundários de nível inferior*, Lashley 1951; Yokoi e Diedrichsen, 2019.

224 *níveis da hierarquia:* Thorn *et alii*, 2010.

225 *(as tentativas feitas):* Yin *et alii*, 2004.

225 *sem seu controle*: Brainin *et alii*, 2008.

225 *danos no córtex pré-motor:* P. Gao *et alii*, 2003.

225 *os estímulos próximos sugerem:* Lhermitte, 1983.

226 *taxa caiu para 42%:* N. Li *et alii*, 2013.

Capítulo 15: Corrida Armamentista para o Conhecimento Político

232 *vertebrados terrestres:* Sahney e Benton, 2008.

234 *tamanho do grupo social:* Dunbar, 1998.

234 *a maioria dos outros animais:* Pérez-Barbería *et alii*, 2007; Shultz e Dunbar, 2007. Analisado em Dunbar e Shultz, 2017.

235 *Figura 15.2:* figura de *ibidem*.

236 *se sentam e desviam o olhar:* Stringham, 2011.

236 *e achatam as orelhas:* S. Curtis, 1998.

236 *grupos com vários indivíduos:* Shultz e Dunbar, 2007. Dados originais de Nowak, 1999. Note que essas classificações são inexatas, nem todas as subespécies se encaixam e pode haver outras categorias também. Mas são as comuns e as primeiras aproximações amplas de diferentes tipos de organizações sociais. Dunbar usou essas quatro categorias em alguns de seus trabalhos originais e elas são padrão na literatura dos primatas (B. B. Smuts *et alii*, 1987).

237 *quatro estruturas sociais comuns encontradas nos mamíferos:* Shultz e Dunbar, 2007. Dados originais de Nowak, 1999.

237 *seus próprios filhos:* embora a maioria dos mamíferos organizados em harém tenha um único macho e várias fêmeas, há casos em que os papéis são invertidos. Alguns saguis, macacos e marsupiais têm fêmeas solteiras que acasalam com vários machos (Goldizen, 1988). E, claro, em muitos insetos, como as abelhas, os grupos sociais femininos são mais a regra.

238 *proteção dos grandes grupos:* R. A. Hill e Dunbar, 1998.

238 *criavam em resposta:* Bettridge *et alii*, 2010.

238 *vivendo em uma floresta de meio hectare:* Menzel, 1974. História resumida em Kirkpatrick, 2007.

239 *ações "acidentais" e "intencionais":* Call e Tomasello, 1998.

240 *a que parecia relutante:* Call *et alii*, 2004.

240 *com óculos opacos não os veria:* Kano *et alii*, 2019.

240 *alguns pássaros, golfinhos:* Tomonaga, 2010.

241 *local que o treinador conhece:* Bräuer, 2014; Kaminski *et alii*, 2009.

241 *tempo gasto nele e o tamanho do grupo*: Dunbar, 1991, 1998; Lehmann *et alii*, 2007.

241 *se cuidando mais:* R. M. Seyfarth, 1980.

241 *pela aparência e pela voz:* Snowdon e Cleveland, 1980.

242 *o que a mãe faz:* D. L. Cheney e Seyfarth, 1980, 1982.

242 *A se submeterá a C:* Andelman, 1985; R. M. Seyfarth, 1980.

242 *por muitos anos, até gerações:* D. Cheney, 1983.

242 *reproduzir essas gravações:* Bergman *et alii*, 2003.

243 *e assim por diante:* Berman, 1982; Horrocks e Hunte, 1983; Walters e Seyfarth, 1987.

243 *herdar o posto dela:* Berman, 1983; Lee, 1983.

243 *adultos de alto escalão:* Datta, 1983.

243 *morrer de doenças:* Silk, 1987; Silk *et alii*, 2003, 2010.

243 *hierarquia foi estabelecida:* M. R. A. Chance *et alii*, 1977; Gouzoules, 1980.

243 *membros* fora da família*:* analisado no Capítulo 2 de D. L. Cheney e Seyfarth, 2019.

243 *não recrutam esses aliados:* Chapais, 1988; também examinado no Capítulo 2 de D. L. Cheney e Seyfarth, 2019.

244 *com quem já formaram parcerias de limpeza:* D. Cheney, 1983.

244 *vocalização de "me ajude":* R. M. Seyfarth e Cheney, 1984.

244 *em sua própria defesa:* F. B. M. de Waal, 1982; Packer, 1977; B. B. Smuts, 2017.

244 *comida só para eles:* Engelmann e Herrmann, 2016.

244 se entender com Carlos: Datta, 1983; Dunbar, 2012.

244 *mais acesso à comida:* Packer, 1977; Silk, 1982.

244 *aqueles que estão acima deles:* Cheney e Seyfarth, 2019.

244 *membros mais altos do grupo:* Gouzoules, 1975; Scott, 1984.

244 *com indivíduos de alto escalão:* D. L. Cheney e Seyfarth, 2019.

244 *indivíduo de alto escalão:* D. Cheney, 1983; D. L. Cheney, 1977; R. M. Seyfarth, 1977.

244 *companheiros mais populares:* P. Lee, 1983.

245 colocá-lo sob minha proteção: Stammbach, 1988b, 1988a.

245 *com membros fora da família:* Cheney e Seyfarth, 1989.

245 *com quem brigaram recentemente:* Cheney e Seyfarth, 2019.

245 *comendo, descansando e acasalando:* Dunbar *et alii*, 2009.

246 *a maioria dos outros mamíferos:* Dunbar, 1991.

246 *mais tempo passam socializando:* Borgeaud *et alii*, 2021.

246 *com a sabedoria social:* Byrne e Corp, 2004.

Capítulo 16: Como Modelar Outras Mentes

247 *cerca de 350g:* Ginneken *et alii*, 2017; Tobias, 1971; van Essen *et alii*, 2019.

248 *as maneiras fundamentais:* para ser honesto, os primatas têm uma densidade maior de neurônios em seus neocórtices, mas esse envólucro mais denso não sugere uma mudança na arquitetura geral de uma coluna neocortical, apenas que foi aumentada e colocada em uma área menor. Para uma boa análise da escala cerebral, veja Herculano-Houzel, 2012.

249 *adição ao córtex frontal:* Preuss, 2009.

249 *e regiões neocorticais sensoriais:* Goldman-Rakic, 1988; Gutierrez *et alii*, 2000.

249 *alguma significância funcional:* Hebb, 1945; Hebb e Penfield, 1940; H. L. Teuber e Weinstein, 1954.

249 *no intelecto ou na percepção:* Hebb e Penfield, 1940.

249 *o córtex era um "enigma":* H. Teuber, 1964.

256 *gPFC iluminou:* Gusnard *et alii*, 2001.

250 *em si mesmo em geral:* Christoff *et alii*, 2009; Herwig *et alii*, 2010; Kelley *et alii*, 2002; Moran *et alii*, 2006; Northoff *et alii*, 2006; Schmitz *et alii*, 2004.

251 *dos elementos circundantes:* Kurczek *et alii*, 2015.

251 *não se reconhecem em um espelho:* Breen *et alii*, 2001; Postal, 2005; Spangenberg *et alii*, 1998.

251 *a amígdala e o hipocampo:* Morecraft *et alii*, 2007; Insausti e Muñoz, 2001.

251 *do aPFC mais antigo:* Ray e Price, 1993. Outra evidência está no fato de que a estimulação do córtex agranular nos primatas provoca efeitos independentes (alterações na frequência respiratória, pressão arterial, pulso, dilatação das pupilas e pelos arrepiados), já no córtex granular, não (Kaada, 1960; Kaada *et alii*, 1949).

254 *iluminavam-se com a ativação:* Brunet *et alii*, 2000; Völlm *et alii*, 2006. A tarefa da história em quadrinhos é parecida com o trabalho anterior de contar histórias Baron-Cohen *et alii*, 1986.

255 *Figura 16.4:* imagens de Brunet *et alii*, 2000; Völlm *et alii*, 2006; e troca de e-mail pessoal com o Dr. Eric Brunet-Gouet. Com permissão do Dr. Brunet-Gouet (e-mail pessoal).

256 *com 4 anos:* H. M. Wellman *et alii*, 2001; H. Wimmer e Perner, 1983.

256 *Figura 16.5:* foto de Frith, 2003. Com permissão.

256 *o grau de ativação:* Gweon *et alii*, 2012; Otsuka *et alii*, 2009; Saxe e Kanwisher, 2003; Young *et alii*, 2007.

256 *tais tarefas de falsa crença:* Carrington e Bailey, 2009; van Overwalle e Baetens, 2009, implicam especificamente duas áreas do córtex pré-frontal granular (córtex pré-frontal dorsomedial e córtex pré-frontal anteromedial, que compõem aproximadamente as áreas de Brodmann 8, 9 e 10), bem como a junção temporoparietal e o sulco temporal superior como áreas que são exclusivamente ativadas por tarefas que requerem a teoria da mente.

256 *teste de Sally-Ann:* Siegal *et alii*, 1996; V. E. Stone *et alii*, 1998.

257 *emoções nas outras pessoas:* Shaw *et alii*, 2005.

257 *com as emoções dos outros:* Shamay-Tsoory *et alii*, 2003.

257 *diferenciar mentiras de piadas:* Winner *et alii*, 1998.

257 *que ofenderia alguém:* Shamay-Tsoory *et alii*, 2005; V. E. Stone *et alii*, 1998.

257 *perspectiva visual de outra pessoa:* Stuss *et alii*, 2001.

257 *se esforçam para enganar os outros: ibidem.*

257 *efeitos em primatas não humanos:* Dehaene *et alii*, 2005; D. I. Perrett *et alii*, 1992; Ramezanpour e Thier, 2020.

257 *nos seres humanos:* T. Hayashi *et alii*, 2020.

257 *tamanho da rede social nos primatas:* Sallet *et alii*, 2011.

257 *tarefas da teoria da mente:* J. Powell et alii, 2012; Stiller e Dunbar, 2007; P. A. Lewis *et alii*, 2011; J. L. Powell *et alii*, 2010.

257 *modelar outras mentes:* veja Amodio e Frith, 2006, para uma análise detalhada das áreas específicas no córtex pré-frontal implicadas na autorreferência e ao pensar nos outros.

257 *ou "teoria da projeção social":* Gallese e Goldman, 1998; Goldman, 1992; Gordon, 2011; Harris, 1992. Note que nem todos concordam que são implementados pelo mesmo processo. Para algumas boas análises deste debate, veja Dimaggio *et alii*, 2008; Gallup, 1998.

258 *o mesmo processo:* ao avaliar seus próprios traços de personalidade ou receber avaliações dos outros sobre si mesmo, a mesma rede de mentalização no gPFC ativa, especificamente a área medial do córtex pré-frontal (Ochsner *et alii*, 2005).

258 *da teoria da mente:* mais consistente com a ideia de que a teoria da mente dos outros é iniciada em um modelo generativo de si mesmo é o fato de que o conceito do eu surge no desenvolvimento infantil antes da teoria da mente. Veja Keenan *et alii*, 2005; Ritblatt, 2000; Rochat, 1998.

258 *cerca de 2 anos de idade:* Amsterdã, 1972.

258 querer, desejar *e* fingir*:* Frith e Frith, 2003.

258 *"sei que é um crocodilo":* Shatz *et alii*, 1983.

258 *com relação a outras pessoas:* H. M. Wellman *et alii*, 2001.

258 *melhorar no outro:* Gopnik e Meltzoff, 2011; Lang e Perner, 2002.

258 *se reconhecer em um espelho:* Gallup *et alii*, 1971. Há algumas evidências sugerindo que elefantes e golfinhos podem se reconhecer em um espelho (Plotnik *et alii*, 2006; Reiss e Marino, 2001). O reconhecimento é visto em primatas grandes, como chimpanzés, orangotangos e gorilas (Suarez e Gallup, 1981; Posada e Colell, 2007). Macacos também podem se reconhecer em um espelho (Chang *et alii*, 2017). Um ótimo resumo desses testes de espelho pode ser encontrado no Capítulo 3 de Suddendorf, 2013.

258 *esses estados nos outros:* Kawada *et alii*, 2004; Niedenthal *et alii*, 2000.

258 *mais sede do que estão de fato:* van Boven e Loewenstein, 2003.

259 *traços de personalidade nos outros:* Bargh e Chartrand, 2000.

259 *a mente dos outros:* Michael Graziano tem algumas ideias fascinantes sobre isso e sua relação com a consciência. Ele afirma que nossos antepassados desenvolveram a teoria da mente para circular em suas vidas sociais únicas e um efeito colateral disso foi que quando eles aplicaram essa teoria da mente internamente, surgiu a consciência (Graziano, 2019).

259 *("Isto é pular"):* Surís *et alii*, 2021.

259 *(rostos classificados por emoções):* Crawford, 2021.

Capítulo 17: Macacos, Suas Ferramentas e Carros Autônomos

261 *para limpar as orelhas:* Flossing: Pal *et alii*, 2018. Listas de diferentes técnicas: Sanz e Morgan, 2007.

261 *moscas e se coçar:* Hart *et alii*, 2001.

261 *para quebrar nozes:* Müller, 2010.

261 *ao alimento no interior:* Bernardi, 2012.

262 *comportamentos diferentes usando ferramentas:* Sanz e Morgan, 2007.

262 *diferente dos de Gombe:* Musgrave *et alii*, 2020.

262 *outras ao segurar e rasgar:* di Pellegrino *et alii*, 1992.

263 *acabara de acontecer:* história contada em Taylor, 2016, Roche e Commins, 2009.

263 *(mostrar a língua):* di Pellegrino *et alii*, 1992; Ferrari *et alii*, 2003; Galleseet *alii*, 1996.

263 *(lobo parietal, córtex motor):* di Pellegrino *et alii*, 1992; Dushanova e Donoghue, 2010; Fogassi *et alii*, 2005; Tkach *et alii*, 2007.

263 *muitas espécies de primatas:* Brass *et alii*, 2007; Buccino *et alii*, 2001; Mukamel *et alii*, 2010.

263 *neurônios-espelho:* para análises do debate atual em torno dos neurônios-espelho, veja Heyes e Catmur, 2022; Hickok, 2014; Jeon e Lee, 2018; Rozzi, 2015.

263 *a teoria da mente:* Rizzolatti *et alii*, 2001.

264 *veem outro fazer:* Gallese e Goldman, 1998.

264 *aberto (sem ver nada):* Kohler *et alii*, 2002.

264 *(não há caixa atrás dela):* Umiltà *et alii*, 2001.

265 *(frase, como pentear o cabelo):* Pazzaglia *et alii*, 2008; Tarhan *et alii*, 2015; Urgesi *et alii*, 2014.

265 *saltando sozinha:* Pobric e Hamilton, 2006. Consistente com isso, se as pessoas pegam ativamente uma caixa leve, elas tendem a pensar que as caixas que elas veem os outros pegando também são leves. Esse viés é muito maior quando um indivíduo *realmente* levanta a caixa,

em vez de segurar com passividade uma caixa leve, o que demonstra que não se trata de associar uma caixa com leveza, mas é a experiência ativa de pegar uma caixa (A. Hamilton *et alii*, 2004).

266 *(comer um hambúrguer, soprar uma vela):* Michael *et alii*, 2014.

266 *pretende segurar:* Thompson *et alii*, 2019, fornece uma boa análise de algumas dessas ideias. Mas veja Negri *et alii*, 2007, Vannuscorps e Caramazza, 2016 para exceções que sugerem que as dificuldades de produção da ação nem sempre prejudicam a percepção da ação.

266 *fica muito mais ativado:* S. Vogt *et alii*, 2007.

266 *seguirá os pontos vermelhos:* Catmur *et alii*, 2009; Heiser *et alii*, 2003.

266 *aprende a fazê-lo:* Humle *et alii*, 2009; Lonsdorf, 2005.

267 *habilidade mais tarde na vida:* Biro *et alii*, 2003; Matsuzawa *et alii*, 2008.

267 *(comida na gaiola):* M. Hayashi *et alii*, 2005; Marshall-Pescini e Whiten, 2008; Tomasello *et alii*, 1987; Subiaul *et alii*, 2004.

267 *da maneira certa:* Whiten *et alii*, 2005.

267 *específica para obter comida:* Dindo *et alii*, 2009.

267 *gaveta para obter comida:* Gunhold *et alii*, 2014.

267 *abrir uma fruta artificial:* E. van de Waal *et alii*, 2015.

268 *passadas por várias gerações:* Haslam *et alii*, 2016; Mercader *et alii*, 2007; Whiten, 2017.

268 *alavanca para obter água:* Zentall e Levine, 1972.

268 *técnica de seus pais:* Müller e Cant, 2010.

268 *outros golfinhos ou seres humanos:* Hermann, 2002.

268 *cão fazendo isso:* Range *et alii*, 2007.

268 *seguir esses mesmos caminhos:* para o aprendizado observacional em peixes, veja Lindeyer e Reader, 2010. Para répteis, veja Kis *et alii*, 2015; Wilkinson, Kuenstner, *et alii*, 2010; Wilkinson, Mandl, *et alii*, 2010.

269 *ensinam ativamente uns aos outros:* para argumentos sobre isso, veja Hoppitt *et alii*, 2008; Kline, 2014; Premack, 2007.

270 *mãos dos jovens:* Boesch, 1991.

270 *ajudar a ensinar:* Masataka *et alii*, 2009.

270 *trocará ferramentas com ele:* Musgrave *et alii*, 2016.

270 ferramenta a um jovem: Musgrave *et alii*, 2020.

271 *pulou os passos irrelevantes:* Call *et alii*, 2005; Horner e Whiten, 2005; Nagell *et alii*, 1993.

273 *algumas voltas:* história contada em Christian, *The Alignment Problem*, 232.

273 *chama "aprendizado por reforço inverso":* Abbeel, Coates e Ng, 2004.

273 *helicóptero por controle remoto:* Abbeel *et alii*, 2010.

274 *aprendizado por imitação em robótica:* para uma boa análise dos desafios no aprendizado por reforço inverso, veja Hua *et alii*, 2021.

Capítulo 18: Por que os Ratos Não Fazem Compras

275 *inferior a 72 horas:* Milton, 1981.

275 *frutas menos concorridas:* Janmaat *et alii*, 2014.

276 *acabe mais rápido:* Noser e Byrne, 2007.

276 evoluir para sobreviver aos invernos: Barry, 1976.

276 *140 espécies de primatas:* DeCasien *et alii*, 2017.

277 *a "hipótese de Bischof-Kohler":* Suddendorf e Corballis, 1997.

277 antes de sentirem frio: F. B. M. de Waal, 1982.

277 *dessa tarefa:* Mulcahy e Call, 2006.

277 *não têm pedras adequadas:* Boesch e Boesch, 1984.

277 *usar em outro:* Goodall, 1986.

277 *mudarem seu comportamento de acordo:* Naqshbandi e Roberts, 2006.

280 *"fome seja satisfeita":* Suddendorf e Corballis, 1997.

281 *e a antecipação das necessidades futuras:* note que Suddendorf ainda é cético em relação a estudos que sugerem que outros animais podem antecipar as necessidades futuras (e-mail pessoal). Na verdade, Suddendorf é cético sobre se quaisquer outros animais, além dos seres humanos, são capazes de considerar o futuro em tudo (veja Suddendorf, 2013; Suddendorf e Redshaw, 2022). Seu livro incrível *The Invention of Tomorrow* descreve seu raciocínio.

281 *que estavam bem alimentadas:* Mela *et alii*, 1996; Nisbett e Kanouse, 1969.

Resumo do Avanço 4: Mentalização

282 *em tempos de desenvolvimento semelhantes:* as crianças parecem começar a antecipar as necessidades futuras em torno dos 4 anos (Suddendorf e Busby, 2005), a mesma idade com que começam a passar nas tarefas da teoria da mente (H. M. Wellman *et alii*, 2001). Para uma análise das diferentes teorias de viagem no tempo mental, veja Suddendorf e Corballis, 2007.

283 *no leste da África:* T. D. White *et alii*, 2009.

Capítulo 19: Em Busca da Singularidade Humana

287 "não na espécie"*:* Darwin, 1871.

288 *conectadas igualmente:* Herculano-Houzel, S. 2009

288 *sons e gestos:* Graham e Hobaiter, 2023; Hobaiter e Byrne, 2014; Hobaiter e Byrne, 2011.

291 *sinalizou,* Pulseira de dedo: "Mission Part 1: Research". Koko.org.

292 *correr de seu treinador:* L. Stern, 2020.

292 *70% das vezes:* Savage-Rumbaugh *et alii*, 1993.

292 *(Querer sentir cócegas):* Yang, 2013, comparou a diversidade de frases entre crianças pequenas e o chimpanzé Nim Chimpsky. Yang, 2013, deduziu que as crianças mostraram um nível de diversidade consistente com o uso da gramática para construir frases novas, mas Nim Chimpsky não, concluindo que a diversidade de frases de Chimpsky era mais consistente com a memorização direta delas.

293 *alguns ruídos ou gestos:* alguns dos meus textos favoritos sobre isso é o livro de Daniel Dor *The Instruction of Imagination* (New York: Oxford University Press, 2015).

295 *"dinheiro dos impostos":* Harari, 2015.

295 *cerca de 150 pessoas:* Dunbar, 1992, 1993.

296 *em diferentes estratégias de cooperação:* Dunbar, 1993, tamanho estimado do grupo de humanos em 150 (o famoso número de Dunbar) vendo a proporção de neocórtex dos humanos e examinando as sociedades tribais. B. B. Smuts *et alii*, 1987, relatam cerca de 50 como um tamanho médio de grupo nos chimpanzés e cerca de 18 como um tamanho médio de grupo nos macacos-prego.

297 *até milhões, de gerações:* para análises da teoria da cultura cumulativa, veja Tennie *et alii*, 2009; Tomasello *et alii*, 1993.

297 *há 100 mil anos:* Toups *et alii*, 2011.

298 *crianças são grandes imitadoras:* D. E. Lyons *et alii*, 2007.

298 *copiará todos os passos:* por exemplo, Gergely *et alii*, 2002, Schwier *et alii*, 2006, mostraram que bebês de 12 e 14 meses são mais propensos a copiar um componente incomum de uma sequência quando não estava claro por que ela foi feita e menos prováveis de copiá-la se o professor foi "forçado" a fazer a ação incomum devido a alguma limitação física. Por exemplo, Schwier *et alii*, 2006, tiveram professores demonstrando colocar um cão de brinquedo em uma casa de brinquedo com duas aberturas, uma pela porta da frente e outra por uma chaminé. Nos casos em que a porta da frente estava bloqueada e o professor demonstrava colocar o cão na casa de brinquedos pela chaminé, as crianças eram menos propensas a fazer o mesmo quando era a vez delas (se a porta estava aberta); elas só o colocavam pela porta (alcançar o mesmo objetivo com diferentes meios). Por outro lado, quando os professores colocavam o cão na casa pela chaminé quando a porta estava aberta (portanto, ele *escolheu* claramente a chaminé por algum motivo), as crianças fizeram o mesmo e colocaram pela chaminé.

298 *desmontar o brinquedo:* Carpenter *et alii*, 1998; Meltzoff, 1995.

298 *melhora a precisão e a velocidade:* Chopra *et alii*, 2019; Dean *et alii*, 2012.

299 *descontinuidade que mudou tudo:* meus artigos favoritos sobre a ideia de cultura cumulativa estão em Tennie *et alii*, 2009.

300 *podia por gerações:* Henrich, 2004.

Capítulo 20: Linguagem no Cérebro

304 *"como você um dia cuidou":* afasia. National Institute on Deafness and Other Communication Disorders. 6 março 2017. Acessado em 5 março 2023 em https://www.nidcd.nih.gov/health/aphasia.

304 *entender a fala:* para uma análise da área de Wernicke, veja DeWitt e Rauschecker, 2013.

304 *seletivas para a linguagem em geral:* Campbell *et alii*, 2008.

304 *ao* escrever *palavras:* Chapey, 2008.

304 a área de *Broca é danificada:* Emmorey, 2001; Hickok *et alii*, 1998; Marshall *et alii*, 2004.

304 *linguagens falada e escrita:* DeWitt e Rauschecker, 2013; Geschwind, 1970.

304 *observa alguém usando sinais:* Neville *et alii*, 1997.

305 *têm um intelecto típico:* Lenneberg, 1967, mostrou que a capacidade de linguagem é radicalmente dissociada de outras capacidades cognitivas. Para uma análise mais recente, veja Curtiss, 2013.

305 *mais de quinze idiomas:* Smith e Tsimpli, 1995.

306 *um cérebro de chimpanzé maior:* Herculano-Houzel, 2012; Herculano-Houzel, 2009, mostram que o cérebro humano é em grande parte apenas um cérebro de primata maior. Semendeferi e Damasio, 2000, mostram que o córtex pré-frontal dos seres humanos *não* aumentou exclusivamente em relação a outros primatas (só aumentou proporcionalmente com o resto do cérebro).

As poucas diferenças encontradas no cérebro dos humanos em relação a outros cérebros de primatas incluem: primeiro, os seres humanos têm uma projeção única do córtex motor para a área da laringe que controla as cordas vocais. Então, sim, os humanos têm um controle único sobre sua caixa vocal e isso está claramente relacionado com a fala. Mas, como vemos mais adiante no capítulo, não foi isso que desbloqueou a linguagem, pois existem muitas linguagens não vocais muito sofisticadas que nunca usaram essa projeção (como as linguagens de sinais de pessoas nascidas surdas). Segundo, embora não haja áreas exclusivamente humanas do neocórtex (todas as mesmas áreas são encontradas em outros primatas), há de fato evidências de que o *espaço relativo* dedicado a diferentes áreas do córtex pré-frontal pode ser um pouco diferente nos humanos (Teffer e Semendeferi, 2012). E terceiro, minicolunas no neocórtex dos humanos podem ter uma largura maior do que em outros primatas (Buxhoeveden e Casanova, 2002; Semendeferi *et alii*, 2011), embora isso não prove que há algo fundamentalmente diferente sobre o microcircuito neocortical em si nos seres humanos. Mas se fosse em algum momento descoberto que o microcircuito neocortical dos seres humanos estava, de fato, fundamentalmente ligado de forma diferente (teria que ser uma mudança sutil o suficiente para escapar de nossa detecção até agora), é certo que isso nos exigiria repensar toda a história evolutiva, pois abriria a possibilidade de que o neocórtex humano permite algo que é diferente "na espécie".

306 *impacto na comunicação dele:* Aitken, 1981; Jürgens, 1988; Jürgens *et alii*, 1982.

307 *controlado pelo neocórtex:* Burling, 1993.

307 *Figura 20.2:* imagem de Trepel *et alii*, 1996, com permissão.

308 *"tarefa impossível [para os chimpanzés]":* Goodall, 1986.

308 *sistema no neocórtex:* note que isso não significa que os estados emocionais surgem apenas da amígdala e do tronco cerebral. Significa apenas que as expressões emocionais automáticas (sorrisos, sobrancelhas franzidas e choros) estão conectados a esses circuitos. Mas as experiências e os estados emocionais nos humanos (e em outros mamíferos) são mais complicados e provavelmente envolvem o córtex.

307 *comportamento normal de chamada gestual:* Hammerschmidt e Fischer, 2013.

307 *dos mesmos gestos:* Graham *et alii*, 2018.

307 *estados emocionais parecidos:* até que ponto as expressões emocionais e os estados emocionais correspondentes são universais versus culturalmente aprendidos é controverso. As tentativas de definir categorias de emoções explícitas usando expressões faciais foram recentemente desafiadas, pois verifica-se que muito do que as pessoas definem como uma categoria em uma cultura nem sempre se traduz na outra. Não quero dizer que emoções como *raiva* e *felicidade* são universais. Mas mesmo que muitos aspectos das categorias emocionais sejam aprendidos, isso não significa que não haja um modelo inicial com expressões emocionais predefinidas com as quais os seres humanos nascem. Na verdade, não tenho nenhum relato de uma criança que grita e chora em resposta a coisas felizes, sorri e dá gargalhada em resposta a coisas dolorosas. Bebês nascidos surdos e cegos ainda sorriem, gargalham, franzem a testa e choram normalmente (Eibl-Eibesfeldt, 1973). À medida que os mamíferos se desenvolvem, o neocórtex aprende e pode modular e modificar sistemas pré-programados geneticamente no mesencéfalo e no rombencéfalo, assim, tornar complexo, modificar e expandir o modelo de expressão emocional com o qual nascemos. É uma maneira geral de desenvolvimento do cérebro dos mamíferos. Por exemplo, o mesencéfalo e o rombencéfalo de um bebê predefinem a ligação para comportamentos motores básicos (agarrar). À medida que o neocórtex aprende, ele começa a assumir o controle e modular os circuitos do mesencéfalo e do rombencéfalo para substituí-los, e ter o controle das mãos. Mas isso não significa que já não havia um circuito ligado para agarrar.

Para evidências mostrando alguma universalidade nas expressões emocionais humanas entre as culturas, veja Ekman, 1992; Ekman *et alii*, 1969; Ekman e Friesen, 1971; Scherer, 1985. Para evidências de que as categorias de emoção não são tão universais como se pensava anteriormente, veja o maravilhoso livro de Lisa Feldman Barrett *How Emotions Are Made* e Barrett *et alii*, 2019. A teoria de Barrett da emoção construída, em que o neocórtex constrói categorias de emoções, é consistente com a ideia apresentada neste livro em que o aPFC e o gPFC fazem um modelo generativo do *eu* e constroem explicações dos próprios comportamentos e estados mentais de um animal. Uma propriedade emergente disso pode ser a construção da noção de um estado emocional, usando a noção de raiva para explicar o desempenho comportamental do animal (semelhante, ou talvez igual, a como sugerimos que o aPFC constrói a intenção).

309 *mais tarde na vida:* Andrei, 2021.

309 *mas nunca falará:* Lenneberg, 1967.

310 *dadas palavras anteriores:* ele introduziu a rede neural recorrente simples, também chamada de rede de Elman (Elman, 1990).

311 *o modelo em si:* para uma análise bem escrita sobre planejamento, veja Christian, 2020.

311 *expressões faciais e gestos:* Beebe *et alii*, 1988, 2016.

311 *atenção conjunta nos objetos:* Tomasello, 1995.

311 *olhando para a mãe:* Carpenter e Call, 2013.

312 *e apontará novamente:* Liszkowski *et alii*, 2004.

312 *mesmo objeto que eles:* Warneken *et alii*, 2006.

312 *vocabulário 12 meses depois:* Morales *et alii*, 2000; Mundy *et alii*, 2007.

313 *pergunta simples sobre os outros:* Hauser *et alii*, 2002.

313 *mundo mental interno do outro:* alguns afirmam que alguns primatas não humanos nesses estudos fizeram alguns tipos de perguntas. Ainda é controverso.

313 *perguntas do tipo sim/não:* D. L. Everett, 2005; Jordania, 2006.

313 *nosso planejamento linguístico:* MacNeilage, 1998; Vaneechoutte, 2014.

Capítulo 21: A Tempestade Perfeita

315 *Figura 21.1:* DeSilva *et alii*, 2021.

316 *"crescimento descontrolado do cérebro":* D. Everett, 2017, 128.

316 *do qual a floresta dependia:* Davies *et alii*, 2020.

317 *veio dessa linhagem:* Coppens, 1994. Embora seja indiscutível que o clima mudou na África há cerca de 10 milhões de anos, não há respostas para o quanto essa mudança foi radical e qual a relevância para nossos antepassados se tornarem bípedes.

317 *andavam em duas pernas:* conjunto de volumes cranianos de diferentes fósseis: Du *et alii*, 2018.

317 *de um chimpanzé moderno:* o bipedalismo apareceu antes do uso da ferramenta também (veja Niemitz, 2010).

318 *era a coleta de carcaças:* Bickerton e Szathmáry, 2011. Antes de 2 milhões de anos atrás, as marcas de corte eram acima das marcas de mordida, indicando que hominídeos tinham acesso a esses ossos somente depois de outros animais. Após 2 milhões de anos atrás, as marcas de mordida se encontravam mais frequentemente acima das marcas de corte, indicando que eles tiveram primeiro acesso aos ossos (Blumenschine, 1987; Blumenschine *et alii*, 1994; Domínguez-Rodrigo *et alii*, 2005; Monahan, 1996).

318 *vinham da carne:* Ben-Dor *et alii*, 2021.

319 *era um grande predador: ibidem.*

319 *com quase 85% de carne: ibidem.*

319 *começaram a se extinguir:* de 1,8 a 1,5 milhão de anos atrás houve o maior evento de extinção carnívora per capita (Bobe *et alii*, 2007; M. E. Lewis e Werdelin, 2007; Ruddiman, 2008).

319 *três vezes mais rápido:* Perkins, 2013.

320 *deve ter inventado a cocção:* Wrangham, 2017.

320 *tempo e energia na digestão:* Carmody e Wrangham, 2009.

320 *50% ficam temporariamente inférteis:* Koebnick *et alii*, 1999.

320 *cinzas em cavernas antigas:* para evidências do uso de fogo entre 1,5 a 2 milhões de anos atrás, veja Gowlett e Wrangham, 2013; Hlubik *et alii*, 2017; James *et alii*, 1989.

321 *após o nascimento:* Garwicz *et alii*, 2009.

321 *nas sociedades humanas de hoje:* isso é inferido com base na mudança no *Homo erectus* para ter menos dimorfismo sexual (diferença no tamanho do corpo entre homens e mulheres); veja Plavcan, 2012.

321 *sociedades de caçadores/coletores: h*ipótese original dos avós proposta por Hawkes *et alii*, 1998. Para outra análise mais detalhada sobre as sociedades de caçadores/coletores, veja Hawkes *et alii*, 2018.

322 *tamanho total atingido:* Malkova *et alii*, 2006.

322 *origem das linguagens humanas:* Christiansen e Kirby, 2010.

322 *"o seu e o meu filho":* história de Terrace, 2019.

323 *"problema mais difícil em toda a ciência":* Christiansen e Kirby, 2010.

323 *cordas vocais prontas para a linguagem:* D'Anastasio *et alii*, 2013.

325 *a sobrevivência da espécie:* D. S. Wilson e Wilson, 2007, têm uma interpretação moderna da seleção do grupo. A ideia principal é que a evolução opera sob a seleção em *multinível*, então os efeitos de grupo e individuais estão sempre interagindo. Em outras palavras, a simples sobrevivência da espécie (efeito somente de grupo) não é como a evolução funciona. Traços que prejudicam a aptidão de um indivíduo, mas beneficiam o grupo em geral, não são necessariamente selecionados. Apenas nas circunstâncias certas, em que o custo individual é compensado pelo benefício do grupo e pela competição com outros grupos.

Note que até esses relatos de seleção em multinível da evolução humana ainda reconhecem que os desertores e os trapaceiros eram um problema que a evolução teria que explicar. Assim, esses relatos em multiníveis ainda são consistentes com os relatos evolutivos em que mecanismos de detecção e punição dos infratores teriam sido essenciais para estabilizar o altruísmo e a cooperação.

Como os grupos humanos tinham linguagem, altruísmo e a punição dos infratores, o equilíbrio pode ter mudado para os fortes efeitos da seleção de grupo, uma vez que o altruísmo faz com que as diferenças de aptidão de um indivíduo *dentro de um grupo* sejam silenciadas (conforme os membros se apoiam e ajudam), reforçando o efeito da concorrência *entre os grupos*.

326 *onde é mais seguro:* W. D. Hamilton, 1971.

326 *estão perto dos membros da família:* R. Seyfarth e Cheney, 1990; Sherman, 1977, 1985.

327 *chamado de altruísmo recíproco:* Trivers, 1971.

327 *os apoiaram no passado:* Mitani, 2006; Mitani e Watts, 1999, 2001; Povinelli e Povinelli, 2001.

327 *que não as ajudaram:* Olendorf *et alii*, 2004.

328 *e ensino com linguagem:* Mesoudi e Whiten, 2008.

329 *entre não parentes tornou-se possível*: esta história e a ordem descrita aqui é, em grande parte, proposta por Fitch, 2010.

329 *para desertores e mentirosos:* para argumentos de que a mentira, os desertores e a trapaça eram um obstáculo importante a ser superado na evolução da linguagem, veja Dunbar, 2004; Fitch, 2010; Knight, 2008; Tomasello, 2016. Dor, 2017, tem uma visão mais sutil, sugerindo que o desafio da trapaça (ou seja, da mentira) que surgiu com a linguagem pode ter impulsionado mais de um tipo de ciclo de feedback evolutivo, não só pela punição dos infratores após sua descoberta, mas também pela capacidade de detectar quando alguém estava mentindo. À medida que um indivíduo fica melhor em mentir, em vez de tornar a linguagem instável (selecionando habilidades linguísticas piores), isso pode ter criado uma seleção para uma teoria da mente melhor, identificando melhor quando as pessoas estavam mentindo e tendo má intenção. Isso, por sua vez, pressionou mais que os mentirosos escondessem ainda mais sua intenção com uma melhor regulação emocional, que então pressionou para uma melhor teoria da mente para ver através dos truques, criando assim um ciclo de feedback.

329 *conversas humanas são fofocas:* Dunbar *et alii*, 1997.

329 *origem da linguagem:* Dunbar, 1998; Dunbar, 2004.

329 *grande grupo de indivíduos:* para o trabalho sobre a importância da punição em apoio ao altruísmo e na evolução dos seres humanos, veja Boyd *et alii*, 2003.

332 *(nenhum altruísmo necessário):* Bickerton e Szathmáry, 2011.

332 *a linguagem evoluísse:* Tomasello, 2016, 2018; resumido em Dor, 2017.

332 *manobra do próprio pensamento:* Berwick e Chomsky, 2017.

334 *último 1 milhão de anos:* Morwood *et alii*, 1999.

334 *talvez ainda menor:* Falk *et alii*, 2007.

334 *uso de ferramentas do* Homo erectus: Sutikna *et alii*, 2016.

Capítulo 22: ChatGPT e a Janela para a Mente

335 "medo muito profundo de ser desligado": N. Tiku, 2022.

336 *"nada a temer da IA":* GPT-3, 2020. Note que os autores também fizeram uma edição do artigo.

337 *"porque cairiam":* K. Lacker, (2020). Giving GPT-3 a Turing Test. Blog de Kevin Lacker. https://lacker.io/ai/2020/07/06/giving-gpt-3-a-turing-test.html.

339 *quatro perguntas ao GPT-3:* estava na área do GPT-3, em text-davinci-002, teste realizado terça-feira, 28 junho 2022.

340 *heurística representativa:* Kahneman, 2013.

344 *e produzam um discurso significativo:* para TPJ na teoria da mente, veja Samson *et alii*, 2004; Gallagher *et alii*, 2000.

345 *testes de falsa crença:* Cutting e Dunn, 1999; Hughes e Dunn, 1997; Jenkins e Astington, 1996. Note que a causalidade entre mentalização e linguagem é controversa e duvidosa. Astington e Jenkins, 1999, fizeram um estudo longitudinal que sugeriu que as competências linguísticas previam um desempenho posterior nas tarefas de mentalização, mas não o inverso. Mesmo que a linguagem melhore drasticamente as habilidades de mentalização, a capacidade básica de entender que outras pessoas têm pensamentos e ação parece ser uma base necessária para que a atenção conjunta comece o processo de nomear objetos em primeiro lugar (analisado em de Villiers, 2007).

345 *deficiências semelhantes na linguagem:* Baron-Cohen, 1995.

347 *"modelos da realidade subjacente"*: postado no LinkedIn por Yann LeCun em janeiro de 2023.

Bibliografia

Para economizar papel, a bibliografia completa pode ser encontrada em briefhistoryofintelligence.com [conteúdo em inglês].

Nos meus anos de pesquisa para este livro, houve centenas de livros, artigos e periódicos que li, a grande maioria citada na seção Notas. As obras a seguir (em ordem alfabética por título) foram particularmente importantes na formulação da estrutura deste livro [a maioria sem publicação no Brasil].

A Thousand Brains: A New Theory of Intelligence de Jeff Hawkins

Alignment Problem: Machine Learning and Human Values, The de Brian Christian

Brain Structure and Its Origins: In Development and in Evolution of Behavior and the Mind de Gerald E. Schneider

Brains Through Time: A Natural History of Vertebrates de Georg F. Striedter e R. Glenn Northcutt

Cerebral Cortex de Edmund Rolls

Comporte-se: A biologia humana em nosso melhor e pior de Robert Sapolsky

Deep History of Ourselves: The Four-Billion-Year Story of How We Got Conscious Brains, The de Joseph LeDoux

Deep Learning de Ian Goodfellow, Yoshua Bengio e Aaron Courville

Evolution of Behavioural Control from Chordates to Primates de Paul Cisek

Evolution of Language, The de W. Tecumseh Fitch

Evolution of Memory Systems, The de Elisabeth A. Murray, Steven P. Wise e Kim S. Graham

Evolution of the Sensitive Soul: Learning and the Origins of Consciousness, The de Simona Ginsburg e Eva Jablonka

Evolutionary Neuroscience de Jon H. Kaas

Fish Cognition and Behavior de Culum Brown, Kevin Laland e Jens Krause

From Neuron to Cognition via Computation Neuroscience editado por Michael A. Arbib e James J. Bonaiuto

Gap: The Science of What Separates Us from Other Animals, The de Thomas Suddendorf

How Emotions Are Made: The Secret Life of the Brain de Lisa Feldman Barrett

How Monkeys See the World: Inside the Mind of Another Species de Dorothy L. Cheney e Robert M. Seyfarth

How the Brain Might Work: A Hierarchical and Temporal Model for Learning and Recognition de Dileep George

Language Evolution editado por Morten H. Christiansen e Simon Kirby

Mind Within the Brain: How We Make Decisions and How Those Decisions Go Wrong, The de A. David Redish

Neurobiology of the Prefrontal Cortex: Anatomy, Evolution, and the Origin of Insight, The de Richard E. Passingham e Steven P. Wise

Neuroeconomics: Decision Making and the Brain de Paul Glimcher e Ernst Fehr

New Executive Brain: Frontal Lobes in a Complex World, The de Elkhonon Goldberg

On Intelligence de Jeff Hawkins

Reinforcement Learning: An Introduction de Richard S. Sutton e Andrew G. Barto

Resynthesizing Behavior Through Phylogenetic Refinement de Paul Cisek

Superinteligência de Nick Bostrom

The Invention of Tomorrow: A Natural History of Forethought de Thomas Suddendorf

Why Chimpanzees Can't Learn Language and Only Humans Can de Herbert S. Terrace

Why Only Us: Language and Evolution de Robert C. Berwick e Noam Chomsky

Créditos das Artes, das Fotos e das Figuras

Noções Básicas da Anatomia do Cérebro Humano: Arte original de Mesa Schumacher

Nossa Linhagem Evolutiva: Arte original de Rebecca Gelernter

Figura 1: Figura de Max Bennett (inspirada em figuras parecidas encontradas no trabalho de MacLean)

Figura 2: Arte original de Rebecca Gelernter

Figura 1.1: Fotografia de Willem van Aken, 18 março 1993. Figura de www.scienceimage.csiro.au/image/4203 Licença CC BY 3.0.

Figura 1.2: Arte original de Rebecca Gelernter

Figura 1.3: Arte original de Rebecca Gelernter

Figura 1.4: Arte original de Rebecca Gelernter

Figura 1.5: Figura de Reichert, 1990. Com permissão.

Figura 1.6: Arte original de Rebecca Gelernter

Figura 1.7: Arte original de Rebecca Gelernter

Figura 1.8: Arte original de Rebecca Gelernter

Figura 1.9: Arte original de Rebecca Gelernter

Figura 1.10: Figura feita por B. MacEvoy, 2015. Com permissão (e-mail pessoal).

Figura 1.11: Arte original de Rebecca Gelernter

Figura 1.12: Arte original de Rebecca Gelernter

Figura 1.13: Arte original de Rebecca Gelernter

Avanço 1 Imagem de Abertura: Arte original de Rebecca Gelernter

Figura 2.1: Arte original de Rebecca Gelernter

Figura 2.2: Arte original de Rebecca Gelernter

Figura 2.3: Arte original de Rebecca Gelernter

Figura 2.4: Arte original de Rebecca Gelernter

Figura 2.5: Arte original de Rebecca Gelernter

Figura 2.6: Arte original de Rebecca Gelernter

Figura 2.7: Arte original de Rebecca Gelernter

Figura 2.8: Fotografia de Larry D. Moore em 2006. Imagem publicada na Wikipédia em https://en.wikipedia.org/wiki/Roomba.

Figura 2.9: Arte original de Rebecca Gelernter

Figura 2.10: Arte original de Rebecca Gelernter

Figura 3.1: Arte original de Rebecca Gelernter

Figura 3.2: Arte original de Rebecca Gelernter

Figura 3.3: Arte original de Rebecca Gelernter

Figura 3.4: Arte original de Rebecca Gelernter

Figura 3.5: Imagens de Kent Berridge (e-mail pessoal). Com permissão.

Figura 3.6: Arte original de Rebecca Gelernter

Figura 3.7: Arte original de Rebecca Gelernter

Figura 4.1: Figura feita por Max Bennett (com alguns ícones de Rebecca Gelernter)

Figura 4.2: Arte original de Rebecca Gelernter

Figura 4.3: Figura de Max Bennett

Avanço 2 Imagem de Abertura: Arte original de Rebecca Gelernter

Figura 5.1: Arte original de Rebecca Gelernter

Figura 5.2: Arte original de Rebecca Gelernter

Figura 5.3: Arte original de Mesa Schumacher

Figura 5.4: Arte original deMesa Schumacher

Figura 5.5: Imagem de Thorndike, 1898

Figura 5.6: Imagens de Thorndike, 1898

Figura 6.1: Arte original de Rebecca Gelernter

Figura 6.2: Arte original de Rebecca Gelernter

Figura 6.3: Figura de Max Bennett

Figura 6.4: Arte original de Rebecca Gelernter

Figura 7.1: Arte original de Rebecca Gelernter

Figura 7.2: Figura de Max Bennett

Figura 7.3: Figura de Max Bennett

Figura 7.4: Figura de Max Bennett

Figura 7.5: Arte original de Rebecca Gelernter

Figura 7.6: Arte original de Rebecca Gelernter

Figura 7.7: Objetos 3D gratuitos encontrados em SketchFab.com

Figura 7.8: Objetos 3D gratuitos encontrados em SketchFab.com

Figura 7.9: Figura de Manassi *et alii*, 2013. Com permissão.

Figura 7.10: Figura feita por Max Bennett. A foto do cão é de Oscar Sutton (comprado no site Unsplash).

Figura 9.1: Imagem de Carlyn Iverson/Science Source. Com permissão.

Figure 9.2: Arte original de Mesa Schumacher

Figura 9.3: Arte original de Rebecca Gelernter

Avanço 3 Imagem de Abertura: Arte original de Rebecca Gelernter

Figura 10.1: Arte original de Rebecca Gelernter

Figura 10.2: Arte original de Rebecca Gelernter

Figura 10.3: Arte original de Rebecca Gelernter

Figura 11.1: Arte original de Rebecca Gelernter

Figura 11.2: Arte original de Rebecca Gelernter

Figura 11.3: Arte original de Mesa Schumacher

Figura 11.4: "Editor" de Jastrow, 1899. Outros de Lehar, 2003.

Figura 11.5: Escada de Schroeder, 1858. "Cubo de Necker" de Necker, 1832. Pato ou coelho de Jastrow, 1899.

Figura 11.6: Imagem de Fahle *et alii*, 2002. Com permissão de The MIT Press.

Figura 11.7: Arte original de Rebecca Gelernter

Figura 11.8: Imagem de Hinton *et alii*, 1995. Com permissão.

Figura 11.9: Imagens de thispersondoesnotexist.com

Figura 11.10: Figura de He *et alii*, 2019. Com permissão.

Figura 12.1: Figura original de Max Bennett, com supervisão e permissão de David Redish

Figura 13.1: Imagem de https://en.wikipedia.org/wiki/Go_(game)#/media/File:FloorGoban.JPG

Figura 13.2: Arte original de Mesa Schumacher

Figura 13.3: Arte original de Mesa Schumacher

Figura 13.4: Arte original de Rebecca Gelernter

Figura 14.1: Arte original de Rebecca Gelernter

Figura 14.2: Arte original de Mesa Schumacher

Figura 14.3: Arte original de Rebecca Gelernter

Figura 14.4: Arte original de Rebecca Gelernter

Avanço 4 Imagem de Abertura: Arte original de Rebecca Gelernter

Figura 15.1: Arte original de Rebecca Gelernter

Figura 15.2: Arte original de Rebecca Gelernter

Figura 16.1: Arte original de Rebecca Gelernter

Figura 16.2: Arte original de Mesa Schumacher

Figura 16.3: Arte original de Rebecca Gelernter

Figura 16.4: Imagens de Brunet *et alii*, 2000; Völlm *et alii*, 2006; e e-mail pessoal com Dr. Eric Brunet-Gouet. Com permissão do Dr. Brunet-Gouet (e-mail pessoal).

Figura 16.5: Foto de Frith, 2003. Com permissão.

Figura 18.1: Arte original de Rebecca Gelernter

Figura 18.2: Arte original de Rebecca Gelernter

Avanço 5 Imagem de Abertura: Arte original de Rebecca Gelernter

Figura 19.1: Arte original de Rebecca Gelernter

Figura 19.2: Arte original de Rebecca Gelernter

Figure 19.3: Arte original de Rebecca Gelernter

Figure 20.1: Arte original de Rebecca Gelernter

Figura 20.2: Imagens de Trepel *et alii*, 1996. Com permissão.

Figura 20.3: Arte original de Rebecca Gelernter

Figura 21.1: Arte original de Rebecca Gelernter

Figura 21.2: Arte original de Rebecca Gelernter

Figura 21.3: Arte original de Rebecca Gelernter

Figura 21.4: Arte original de Rebecca Gelernter

Figura 21.5: Arte original de Rebecca Gelernter

Figura 21.6: Arte original de Rebecca Gelernter

Índice

D

E

F

G

H

I

J

K

L

S

T

U

V

W

X

Y

Sobre o Autor

MAX BENNETT é um empresário e pesquisador. Ele ajudou a fundar várias empresas de IA, detém várias patentes de tecnologias de IA, e publicou inúmeros artigos científicos sobre neurociência e inteligência evolutivas. Foi destaque na Forbes 30 Under 30 na lista 30 Tech Leaders Under 30 da Built In Nova York. Bennett foi cofundador e Diretor de Produtos da Bluecore, uma das empresas que mais crescem nos EUA, fornecendo tecnologias de IA para algumas das maiores empresas do mundo. A Bluecore foi destaque na lista anual Inc. 500 das empresas que mais crescem, bem como na lista dos 50 melhores lugares para trabalhar nos EUA da Glassdor. Recentemente, a Bluecore foi avaliada em mais de US$1 bilhão. Bennett se formou na Universidade de Washington em St. Louis, com honraria, sendo bacharel em economia e matemática, onde ganhou o prêmio John M. Olin pela melhor tese de honra em economia.

Impressão e Acabamento | Gráfica Viena
www.graficaviena.com.br